电磁场原理

（第3版）

主　编　俞集辉

重庆大学出版社

内 容 简 介

本书是由重庆大学电气工程学院电工理论与新技术系电磁场原理课程组在多年教学研究和实践的基础上编写而成。主要内容包括矢量分析、静电场、恒定电场、恒定磁场、平面电磁波的传播、导行电磁波、电磁能量辐射与天线等内容,较之前面版本,精炼了静态场,充实了时变场,加强了电磁波。书中配有解题思路清晰的例题和类型较丰富的习题。

本书内容可按64教学时安排,适用于电气信息类各专业,亦可作为选修参考教材,或供相关读者使用。

图书在版编目(CIP)数据

电磁场原理/俞集辉主编.—3版.—重庆:重庆大学出版社,2013.1(2020.8重印)
电气工程及其自动化专业本科系列教材
ISBN 978-7-5624-2438-3

Ⅰ.①电… Ⅱ.①俞… Ⅲ.①电磁场—理论—高等学校—教材 Ⅳ.①O441.4

中国版本图书馆CIP数据核字(2012)第269567号

电磁场原理
(第3版)
主　编　俞集辉
责任编辑:王维朗　曾令维　版式设计:曾令维　王维朗
责任校对:李定群　责任印制:张　策
*
重庆大学出版社出版发行
出版人:饶帮华
社址:重庆市沙坪坝区大学城西路21号
邮编:401331
电话:(023) 88617190　88617185(中小学)
传真:(023) 88617186　88617166
网址:http://www.cqup.com.cn
邮箱:fxk@cqup.com.cn(营销中心)
全国新华书店经销
POD:重庆新生代彩印技术有限公司
*
开本:787mm×1092mm　1/16　印张:16.75　字数:418千
2013年1月第3版　2020年8月第9次印刷
ISBN 978-7-5624-2438-3　定价:48.00元

本书如有印刷、装订等质量问题,本社负责调换
版权所有,请勿擅自翻印和用本书
制作各类出版物及配套用书,违者必究

第3版前言

作为高等学校工科电气信息类本科各专业的主要技术基础课，电磁场理论旨在大学物理的电磁学基础上进一步阐述宏观电磁现象，介绍它的基本规律和工程应用的基本知识，培养学生应用场的观点和方法对电工领域中的电磁现象、电磁过程进行定性分析与定量计算的能力，培养学生良好的思维方法和严谨的科学态度，为学生今后解决工程实际问题打下基础。

电磁场理论与数值分析方法的结合，成为一些交叉领域学科、新兴边缘学科的生长点和发展基础。随着技术的发展，信息时代的到来，必将会更广泛地认同本课程的重要性和必要性，提升它在电气信息领域的地位，这是科学技术发展的必然。因此，通过本课程的学习，学生的适应能力和创造能力也将得到提高。

本书第1版于2003年出版，我们在教学中感到本书在内容上已不能适应高速发展的电气信息学科的需要。面对这一形势，教学内容和体系要适应这一变化，我们根据教育部电工电子课程教学指导组在2004年对电气信息类本科专业提出的“电磁场课程教学基本要求”，本着精炼静态场，充实时变场，加强电磁波的思路，对教材进行了修订。本次修订主要调整如下：

(1)精炼静态场的内容，突出静态场的基本性质、基本规律和基本计算方法。

(2)将第1版第6章准静态电磁场的内容压缩，作为一种特殊的时变场归并到第5章时变电磁场中，合并为5.8节准静态电磁场，5.9节集肤效应、涡流、邻近效应及电磁屏蔽两节，选用了部分习题。

(3)将第1版第7章平面电磁波的内容在电磁波传播方面扩展，改为第6章，更名为“平面电磁波的传播”，修改前3节，增加6.4节平面电磁波的极化，6.5节平面电磁波在平面分界面的垂直入射两节内容，补充了相应的习题。

(4)新增第7章导行电磁波，含7.1节导行电磁波的基本性质，7.2 节矩形波导，7.3 节传输线方程和 7.4 节谐振腔等 4 节内容，以及相应的习题。

（5）新增第 8 章电磁辐射与天线，含 8.1 节电磁辐射机理，8.2 节单元偶极子的电磁场，8.3 节单元偶极子的辐射功率和辐射电阻，8.4 节辐射的方向性与方向图，8.5 节线天线与天线阵 5 节内容，以及相应的习题。

全书共分为 8 章，分别是：矢量分析、静电场、恒定电场、恒定磁场、时变场、平面电磁波、导行电磁波和电磁能量辐射和天线。由俞集辉主编并作全书统稿，汪泉弟、李永明参编。第 1，2，8 章由汪泉弟执笔，第 3，4，5 章由俞集辉执笔，第 6，7 章由李永明执笔。

对于书中出现的不妥和错漏之处，衷心欢迎读者批评指正。意见请寄重庆大学电气工程学院电工理论与新技术系（邮编 400030），E-mail：yujihui@ cqu. edu. cn。

编　者

2012 年 10 月

目录

第1章 矢量分析

矢量分析是研究电磁场和其他物理场必不可少的数学工具,它包括矢量代数、正交坐标系以及场函数的微积分运算等内容。这一章首先从矢量代数的复习开始,然后结合右手直角坐标系介绍场函数的微积分等重要内容,最后再概述圆柱坐标系和球坐标系。

1.1 矢量代数与位置矢量

1.1.1 矢量和标量

仅有大小的标量,用英文字母或希腊字母表示,如f,g,φ,ψ等。既有大小又有方向的矢量,用黑体英文字母或英文字母顶上加上箭头表示,如$\boldsymbol{A}$或$\vec{A}$,$\boldsymbol{a}$或$\vec{a}$等,前者多见诸印刷出版物中,后者则易于书写。$\boldsymbol{A}$的模记作$|\boldsymbol{A}|$或A。矢量可形象地用带箭头的有向线段表示,有向线段无箭头的一端叫做起点(尾),有箭头的一端叫做终点(头),该有向线段的长度与矢量的模(或称大小)成比例,箭头所指方向表示矢量的方向。矢量在空间中平移不会改变其大小和方向。

1.1.2 矢量运算

1)矢量$\boldsymbol{A}$和$\boldsymbol{B}$相加定义为两矢量的和,用新矢量$\boldsymbol{A}+\boldsymbol{B}$表示,可按图1.1(a)所示的平行四边形法则或图1.1(b)所示的首尾相接法则进行。

$\boldsymbol{A}$和$\boldsymbol{B}$相减定义为两矢量的差,用新矢量$\boldsymbol{A}-\boldsymbol{B}$表示。因$\boldsymbol{A}-\boldsymbol{B}=\boldsymbol{A}+(-\boldsymbol{B})$,故作图时应

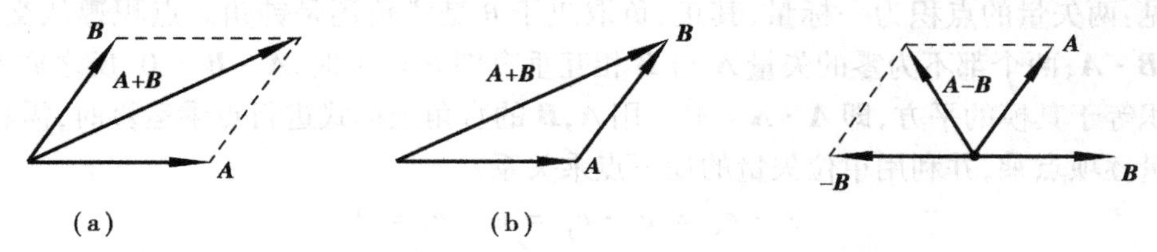

图1.1 两矢量相加

图1.2 两矢量相减

先将 $\boldsymbol{B}$ 反向然后再与 $\boldsymbol{A}$ 相加，所得的 $\boldsymbol{A}-\boldsymbol{B}$ 如图 1.2 所示。

矢量的加(减)运算也可在两个以上的矢量之间进行。矢量的加(减)运算有如下法则：

交换律
$$\boldsymbol{A}+\boldsymbol{B}=\boldsymbol{B}+\boldsymbol{A} \tag{1.1.1}$$

结合律
$$\boldsymbol{A}+\boldsymbol{B}-\boldsymbol{C}=\boldsymbol{A}+(\boldsymbol{B}-\boldsymbol{C})=(\boldsymbol{A}+\boldsymbol{B})-\boldsymbol{C} \tag{1.1.2}$$

在图 1.3 所示的右手直角坐标系中，$\boldsymbol{A}$ 起自坐标原点，它的三个坐标分量(即 $\boldsymbol{A}$ 分别在 x，y，z 坐标轴上的投影)分别为 A_x，A_y，A_z，因此有

$$\boldsymbol{A}=\boldsymbol{e}_xA_x+\boldsymbol{e}_yA_y+\boldsymbol{e}_zA_z \tag{1.1.3}$$

式中，$\boldsymbol{e}_x$，$\boldsymbol{e}_y$，$\boldsymbol{e}_z$分别为沿坐标 x，y，z 正方向的单位矢量。

它的模应为

$$A=(A_x^2+A_y^2+A_z^2)^{1/2} \tag{1.1.4}$$

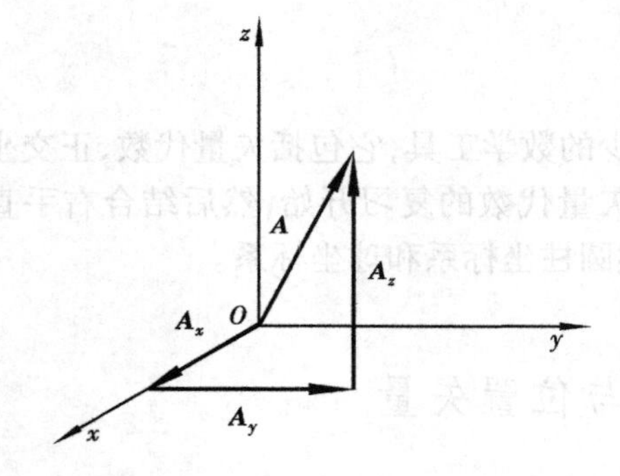

图 1.3　直角坐标中的 A 及其各分矢量

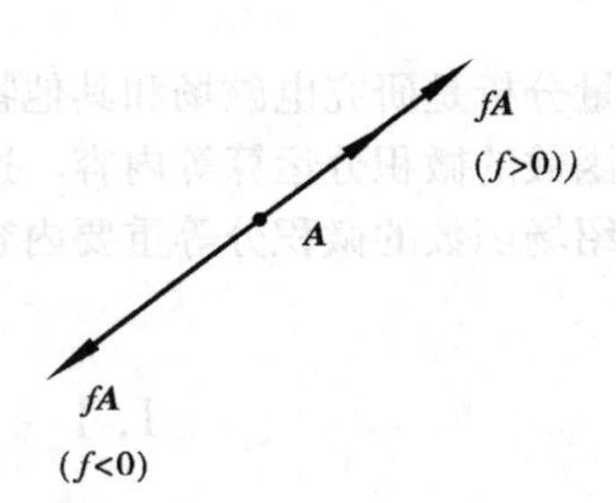

图 1.4　f 与 A 相乘

若已知

$$\boldsymbol{A}=\boldsymbol{e}_xA_x+\boldsymbol{e}_yA_y+\boldsymbol{e}_zA_z$$
$$\boldsymbol{B}=\boldsymbol{e}_xB_x+\boldsymbol{e}_yB_y+\boldsymbol{e}_zB_z$$

则

$$\boldsymbol{A}\pm\boldsymbol{B}=\boldsymbol{e}_x(A_x\pm B_x)+\boldsymbol{e}_y(A_y\pm B_y)+\boldsymbol{e}_z(A_z\pm B_z) \tag{1.1.5}$$
$$|\boldsymbol{A}\pm\boldsymbol{B}|=[(A_x\pm B_x)^2+(A_y\pm B_y)^2+(A_z\pm B_z)^2]^{1/2} \tag{1.1.6}$$

2)标量 f 与矢量 $\boldsymbol{A}$ 的乘积定义为一新矢量，用 $f\boldsymbol{A}$ 表示，它是 $\boldsymbol{A}$ 的 f 倍。在图 1.4 中，就 $f>0$和$f<0$ 的两种情况画出了 $f\boldsymbol{A}$。由式(1.1.3)可得

$$f\boldsymbol{A}=\boldsymbol{e}_xfA_x+\boldsymbol{e}_yfA_y+\boldsymbol{e}_zfA_z \tag{1.1.7}$$

3)$\boldsymbol{A}$ 和 $\boldsymbol{B}$ 的标量积记作 $\boldsymbol{A}\cdot\boldsymbol{B}$，又称之为点积，它定义为两矢量的模与两矢量间夹角 $\theta(0\leqslant\theta\leqslant180°)$ 的余弦之积，即

$$\boldsymbol{A}\cdot\boldsymbol{B}=AB\cos\theta \tag{1.1.8}$$

显而易见：两矢量的点积为一标量，其正、负取决于 θ 是锐角还是钝角。点积遵从交换律，即 $\boldsymbol{A}\cdot\boldsymbol{B}=\boldsymbol{B}\cdot\boldsymbol{A}$；两个都不为零的矢量 $\boldsymbol{A}$ 与 $\boldsymbol{B}$ 相互垂直即 $\theta=90°$时，$\boldsymbol{A}\cdot\boldsymbol{B}=0$，反之亦然。$\boldsymbol{A}$ 自身的点积等于其模的平方，即 $\boldsymbol{A}\cdot\boldsymbol{A}=A^2$。用 $\boldsymbol{A}$，$\boldsymbol{B}$ 的直角坐标式进行点乘运算时，需将两矢量的各分量逐项点乘，并利用单位矢量的如下点乘关系：

$$\boldsymbol{e}_x\cdot\boldsymbol{e}_x=\boldsymbol{e}_y\cdot\boldsymbol{e}_y=\boldsymbol{e}_z\cdot\boldsymbol{e}_z=1$$
$$\boldsymbol{e}_x\cdot\boldsymbol{e}_y=\boldsymbol{e}_y\cdot\boldsymbol{e}_z=\boldsymbol{e}_z\cdot\boldsymbol{e}_x=0$$

可得

$$\boldsymbol{A}\cdot\boldsymbol{B}=A_xB_x+A_yB_y+A_zB_z \tag{1.1.9}$$

利用矢量的直角坐标式可以证明 $\boldsymbol{A}+\boldsymbol{B}$ 和 $\boldsymbol{C}$ 的点积遵循分配律：

$$(\boldsymbol{A}+\boldsymbol{B})\cdot\boldsymbol{C}=\boldsymbol{A}\cdot\boldsymbol{C}+\boldsymbol{B}\cdot\boldsymbol{C} \tag{1.1.10}$$

4)$\boldsymbol{A}$ 和 $\boldsymbol{B}$ 的矢量积记为 $\boldsymbol{A}\times\boldsymbol{B}$，又称之为叉积，其定义式为：

$$\boldsymbol{A}\times\boldsymbol{B}=AB\sin\theta\,\boldsymbol{e}_n \tag{1.1.11}$$

式中，θ 为 $\boldsymbol{A}$ 与 $\boldsymbol{B}$ 间的夹角，$\boldsymbol{e}_n$ 是 $\boldsymbol{A}\times\boldsymbol{B}$ 的单位矢量，它与 $\boldsymbol{A}$ 和 $\boldsymbol{B}$ 相垂直，$\boldsymbol{e}_n$ 的方向按图1.5所示的右手定则确定。

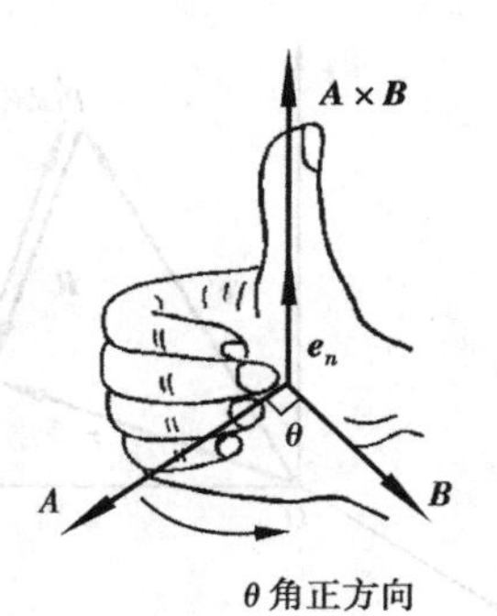

图1.5　$\boldsymbol{A}\times\boldsymbol{B}$ 的右手定则

由式(1.1.11)可知：叉积不遵从交换律，而是 $\boldsymbol{A}\times\boldsymbol{B}=-(\boldsymbol{B}\times\boldsymbol{A})$；$\boldsymbol{A},\boldsymbol{B}$ 相平行($\theta=0$ 或 $180°$)时，$\boldsymbol{A}\times\boldsymbol{B}=0$，反之亦然；显然，$\boldsymbol{A}$ 自身的叉积为零，即 $\boldsymbol{A}\times\boldsymbol{A}=0$。

用 $\boldsymbol{A},\boldsymbol{B}$ 的直角坐标式进行叉乘运算时，除将两矢量的各分矢量逐项叉乘外，还需用到单位矢量的如下叉乘关系：

$$\begin{aligned}
&\boldsymbol{e}_x\times\boldsymbol{e}_x=\boldsymbol{e}_y\times\boldsymbol{e}_y=\boldsymbol{e}_z\times\boldsymbol{e}_z=0\\
&\boldsymbol{e}_x\times\boldsymbol{e}_y=\boldsymbol{e}_z\quad(\boldsymbol{e}_y\times\boldsymbol{e}_x=-\boldsymbol{e}_z)\\
&\boldsymbol{e}_y\times\boldsymbol{e}_z=\boldsymbol{e}_x\quad(\boldsymbol{e}_z\times\boldsymbol{e}_y=-\boldsymbol{e}_x)\\
&\boldsymbol{e}_z\times\boldsymbol{e}_x=\boldsymbol{e}_y\quad(\boldsymbol{e}_x\times\boldsymbol{e}_z=-\boldsymbol{e}_y)
\end{aligned}$$

于是可得

$$\begin{aligned}
\boldsymbol{A}\times\boldsymbol{B}&=\boldsymbol{e}_x(A_yB_z-A_zB_y)+\boldsymbol{e}_y(A_zB_x-A_xB_z)+\boldsymbol{e}_z(A_xB_y-A_yB_x)\\
&=\begin{vmatrix}\boldsymbol{e}_x&\boldsymbol{e}_y&\boldsymbol{e}_z\\A_x&A_y&A_z\\B_x&B_y&B_z\end{vmatrix}
\end{aligned} \tag{1.1.12}$$

不难证明，$\boldsymbol{A}$ 与 $\boldsymbol{B}+\boldsymbol{C}$ 的叉积遵循分配律：

$$\boldsymbol{A}\times(\boldsymbol{B}+\boldsymbol{C})=\boldsymbol{A}\times\boldsymbol{B}+\boldsymbol{A}\times\boldsymbol{C} \tag{1.1.13}$$

5)三矢量的乘积(三重积)有两种，即运算结果为标量的标量三重积和运算结果为矢量的矢量三重积。利用矢量的直角坐标式直接运算，可以证明标量三重积和矢量三重积有下列恒等式：

$$\boldsymbol{A}\cdot(\boldsymbol{B}\times\boldsymbol{C})=\boldsymbol{B}\cdot(\boldsymbol{C}\times\boldsymbol{A})=\boldsymbol{C}\cdot(\boldsymbol{A}\times\boldsymbol{B}) \tag{1.1.14}$$

$$\boldsymbol{A}\times(\boldsymbol{B}\times\boldsymbol{C})=\boldsymbol{B}(\boldsymbol{A}\cdot\boldsymbol{C})-\boldsymbol{C}(\boldsymbol{A}\cdot\boldsymbol{B}) \tag{1.1.15}$$

标量三重积可用矢量的直角坐标分量写成易于记忆的行列式形式：

$$\boldsymbol{A}\cdot(\boldsymbol{B}\times\boldsymbol{C})=\begin{vmatrix}A_x&A_y&A_z\\B_x&B_y&B_z\\C_x&C_y&C_z\end{vmatrix} \tag{1.1.16}$$

1.1.3　位置矢量

1)在已选定坐标系的情况下，空间中任一点的位置可以用一个起点在坐标原点、终点与该点重合的空间矢量表示。在图1.6中，P 点的位置可用 $\boldsymbol{r}$ 矢量表示，其模为 P 点与原点 O 之

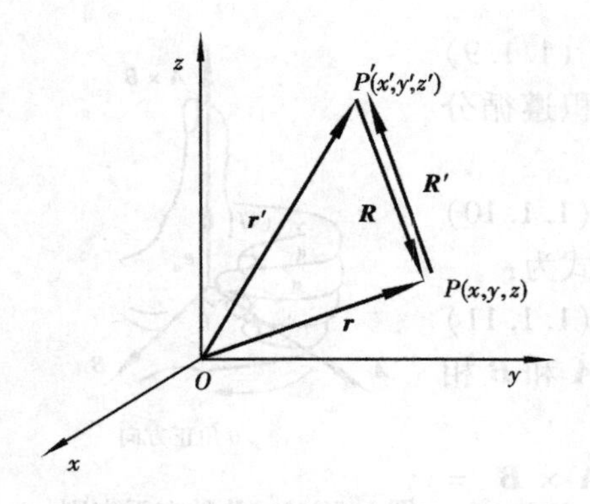

图 1.6　位置矢量与相对位置矢量

间的距离,其方向表示 P 点相对于 O 点所处的方位,称 $\boldsymbol{r}$ 为 P 点的位置矢量。考虑到空间中的点与位置矢量的一一对应关系,亦可将 $\boldsymbol{r}$ 所确定的点径称为 $\boldsymbol{r}$ 点。

设 P 点的坐标为 (x,y,z),则位置矢量

$$\boldsymbol{r} = x\boldsymbol{e}_x + y\boldsymbol{e}_y + z\boldsymbol{e}_z \tag{1.1.17}$$

其模

$$r = (x^2 + y^2 + z^2)^{1/2} \tag{1.1.18}$$

对于图 1.6 中另一点 $P'(x',y',z')$ 的位置矢量 $\boldsymbol{r}'$,同样有

$$\boldsymbol{r}' = x'\boldsymbol{e}_x + y'\boldsymbol{e}_y + z'\boldsymbol{e}_z \tag{1.1.19}$$

$$r' = (x'^2 + y'^2 + z'^2)^{1/2} \tag{1.1.20}$$

2)位置矢量描述的是空间一点相对于坐标原点的位置关系,而空间任意两点之间的位置关系用相对位置矢量给予描述。如图 1.6 所示,$\boldsymbol{R}$ 是以 P' 点为起点、P 点为终点的空间矢量,其模表示 P 点相对于 P' 点的距离,其方向表示 P 点相对于 P' 点所处的方位,类比位置矢量,而称 $\boldsymbol{R}$ 为 P 点相对于 P' 点的相对位置矢量。显然,$\boldsymbol{R}$ 及模 R 应分别为:

$$\boldsymbol{R} = \boldsymbol{r} - \boldsymbol{r}' = (x - x')\boldsymbol{e}_x + (y - y')\boldsymbol{e}_y + (z - z')\boldsymbol{e}_z \tag{1.1.21}$$

$$R = |\boldsymbol{r} - \boldsymbol{r}'| = [(x - x')^2 + (y - y')^2 + (z - z')^2]^{1/2} \tag{1.1.22}$$

需要指出,对于上述任意两点来说,除 P 点相对于 P' 点的相对位置矢量 $\boldsymbol{R}$ 外,也可以有 P' 点相对于 P 点的相对位置矢量 $\boldsymbol{R}'$,如图 1.6 所示。因 $\boldsymbol{R}'$ 的方向是由 P 点指向 P' 点,故有 $\boldsymbol{R}' = -\boldsymbol{R}$ 。

任何真实的物理场,都有其产生的根源即所谓"场源",例如静止电荷是静电场的场源,恒定电流是恒定磁场的场源,等等。场源和物理场是与空间概念联系在一起的,即任何物理场及其场源都存在于空间之中。在后面研究电磁场和它的源之间的积分关系时将表明,表示场源所在的位置的点和需要确定场量(如电场强度矢量和磁场强度矢量)的观察点在名称上以及符号上有明确加以区分的必要,前者简称源点并用加撇的源点坐标 (x', y', z') 或 $\boldsymbol{r}'$ 表示,后者简称场点用不带撇的场点坐标 (x, y, z) 或 $\boldsymbol{r}$ 表示。在这样的规定下,式(1.1.20)中的 $\boldsymbol{R}$(或 $\boldsymbol{r} - \boldsymbol{r}'$)就具有了场点相对于源点的相对位置矢量的特殊含义,今后,凡是出现在场、源积分关系式中的 $\boldsymbol{R}$ 均作如此理解。至于空间普通两点的相对位置矢量,可通过加双下标予以区别。例如将 P_2 点相对于 P_1 点的相对位置矢量记为 $\boldsymbol{R}_{12}$,其方向是由 P_1 点指向 P_2 点。

3)与相对位置矢量有关的一类函数称为相对坐标函数,其变量形式为场点与源点的坐标差。相对坐标标量函数和相对坐标矢量函数分别记为:

$$f(\boldsymbol{R}) = f(\boldsymbol{r} - \boldsymbol{r}') = f(x - x', y - y', z - z') \tag{1.1.23}$$

$$\boldsymbol{F}(\boldsymbol{R}) = \boldsymbol{F}(\boldsymbol{r} - \boldsymbol{r}') = \boldsymbol{F}(x - x', y - y', z - z') \tag{1.1.24}$$

1.2　标量场及其梯度

1.2.1　标量场定义及图示

对于区域 V 内的任意一点 $\boldsymbol{r}$,若有某种物理量的一个确定的数值或标量 $f(\boldsymbol{r})$ 与之对应,就

称这个标量函数$f(\boldsymbol{r})$是定义于V内的标量场。标量场有两种,一种是与时间无关的恒稳标量场,用$f(\boldsymbol{r})$表示,另一种是与时间有关的时变标量场,用$f(\boldsymbol{r}, t)$表示。

就某一时刻而言,标量场$f(\boldsymbol{r})$的空间分布情况可用一系列等值面形象地给予描绘,某个等值面即$f(\boldsymbol{r})$为同一数值的所有点构成的空间曲面。在直角坐标系中,标量场的等值面方程为:

$$f(x,y,z) = C \tag{1.2.1}$$

式中C为常数,不同的等值面对应不同的C值。

在绘制标量场的等值面时,应使任意两相邻等值面的差值保持为一个常数,符合此要求的一组等值面与纸面相交所得的截迹线——等值线,如图1.7所示。这样的一系列等值面(线),其疏密程度才能定性反映标量场在各处沿不同方向变化快慢的真实情况。显然,不同值的等值面(线)不能相交。

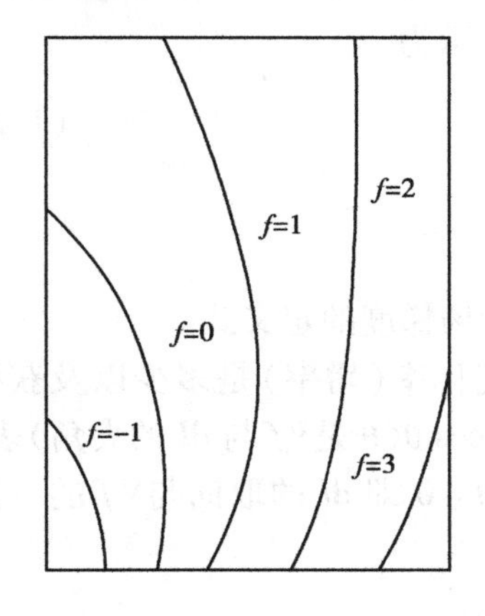

图1.7 标量场的一组等值线

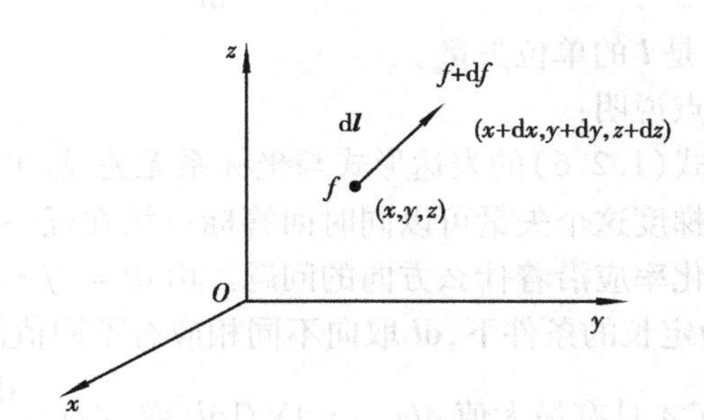

图1.8 点位移导致f的改变

1.2.2 梯度与方向导数

1)对于在其定义域内连续、可微的标量场$f(x,y,z)$,下面来定量考察它在(x,y,z)点邻域内沿各方向的变化情况。在图1.8中,设沿某一方向由(x,y,z)点到邻近的$(x+\mathrm{d}x, y+\mathrm{d}y, z+\mathrm{d}z)$点的微分位移用线元矢量表示,有

$$\mathrm{d}\boldsymbol{l} = \mathrm{d}x\boldsymbol{e}_x + \mathrm{d}y\boldsymbol{e}_y + \mathrm{d}z\boldsymbol{e}_z \tag{1.2.2}$$

标量场的相应微增量$\mathrm{d}f$则为

$$\mathrm{d}f = \frac{\partial f}{\partial x}\mathrm{d}x + \frac{\partial f}{\partial y}\mathrm{d}y + \frac{\partial f}{\partial z}\mathrm{d}z \tag{1.2.3}$$

将式(1.2.3)的右边改写为$\mathrm{d}\boldsymbol{l}$与另一矢量的点乘形式,即

$$\mathrm{d}f = \left(\frac{\partial f}{\partial x}\boldsymbol{e}_x + \frac{\partial f}{\partial y}\boldsymbol{e}_y + \frac{\partial f}{\partial z}\boldsymbol{e}_z\right)\cdot \mathrm{d}\boldsymbol{l} \tag{1.2.4}$$

把式中那个以f的三个偏导数作为分量的矢量称为标量场$f(x,y,z)$在(x,y,z)点的梯度(gradient),记作$\mathrm{grad}f$或∇f,即

$$\mathrm{grad}f = \nabla f = \left(\frac{\partial f}{\partial x}\boldsymbol{e}_x + \frac{\partial f}{\partial y}\boldsymbol{e}_y + \frac{\partial f}{\partial z}\boldsymbol{e}_z\right) \tag{1.2.5}$$

于是,式(1.2.4)可以写成

$$\mathrm{d}f = \nabla f \cdot \mathrm{d}\boldsymbol{l} \tag{1.2.6}$$

今后，一律用符号∇f表示$f(\boldsymbol{r})$的梯度，∇f也是空间坐标的函数。

2）式（1.2.5）中的偏导数$\frac{\partial f}{\partial x}$，$\frac{\partial f}{\partial y}$，$\frac{\partial f}{\partial z}$分别叫做$f$在$x,y,z$方向上的方向导数，它们各自表示$f$在某点邻域内沿$x,y,z$方向的变化快慢情况。$f(x,y,z)$在$x,y,z$方向上的方向导数就是$\nabla f$的相应坐标分量，因此有

$$\left.\begin{aligned}\frac{\partial f}{\partial x} &= (\nabla f)_x = \nabla f \cdot \boldsymbol{e}_x \\ \frac{\partial f}{\partial y} &= (\nabla f)_y = \nabla f \cdot \boldsymbol{e}_y \\ \frac{\partial f}{\partial z} &= (\nabla f)_z = \nabla f \cdot \boldsymbol{e}_z\end{aligned}\right\} \tag{1.2.7}$$

推而广之，$f(x,y,z)$在某点沿任意矢量$\boldsymbol{l}$方向的方向导数应表示为

$$\frac{\partial f}{\partial l} = (\nabla f)_l = \nabla f \cdot \boldsymbol{e}_l \tag{1.2.8}$$

式中，$\boldsymbol{e}_l$是$\boldsymbol{l}$的单位矢量。

几点说明：

①式（1.2.6）的表达形式与坐标系无关，故可视其为标量场梯度的定义式。

②梯度这个矢量可以同时回答标量场在任一点的最大变化率（增率）是多少以及获得该最大变化率应沿着什么方向的问题。由$\mathrm{d}f = \nabla f \cdot \mathrm{d}\boldsymbol{l} = |\nabla f|\,\mathrm{d}l\cos\theta$（$\theta$是$\nabla f$与$\mathrm{d}\boldsymbol{l}$的夹角）表明，在$\mathrm{d}\boldsymbol{l}$为定长的条件下，$\mathrm{d}\boldsymbol{l}$取向不同相应有不同值的$\mathrm{d}f$，仅当$\theta = 0$即$\mathrm{d}\boldsymbol{l}$的取向与$\nabla f$的方向一致时，$\mathrm{d}f$才具有最大值$\mathrm{d}f|_{\max} = |\nabla f|\,\mathrm{d}l$，或$|\nabla f| = \frac{\mathrm{d}f|_{\max}}{\mathrm{d}l} = \left.\frac{\mathrm{d}f}{\mathrm{d}l}\right|_{\max}$。

③∇f与标量场的等值面（线）处处正交。这是因为在同一等值面上任意两邻近点间的$\mathrm{d}f = 0$，即与两邻近点相关的$\mathrm{d}\boldsymbol{l}$和$\mathrm{d}\boldsymbol{l}$起点处的∇f的点积$\nabla f \cdot \mathrm{d}\boldsymbol{l} = 0$。

3）式（1.2.5）中的矢量微分算符∇称为哈密顿算子（读作del或nabla），它在直角坐标系中的具体形式为

$$\nabla = \boldsymbol{e}_x\frac{\partial}{\partial x} + \boldsymbol{e}_y\frac{\partial}{\partial y} + \boldsymbol{e}_z\frac{\partial}{\partial z} \tag{1.2.9}$$

在使用∇算符时，应注意以下几点：

①∇算符与其他算符（如微分、积分算符）一样，单独存在没有任何意义。

②∇算符虽然不是一个真实矢量，但在当它对其右端的场函数进行有意义的微分运算时，必须视∇为矢量，并赋予它矢量的一般特性，使得$\nabla\cdot\nabla = \nabla^2$，$\nabla\times\nabla = 0$。

③在不同坐标系中，∇算符有不同的表达形式，因此，用∇算符表示的场函数的某种微分运算在不同坐标系中的具体表达形式也就不同。

4）下面给出有关梯度运算的几个基本关系式，并予以证明。

①对于相对坐标标量函数$f(\boldsymbol{r}-\boldsymbol{r}')$，有

$$\nabla f = -\nabla' f \tag{1.2.10}$$

其中，∇f表示对场点$\boldsymbol{r}$求$f(\boldsymbol{r}-\boldsymbol{r}')$的梯度，$\nabla' f$表示对源点$\boldsymbol{r}'$求$f(\boldsymbol{r}-\boldsymbol{r}')$的梯度。

在直角坐标系中对式（1.2.10）进行证明，此时

$$f(\boldsymbol{r}-\boldsymbol{r}')=f(x-x',y-y',z-z')$$

式(1.2.10)也可以写成

$$\frac{\partial f}{\partial x}\boldsymbol{e}_x+\frac{\partial f}{\partial y}\boldsymbol{e}_y+\frac{\partial f}{\partial z}\boldsymbol{e}_z=-\left(\frac{\partial f}{\partial x'}\boldsymbol{e}_x+\frac{\partial f}{\partial y'}\boldsymbol{e}_y+\frac{\partial f}{\partial z'}\boldsymbol{e}_z\right)$$

这相当于有

$$\frac{\partial f}{\partial x}=-\frac{\partial f}{\partial x'},\quad \frac{\partial f}{\partial y}=-\frac{\partial f}{\partial y'},\quad \frac{\partial f}{\partial z}=-\frac{\partial f}{\partial z'}$$

由此可见,只要证明这三个偏导数关系成立就行了。

令 $x-x'=X,y-y'=Y,z-z'=Z$,应用复合函数求导法则可得

$$\frac{\partial f}{\partial x}=\frac{\partial f}{\partial X}\cdot\frac{\partial X}{\partial x}=\frac{\partial f}{\partial X}\cdot\frac{\partial(x-x')}{\partial x}=\frac{\partial f}{\partial X}$$

$$\frac{\partial f}{\partial x'}=\frac{\partial f}{\partial X}\cdot\frac{\partial X}{\partial x'}=\frac{\partial f}{\partial X}\cdot\frac{\partial(x-x')}{\partial x'}=-\frac{\partial f}{\partial X}$$

即有

$$\frac{\partial f}{\partial x}=-\frac{\partial f}{\partial x'}$$

同理可得

$$\frac{\partial f}{\partial y}=-\frac{\partial f}{\partial y'},\frac{\partial f}{\partial z}=-\frac{\partial f}{\partial z'}$$

②关于相对位置矢量 $\boldsymbol{R}=\boldsymbol{r}-\boldsymbol{r}'$的模 $R=|\boldsymbol{r}-\boldsymbol{r}'|$,有

$$\nabla R=\frac{\boldsymbol{R}}{R}=\boldsymbol{e}_R \tag{1.2.11}$$

$$\nabla\frac{1}{R}=-\frac{\boldsymbol{R}}{R^3}=-\frac{\boldsymbol{e}_R}{R^2}\qquad(R\neq 0) \tag{1.2.12}$$

上两式中 $\boldsymbol{e}_R$是 $\boldsymbol{R}$ 的单位矢量。

在直角坐标系中

$$\boldsymbol{R}=(x-x')\boldsymbol{e}_x+(y-y')\boldsymbol{e}_y+(z-z')\boldsymbol{e}_z$$
$$R=[(x-x')^2+(y-y')^2+(z-z')^2]^{1/2}$$

则

$$\frac{\partial R}{\partial x}=\frac{1}{2}[(x-x')^2+(y-y')^2+(z-z')^2]^{-1/2}\cdot$$
$$\frac{\partial}{\partial x}[(x-x')^2+(y-y')^2+(z-z')^2]$$
$$=\frac{1}{2}\cdot\frac{2(x-x')}{R}=\frac{(x-x')}{R}$$

同理有

$$\frac{\partial R}{\partial y}=\frac{(y-y')}{R},\frac{\partial R}{\partial z}=\frac{(z-z')}{R}$$

于是

$$\nabla R=\frac{\partial R}{\partial x}\boldsymbol{e}_x+\frac{\partial R}{\partial y}\boldsymbol{e}_y+\frac{\partial R}{\partial z}\boldsymbol{e}_z$$

$$= \frac{1}{R}[(x-x')\boldsymbol{e}_x + (y-y')\boldsymbol{e}_y + (z-z')\boldsymbol{e}_z] = \frac{\boldsymbol{R}}{R} = \boldsymbol{e}_R \qquad (1.2.13)$$

再根据∇算符的微分特性,并应用式(1.2.13),可得

$$\nabla\frac{1}{R} = -\frac{1}{R^2}\nabla R = -\frac{1}{R^2}\cdot\frac{\boldsymbol{R}}{R} = -\frac{\boldsymbol{e}_R}{R^2} \qquad (R \neq 0)$$

例 1.1 求$f = 4\mathrm{e}^{2x-y+z}$在点 $P_1(1,1,-1)$处的由该点指向 $P_2(-3,5,6)$方向上的方向导数。

解

$$\nabla f = \nabla(4\mathrm{e}^{2x-y+z}) = 4\nabla(\mathrm{e}^{2x-y+z})$$
$$= 4\mathrm{e}^{2x-y+z}\nabla(2x-y+z) = 4\mathrm{e}^{2x-y+z}(2\boldsymbol{e}_x - \boldsymbol{e}_y + \boldsymbol{e}_z)$$

$$\nabla f\bigg|_{P_1} = 4\mathrm{e}^{2-1-1}(2\boldsymbol{e}_x - \boldsymbol{e}_y + \boldsymbol{e}_z) = 4(2\boldsymbol{e}_x - \boldsymbol{e}_y + \boldsymbol{e}_z)$$

$$\boldsymbol{e}_{12} = \frac{\boldsymbol{R}_{12}}{R_{12}} = \frac{(-3-1)\boldsymbol{e}_x + (5-1)\boldsymbol{e}_y + (6+1)\boldsymbol{e}_z}{[(-4)^2 + 4^2 + 7^2]^{1/2}}$$
$$= \frac{-4\boldsymbol{e}_x + 4\boldsymbol{e}_y + 7\boldsymbol{e}_z}{\sqrt{81}} = \frac{-4\boldsymbol{e}_x + 4\boldsymbol{e}_y + 7\boldsymbol{e}_z}{9}$$

于是,f 在 P_1点处沿 $\boldsymbol{R}_{12}$方向上的方向导数为:

$$\frac{\partial f}{\partial R_{12}}\bigg|_{P_1} = \nabla f|_{P_1}\cdot\boldsymbol{e}_{12} = 4(2\boldsymbol{e}_x - \boldsymbol{e}_y + \boldsymbol{e}_z)\cdot\frac{-4\boldsymbol{e}_x + 4\boldsymbol{e}_y + 7\boldsymbol{e}_z}{9}$$
$$= \frac{4}{9}[2\times(-4) + (-1)\times 4 + 1\times 7] = -\frac{20}{9}$$

1.3 矢量场的通量及散度

1.3.1 矢量场定义及图示

对于空间区域 V 内的任意一点 $\boldsymbol{r}$,若有一个矢量 $\boldsymbol{F}(\boldsymbol{r})$与之对应,就称这个矢量函数 $\boldsymbol{F}(\boldsymbol{r})$是定义于 V 空间的矢量场。与标量场类似,矢量场也有恒稳矢量场 $\boldsymbol{F}(\boldsymbol{r})$和时变矢量场$\boldsymbol{F}(\boldsymbol{r}, t)$。

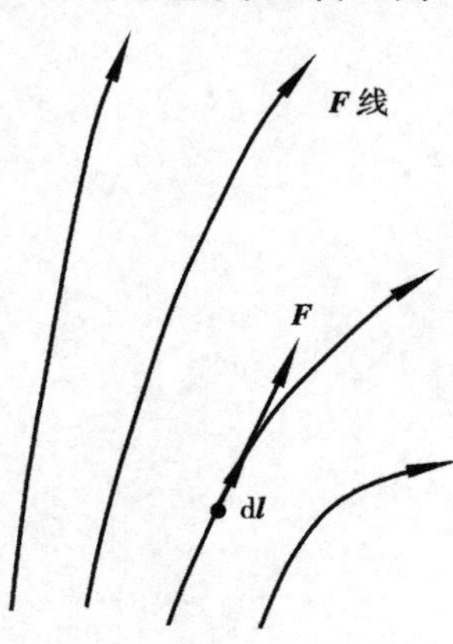

图 1.9 矢量线的示意图

矢量场 $\boldsymbol{F}(\boldsymbol{r})$可形象地用矢量线(简称 $\boldsymbol{F}$ 线)给予图示。矢量线是带有箭头的空间曲线,其上每点切线方向即为该处矢量场的方向,如图 1.9 所示。矢量线的疏密程度应与矢量场分布的弱强相符,矢量线互不相交。

矢量场的直角坐标式为:

$$\boldsymbol{F}(x,y,z) = F_x(x,y,z)\ \boldsymbol{e}_x + F_y(x,y,z)\ \boldsymbol{e}_y + F_z(x,y,z)\ \boldsymbol{e}_z \qquad (1.3.1)$$

式中,F_x, F_y, F_z是 $\boldsymbol{F}$ 的三个坐标分量。

由图 1.9 可知,$\boldsymbol{F}$ 线上的任一线元矢量 $\mathrm{d}\boldsymbol{l}$ 总是与该处的 $\boldsymbol{F}$ 共线,

故有

$$\boldsymbol{F} \times \mathrm{d}\boldsymbol{l} = 0$$

在直角坐标中则为

$$(F_y \mathrm{d}z - F_z \mathrm{d}y)\boldsymbol{e}_x + (F_z \mathrm{d}x - F_x \mathrm{d}z)\boldsymbol{e}_y + (F_x \mathrm{d}y - F_y \mathrm{d}x)\boldsymbol{e}_z = 0$$

或

$$F_y \mathrm{d}z - F_z \mathrm{d}y = 0$$
$$F_z \mathrm{d}x - F_x \mathrm{d}z = 0$$
$$F_x \mathrm{d}y - F_y \mathrm{d}x = 0$$

进而可得

$$\frac{\mathrm{d}x}{F_x} = \frac{\mathrm{d}y}{F_y} = \frac{\mathrm{d}z}{F_z}$$

这就是 $\boldsymbol{F}$ 线的微分方程。

1.3.2 矢量场的通量及散度

1)对于矢量场,需要研究它的闭合面通量。为说明这个问题先考虑常见的恒稳液流场 $\boldsymbol{v}(\boldsymbol{r})$。

液流场经常用到流量概念,它表示单位时间内流过某曲面的液体体积的多少。对于 S 面上的任一细小面元 $\mathrm{d}S$,可通过指定其正法向单位矢量而将它表示为面元矢量 $\mathrm{d}\boldsymbol{S} = \mathrm{d}S\boldsymbol{e}_n$,如图 1.10 所示。设 $\mathrm{d}\boldsymbol{S}$ 与该处 $\boldsymbol{v}$ 间的夹角为 θ,则 $\boldsymbol{v}$ 在 $\mathrm{d}\boldsymbol{S}$ 方向上的分量即法向分量 $v_n = v\cos\theta = \boldsymbol{v}\cdot\boldsymbol{e}_n$。显然,穿过面元 $\mathrm{d}\boldsymbol{S}$ 的元流量为

$$\mathrm{d}\psi = v_n \mathrm{d}S = v\cos\theta\,\mathrm{d}S = \boldsymbol{v}\cdot\mathrm{d}\boldsymbol{S} \tag{1.3.2}$$

将 S 面上所有面元的元流量累加起来,即得穿过 S 面的流量

$$\psi = \int \mathrm{d}\psi = \int_S \boldsymbol{v}\cdot\mathrm{d}\boldsymbol{S} \tag{1.3.3}$$

因此,穿过 S 面的流量就是 v 在该曲面上的面积分(标量)。

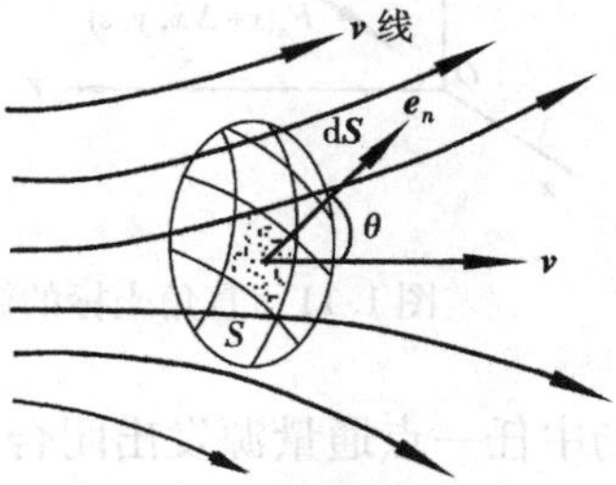

将上述流量的概念推广应用于任意闭合面,就得到流过闭面 S 的净流量,即 $\boldsymbol{v}$ 的闭合面积分,记为

$$\psi = \oint_S \boldsymbol{v}\cdot\mathrm{d}\boldsymbol{S} \tag{1.3.4}$$

图 1.10 液流场中的开面 S 及面元矢量 $\mathrm{d}\boldsymbol{S}$

按惯例,闭面上各 $\mathrm{d}\boldsymbol{S}$ 的方向规定为外法线方向,这样式(1.3.4)就表示流出闭面 S 的净流量,即从 S 内流出的流量与从外流入 S 的流量之差。$\psi > 0$ 表示流出多于流入,说明 S 内有产生液体的“正源”;$\psi < 0$ 说明 S 内有“吞食”液体的转换器或“负源”;$\psi = 0$ 表示流出与流入 S 的液体相等,S 内无“源”。可见 $\boldsymbol{v}$ 的闭合面积分具有检源作用。

矢量场的通量是液流场流量概念的推广。因此,矢量场 $\boldsymbol{F}(\boldsymbol{r})$ 的开面通量、闭合面通量应分别是 $\int_S \boldsymbol{F}\cdot\mathrm{d}\boldsymbol{S}$ 和 $\oint_S \boldsymbol{F}\cdot\mathrm{d}\boldsymbol{S}$,并且 $\oint_S \boldsymbol{F}\cdot\mathrm{d}\boldsymbol{S}$ 也有检源作用,即

$$\oint_S \boldsymbol{F}\cdot\mathrm{d}\boldsymbol{S} = 0 \xRightarrow{\text{意味着}} \text{闭面 } S \text{ 内无源}$$

$$\oint_S \boldsymbol{F}\cdot\mathrm{d}\boldsymbol{S} > 0 \xRightarrow{\text{意味着}} \text{闭面 } S \text{ 内有正源}$$

$$\oint_S \boldsymbol{F}\cdot d\boldsymbol{S} < 0 \xRightarrow{\text{意味着}} \text{闭面 } S \text{ 内有负源}$$

在直角坐标系中，设

$$\boldsymbol{F}(x,y,z) = F_x(x,y,z)\boldsymbol{e}_x + F_y(x,y,z)\boldsymbol{e}_y + F_z(x,y,z)\boldsymbol{e}_z$$
$$d\boldsymbol{S} = dydz\,\boldsymbol{e}_x + dxdz\,\boldsymbol{e}_y + dxdy\,\boldsymbol{e}_z$$

则通量可写成

$$\psi = \int_S \boldsymbol{F}\cdot d\boldsymbol{S} = \int_S F_x dydz + F_y dxdz + F_z dxdy \tag{1.3.5}$$

顺便指出，矢量场有两类不同性质的场源：一类是通量源，由其产生的矢量场具有在任意闭面上的通量不为零的特性；另一类则是下一节要提到的旋涡源。

2）尽管矢量场中的闭合面通量可用以判定闭面内通量源的有无及性质，但它却不能表明闭面内通量源的逐点分布情况。为了表征已知矢量场中各点通量源的强度，还需引入矢量场散度的概念。

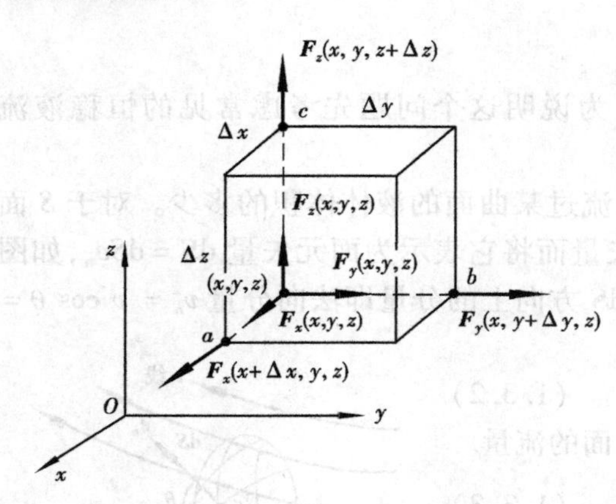

图 1.11　直角坐标的微分体积

设 $\boldsymbol{F}(\boldsymbol{r})$ 在其定义域 V 内是连续、可微的，对场中任一考察点 P，包围它作一微小闭合面 S，其内的体积为 ΔV。计算 $\oint_S \boldsymbol{F}\cdot d\boldsymbol{S}$，并让 ΔV 向着 P 点收缩，若极限 $\lim\limits_{\Delta V\to 0}\dfrac{\oint_S \boldsymbol{F}\cdot d\boldsymbol{S}}{\Delta V}$ 存在，就将它定义为 P 点处 $\boldsymbol{F}(\boldsymbol{r})$ 的散度（divergence），记作

$$\mathrm{div}\boldsymbol{F} = \lim_{\Delta V\to 0}\frac{\oint_S \boldsymbol{F}\cdot d\boldsymbol{S}}{\Delta V} \tag{1.3.6}$$

散度是标量，它表示穿出单位体积界定面的净通量。由 $\oint_S \boldsymbol{F}\cdot d\boldsymbol{S}$ 的检源性质可知，散度实质上是场中任一点通量源发出闭合面通量的能力，或者说是通量源强度的度量。散度通常是空间坐标的函数，它能描述通量源的逐点分布情况：若场中某点（区域）的散度为零，该点（区域）就是无源的；若场中某点的散度为正（负），该点就有正（负）源存在；若某区域内散度处处不为零，该区域为有源区。

下面根据散度定义式导出散度的直角坐标式。对矢量场 $\boldsymbol{F}(x,y,z)$ 中的任一点 (x,y,z)，以它为顶点作一个边长分别为 $\Delta x,\Delta y,\Delta z$ 的小平行六面体，其体积 $\Delta V=\Delta x\Delta y\Delta z$，如图 1.11 所示。为了计算六面体表面净通量的需要，图中除在 (x,y,z) 点标明了 $\boldsymbol{F}(x,y,z)$ 的三个分矢量之外，还在 a,b,c 三顶点处标明了 $\boldsymbol{F}_x(x+\Delta x,y,z)$，$\boldsymbol{F}_y(x,y+\Delta y,z)$ 和 $\boldsymbol{F}_z(x,y,z+\Delta z)$。根据泰勒级数可知

$$\boldsymbol{F}_x(x+\Delta x,y,z) \approx \left[F_x(x,y,z) + \frac{\partial F_x(x,y,z)}{\partial x}\Delta x\right]\boldsymbol{e}_x$$

$$\boldsymbol{F}_y(x,y+\Delta y,z) \approx \left[F_y(x,y,z) + \frac{\partial F_y(x,y,z)}{\partial y}\Delta y\right]\boldsymbol{e}_y$$

$$\boldsymbol{F}_z(x,y,z+\Delta z) \approx \left[F_z(x,y,z) + \frac{\partial F_z(x,y,z)}{\partial z}\Delta z\right]\boldsymbol{e}_z$$

在小平行六面体的任一小块面元上,矢量场的法向分量可看成近似不变,于是

$$\oint_S \boldsymbol{F}\cdot \mathrm{d}\boldsymbol{S} \approx \left[\left(F_x + \frac{\partial F_x}{\partial x}\Delta x\right)\Delta y\Delta z - F_x\Delta y\Delta z\right] + \left[\left(F_y + \frac{\partial F_y}{\partial y}\Delta y\right)\Delta x\Delta z - F_y\Delta x\Delta z\right] + \left[\left(F_z + \frac{\partial F_z}{\partial z}\Delta z\right)\Delta x\Delta y - F_z\Delta x\Delta y\right] = \left(\frac{\partial F_x}{\partial x} + \frac{\partial F_y}{\partial y} + \frac{\partial F_z}{\partial z}\right)\Delta V$$

应用式(1.3.6),即得

$$\mathrm{div}\boldsymbol{F} = \lim_{\Delta V\to 0}\frac{\oint_S \boldsymbol{F}\cdot \mathrm{d}\boldsymbol{S}}{\Delta V} = \frac{\partial F_x}{\partial x} + \frac{\partial F_y}{\partial y} + \frac{\partial F_z}{\partial z} \tag{1.3.7}$$

或写成

$$\nabla\cdot\boldsymbol{F} = \frac{\partial F_x}{\partial x} + \frac{\partial F_y}{\partial y} + \frac{\partial F_z}{\partial z} \tag{1.3.8}$$

今后,一律用符号$\nabla\cdot\boldsymbol{F}$表示$\boldsymbol{F}(\boldsymbol{r})$的散度,并相应称“$\nabla\cdot$”为散度算符。

3)有关散度运算的几个关系式

①对于相对坐标矢量函数$\boldsymbol{F}(\boldsymbol{r}-\boldsymbol{r}')$,有

$$\nabla\cdot\boldsymbol{F} = -\nabla'\cdot\boldsymbol{F} \tag{1.3.9}$$

等式两边的散度是分别对场点坐标和源点坐标进行的,其证明方法可参照式(1.2.10)。

②相对位置矢量$\boldsymbol{R}(\boldsymbol{r}-\boldsymbol{r}')$的散度为

$$\nabla\cdot\boldsymbol{R} = 3 \tag{1.3.10}$$

③对于标量场$f(\boldsymbol{r})$和矢量场$\boldsymbol{F}(\boldsymbol{r})$之积$f\boldsymbol{F}$,有

$$\nabla\cdot(f\boldsymbol{F}) = f\nabla\cdot\boldsymbol{F} + \nabla f\cdot\boldsymbol{F} \tag{1.3.11}$$

设

$$f(\boldsymbol{r}) = f(x,y,z)$$

$$\boldsymbol{F}(x,y,z) = F_x(x,y,z)\boldsymbol{e}_x + F_y(x,y,z)\boldsymbol{e}_y + F_z(x,y,z)\boldsymbol{e}_z$$

则

$$\begin{aligned}\nabla\cdot(f\boldsymbol{F}) &= \nabla\cdot(fF_x\boldsymbol{e}_x + fF_y\boldsymbol{e}_y + fF_z\boldsymbol{e}_z)\\ &= \frac{\partial}{\partial x}(fF_x) + \frac{\partial}{\partial y}(fF_y) + \frac{\partial}{\partial z}(fF_z)\\ &= \left(f\frac{\partial F_x}{\partial x} + F_x\frac{\partial f}{\partial x}\right) + \left(f\frac{\partial F_y}{\partial y} + F_y\frac{\partial f}{\partial y}\right) + \left(f\frac{\partial F_z}{\partial z} + F_z\frac{\partial f}{\partial z}\right)\\ &= f\left(\frac{\partial F_x}{\partial x} + \frac{\partial F_y}{\partial y} + \frac{\partial F_z}{\partial z}\right) + \left(F_x\frac{\partial f}{\partial x} + F_y\frac{\partial f}{\partial y} + F_z\frac{\partial f}{\partial z}\right)\\ &= f\nabla\cdot\boldsymbol{F} + \nabla f\cdot\boldsymbol{F}\end{aligned}$$

④对于$\boldsymbol{R}$及其模R,有

$$\nabla\cdot\frac{\boldsymbol{R}}{R^3} = 0 \tag{1.3.12}$$

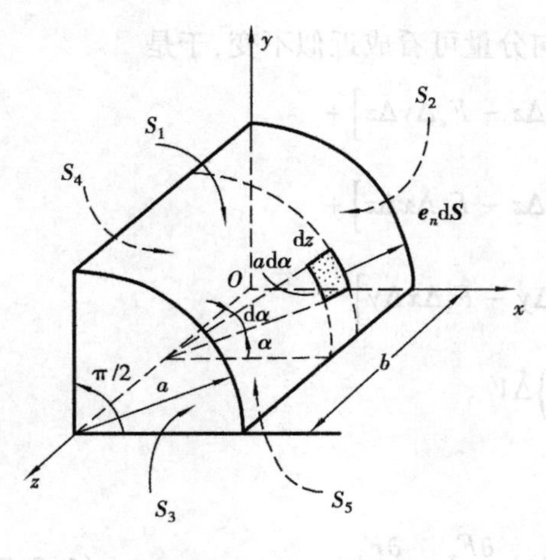

图 1.12　例 1.2 附图

式(1.3.12)可以用式(1.3.11)、式(1.3.10)及式(1.2.11)予以证明,过程略。

例 1.2　已知 $\boldsymbol{F}(x,y,z) = yz\boldsymbol{e}_x + xz\boldsymbol{e}_y + xyz\boldsymbol{e}_z$,如图 1.12 所示,试求它穿过闭合面的部分圆柱面 S_1 的通量。

解　在 S_1 面上有圆的参数方程:

$$x = a\cos\alpha$$

$$y = a\sin\alpha$$

于是可将 S_1 上的 $\boldsymbol{F}$ 写成

$$\boldsymbol{F} = az\sin\alpha\,\boldsymbol{e}_x + az\cos\alpha\,\boldsymbol{e}_y + a^2z\sin\alpha\cos\alpha\,\boldsymbol{e}_z$$

又因

$$\mathrm{d}\boldsymbol{S}_1 = a\mathrm{d}\alpha\mathrm{d}z\,\boldsymbol{e}_n$$

则

$$\begin{aligned}\boldsymbol{F}\cdot\mathrm{d}\boldsymbol{S}_1 &= [a^2z\sin\alpha(\boldsymbol{e}_x\cdot\boldsymbol{e}_n) + a^2z\cos\alpha(\boldsymbol{e}_y\cdot\boldsymbol{e}_n) + \\ &\quad a^3z\sin\alpha\cos\alpha(\boldsymbol{e}_z\cdot\boldsymbol{e}_n)]\mathrm{d}\alpha\mathrm{d}z \\ &= 2a^2z\sin\alpha\cos\alpha\,\mathrm{d}\alpha\mathrm{d}z\end{aligned}$$

所以

$$\begin{aligned}\int_{S_1}\boldsymbol{F}\cdot\mathrm{d}\boldsymbol{S}_1 &= \int_0^{\pi/2}\left[a^2\sin\alpha\cos\alpha\left(\int_0^b 2z\mathrm{d}z\right)\right]\mathrm{d}\alpha \\ &= a^2b^2\int_0^{\pi/2}\sin\alpha\cos\alpha\,\mathrm{d}\alpha = \frac{a^2b^2}{2}\sin^2\alpha\bigg|_0^{\pi/2} = \frac{a^2b^2}{2}\end{aligned}$$

1.4　矢量场的环量及旋度

1)对于矢量场,还必须研究它的环量(矢量场的闭合线积分)与旋度。这里先就变力做功问题引入矢量场线积分和环量的概念。

力场用 $\boldsymbol{F}(\boldsymbol{r})$ 表示,现求其沿图 1.13 所示路径 l 由 a 点到 b 点所做的功。将 l 划分为 N 个近似为直线的元段,并根据 a 到 b 的走向将各元段表示为线元矢量。设第 i 个线元矢量 $\Delta\boldsymbol{l}_i$ 与其上近似不变的力 $\boldsymbol{F}_i$ 之间的夹角为 θ_i,$\boldsymbol{F}_i$ 在 $\Delta\boldsymbol{l}_i$ 方向上的分量为 $F_i\cos\theta_i$,则元功为

$$\Delta A_i \approx F_i\Delta l_i\cos\theta_i = \boldsymbol{F}_i\cdot\Delta\boldsymbol{l}_i$$

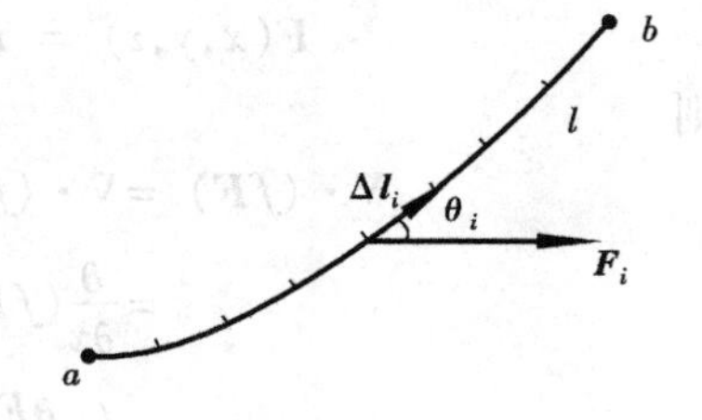

图 1.13　一段积分路径及其细分

将所有元段上的元功累加起来,并求 $N\to\infty$,$\Delta l_i\to 0$ 时它的极限,即得沿路径 l 由 a 到 b 变力 $\boldsymbol{F}(\boldsymbol{r})$ 做功的精确值

$$A = \lim_{\substack{N\to\infty\\ \Delta l\to 0}}\left(\sum_{i=1}^{N}\boldsymbol{F}_i\cdot\Delta\boldsymbol{l}_i\right) = \int_l \boldsymbol{F}\cdot\mathrm{d}\boldsymbol{l} \tag{1.4.1}$$

若将式(1.4.1)的 $\boldsymbol{F}(\boldsymbol{r})$ 看成是任意的矢量场,则 $\int_l \boldsymbol{F}\cdot\mathrm{d}\boldsymbol{l}$ 就代表矢量场 $\boldsymbol{F}(\boldsymbol{r})$ 沿路径 l 的线积分。

矢量场的环量(circulation)用 C 表示,它是上述矢量场线积分概念推广应用于闭合路径的结果,因此,$\boldsymbol{F}(\boldsymbol{r})$ 的环量即是该矢量场的闭合线积分

$$C = \oint_l \boldsymbol{F} \cdot \mathrm{d}\boldsymbol{l} \tag{1.4.2}$$

矢量场的环量可以为零,也可以不为零。对于场中的任意闭合路径 l,若有 $\oint_l \boldsymbol{F} \cdot \mathrm{d}\boldsymbol{l} = 0$,该矢量场就是保守场或守恒场,静电场就是保守场的一个实例。而液流场则是环量不为零的具体例子,我们都见过旋涡存在处液流(或其中的漂浮物)沿闭合路径流动的情景,在液体流经包围着旋涡的任一闭合路径上必有 $\oint_l \boldsymbol{F} \cdot \mathrm{d}\boldsymbol{l} \neq 0$。环量可不为零的矢量场叫做旋涡场,其场源称为旋涡源。矢量场的环量与其闭合路径所围部分旋涡源之间的这种关联性,使环量具有检源作用,这正是之所以要研究矢量场环量特性的理由。

在直角坐标系中,设

$$\boldsymbol{F}(x,y,z) = F_x(x,y,z)\boldsymbol{e}_x + F_y(x,y,z)\boldsymbol{e}_y + F_z(x,y,z)\boldsymbol{e}_z$$
$$\mathrm{d}\boldsymbol{l} = \mathrm{d}x\,\boldsymbol{e}_x + \mathrm{d}y\,\boldsymbol{e}_y + \mathrm{d}z\,\boldsymbol{e}_z$$

则环量可写成

$$C = \oint_l \boldsymbol{F} \cdot \mathrm{d}\boldsymbol{l} = \oint_l (F_x\mathrm{d}x + F_y\mathrm{d}y + F_z\mathrm{d}z) \tag{1.4.3}$$

2)为了表征矢量场各处旋涡源产生环量的能力,描述旋涡源的空间分布特性,还要引入矢量场旋度的概念。

在区域 V 中连续、可微的矢量场 $\boldsymbol{F}(\boldsymbol{r})$ 中,过考察点 P 任作一面元 ΔS,并指定其法向单位矢量为 $\boldsymbol{e}_{n'}$,则面元矢量 $\Delta \boldsymbol{S} = \Delta S \boldsymbol{e}_{n'}$。面元的周界用 l 表示,其环行方向与 $\Delta \boldsymbol{S}$ 的方向按惯例应符合右手法则,如图1.14所示。

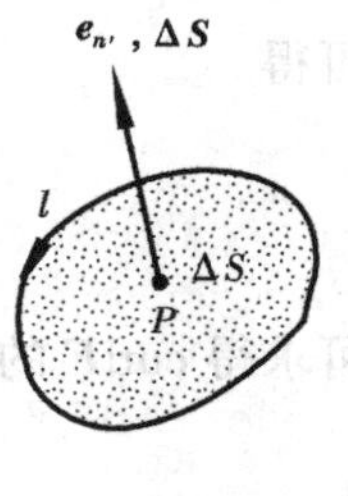

图1.14　面元法向矢量与周界环行方向的右手关系

沿 l 的环行方向求 $\oint_l \boldsymbol{F} \cdot \mathrm{d}\boldsymbol{l}$,保持 $\Delta \boldsymbol{S}$ 的方向不变而让 $\Delta \boldsymbol{S}$ 向着 P 点收缩,若极限 $\lim\limits_{\Delta S \to 0} \dfrac{\oint_l \boldsymbol{F} \cdot \mathrm{d}\boldsymbol{l}}{\Delta S}$ 存在,其值就表示 P 点处 $\Delta \boldsymbol{S}$ 为某特定取向时在单位面积周界上 $\boldsymbol{F}(\boldsymbol{r})$ 的环量。当 $\Delta \boldsymbol{S}$ 作不同取向时,同一点上的上述极限值是不同的。这种多值性表明该极限值不能用来表征在某点处产生环量的能力。然而,对矢量场中的任一点来说,使极限 $\lim\limits_{\Delta S \to 0} \dfrac{\oint_l \boldsymbol{F} \cdot \mathrm{d}\boldsymbol{l}}{\Delta S}$ 为正极大值的 $\Delta \boldsymbol{S}$ 的方向则是一定的,如果把这个方向定为 $\boldsymbol{e}_n$,则该极限值的大小和方向称为矢量场 $\boldsymbol{F}(\boldsymbol{r})$ 的旋度,并记为

$$\mathrm{curl}\,\boldsymbol{F} = \left[\lim_{\Delta S \to 0} \frac{\oint_l \boldsymbol{F} \cdot \mathrm{d}\boldsymbol{l}}{\Delta S}\right]_{\max} \boldsymbol{e}_n \tag{1.4.4}$$

矢量场 $\boldsymbol{F}(\boldsymbol{r})$ 的旋度一般是矢量坐标函数,它具有逐点检源作用,因而可用来度量旋涡源的强度,并表征旋涡源的空间分布特性。

通过 $\mathrm{curl}\,\boldsymbol{F}$,可以求得 $\Delta \boldsymbol{S}$ 任意取向时任一点处单位面积上的环量,它就是 $\mathrm{curl}\boldsymbol{F}$ 在 $\Delta \boldsymbol{S}$ 方

向上的分量,如图 1.14 所示的情况有

$$(\text{curl}\,\boldsymbol{F})_{n'} = \text{curl}\,\boldsymbol{F}\cdot\boldsymbol{e}_{n'} = \lim_{\Delta S\to 0}\frac{\oint_l \boldsymbol{F}\cdot \mathrm{d}\boldsymbol{l}}{\Delta S} \tag{1.4.5}$$

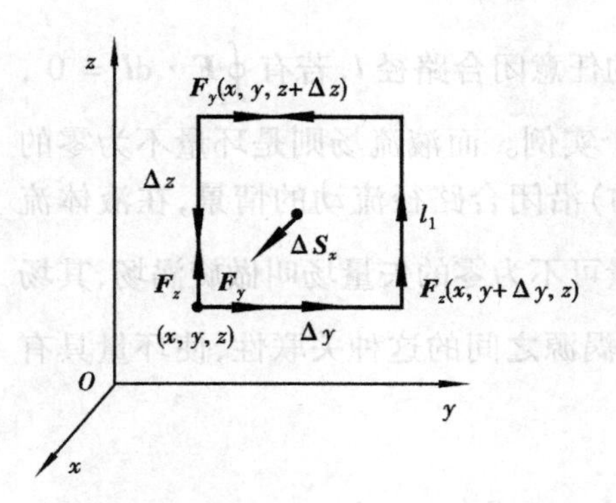

图 1.15 推导旋度的直角坐标式所取的面元和它的围线

下面根据旋度的定义式导出旋度的直角坐标式。这归结为求 curl$\boldsymbol{F}$ 的三个分量$(\text{curl}\boldsymbol{F})_x$,$(\text{curl}\boldsymbol{F})_y$,$(\text{curl}\boldsymbol{F})_z$的表达式的问题。先求 curl$\boldsymbol{F}$ 的 x 分量,对于矢量场中的任一考察点(x,y,z),以其为顶点作平行于 yOz 坐标面的矩形面元 $\Delta S_x = \Delta y\Delta z$,围线 l 的环行方向取成逆时针的,如图 1.15 所示。在图上,计算环量要用到的矢量场的四个分量均已示出。由图 1.15 可知

$$\begin{aligned}\oint_l \boldsymbol{F}\cdot \mathrm{d}\boldsymbol{l} &\approx F_y(x,y,z)\Delta y + F_z(x,y+\Delta y,z)\Delta z - \\ &\quad F_y(x,y,z+\Delta z)\Delta y - F_z(x,y,z)\Delta z \\ &\approx F_y(x,y,z)\Delta y + \left[F_z(x,y,z) + \frac{\partial F_z(x,y,z)}{\partial y}\Delta y\right]\Delta z - \\ &\quad \left[F_y(x,y,z) + \frac{\partial F_y(x,y,z)}{\partial z}\Delta z\right]\Delta y - F_z(x,y,z)\Delta z \\ &= \left(\frac{\partial F_z}{\partial y} - \frac{\partial F_y}{\partial z}\right)\Delta y\Delta z = \left(\frac{\partial F_z}{\partial y} - \frac{\partial F_y}{\partial z}\right)\Delta S_x\end{aligned}$$

于是可得

$$(\text{curl}\boldsymbol{F})_x = \lim_{\Delta S_x\to 0}\frac{\oint_l \boldsymbol{F}\cdot \mathrm{d}\boldsymbol{l}}{\Delta S_x} = \frac{\partial F_z}{\partial y} - \frac{\partial F_y}{\partial z}$$

同理可求得 curl$\boldsymbol{F}$ 的 y,z 分量

$$(\text{curl}\boldsymbol{F})_y = \frac{\partial F_x}{\partial z} - \frac{\partial F_z}{\partial x},\ (\text{curl}\boldsymbol{F})_z = \frac{\partial F_y}{\partial x} - \frac{\partial F_x}{\partial y}$$

所以

$$\text{curl}\boldsymbol{F} = \left(\frac{\partial F_z}{\partial y} - \frac{\partial F_y}{\partial z}\right)\boldsymbol{e}_x + \left(\frac{\partial F_x}{\partial z} - \frac{\partial F_z}{\partial x}\right)\boldsymbol{e}_y + \left(\frac{\partial F_y}{\partial x} - \frac{\partial F_x}{\partial y}\right)\boldsymbol{e}_z \tag{1.4.6}$$

或用∇算符将其写成

$$\nabla\times\boldsymbol{F} = \begin{vmatrix}\boldsymbol{e}_x & \boldsymbol{e}_y & \boldsymbol{e}_z \\ \dfrac{\partial}{\partial x} & \dfrac{\partial}{\partial y} & \dfrac{\partial}{\partial z} \\ F_x & F_y & F_z\end{vmatrix} \tag{1.4.7}$$

今后,$\boldsymbol{F}(\boldsymbol{r})$的旋度一律用符号$\nabla\times\boldsymbol{F}$ 表示,并相应称“∇×”为旋度算符。符号$\nabla\times\boldsymbol{F}$ 对任意正交坐标系均适用,但不同坐标系中$\nabla\times\boldsymbol{F}$ 的具体形式不同。

以上表明,从运算来说,矢量场的旋度不过是将矢量场转换为另一新矢量场的微分运算而已,其中所包含的 6 个偏导数都是场分量在其横方向上的偏导数,故称为横向偏导数。

3)有关旋度的几个关系式。

①对于相对位置矢量的旋度为零,即

$$\nabla\times\boldsymbol{R}=0 \tag{1.4.8}$$

②对于$f(\boldsymbol{r})$与$\boldsymbol{F}(\boldsymbol{r})$之积$f\boldsymbol{F}$有恒等式

$$\nabla\times(f\boldsymbol{F})=f(\nabla\times\boldsymbol{F})+\nabla f\times\boldsymbol{F} \tag{1.4.9}$$

③对于$f(R)$与$\boldsymbol{R}$之积,有

$$\nabla\times[f(R)\boldsymbol{R}]=0 \tag{1.4.10}$$

式(1.4.8)~式(1.4.10)的证明可参阅前面的方法。

例 1.3　已知$\boldsymbol{F}=(2x-y-z)\boldsymbol{e}_x+(x+y-z^2)\boldsymbol{e}_y+(3x-2y+4z)\boldsymbol{e}_z$,试就图 1.16 所示 xOy 平面上以原点为圆心、3 为半径的圆形路径,求 $\boldsymbol{F}$ 沿其逆时针方向的环量。

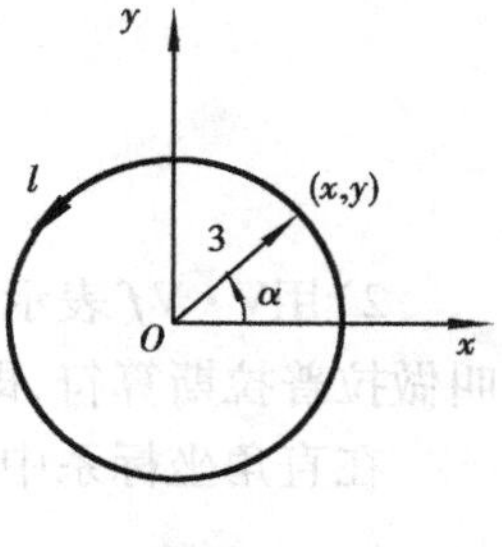

图 1.16　例 1.3 附图

解　在 xOy 平面上,有

$$\boldsymbol{F}=(2x-y)\boldsymbol{e}_x+(x+y)\boldsymbol{e}_y+(3x-2y)\boldsymbol{e}_z$$

$$\mathrm{d}\boldsymbol{l}=\mathrm{d}x\boldsymbol{e}_x+\mathrm{d}y\boldsymbol{e}_y$$

$$\oint_l\boldsymbol{F}\cdot\mathrm{d}\boldsymbol{l}=\oint_l[(2x-y)\mathrm{d}x+(x+y)\mathrm{d}y]$$

为简化计算,可将圆的参数方程

$$x=3\cos\alpha,y=3\sin\alpha$$

代入上式,并注意到α的上、下限为0和2π,则

$$\oint_l\boldsymbol{F}\cdot\mathrm{d}\boldsymbol{l}=\int_0^{2\pi}\left\{[2(3\cos\alpha)-3\sin\alpha](-3\sin\alpha)\mathrm{d}\alpha+(3\cos\alpha+3\sin\alpha)(3\cos\alpha)\mathrm{d}\alpha\right\}$$

$$=\int_0^{2\pi}[9(\sin^2\alpha+\cos^2\alpha)-9\sin\alpha\cos\alpha]\mathrm{d}\alpha$$

$$=\int_0^{2\pi}9(1-\sin\alpha\cos\alpha)\mathrm{d}\alpha=9\left(\alpha-\frac{1}{2}\sin^2\alpha\right)\Big|_0^{2\pi}=18\pi$$

1.5　场函数的高阶微分运算

标量场的梯度、矢量场的散度和旋度,是场函数的三种基本微分运算,简称“三度”运算,它们可用∇算符分别记为∇f,$\nabla\cdot\boldsymbol{F}$和$\nabla\times\boldsymbol{F}$。三度运算的实质或作用,是将一种场转换为另一种场。从理论上讲,对于三度运算所得到的新场函数,只要它们是连续可微的,就可继续施行相应合理的微分运算,即所谓高阶(二阶及二阶以上的)微分运算。场函数的二阶运算有五种:标量场梯度的散度($\nabla\cdot\nabla f$)、标量场梯度的旋度($\nabla\times\nabla f$)、矢量场散度的梯度($\nabla(\nabla\cdot\boldsymbol{F})$)、矢量场旋度的散度($\nabla\cdot(\nabla\times\boldsymbol{F})$)以及矢量场旋度的旋度($\nabla\times(\nabla\times\boldsymbol{F})$)。

1)关于场函数的二阶微分运算,有两个极为重要的恒等式

$$(\nabla\times\nabla f)=0 \tag{1.5.1}$$

$$\nabla\cdot(\nabla\times\boldsymbol{F})=0 \tag{1.5.2}$$

前者是说任何标量场梯度的旋度恒为零,后者表明任何矢量场旋度的散度恒为零。其简单证明如下:

$$\nabla\times\nabla f=\begin{vmatrix}e_x & e_y & e_z\\ \dfrac{\partial}{\partial x} & \dfrac{\partial}{\partial y} & \dfrac{\partial}{\partial z}\\ \dfrac{\partial f}{\partial x} & \dfrac{\partial f}{\partial y} & \dfrac{\partial f}{\partial z}\end{vmatrix}=0$$

和

$$\nabla\cdot(\nabla\times \boldsymbol{F})=\begin{vmatrix}\dfrac{\partial}{\partial x} & \dfrac{\partial}{\partial y} & \dfrac{\partial}{\partial z}\\ \dfrac{\partial}{\partial x} & \dfrac{\partial}{\partial y} & \dfrac{\partial}{\partial z}\\ F_x & F_y & F_z\end{vmatrix}=0$$

2)用$\nabla\cdot\nabla f$表示标量场梯度的散度时，考虑到$\nabla\cdot\nabla$可以写成∇^2，于是有$\nabla\cdot\nabla f=\nabla^2 f$。$\nabla^2$也叫做拉普拉斯算符，即标量场$f(\boldsymbol{r})$的梯度的散度就是$f(\boldsymbol{r})$的拉普拉斯运算，反之亦然。

在直角坐标系中，由式(1.2.5)和式(1.2.9)得知

$$\nabla^2 f=\nabla\cdot\nabla f=\frac{\partial^2 f}{\partial x^2}+\frac{\partial^2 f}{\partial y^2}+\frac{\partial^2 f}{\partial z^2} \tag{1.5.3}$$

所以有

$$\nabla^2=\frac{\partial^2}{\partial x^2}+\frac{\partial^2}{\partial y^2}+\frac{\partial^2}{\partial z^2} \tag{1.5.4}$$

这表明∇^2是一个二阶微分标量算符，它在不同正交坐标系中的具体形式是不同的。

∇^2算符也可作用于矢量场，该种运算出现在矢量场的旋度的旋度展开式中，即

$$\nabla\times(\nabla\times\boldsymbol{F})=\nabla(\nabla\cdot\boldsymbol{F})-(\nabla\cdot\nabla)\boldsymbol{F}=\nabla(\nabla\cdot\boldsymbol{F})-\nabla^2\boldsymbol{F} \tag{1.5.5}$$

式(1.5.5)实为$\nabla^2\boldsymbol{F}$的定义式(即$\nabla^2\boldsymbol{F}=\nabla(\nabla\cdot\boldsymbol{F})-\nabla\times(\nabla\times\boldsymbol{F})$)，它表明$\nabla^2$算符作用于矢量场的结果将得到一个新的矢量场。虽然$\nabla^2\boldsymbol{F}$也可叫做$\boldsymbol{F}(\boldsymbol{r})$的拉普拉斯，但却不能像$\nabla^2 f$那样将$\nabla^2\boldsymbol{F}$说成是$\boldsymbol{F}(\boldsymbol{r})$的梯度的散度，因为对矢量场的梯度未作定义。

在直角坐标系中，$\nabla^2\boldsymbol{F}$的三个分量分别是F_x,F_y,F_z的拉普拉斯，即

$$\nabla^2\boldsymbol{F}=\boldsymbol{e}_x\nabla^2F_x+\boldsymbol{e}_y\nabla^2F_y+\boldsymbol{e}_z\nabla^2F_z \tag{1.5.6}$$

但在其他正交坐标系中，$\nabla^2\boldsymbol{F}$三个分量只能是组合矢量场$\nabla(\nabla\cdot\boldsymbol{F})-\nabla\times(\nabla\times\boldsymbol{F})$的三个分量。

3)两个与∇^2算符有关的恒等式。

①对于相对坐标标量函数$f(\boldsymbol{r}-\boldsymbol{r}')$

$$\nabla^2 f=\nabla'^2 f \tag{1.5.7}$$

式中，∇^2和∇'^2分别表示对场点坐标和源点坐标的拉普拉斯。

②对于相对位置矢量$\boldsymbol{R}$及其模R，有

$$\nabla^2\boldsymbol{R}=0 \tag{1.5.8}$$

$$\nabla^2\frac{1}{R}=0\qquad(R\neq 0) \tag{1.5.9}$$

因为

$$\nabla^2 \boldsymbol{R} = \nabla(\nabla\cdot\boldsymbol{R}) - \nabla\times(\nabla\times\boldsymbol{R}) = \nabla 3 - \nabla\times 0 = 0$$

$$\nabla^2\frac{1}{R} = \nabla\cdot\nabla\frac{1}{R} = \nabla\cdot\left(-\frac{\boldsymbol{R}}{R^3}\right) = -\nabla\cdot\frac{\boldsymbol{R}}{R^3} = 0 \qquad (R\neq 0)$$

式(1.5.9)最后结果的得出利用了式(1.3.11)。

例1.4　计算$\nabla\cdot\left(r\nabla\frac{1}{r^3}\right)$。

解

$$\begin{aligned}\nabla\cdot\left(r\nabla\frac{1}{r^3}\right) &= \nabla\cdot\left[r\left(-\frac{3}{r^4}\nabla r\right)\right] = \nabla\cdot\left(-\frac{3}{r^3}\cdot\frac{\boldsymbol{r}}{r}\right) = -3\,\nabla\cdot\frac{\boldsymbol{r}}{r^4}\\ &= -3\left(\frac{1}{r^4}\nabla\cdot\boldsymbol{r} + \nabla\frac{1}{r^4}\cdot\boldsymbol{r}\right) = -3\left(\frac{3}{r^4} - \frac{4}{r^5}\nabla r\cdot\boldsymbol{r}\right)\\ &= -3\left(\frac{3}{r^4} - \frac{4}{r^5}\frac{\boldsymbol{r}}{r}\cdot\boldsymbol{r}\right) = -3\left(\frac{3}{r^4} - \frac{4}{r^4}\right) = 3r^{-4}\end{aligned}$$

1.6　矢量场的积分定理

1.6.1　高斯散度定理

高斯散度定理是基本的积分定理之一，它表明：在闭面S上及S所包围的区域V内，只要$\boldsymbol{F}(\boldsymbol{r})$有连续的一阶偏导数，则$\boldsymbol{F}(\boldsymbol{r})$在$S$上的闭合面积分等于该矢量场的散度$\nabla\cdot\boldsymbol{F}$在$V$内的体积分，即有

$$\oint_S \boldsymbol{F}\cdot\mathrm{d}\boldsymbol{S} = \int_V (\nabla\cdot\boldsymbol{F})\,\mathrm{d}V \tag{1.6.1}$$

为证明此定理，将闭面S所包围的区域V(假定其中无空腔)划分成N个体积元，图1.17(a)所示为一部分体积元，其任一体积元用ΔV_i表示，相应的闭合表面则为S_i。显然，除组成外表面S的那些面元之外，其他处于V内的每块内部面元都是两相邻体积元所共有的公共面元。在图1.17(b)所示1，2号体积元闭合表面S_1，S_2的公共面元上，分别画出了相应外法向单位矢量$\boldsymbol{e}_{n1}$和$\boldsymbol{e}_{n2}$，由于二者方向相反，使得该公共面元上$\boldsymbol{F}$的元通量对S_1来说若是一个正值，对S_2来说就必然是一个负值，这一正一负的两元通量在求各体积元表面的闭合表面通量的总和时将互相抵消。于是，总通量仅为所有非公共的外表面面元上元通量之和(外表面S上的闭合面通量)，即

$$\oint_S \boldsymbol{F}\cdot\mathrm{d}\boldsymbol{S} = \sum_{i=1}^{N}\oint_{S_i}\boldsymbol{F}\cdot\mathrm{d}\boldsymbol{S}_i$$

或写成

$$\oint_S \boldsymbol{F}\cdot\mathrm{d}\boldsymbol{S} = \sum_{i=1}^{N}\frac{\oint_{S_i}\boldsymbol{F}\cdot\mathrm{d}\boldsymbol{S}_i}{\Delta V_i}\Delta V_i$$

取$N\to\infty$，$\Delta V_i\to 0$的极限，可得

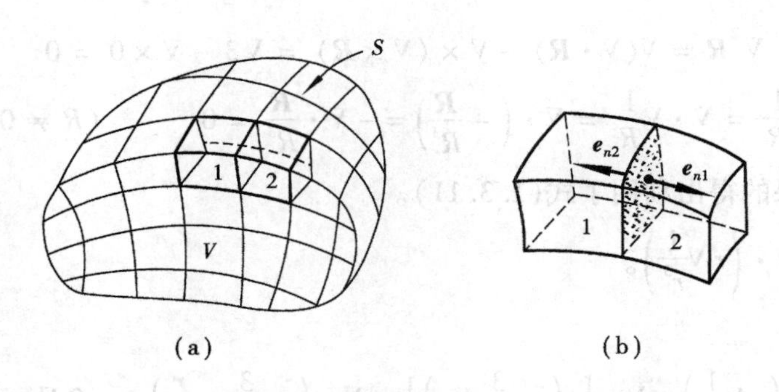

图 1.17　证明高斯定理将区域细分

$$\oint_S \boldsymbol{F}\cdot \mathrm{d}\boldsymbol{S} = \lim_{\substack{N\to\infty\\ \Delta V_i\to 0}}\left[\sum_{i=1}^{N}\frac{\oint_{Si}\boldsymbol{F}\cdot \mathrm{d}\boldsymbol{S}_i}{\Delta V_i}\Delta V_i\right] = \sum_{i=1}^{\infty}\left[\lim_{\Delta V_i\to 0}\frac{\oint_{S_i}\boldsymbol{F}\cdot \mathrm{d}\boldsymbol{S}_i}{\Delta V_i}\Delta V_i\right]$$

$$= \int_V (\nabla\cdot\boldsymbol{F})\mathrm{d}V$$

高斯散度定理对复连域同样适用。借助高斯散度定理，可以实现矢量场散度的体积分与该矢量场的闭合面积分两种运算的相互转换。

1.6.2　斯托克斯定理

斯托克斯定理与高斯散度定理有着同等重要的意义，它表明：矢量 $\boldsymbol{F}(\boldsymbol{r})$ 沿任一闭合路径 l 的环量，等于 $\boldsymbol{F}(\boldsymbol{r})$ 的旋度在该闭合路径界定的任一曲面 S 上的通量，即

$$\oint_l \boldsymbol{F}\cdot \mathrm{d}\boldsymbol{l} = \int_S (\nabla\times\boldsymbol{F})\cdot \mathrm{d}\boldsymbol{S} \tag{1.6.2}$$

式中，$\boldsymbol{l}$ 的循环方向与 $\mathrm{d}\boldsymbol{S}$ 的方向应符合右手定则，且 $\boldsymbol{F}(\boldsymbol{r})$ 在 l 和 S 上应有连续的一阶偏导数。

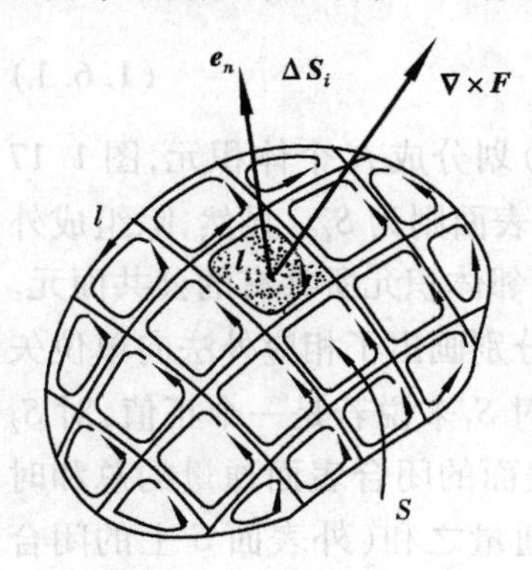

图 1.18　证明斯托克斯定理将 S 面细分

考虑图 1.18 所示由一闭合曲线 l 所界定的任一无孔洞的曲面 S（单连域），将其划分为 N 个面元，任一面元及其围线分别用 ΔS_i 和 l_i 表示。选 l 的循行方向为逆时针的，l_i 的循行方向亦应如此。注意到除组成围线 l 的各段线元之外，其余内部线元均为相邻两面元所公有，因而所有内部的公共线元对计算 $\boldsymbol{F}(\boldsymbol{r})$ 在各面元围线上环量之总和没有贡献，该总环量仅为组成外围线 l 的各非公共线元段上 $\boldsymbol{F}(\boldsymbol{r})$ 的线积分之和，即有

$$\oint_l \boldsymbol{F}\cdot \mathrm{d}\boldsymbol{l} = \sum_{i=1}^{N}\oint_{l_i}\boldsymbol{F}\cdot \mathrm{d}\boldsymbol{l}_i$$

或写成

$$\oint_l \boldsymbol{F}\cdot \mathrm{d}\boldsymbol{l} = \sum_{i=1}^{N}\frac{\oint_{l_i}\boldsymbol{F}\cdot \mathrm{d}\boldsymbol{l}_i}{\Delta S_i}\Delta S_i$$

取 $N\to\infty$，$\Delta S_i\to 0$ 的极限，便得到

$$\oint_l \boldsymbol{F}\cdot \mathrm{d}\boldsymbol{l} = \lim_{\substack{N\to\infty\\ \Delta S_i\to 0}}\left[\sum_{i=1}^{N}\frac{\oint_{l_i}\boldsymbol{F}\cdot \mathrm{d}\boldsymbol{l}_i}{\Delta S_i}\Delta S_i\right] = \sum_{i=1}^{\infty}\left[\lim_{\Delta S_i\to 0}\frac{\oint_{l_i}\boldsymbol{F}\cdot \mathrm{d}\boldsymbol{l}_i}{\Delta S_i}\Delta S_i\right]$$

$$= \int_S [(\nabla \times \boldsymbol{F}) \cdot \boldsymbol{e}_n \mathrm{d}S] = \int_S (\nabla \times \boldsymbol{F}) \cdot \mathrm{d}\boldsymbol{S}$$

斯托克斯定理也适用于由两条或更多不相交的闭合曲线共同界定的曲面——多连域。应用斯托克斯定理,可按需要实现该定理所涉及的两种积分运算之间的相互转换。

1.6.3　格林公式

格林公式是将高斯散度定理应用于一类特殊矢量场所得到的结果。令式(1.6.1)中的矢量场

$$\boldsymbol{F}(\boldsymbol{r}) = \varphi(\boldsymbol{r}) \nabla \psi(\boldsymbol{r})$$

两任意标量场 $\varphi(\boldsymbol{r})$,$\psi(\boldsymbol{r})$ 在所考虑区域 V 内应有连续的二阶偏导数,在 V 的闭合边界 S 上应有连续的一阶偏导数。于是有

$$\oint_S (\varphi \nabla \psi) \cdot \mathrm{d}\boldsymbol{S} = \int_V [\nabla \cdot (\varphi \nabla \psi) \mathrm{d}V]$$

由式(1.3.11)可知

$$\nabla \cdot (\varphi \nabla \psi) = \varphi(\nabla \cdot \nabla \psi) + \nabla \varphi \cdot \nabla \psi = \varphi \nabla^2 \psi + \nabla \varphi \cdot \nabla \psi$$

于是得格林第一公式:

$$\oint_S (\varphi \nabla \psi) \cdot \mathrm{d}\boldsymbol{S} = \oint_S \varphi \frac{\partial \psi}{\partial n} \mathrm{d}S = \int_V (\varphi \nabla^2 \psi + \nabla \varphi \cdot \nabla \psi) \mathrm{d}V \tag{1.6.3}$$

式中,$\frac{\partial \psi}{\partial n} = (\nabla \psi)_n = \nabla \psi \cdot \boldsymbol{e}_n$ 是 ψ 在 S 面上的外法向导数。

将式(1.6.3)中 φ 和 ψ 的位置交换,又得

$$\oint_S (\psi \nabla \varphi) \cdot \mathrm{d}\boldsymbol{S} = \oint_S \psi \frac{\partial \varphi}{\partial n} \mathrm{d}S = \int_V (\psi \nabla^2 \varphi + \nabla \psi \cdot \nabla \varphi) \mathrm{d}V \tag{1.6.4}$$

式中,$\frac{\partial \varphi}{\partial n} = \nabla \varphi \cdot \boldsymbol{e}_n$ 是 φ 在 S 上的外法向导数。

式(1.6.3)与式(1.6.4)相减,即得格林第二公式

$$\oint_S (\varphi \nabla \psi - \psi \nabla \varphi) \cdot \mathrm{d}\boldsymbol{S} = \oint_S \left(\varphi \frac{\partial \psi}{\partial n} - \psi \frac{\partial \varphi}{\partial n}\right) \mathrm{d}S$$

$$= \int_V (\varphi \nabla^2 \psi - \psi \nabla^2 \varphi) \mathrm{d}V \tag{1.6.5}$$

1.6.4　两个有用的矢量积分恒等式

$$\int_V (\nabla \times \boldsymbol{F}) \mathrm{d}V = -\oint_S \boldsymbol{F} \times \mathrm{d}\boldsymbol{S} \tag{1.6.6}$$

$$\oint_l f \mathrm{d}\boldsymbol{l} = -\int_S \nabla f \times \mathrm{d}\boldsymbol{S} \tag{1.6.7}$$

它们可分别用高斯散度定理、斯托克斯定理以同样的方法证明。例如,对于式(1.6.6),用任意常矢 $\boldsymbol{C}$ 点乘其两边,则得

$$\boldsymbol{C} \cdot \int_V (\nabla \times \boldsymbol{F}) \mathrm{d}V = \int_V [\boldsymbol{C} \cdot (\nabla \times \boldsymbol{F})] \mathrm{d}V$$

$$= \int_V [\boldsymbol{F} \cdot (\nabla \times \boldsymbol{C}) - \nabla \cdot (\boldsymbol{C} \times \boldsymbol{F})] \mathrm{d}V$$

$$= -\int_V [\nabla \cdot (\boldsymbol{C} \times \boldsymbol{F})] \mathrm{d}V = -\oint_S (\boldsymbol{C} \times \boldsymbol{F}) \cdot \mathrm{d}\boldsymbol{S}$$

和

$$\boldsymbol{C} \cdot \left(-\oint_S \boldsymbol{F} \times \mathrm{d}\boldsymbol{S}\right) = -\oint_S [\boldsymbol{C} \cdot (\boldsymbol{F} \times \mathrm{d}\boldsymbol{S})]$$

$$= -\oint_S (\boldsymbol{C} \times \boldsymbol{F}) \cdot \mathrm{d}\boldsymbol{S}$$

可知

$$\boldsymbol{C} \cdot \int (\nabla \times \boldsymbol{F}) \mathrm{d}V = \boldsymbol{C} \cdot \left(-\oint_S \boldsymbol{F} \times \mathrm{d}\boldsymbol{S}\right)$$

基于常矢 $\boldsymbol{C}$ 的任意性，上式成立的前提必然是

$$\int_V (\nabla \times \boldsymbol{F}) \mathrm{d}V = -\oint_S \boldsymbol{F} \times \mathrm{d}\boldsymbol{S}$$

例 1.5 利用高斯散度定理和斯托克斯定理证明

$$\nabla \cdot (\nabla \times \boldsymbol{F}) = 0$$

证 设在任意闭面 S 上及其包围的区域 V 内，矢量场 $\nabla \times \boldsymbol{F}(\boldsymbol{r})$ 有一阶连续的偏导数，则

$$\int_V [\nabla \cdot (\nabla \times \boldsymbol{F})] \mathrm{d}V = \oint_S (\nabla \times \boldsymbol{F}) \cdot \mathrm{d}\boldsymbol{S}$$

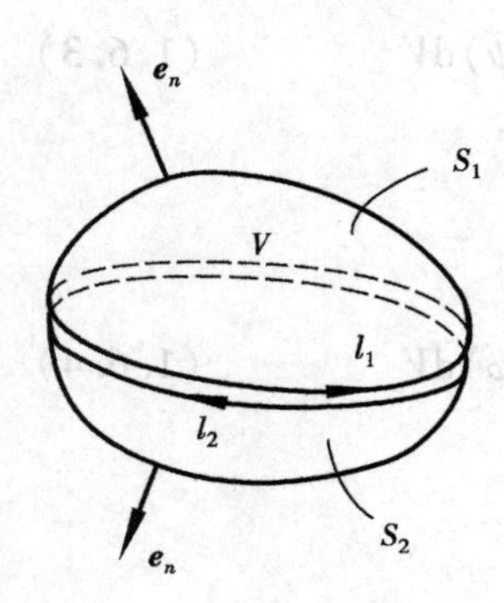

图 1.19 例 1.5 附图

现用一平面将图 1.19 所示闭面 S 剖分为 S_1 和 S_2 两个开面。为清楚起见，图中将界定它们的围线分开画成了 l_1 和 l_2，二者的环行方向应分别与 $\boldsymbol{e}_n$ 符合右手定则。恰好相反的围线环行方向，使得

$$\oint_S (\nabla \times \boldsymbol{F}) \cdot \mathrm{d}\boldsymbol{S} = \int_{S_1} (\nabla \times \boldsymbol{F}) \cdot \mathrm{d}\boldsymbol{S}_1 + \int_{S_2} (\nabla \times \boldsymbol{F}) \cdot \mathrm{d}\boldsymbol{S}_2$$

$$= \oint_{l_1} \boldsymbol{F} \cdot \mathrm{d}\boldsymbol{l}_1 + \oint_{l_2} \boldsymbol{F} \cdot \mathrm{d}\boldsymbol{l}_2$$

$$= \oint_{l_1} \boldsymbol{F} \cdot \mathrm{d}\boldsymbol{l}_1 + \left(-\oint_{l_1} \boldsymbol{F} \cdot \mathrm{d}\boldsymbol{l}_1\right) = 0$$

故而

$$\int_V [\nabla \cdot (\nabla \times \boldsymbol{F})] \mathrm{d}V = 0$$

由于 V 的任意性，必有

$$\nabla \cdot (\nabla \times \boldsymbol{F}) = 0$$

成立。

1.7 赫姆霍兹定理

1.7.1 矢量场的类型

矢量场有四种类型，即无旋场、无散场、调和场和一般矢量场。下面对它们分别进行讨论。

1）无旋场的旋度恒为零，但其散度并不为零。无旋场是仅由通量源产生的，静电场是其一例。

无旋场($\nabla\times\boldsymbol{F}=0$)在其定义域内沿任意闭合路径 l 的环量恒为零,即

$$\oint_l \boldsymbol{F}\cdot \mathrm{d}\boldsymbol{l} = \int_S (\nabla\times\boldsymbol{F})\cdot \mathrm{d}\boldsymbol{S} = 0$$

可见无旋场就是保守场。

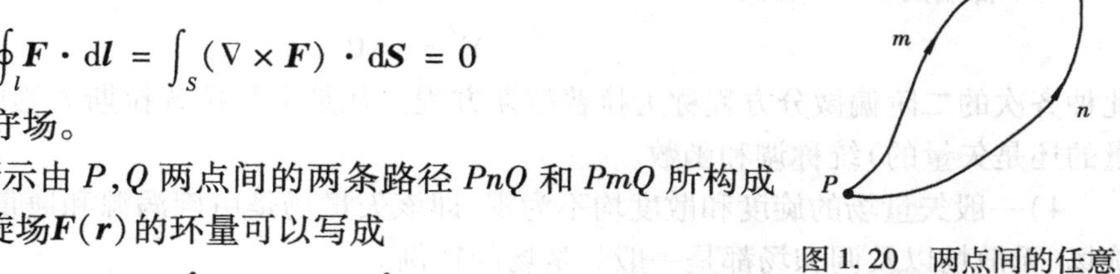

图 1.20　两点间的任意两条积分路径

对于图 1.20 所示由 P,Q 两点间的两条路径 PnQ 和 PmQ 所构成的回路 $PnQmP$,无旋场$\boldsymbol{F}(\boldsymbol{r})$的环量可以写成

$$\int_{PnQmP} \boldsymbol{F}\cdot \mathrm{d}\boldsymbol{l} = \int_{PnQ} \boldsymbol{F}\cdot \mathrm{d}\boldsymbol{l} + \int_{QmP} \boldsymbol{F}\cdot \mathrm{d}\boldsymbol{l}$$

$$= \int_{PnQ} \boldsymbol{F}\cdot \mathrm{d}\boldsymbol{l} - \int_{PmQ} \boldsymbol{F}\cdot \mathrm{d}\boldsymbol{l} = 0$$

即

$$\int_{PnQ} \boldsymbol{F}\cdot \mathrm{d}\boldsymbol{l} = \int_{PmQ} \boldsymbol{F}\cdot \mathrm{d}\boldsymbol{l}$$

因此,无旋场环量为零的特性亦可陈述为:无旋场的线积分与积分起点和终点的位置有关,而与积分路径无关。

根据式(1.5.1),由$\nabla\times\boldsymbol{F}=0$ 可以定义一个标量场 $\varphi(\boldsymbol{r})$(通常称为标量位函数),即

$$\boldsymbol{F}(\boldsymbol{r}) = -\nabla\varphi(\boldsymbol{r}) \tag{1.7.1}$$

$\nabla\varphi$ 之前所加的负号,意指某点 $\boldsymbol{F}(\boldsymbol{r})$的方向为该处 $\varphi(\boldsymbol{r})$取得最大减小率的方向。

若令

$$\nabla\cdot\boldsymbol{F}(\boldsymbol{r}) = b(\boldsymbol{r})$$

式中 $b(\boldsymbol{r})$为已知函数。将式(1.7.1)代入上式,即得 $\varphi(\boldsymbol{r})$的如下微分方程

$$\nabla^2\varphi = -b \tag{1.7.2}$$

这种形式的二阶偏微分方程称为泊松方程。在一定附加条件下,可求得式(1.7.2)的解$\varphi(\boldsymbol{r})$,再按式(1.7.1)便解得无旋场 $\boldsymbol{F}(\boldsymbol{r})$。

2)无散场(亦称管形场)的散度恒为零,但其旋度并不一定为零。无散场是仅由旋涡源产生的,恒定电流产生的磁场即是一例。

无散场($\nabla\cdot\boldsymbol{F}=0$)在任意闭面 S 上的净通量恒等于零,即

$$\oint_S \boldsymbol{F}\cdot \mathrm{d}\boldsymbol{S} = \int_V (\nabla\cdot\boldsymbol{F})\mathrm{d}V = 0$$

根据式(1.5.2),由$\nabla\cdot\boldsymbol{F}(\boldsymbol{r})=0$ 可定义一个矢量位函数$\boldsymbol{A}(\boldsymbol{r})$,即

$$\boldsymbol{F} = \nabla\times\boldsymbol{A} \tag{1.7.3}$$

若令

$$\nabla\times\boldsymbol{F}(\boldsymbol{r}) = \boldsymbol{c}(\boldsymbol{r})$$

式中 $\boldsymbol{c}(\boldsymbol{r})$是已知的矢量函数,将式(1.7.3)代入上式,得

$$\nabla\times(\nabla\times\boldsymbol{A}) = \boldsymbol{c} \tag{1.7.4}$$

在一定附加条件下,由这个旋度的旋度方程(二阶偏微分方程)可解得 $\boldsymbol{A}(\boldsymbol{r})$,再按式(1.7.3)即可求出无散场 $\boldsymbol{F}(\boldsymbol{r})$。

3)调和场在定义域内的旋度与散度均为零。显然,调和场是由存在于定义域之外的场源所产生的,无电荷区域的静电场和无电流区域的恒定磁场都是调和场。

调和场可简单看成是散度也为零的无旋场的特例，因此亦可引入标量位函数 $\varphi(\boldsymbol{r})$，令式(1.7.2)右端的 $b=0$，即得

$$\nabla^2\varphi=0 \tag{1.7.5}$$

此种齐次的二阶偏微分方程称为拉普拉斯方程。凡是满足拉普拉斯方程的场函数(无论是标量的还是矢量的)统称调和函数。

4)一般矢量场的旋度和散度均不为零，即该矢量场是由旋涡源和通量源共同产生的。无旋场、无散场以及调和场都是一般矢量场的特例。

1.7.2 赫姆霍兹定理

赫姆霍兹定理包括矢量场的唯一性定理和矢量场的分解定理。

1)唯一性定理：在闭面 S 所包围的有限区域 V(单连域或多连域)内，若给定了矢量场 $\boldsymbol{F}(\boldsymbol{r})$ 的旋度和散度，同时还给定了该矢量场在边界 S 上的法向分量 F_n 或切向分量 F_t，则 V 内 $\boldsymbol{F}(\boldsymbol{r})$ 是唯一确定的①。

用反证法进行证明时，需先假定满足给定条件的矢量场有两个——$\boldsymbol{F}_1(\boldsymbol{r})$ 和 $\boldsymbol{F}_2(\boldsymbol{r})$，然后再论证这两个矢量场是相同的，即 $\boldsymbol{F}_1(r)=\boldsymbol{F}_2(r)$。令

$$\boldsymbol{F}^*=\boldsymbol{F}_1-\boldsymbol{F}_2$$

在 V 内，有

$$\nabla\times\boldsymbol{F}^*=\nabla\times\boldsymbol{F}_1-\nabla\times\boldsymbol{F}_2=0$$

$$\nabla\cdot\boldsymbol{F}^*=\nabla\cdot\boldsymbol{F}_1-\nabla\cdot\boldsymbol{F}_2=0$$

在边界 S 上，则有

$$F_n^*\Big|_S=F_{1n}\Big|_S-F_{2n}\Big|_S=0$$

或

$$F_t^*\Big|_S=F_{1t}\Big|_S-F_{2t}\Big|_S=0$$

按 $\nabla\times\boldsymbol{F}^*=0$ 可引入标量位函数 $\varphi(\boldsymbol{r})$，即

$$\boldsymbol{F}^*=-\nabla\varphi$$

且有

$$\nabla^2\varphi=0\qquad(在\ V\ 内)$$

$$(-\nabla\varphi)_n\big|_S=-\frac{\partial\varphi}{\partial n}\Big|_S=0$$

或

$$(-\nabla\varphi)_t\big|_S=-\frac{\partial\varphi}{\partial t}\Big|_S=0\qquad(意指\ S\ 为\ \varphi\ 的等值面)$$

对矢量函数 $\varphi\nabla\varphi$ 应用格林第一公式，并考虑到在 V 内有 $\nabla^2\varphi=0$，得

$$\int_V|\nabla\varphi|^2\mathrm{d}V=\oint_S\varphi\frac{\partial\varphi}{\partial n}\mathrm{d}S$$

---

① 对于无界情况，要求矢量场及其旋度、散度在无限远处均为零。

对于$\left.\frac{\partial\varphi}{\partial n}\right|_S=0$的情况，可知

$$\int_V |\nabla\varphi|^2 dV = 0$$

对于$\left.\frac{\partial\varphi}{\partial t}\right|_S=0$的情况，因

$$\oint_S \varphi\frac{\partial\varphi}{\partial n}dS = \varphi\oint_S \frac{\partial\varphi}{\partial n}dS = \varphi\oint_S \nabla\varphi\cdot d\boldsymbol{S}$$
$$= \varphi\int_V \nabla^2\varphi dV = 0$$

故同样得到

$$\int_V |\nabla\varphi|^2 dV = 0$$

由于$|\nabla\varphi|^2$的非负性，$\int_V |\nabla\varphi|^2 dV = 0$意味着$\nabla\varphi = 0$，即

$$-\boldsymbol{F}^* = \boldsymbol{F}_2 - \boldsymbol{F}_1 = 0 \text{ 或 } \boldsymbol{F}_1 = \boldsymbol{F}_2$$

矢量场的唯一性定理回答了如何才能唯一确定矢量场的问题。给定所求场域内矢量场的旋度和散度，本质上就是给定该区域内旋涡源和通量源的强度，故称这一给定条件为场源条件。然而，根据已知场源条件（微分方程）求矢量场为积分运算，这将出现两个不定的积分常数，它的确定还需要其他附加条件。通常附加条件是在求解区域的闭合边界上给出的，即给定闭合边界上矢量场的法向分量或切向分量，因而称之为边界条件。从矢量场与场源的依赖关系（矢量场是由所有场源共同产生的，并非仅由V内的场源产生）看，边界条件正好反映了闭合边界S之外的其他场源对S内矢量场的影响。

2）分解定理：任意一个满足唯一性定理的一般矢量$\boldsymbol{F}(\boldsymbol{r})$，可以分解为无旋的$\boldsymbol{F}_i(\boldsymbol{r})$和无散的$\boldsymbol{F}_S(\boldsymbol{r})$两个部分，即

$$\boldsymbol{F}(\boldsymbol{r}) = \boldsymbol{F}_i(\boldsymbol{r}) + \boldsymbol{F}_S(\boldsymbol{r}) \tag{1.7.6}$$

此定理可在前述唯一性定理的基础上用反证法予以证明，过程从略。

设矢量场$\boldsymbol{F}(\boldsymbol{r})$的旋度和散度分别为

$$\nabla\times\boldsymbol{F}(\boldsymbol{r}) = \boldsymbol{c}(\boldsymbol{r})$$
$$\nabla\cdot\boldsymbol{F}(\boldsymbol{r}) = b(\boldsymbol{r})$$

对式(1.7.6)分别取旋度、散度，可得

$$\begin{cases}\nabla\times\boldsymbol{F}_i(\boldsymbol{r}) = 0\\ \nabla\cdot\boldsymbol{F}_i(\boldsymbol{r}) = b\end{cases}\qquad \begin{cases}\nabla\times\boldsymbol{F}_S(\boldsymbol{r}) = \boldsymbol{c}(\boldsymbol{r})\\ \nabla\cdot\boldsymbol{F}_S(\boldsymbol{r}) = 0\end{cases}$$

这表明，$\boldsymbol{F}_i(\boldsymbol{r})$是与通量源分布有关的无旋分量，$\boldsymbol{F}_S(\boldsymbol{r})$则是与旋涡源分布有关的无散分量。

根据$\nabla\times\boldsymbol{F}_i=0$可引入标量位函数$\varphi(\boldsymbol{r})$，即$\boldsymbol{F}_i=-\nabla\varphi$；而根据$\nabla\cdot\boldsymbol{F}_S=0$则可引入另一个矢量位函数$\boldsymbol{A}(\boldsymbol{r})$，即$\boldsymbol{F}_S=\nabla\times\boldsymbol{A}$。因此，一般矢量场可用$\varphi(\boldsymbol{r})$和$\boldsymbol{A}(\boldsymbol{r})$表示为

$$\boldsymbol{F}(\boldsymbol{r}) = -\nabla\varphi(\boldsymbol{r}) + \nabla\times\boldsymbol{A}(\boldsymbol{r}) \tag{1.7.7}$$

最后指出，通过位函数计算矢量场是求解矢量场的一种基本方法，它往往可使问题得以简化求解。在后面讨论各类电磁场的计算时，都将贯穿这一求解思想。

1.8 圆柱坐标系与球坐标系

1.8.1 圆柱坐标系

1)在圆柱坐标中,空间任一点 P 的位置由坐标 (ρ,ϕ,z) 确定。图 1.21(a)表明 ρ 是位置矢量 $\boldsymbol{r}$ 在 xOy 平面上的投影;ϕ 是正 x 轴到平面 $OABC$ 的方位角 $(0\leqslant\phi\leqslant 2\pi)$;$z$ 是 $\boldsymbol{r}$ 在 z 轴上的投影。圆柱坐标因其 ρ 为定值的坐标面是以 z 为轴线的圆柱面而得名。对于轴对称场,应用圆柱坐标可使问题得以简化求解。

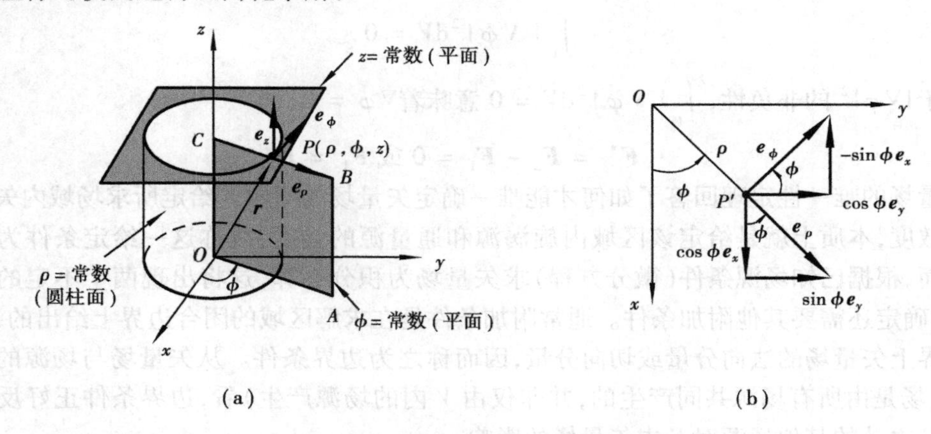

图 1.21 圆柱坐标及其正交单位矢量

对于圆柱坐标中的每一点,都可规定三个相互正交的单位矢量 $\boldsymbol{e}_\rho,\boldsymbol{e}_\phi,\boldsymbol{e}_z$,它们的方向是该处各相应坐标的增加方向,如图 1.21(a)所示 $\boldsymbol{e}_\rho,\boldsymbol{e}_\phi,\boldsymbol{e}_z$满足右手关系,即

$$\boldsymbol{e}_\rho\times\boldsymbol{e}_\phi=\boldsymbol{e}_z$$
$$\boldsymbol{e}_\phi\times\boldsymbol{e}_z=\boldsymbol{e}_\rho$$
$$\boldsymbol{e}_z\times\boldsymbol{e}_\rho=\boldsymbol{e}_\phi$$

应当指出,除 $\boldsymbol{e}_z$是常矢外,$\boldsymbol{e}_\rho$和 $\boldsymbol{e}_\phi$的方向都可能因点的变动而改变,这与直角坐标中 $\boldsymbol{e}_x$,$\boldsymbol{e}_y$,$\boldsymbol{e}_z$均为常矢有所不同。现对 $\boldsymbol{e}_\rho$,$\boldsymbol{e}_\phi$的空间变化特性进行考察。将 P 点的 $\boldsymbol{e}_\rho$,$\boldsymbol{e}_\phi$投影到 xOy 平面上,并沿 x,y 方向进行分解如图 1.21(b)所示,从而得知

$$\boldsymbol{e}_\rho=\cos\phi\boldsymbol{e}_x+\sin\phi\boldsymbol{e}_y$$
$$\boldsymbol{e}_\phi=-\sin\phi\boldsymbol{e}_x+\cos\phi\boldsymbol{e}_y$$

求 $\boldsymbol{e}_\rho$,$\boldsymbol{e}_\phi$,$\boldsymbol{e}_z$对 ρ,ϕ,z 的偏导数,便得到

$$\left.\begin{aligned}&\frac{\partial\boldsymbol{e}_\rho}{\partial\rho}=0,\frac{\partial\boldsymbol{e}_\rho}{\partial\phi}=\boldsymbol{e}_\phi,\frac{\partial\boldsymbol{e}_\rho}{\partial z}=0\\&\frac{\partial\boldsymbol{e}_\phi}{\partial\rho}=0,\frac{\partial\boldsymbol{e}_\phi}{\partial\phi}=-\boldsymbol{e}_\rho,\frac{\partial\boldsymbol{e}_\phi}{\partial z}=0\\&\frac{\partial\boldsymbol{e}_z}{\partial\rho}=0,\frac{\partial\boldsymbol{e}_z}{\partial\phi}=0,\frac{\partial\boldsymbol{e}_z}{\partial z}=0\end{aligned}\right\}\tag{1.8.1}$$

矢量 $\boldsymbol{A}$ 的圆柱坐标式

$$\boldsymbol{A} = A_\rho \boldsymbol{e}_\rho + A_\phi \boldsymbol{e}_\phi + A_z \boldsymbol{e}_z \tag{1.8.2}$$

式中,A_ρ,A_ϕ,A_z分别是$\boldsymbol{A}$在其所在点处各单位矢量方向上的分量。

圆柱坐标中因点的位置发生微小变化($\mathrm{d}\rho$,$\mathrm{d}\phi$,$\mathrm{d}z$)导致的微分位移,用线元矢量$\mathrm{d}\boldsymbol{l}$表示,由图1.22(a)看出

$$\mathrm{d}\boldsymbol{l} = \mathrm{d}\rho \boldsymbol{e}_\rho + \rho \mathrm{d}\phi \boldsymbol{e}_\phi + \mathrm{d}z \boldsymbol{e}_z \tag{1.8.3}$$

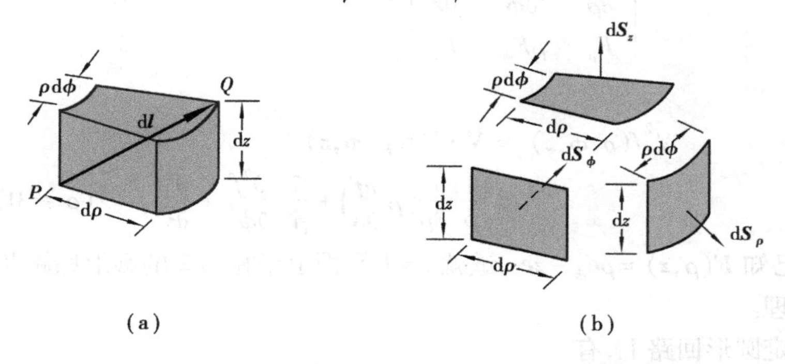

图1.22 圆柱坐标中的线元矢量、体积元和面积元

而由三个坐标各自移动$\mathrm{d}\rho$,$\mathrm{d}\phi$,$\mathrm{d}z$所形成的小曲六面体用$\mathrm{d}V$表示,见图1.22(a),因其近似为一细小长方体,故有

$$\mathrm{d}V = \rho \mathrm{d}\rho \mathrm{d}\phi \mathrm{d}z \tag{1.8.4}$$

分别由两坐标变量的微小变化所形成的三个面元,如图1.22(b)所示,它们为

$$\left.\begin{aligned} \mathrm{d}S_\rho &= \rho \mathrm{d}\phi \mathrm{d}z \\ \mathrm{d}S_\phi &= \mathrm{d}\rho \mathrm{d}z \\ \mathrm{d}S_z &= \rho \mathrm{d}\rho \mathrm{d}\phi \end{aligned}\right\} \tag{1.8.5}$$

面元的下标表示该面元是处在相应的定值坐标面上。

2)对于连续、可微的标量场$f(\rho,\phi,z)$,其微增量$\mathrm{d}f$可按多元函数的全微分链式法则写成

$$\mathrm{d}f = \frac{\partial f}{\partial \rho}\mathrm{d}\rho + \frac{\partial f}{\partial \phi}\mathrm{d}\phi + \frac{\partial f}{\partial z}\mathrm{d}z$$

考虑到圆柱坐标中的$\mathrm{d}\boldsymbol{l}$有式(1.8.3)的表达形式,将上式可作如下改写

$$\begin{aligned} \mathrm{d}f &= \frac{\partial f}{\partial \rho}\mathrm{d}\rho + \frac{\partial f}{\partial \phi}\mathrm{d}\phi + \frac{\partial f}{\partial z}\mathrm{d}z \\ &= \left(\boldsymbol{e}_\rho \frac{\partial f}{\partial \rho} + \boldsymbol{e}_\phi \frac{1}{\rho}\frac{\partial f}{\partial \phi} + \boldsymbol{e}_z \frac{\partial f}{\partial z}\right) \cdot \mathrm{d}\boldsymbol{l} \end{aligned}$$

与梯度定义式$\mathrm{d}f = \nabla f \cdot \mathrm{d}\boldsymbol{l}$相对照,即得标量场梯度$\nabla f$的圆柱坐标式

$$\nabla f = \boldsymbol{e}_\rho \frac{\partial f}{\partial \rho} + \boldsymbol{e}_\phi \frac{1}{\rho}\frac{\partial f}{\partial \phi} + \boldsymbol{e}_z \frac{\partial f}{\partial z} \qquad (\rho \neq 0) \tag{1.8.6}$$

而且有∇算符的圆柱坐标式

$$\nabla = \boldsymbol{e}_\rho \frac{\partial}{\partial \rho} + \boldsymbol{e}_\phi \frac{1}{\rho}\frac{\partial}{\partial \phi} + \boldsymbol{e}_z \frac{\partial}{\partial z} \qquad (\rho \neq 0) \tag{1.8.7}$$

应用式(1.8.7)、式(1.8.1),可以得出$\nabla \cdot \boldsymbol{F}(\rho,\phi,z)$和$\nabla \times \boldsymbol{F}(\rho,\phi,z)$的表达式

$$\nabla \cdot \boldsymbol{F}(\rho,\phi,z) = \frac{1}{\rho}\frac{\partial}{\partial \rho}(\rho F_\rho) + \frac{1}{\rho}\frac{\partial F_\phi}{\partial \phi} + \frac{\partial F_z}{\partial z} \qquad (\rho \neq 0) \tag{1.8.8}$$

$$\nabla\times\boldsymbol{F}(\rho,\phi,z)=\boldsymbol{e}_\rho\left(\frac{1}{\rho}\frac{\partial F_z}{\partial\phi}-\frac{\partial F_\phi}{\partial z}\right)+\boldsymbol{e}_\phi\left(\frac{\partial F_\rho}{\partial z}-\frac{\partial F_z}{\partial\rho}\right)+\boldsymbol{e}_z\frac{1}{\rho}\left[\frac{\partial}{\partial\rho}(\rho F_\phi)-\frac{\partial F_\rho}{\partial\phi}\right]$$
$$=\begin{vmatrix}\frac{1}{\rho}\boldsymbol{e}_\rho & \boldsymbol{e}_\phi & \frac{1}{\rho}\boldsymbol{e}_z\\ \frac{\partial}{\partial\rho} & \frac{\partial}{\partial\phi} & \frac{\partial}{\partial z}\\ F_\rho & \rho F_\phi & F_z\end{vmatrix}\tag{1.8.9}$$

以及

$$\nabla^2 f(\rho,\phi,z)=\nabla\cdot\nabla f(\rho,\phi,z)$$
$$=\frac{1}{\rho}\frac{\partial}{\partial\rho}\left(\rho\frac{\partial f}{\partial\rho}\right)+\frac{1}{\rho^2}\frac{\partial^2 f}{\partial\phi^2}+\frac{\partial^2 f}{\partial z^2}\qquad(\rho\neq0)\tag{1.8.10}$$

例 1.6 已知 $\boldsymbol{F}(\rho,z)=\rho\boldsymbol{e}_\phi-z\boldsymbol{e}_z$，试就 $z=1$ 平面上半径为 2 的圆形回路及其所围区域，验证斯托克斯定理。

解 在给定圆形回路上，有

$$\boldsymbol{F}=2\boldsymbol{e}_\phi-\boldsymbol{e}_z$$
$$\mathrm{d}\boldsymbol{l}=2\mathrm{d}\phi\boldsymbol{e}_\phi$$
$$\boldsymbol{F}\cdot\mathrm{d}\boldsymbol{l}=4\mathrm{d}\phi$$

若回路循行方向取与 $\boldsymbol{e}_\phi$ 的方向相同。则

$$\oint_l\boldsymbol{F}\cdot\mathrm{d}\boldsymbol{l}=\int_0^{2\pi}4\mathrm{d}\phi=4\phi\mid_0^{2\pi}=8\pi$$

因为

$$\nabla\times\boldsymbol{F}=\left(\frac{1}{\rho}\frac{\partial F_z}{\partial\phi}-\frac{\partial F_\phi}{\partial z}\right)\boldsymbol{e}_\rho+\left(\frac{\partial F_\rho}{\partial z}-\frac{\partial F_z}{\partial\rho}\right)\boldsymbol{e}_\phi+\frac{1}{\rho}\left[\frac{\partial}{\partial\rho}(\rho F_\phi)-\frac{\partial F_\rho}{\partial\phi}\right]\boldsymbol{e}_z$$
$$=\left[\frac{1}{\rho}\frac{\partial}{\partial\phi}(-z)-\frac{\partial}{\partial z}(\rho)\boldsymbol{e}_\rho+\left[0-\frac{\partial}{\partial\rho}(-z)\right]\right]\boldsymbol{e}_\phi+\frac{1}{\rho}\left[\frac{\partial}{\partial\rho}(\rho^2)-0\right]\boldsymbol{e}_z$$
$$=2\boldsymbol{e}_z$$

在指定的圆面上，有

$$\nabla\times\boldsymbol{F}=2\boldsymbol{e}_z$$
$$\mathrm{d}\boldsymbol{S}=\mathrm{d}S_z\boldsymbol{e}_z=\rho\mathrm{d}\rho\mathrm{d}\phi\boldsymbol{e}_z$$
$$(\nabla\times\boldsymbol{F})\cdot\mathrm{d}\boldsymbol{S}=2\rho\mathrm{d}\rho\mathrm{d}\phi$$

则

$$\int_S(\nabla\times\boldsymbol{F})\cdot\mathrm{d}\boldsymbol{S}=\int_0^2 2\rho\left(\int_0^{2\pi}\mathrm{d}\phi\right)\mathrm{d}\rho=2\pi\int_0^2 2\rho\mathrm{d}\rho$$
$$=2\pi(\rho^2)\Big|_0^2=8\pi$$

可见 $\boldsymbol{F}$ 的闭合线积分等于 $\nabla\times\boldsymbol{F}$ 的面积分，斯托克斯定理得证。

1.8.2 球坐标系

1）在球坐标中，空间任一点 P 的位置是用坐标 (r,θ,ϕ) 确定的。图 1.23 表明，r 是 P 点与坐标原点的距离或 P 点相应位置矢量 $\boldsymbol{r}$ 的模；θ 是 $\boldsymbol{r}$ 与正 z 轴之间夹角，并从正 z 半轴算起

$(0\leqslant\theta\leqslant\pi)$；$\phi$ 是含 z 轴和 P 点的半平面（子午面）与包含正 x 半轴的 xOz 半平面之间的夹角 $(0\leqslant\phi\leqslant 2\pi)$。球坐标得名于 r 的定值坐标面是以原点为心的球面这一事实。球坐标系适合于点对称或轴对称场的求解。

球坐标系中每点的三个正交单位矢量用 $\boldsymbol{e}_r,\boldsymbol{e}_\theta,\boldsymbol{e}_\phi$ 表示，它们各自沿该点相应坐标的增加方向，如图1.23所示。三个正交单位矢量有如下右手关系

$$\boldsymbol{e}_r\times\boldsymbol{e}_\theta=\boldsymbol{e}_\phi$$
$$\boldsymbol{e}_\theta\times\boldsymbol{e}_\phi=\boldsymbol{e}_r$$
$$\boldsymbol{e}_\phi\times\boldsymbol{e}_r=\boldsymbol{e}_\theta$$

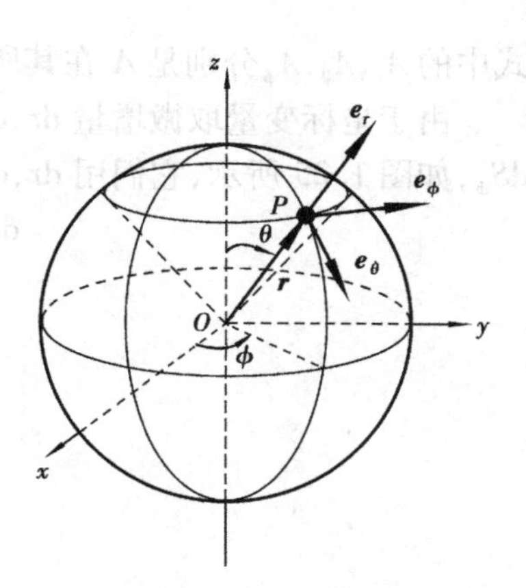

图1.23 球坐标及其正交单位矢量

在不同点 $\boldsymbol{e}_r,\boldsymbol{e}_\theta,\boldsymbol{e}_\phi$ 可能会有所不同。由图1.24所示的投影关系得知

$$\boldsymbol{e}_r=\sin\theta\cos\phi\boldsymbol{e}_x+\sin\theta\sin\phi\boldsymbol{e}_y+\cos\phi\boldsymbol{e}_z$$
$$\boldsymbol{e}_\theta=\cos\theta\cos\phi\boldsymbol{e}_x+\cos\theta\sin\phi\boldsymbol{e}_y-\sin\phi\boldsymbol{e}_z$$
$$\boldsymbol{e}_\phi=-\sin\phi\boldsymbol{e}_x+\cos\phi\boldsymbol{e}_y$$

或有

$$\boldsymbol{e}_x=\sin\theta\cos\phi\boldsymbol{e}_r+\cos\theta\cos\phi\boldsymbol{e}_\theta-\sin\phi\boldsymbol{e}_\phi$$
$$\boldsymbol{e}_y=\sin\theta\sin\phi\boldsymbol{e}_r+\cos\theta\sin\phi\boldsymbol{e}_\theta+\cos\phi\boldsymbol{e}_\phi$$
$$\boldsymbol{e}_z=\cos\theta\boldsymbol{e}_r-\sin\theta\boldsymbol{e}_\theta$$

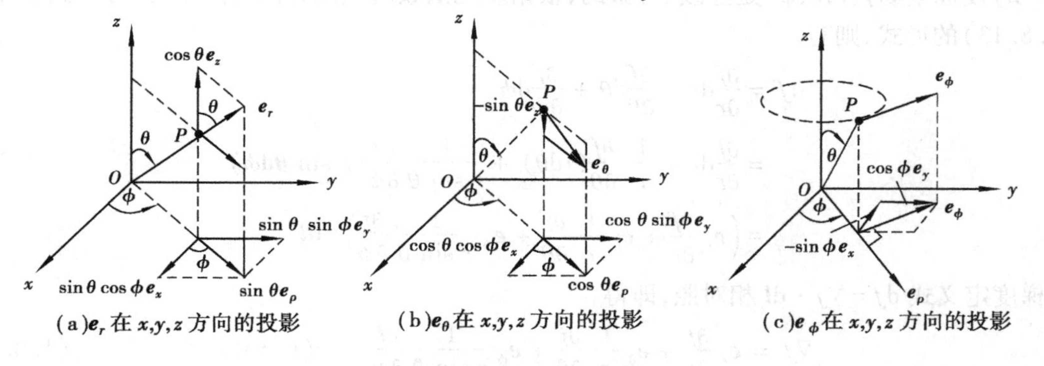

图1.24 正交单位矢量的分解

进而可得

$$\left.\begin{aligned}&\frac{\partial\boldsymbol{e}_r}{\partial r}=0,\frac{\partial\boldsymbol{e}_r}{\partial\theta}=\boldsymbol{e}_\theta,\frac{\partial\boldsymbol{e}_r}{\partial\phi}=\sin\theta\boldsymbol{e}_\phi\\&\frac{\partial\boldsymbol{e}_\theta}{\partial r}=0,\frac{\partial\boldsymbol{e}_\theta}{\partial\theta}=-\boldsymbol{e}_r,\frac{\partial\boldsymbol{e}_\theta}{\partial\phi}=\cos\theta\boldsymbol{e}_\phi\\&\frac{\partial\boldsymbol{e}_\phi}{\partial r}=0,\frac{\partial\boldsymbol{e}_\phi}{\partial\theta}=0,\frac{\partial\boldsymbol{e}_\phi}{\partial\phi}=-\sin\theta\boldsymbol{e}_r-\cos\theta\boldsymbol{e}_\theta\end{aligned}\right\}\tag{1.8.11}$$

在获得上述 $\dfrac{\partial\boldsymbol{e}_\phi}{\partial\phi}$ 表达式的过程中，用到了 $\boldsymbol{e}_x,\boldsymbol{e}_y$ 的表达式。矢量 $\boldsymbol{A}$ 的球坐标式为

$$\boldsymbol{A}=A_r\boldsymbol{e}_r+A_\theta\boldsymbol{e}_\theta+A_\phi\boldsymbol{e}_\phi\tag{1.8.12}$$

式中的 A_r, A_θ, A_ϕ 分别是 $\boldsymbol{A}$ 在其所在点的各单位矢量方向上的分量。

由于坐标变量取微增量 $\mathrm{d}r, \mathrm{d}\theta, \mathrm{d}\phi$ 所形成的线元矢量 $\mathrm{d}\boldsymbol{l}$、体积元 $\mathrm{d}V$ 及三个面元 $\mathrm{d}S_r, \mathrm{d}S_\theta, \mathrm{d}S_\phi$，如图 1.25 所示，它们用 $\mathrm{d}r, \mathrm{d}\theta, \mathrm{d}\phi$ 表示成

$$\mathrm{d}\boldsymbol{l} = \mathrm{d}r\boldsymbol{e}_r + r\mathrm{d}\theta\boldsymbol{e}_\theta + r\sin\theta\mathrm{d}\phi\boldsymbol{e}_\phi \tag{1.8.13}$$

$$\mathrm{d}V = r^2\sin\theta\mathrm{d}r\mathrm{d}\theta\mathrm{d}\phi \tag{1.8.14}$$

$$\left.\begin{aligned} \mathrm{d}S_r &= r^2\sin\theta\mathrm{d}\theta\mathrm{d}\phi \\ \mathrm{d}S_\theta &= r\sin\theta\mathrm{d}r\mathrm{d}\phi \\ \mathrm{d}S_\phi &= r\mathrm{d}r\mathrm{d}\theta \end{aligned}\right\} \tag{1.8.15}$$

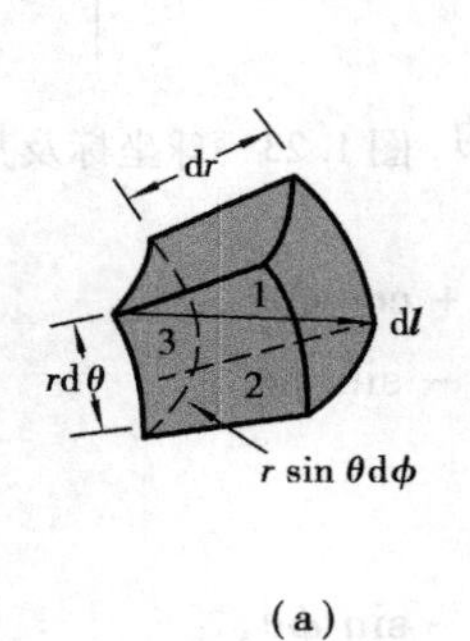

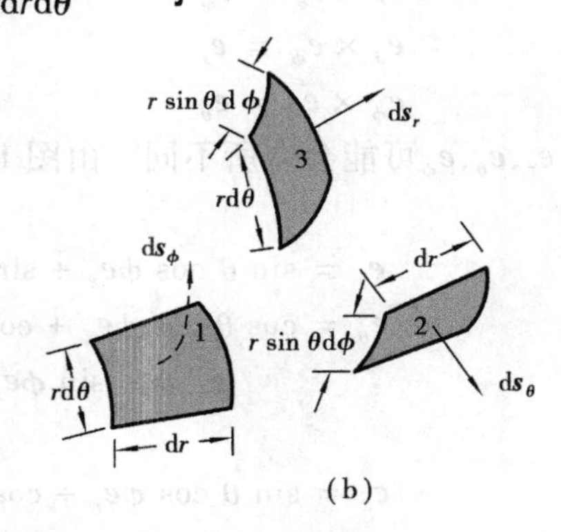

(a)　　(b)

图 1.25　球坐标中的线元矢量、体积元和面积元

2）设标量场 $f(r,\theta,\phi)$ 是连续、可微的，根据多元函数的全微分链式法则，并考虑到 $\mathrm{d}\boldsymbol{l}$ 有式(1.8.13)的形式，则有

$$\begin{aligned} \mathrm{d}f &= \frac{\partial f}{\partial r}\mathrm{d}r + \frac{\partial f}{\partial \theta}\mathrm{d}\theta + \frac{\partial f}{\partial \phi}\mathrm{d}\phi \\ &= \frac{\partial f}{\partial r}\mathrm{d}r + \frac{1}{r}\frac{\partial f}{\partial \theta}(r\mathrm{d}\theta) + \frac{1}{r\sin\theta}\frac{\partial f}{\partial \phi}(r\sin\theta\mathrm{d}\phi) \\ &= \left(\boldsymbol{e}_r\frac{\partial f}{\partial r} + \boldsymbol{e}_\theta\frac{1}{r}\frac{\partial f}{\partial \theta} + \boldsymbol{e}_\phi\frac{1}{r\sin\theta}\frac{\partial f}{\partial \phi}\right)\cdot\mathrm{d}\boldsymbol{l} \end{aligned}$$

与梯度定义式 $\mathrm{d}f = \nabla f\cdot\mathrm{d}\boldsymbol{l}$ 相对照，即得

$$\nabla f = \boldsymbol{e}_r\frac{\partial f}{\partial r} + \boldsymbol{e}_\theta\frac{1}{r}\frac{\partial f}{\partial \theta} + \boldsymbol{e}_\phi\frac{1}{r\sin\theta}\frac{\partial f}{\partial \phi} \quad (r \neq 0) \tag{1.8.16}$$

而且

$$\nabla = \boldsymbol{e}_r\frac{\partial}{\partial r} + \boldsymbol{e}_\theta\frac{1}{r}\frac{\partial}{\partial \theta} + \boldsymbol{e}_\phi\frac{1}{r\sin\theta}\frac{\partial}{\partial \phi} \tag{1.8.17}$$

通过上述 ∇ 算符分别对 $\boldsymbol{F}(r,\theta,\phi)$ 表达式进行点乘、叉乘运算以及 ∇ 算符对式(1.8.16)进行点乘运算，并应用式(1.8.8)、式(1.8.9)及式(1.8.10)，可以得出

$$\nabla\cdot\boldsymbol{F} = \frac{1}{r^2}\frac{\partial}{\partial r}(r^2F_r) + \frac{1}{r\sin\theta}\frac{\partial}{\partial \theta}(\sin\theta F_\theta) + \frac{1}{r\sin\theta}\frac{\partial F_\phi}{\partial \phi} \quad (r \neq 0) \tag{1.8.18}$$

$$\nabla\times\boldsymbol{F} = \boldsymbol{e}_r\frac{1}{r\sin\theta}\left[\frac{\partial}{\partial \theta}(\sin\theta F_\phi) - \frac{\partial F_\theta}{\partial \phi}\right] + \boldsymbol{e}_\theta\frac{1}{r}\left[\frac{1}{\sin\theta}\cdot\frac{\partial F_r}{\partial \phi} - \frac{\partial}{\partial r}(rF_\phi)\right] +$$

$$e_\phi \frac{1}{r}\left[\frac{\partial}{\partial r}(rF_\theta)-\frac{\partial F_r}{\partial \theta}\right]=\begin{vmatrix}\frac{1}{r^2\sin\theta}e_r & \frac{1}{r\sin\theta}e_\theta & \frac{1}{r}e_\phi \\ \frac{\partial}{\partial r} & \frac{\partial}{\partial \theta} & \frac{\partial}{\partial \phi} \\ F_r & rF_\theta & r\sin\theta F_\phi\end{vmatrix} \quad (r\neq 0) \tag{1.8.19}$$

$$\nabla^2 f=\frac{1}{r^2}\frac{\partial}{\partial r}\left(r^2\frac{\partial f}{\partial r}\right)+\frac{1}{r^2\sin\theta}\frac{\partial}{\partial\theta}\left(\sin\theta\frac{\partial f}{\partial\theta}\right)+\frac{1}{r^2\sin^2\theta}\frac{\partial^2 f}{\partial\phi^2}\quad (r\neq 0) \tag{1.8.20}$$

例 1.7 已知 $F(r,\theta,\phi)=r^2\sin\theta\cos\phi(e_r+e_\theta+e_\phi)$，试就图 1.26 所示半径为 1 的八分之一球体，求 F 在其表面上的闭合面通量。

解 如右图所示，闭合面 S 由 S_1,S_2,S_3,S_4 组成，它们的正方向为闭合面的外法线方向。

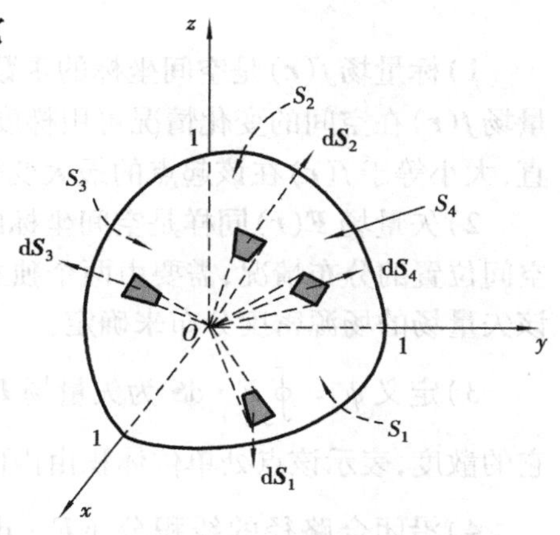

图 1.26 例 1.7 附图

在位于 xOy 平面的 S_1 上，因 $\theta=\frac{\pi}{2}$，故有

$$F=r^2\cos\phi(e_r+e_\theta+e_\phi)$$
$$dS_1=rdrd\phi e_\theta$$
$$F\cdot dS_1=r^3\cos\phi drd\phi$$
$$\int_{S_1}F\cdot dS_1=\int_0^{\pi/2}\cos\phi\left(\int_0^1 r^3dr\right)d\phi=\int_0^{\pi/2}\left[\cos\phi\cdot\left(\frac{r^4}{4}\right)\Big|_0^1\right]d\phi=\frac{1}{4}(\sin\phi)\Big|_0^{\pi/2}=\frac{1}{4}$$

在位于 yOz 平面的 S_2 上，因 $\phi=\frac{\pi}{2}$，使得

$$F=0$$
$$\int_{S_2}F\cdot dS_2=0$$

在位于 xOz 平面的 S_3 上，因 $\phi=0$，故有

$$F=r^2\sin\theta(e_r+e_\theta+e_\phi)$$
$$dS_3=rdrd\theta(-e_\phi)$$
$$F\cdot dS_3=-r^3\sin\theta drd\theta$$
$$\int_{S_3}F\cdot dS_3=-\int_0^{\pi/2}\sin\theta\left(\int_0^1 r^3dr\right)dr=\frac{1}{4}\int_0^{\pi/2}(-\sin\theta)d\theta=\frac{1}{4}(\cos\theta)\Big|_0^{\pi/2}=-\frac{1}{4}$$

在八分之一球面的 S_4 上，因 $r=1$，于是有

$$F=\sin\theta\cos\phi(e_r+e_\theta+e_\phi)$$
$$dS_4=\sin\theta d\theta d\phi e_r$$
$$F\cdot dS_4=\sin^2\theta\cos\phi d\theta d\phi$$
$$\int_{S_4}F\cdot dS_4=\int_0^{\pi/2}\sin^2\theta\left(\int_0^{\pi/2}\cos\phi d\phi\right)d\theta=\int_0^{\pi/2}\sin^2\theta\left[(\sin\phi)\Big|_0^{\pi/2}\right]d\theta$$

$$= \int_0^{\pi/2} \sin^2\theta d\theta = \frac{1}{2}\int_0^{\pi/2}(1 - \cos 2\theta)d\theta$$

$$= \frac{1}{2}\left(\theta - \frac{\sin 2\theta}{2}\right)\Big|_0^{\pi/2} = \frac{\pi}{4}$$

最后求得闭合面通量为：

$$\oint_S \boldsymbol{F}\cdot d\boldsymbol{S} = \frac{1}{4} + 0 + \left(-\frac{1}{4}\right) + \frac{\pi}{4} = \frac{\pi}{4}$$

小　结

1)标量场$f(\boldsymbol{r})$是空间坐标的函数,可用等值面$f(\boldsymbol{r}) = C$形象地描述它在空间的分布。标量场$f(\boldsymbol{r})$在空间的变化情况可用梯度$\nabla f(\boldsymbol{r})$描述。梯度是一矢量,它与过其起点的等值面垂直,大小等于$f(\boldsymbol{r})$在该起点的最大变化率。

2)矢量场$\boldsymbol{F}(\boldsymbol{r})$同样是空间坐标的函数,矢量场空间的分布情况用矢量线描述,矢量场随空间位置的分布情况,需要由两个独立的空间函数——散度$\nabla\cdot\boldsymbol{F}(\boldsymbol{r})$和旋度$\nabla\times\boldsymbol{F}(\boldsymbol{r})$,即产生该矢量场的场源密度分布来确定。

3)定义$\psi = \oint_S \boldsymbol{F}\cdot d\boldsymbol{S}$为矢量场$\boldsymbol{F}(\boldsymbol{r})$沿闭合面的通量;定义$\mathrm{div}\boldsymbol{F} = \lim\limits_{\Delta V\to 0}\left(\oint_S \boldsymbol{F}\cdot d\boldsymbol{S}/\Delta V\right)$为它的散度,表示该点处单位体积由内向外散发的通量。

4)沿闭合路径的线积分$\oint_l \boldsymbol{F}\cdot d\boldsymbol{l}$称为矢量场$\boldsymbol{F}(\boldsymbol{r})$的环量,矢量$\boldsymbol{F}(\boldsymbol{r})$的旋度定义为$\mathrm{curl}\boldsymbol{F} = \left[\lim\limits_{\Delta S\to 0}\left(\oint_l \boldsymbol{F}\cdot d\boldsymbol{l}/\Delta S\right)\right]_{\max}\boldsymbol{e}_n$。

5)有关定理和公式

①高斯散度定理:$\oint_S \boldsymbol{F}\cdot d\boldsymbol{S} = \int_v (\nabla\cdot\boldsymbol{F})dV$

②斯托克斯定理:$\oint_l \boldsymbol{F}\cdot d\boldsymbol{l} = \int_S (\nabla\times\boldsymbol{F})d\boldsymbol{S}$

③格林第一公式:$\oint_S \varphi\frac{\partial\psi}{\partial n}d\boldsymbol{S} = \int_V (\varphi\nabla^2\psi + \nabla\varphi\cdot\nabla\psi)dV$

④格林第二公式:$\oint_S \left(\varphi\frac{\partial\psi}{\partial n} - \psi\frac{\partial\varphi}{\partial n}\right)d\boldsymbol{S} = \int_V (\varphi\nabla^2\psi - \psi\nabla^2\varphi)dV$

⑤赫姆霍兹定理总结矢量场的基本性质是:矢量场$\boldsymbol{F}(\boldsymbol{r})$由它的散度$\nabla\cdot\boldsymbol{F}(\boldsymbol{r})$和它的旋度$\nabla\times\boldsymbol{F}(\boldsymbol{r})$,以及$\boldsymbol{F}(\boldsymbol{r})$在边界上的法向分量$F_n$或切向分量$F_t$唯一地确定,矢量的散度和矢量的旋度表征各对应矢量场的一种场源。所以,分析矢量场总是从研究它的散度和它的旋度着手,散度方程和旋度方程构成矢量场的基本方程(微分形式)。

⑥常用矢量恒等公式

设f,g为标量,$\boldsymbol{F}$,$\boldsymbol{G}$为矢量,则有

$$\nabla(fg) = f\nabla g + g\nabla f$$

$$\nabla\cdot(f\boldsymbol{F}) = \nabla f\cdot\boldsymbol{F} + f\nabla\cdot\boldsymbol{F}$$

$$\nabla \times (f\boldsymbol{F}) = \nabla f \times \boldsymbol{F} + f\nabla \times \boldsymbol{F}$$

$$\nabla(\boldsymbol{F} \cdot \boldsymbol{G}) = (\boldsymbol{F} \cdot \nabla)\boldsymbol{G} + (\boldsymbol{G} \cdot \nabla)\boldsymbol{F} + \boldsymbol{F} \times (\nabla \times \boldsymbol{G}) + \boldsymbol{G} \times (\nabla \times \boldsymbol{F})$$

$$\nabla \cdot (\boldsymbol{F} \times \boldsymbol{G}) = \boldsymbol{G} \cdot (\nabla \times \boldsymbol{F}) - \boldsymbol{F} \cdot (\nabla \times \boldsymbol{G})$$

$$\nabla \times (\boldsymbol{F} \times \boldsymbol{G}) = \boldsymbol{F}(\nabla \cdot \boldsymbol{G}) - (\boldsymbol{F} \cdot \nabla)\boldsymbol{G} + (\boldsymbol{G} \cdot \nabla)\boldsymbol{F} - \boldsymbol{G}(\nabla \cdot \boldsymbol{F})$$

$$\nabla \times (\nabla \times \boldsymbol{F}) = \nabla(\nabla \cdot \boldsymbol{F}) - \nabla^2 \boldsymbol{F}$$

$$\nabla \times (\nabla f) = 0$$

$$\nabla \cdot (\nabla \times \boldsymbol{F}) = 0$$

$$\int_V \nabla f \mathrm{d}V = \oint_S f \mathrm{d}\boldsymbol{S}$$

$$\int_V \nabla \cdot \boldsymbol{F} \mathrm{d}V = \oint_S \boldsymbol{F} \cdot \mathrm{d}\boldsymbol{S}$$

$$\int_V \nabla \times \boldsymbol{F} \mathrm{d}V = -\oint_S \boldsymbol{F} \times \mathrm{d}\boldsymbol{S}$$

$$\oint_l f \mathrm{d}\boldsymbol{l} = -\int_S \nabla f \times \mathrm{d}\boldsymbol{S}$$

⑦梯度、散度、旋度和拉普拉斯运算

a)直角坐标系

$$\nabla f = \boldsymbol{e}_x \frac{\partial f}{\partial x} + \boldsymbol{e}_y \frac{\partial f}{\partial y} + \boldsymbol{e}_z \frac{\partial f}{\partial z}$$

$$\nabla \cdot \boldsymbol{F} = \frac{\partial F_x}{\partial x} + \frac{\partial F_y}{\partial y} + \frac{\partial F_z}{\partial z}$$

$$\nabla \times \boldsymbol{F} = \begin{vmatrix} \boldsymbol{e}_x & \boldsymbol{e}_y & \boldsymbol{e}_z \\ \dfrac{\partial}{\partial x} & \dfrac{\partial}{\partial y} & \dfrac{\partial}{\partial z} \\ F_x & F_y & F_z \end{vmatrix}$$

$$\nabla^2 f = \frac{\partial^2 f}{\partial x^2} + \frac{\partial^2 f}{\partial y^2} + \frac{\partial^2 f}{\partial z^2}$$

$$\nabla^2 \boldsymbol{F} = \frac{\partial^2 \boldsymbol{F}}{\partial x^2} + \frac{\partial^2 \boldsymbol{F}}{\partial y^2} + \frac{\partial^2 \boldsymbol{F}}{\partial z^2}$$

b)圆柱坐标系

$$\nabla f = \boldsymbol{e}_\rho \frac{\partial f}{\partial \rho} + \boldsymbol{e}_\phi \frac{1}{\rho} \frac{\partial f}{\partial \phi} + \boldsymbol{e}_z \frac{\partial f}{\partial z}$$

$$\nabla \cdot \boldsymbol{F} = \frac{1}{\rho} \frac{\partial}{\partial \rho}(\rho F_\rho) + \frac{1}{\rho} \frac{\partial F_\phi}{\partial \phi} + \frac{\partial F_z}{\partial z}$$

$$\nabla \times \boldsymbol{F} = \begin{vmatrix} \dfrac{1}{\rho}\boldsymbol{e}_\rho & \boldsymbol{e}_\phi & \dfrac{1}{\rho}\boldsymbol{e}_z \\ \dfrac{\partial}{\partial \rho} & \dfrac{\partial}{\partial \phi} & \dfrac{\partial}{\partial z} \\ F_\rho & \rho F_\phi & F_z \end{vmatrix}$$

$$\nabla^2 f = \frac{1}{\rho} \frac{\partial}{\partial \rho}\left(\rho \frac{\partial f}{\partial \rho}\right) + \frac{1}{\rho^2} \frac{\partial^2 f}{\partial \phi^2} + \frac{\partial^2 f}{\partial z^2}$$

$$\nabla^2 \boldsymbol{F} = \boldsymbol{e}_\rho\left(\nabla^2 F_\rho - \frac{2}{\rho^2}\frac{\partial F_\phi}{\partial \phi} - \frac{F_\rho}{\rho^2}\right) + \boldsymbol{e}_\phi\left(\nabla^2 F_\phi + \frac{2}{\rho^2}\frac{\partial F_\rho}{\partial \phi} - \frac{F_\phi}{\rho^2}\right) + \boldsymbol{e}_k \nabla^2 F_z$$

c)球坐标系

$$\nabla f = \boldsymbol{e}_r \frac{\partial f}{\partial r} + \boldsymbol{e}_\theta \frac{1}{r}\frac{\partial f}{\partial \theta} + \boldsymbol{e}_\phi \frac{1}{r\sin\theta}\frac{\partial f}{\partial \phi}$$

$$\nabla \cdot \boldsymbol{F} = \frac{1}{r^2}\frac{\partial}{\partial r}(r^2 F_r) + \frac{1}{r\sin\theta}\frac{\partial}{\partial \theta}(\sin\theta F_\theta) + \frac{1}{r\sin\theta}\frac{\partial F_\phi}{\partial \phi}$$

$$\nabla \times \boldsymbol{F} = \begin{vmatrix} \frac{1}{r^2\sin\theta}\boldsymbol{e}_r & \frac{1}{r\sin\theta}\boldsymbol{e}_\theta & \frac{1}{r}\boldsymbol{e}_\phi \\ \frac{\partial}{\partial r} & \frac{\partial}{\partial \theta} & \frac{\partial}{\partial \phi} \\ F_r & rF_\theta & r\sin\theta F_\phi \end{vmatrix}$$

$$\nabla^2 f = \frac{1}{r^2}\frac{\partial}{\partial r}\left(r^2\frac{\partial f}{\partial r}\right) + \frac{1}{r^2\sin\theta}\frac{\partial}{\partial \theta}\left(\sin\theta\frac{\partial f}{\partial \theta}\right) + \frac{1}{r^2\sin^2\theta}\frac{\partial^2 f}{\partial \phi^2}$$

$$\begin{aligned}\nabla^2 \boldsymbol{F} = {} & \boldsymbol{e}_r\left[\nabla^2 F_r - \frac{2}{r^2}\left(F_r + \cot\theta F_\theta + \csc\theta\frac{\partial F_\phi}{\partial \phi} + \frac{\partial F_\theta}{\partial \theta}\right)\right] + \\ & \boldsymbol{e}_\theta\left[\nabla^2 F_\theta - \frac{1}{r^2}\left(\csc^2\theta F_\theta - 2\frac{\partial F_r}{\partial \theta} + \cot\theta\csc\theta\frac{\partial F_\phi}{\partial \phi}\right)\right] + \\ & \boldsymbol{e}_\phi\left[\nabla^2 F_\phi - \frac{1}{r^2}\left(\csc^2\theta F_\phi - 2\csc\theta\frac{\partial F_r}{\partial \theta} - 2\cot\theta\csc\theta\frac{\partial F_\theta}{\partial \phi}\right)\right]\end{aligned}$$

习　题

1.1　给定两矢量 $\boldsymbol{A} = \boldsymbol{e}_x + 2\boldsymbol{e}_y + 3\boldsymbol{e}_z$ 和 $\boldsymbol{B} = 4\boldsymbol{e}_x - 5\boldsymbol{e}_y + 6\boldsymbol{e}_z$，求它们间的夹角和 $\boldsymbol{A}$ 在 $\boldsymbol{B}$ 上的分量。

1.2　给定两矢量 $\boldsymbol{A} = 2\boldsymbol{e}_x + 3\boldsymbol{e}_y - 4\boldsymbol{e}_z$ 和 $\boldsymbol{B} = -6\boldsymbol{e}_x - 4\boldsymbol{e}_y + \boldsymbol{e}_z$，求 $\boldsymbol{A}\times\boldsymbol{B}$ 在 $\boldsymbol{C} = \boldsymbol{e}_x - \boldsymbol{e}_y + \boldsymbol{e}_z$ 上的分量。

1.3　已知 $f(r) = 3r^2 + 4\ln r + \frac{6}{\sqrt[3]{r}}$，求 ∇f。

1.4　求 $f(x,y,z) = x^2yz + 4xz^2$ 在 $P(1,-2,-1)$ 处沿 $\boldsymbol{A} = 2\boldsymbol{e}_x - \boldsymbol{e}_y - 2\boldsymbol{e}_z$ 方向的方向导数。

1.5　试求空间曲面 $x^2y + 2xz = 4$ 在点 $P(2,-2,3)$ 处的法向单位矢量。

1.6　已知 $\boldsymbol{F}(x,y,z) = x^2z\boldsymbol{e}_x - 2y^3z^2\boldsymbol{e}_y + xy^2z\boldsymbol{e}_z$，求点 $(1,-1,1)$ 处的 $\nabla\cdot\boldsymbol{F}$。

1.7　欲使 $\boldsymbol{F}(x,y,z) = (x-3y)\boldsymbol{e}_x + (y-2z)\boldsymbol{e}_y + (x+az)\boldsymbol{e}_z$ 的散度为零，试问常数 a 应为何值。

1.8　已知 $\boldsymbol{F}(x,y,z) = xz^3\boldsymbol{e}_x - 2x^2yz\boldsymbol{e}_y + 2yz^4\boldsymbol{e}_z$，求点 $(1,-1,1)$ 处的 $\nabla\times\boldsymbol{F}$。

1.9　已知 $\boldsymbol{F}(x,y) = 3xy\boldsymbol{e}_x - y^2\boldsymbol{e}_y$，试求 $\boldsymbol{F}$ 沿曲线 $y = 2x^2$ 由点 $P_1(0,0)$ 至 $P_2(1,2)$ 的线积分。

1.10　已知 $f(x,y,z) = 2xyz^2$，$\boldsymbol{F}(x,y,z) = xy\boldsymbol{e}_x - z\boldsymbol{e}_y + x^2\boldsymbol{e}_z$，试就参数方程为 $x = t^2$，$y = 2t$，

$z=t^3(0\leqslant t\leqslant 1)$的同一曲线 l,计算 t 由0变到1时的下列两个矢量线积分:

(1) $\int_l f\mathrm{d}\boldsymbol{l}$;　　(2) $\int_l \boldsymbol{F}\times\mathrm{d}\boldsymbol{l}$

1.11　对于 $f(\boldsymbol{r})$ 和 $\boldsymbol{F}(\boldsymbol{r})$,证明下列两恒等式:

(1) $\nabla\times(f\boldsymbol{F})=f(\nabla\times\boldsymbol{F})+\nabla f\times\boldsymbol{F}$

(2) $(\boldsymbol{F}\cdot\nabla)f=\boldsymbol{F}\cdot\nabla f$

1.12　对于标量场 $f(\boldsymbol{r})$ 和 $g(\boldsymbol{r})$,试证明:

(1) $\nabla\times(f\nabla f)=0$

(2) $\nabla^2(fg)=f\nabla^2 g+g\nabla^2 f+2\nabla f\cdot\nabla g$

1.13　试计算:

(1) $\nabla^2\ln r=?$

(2) $\nabla^2\left[\nabla\cdot\left(\dfrac{\boldsymbol{r}}{r^2}\right)\right]=?$

1.14　对于平面矢量场 $\boldsymbol{F}(x,y,z)=F_x(x,y)\boldsymbol{e}_x+F_y(x,y)\boldsymbol{e}_y$ 和 xOy 平面上沿逆时针取向的闭面路径 l 及其所围区域 S,试由斯托克斯定理导出下列平面格林定理:

$$\oint_l(F_x\mathrm{d}x+F_y\mathrm{d}y)=\int_S\left(\frac{\partial F_y}{\partial x}-\frac{\partial F_x}{\partial y}\right)\mathrm{d}x\mathrm{d}y$$

1.15　判断下列两矢量场各自属于哪种类型:

(1) $\boldsymbol{F}=(6xy+z^3)\boldsymbol{e}_x+(3x^2-z)\boldsymbol{e}_y+(3xz^2-y)\boldsymbol{e}_z$

(2) $\boldsymbol{G}=3y^4z^2\boldsymbol{e}_x+x^3z^2\boldsymbol{e}_y-3x^2y^2\boldsymbol{e}_z$

1.16　设 $\boldsymbol{F}(\boldsymbol{r})$ 和 $\boldsymbol{G}(\boldsymbol{r})$ 均为无旋场,试证明:

$$\nabla\cdot(\boldsymbol{F}\times\boldsymbol{G})=0$$

1.17　已知 $\nabla\varphi=(y^2-2xyz^3)\boldsymbol{e}_x+(3+2xy-x^2z^3)\boldsymbol{e}_y+(6z^3-3x^2yz^2)\boldsymbol{e}_z$,试求 $\varphi(x,y,z)$。

1.18　对于 $f(\rho,\phi,z)=\dfrac{1}{\rho}\sin\phi+\rho z^2\cos 3\phi$,求 ∇f。

1.19　已知 $\boldsymbol{F}(\rho,\phi,z)=-\rho\cos\phi\boldsymbol{e}_\rho+\rho\sin\phi\boldsymbol{e}_\phi+z\cos\phi\boldsymbol{e}_z$,试求 $\nabla\cdot\boldsymbol{F}$ 及 $\nabla\times\boldsymbol{F}$。

1.20　已知 $f(r,\theta,\phi)=r\cos\theta+\dfrac{1}{r^2}\sin\phi$,求 ∇f。

1.21　试求 $\boldsymbol{F}(r,\theta,\phi)=r^2\sin\theta\cos\phi\boldsymbol{e}_r+\dfrac{1}{r^2}\cos\theta\sin\phi\boldsymbol{e}_\theta$ 的散度和旋度。

1.22　在由 $\rho=5$, $z=0$ 和 $z=4$ 围成的圆柱形区域,对矢量 $\boldsymbol{A}=\rho^2\boldsymbol{e}_\rho+2z\boldsymbol{e}_z$ 验证散度定理。

1.23　求矢量 $\boldsymbol{A}=x\boldsymbol{e}_x+x^2\boldsymbol{e}_y+y^2z\boldsymbol{e}_z$ 沿 xOy 平面上的一个边长为2的正方形回路的线积分,该正方形的两个边分别与 x 轴和 y 轴重合。再求 $\nabla\times\boldsymbol{A}$ 对此回路所包围的表面积的积分,验证斯托克斯定理。

1.24　给定矢量函数 $\boldsymbol{E}=y\boldsymbol{e}_x+x\boldsymbol{e}_y$,计算从点 $P_1(2,1,-1)$ 到 $P_2(8,2,-1)$ 的线积分 $\int_l\boldsymbol{E}\cdot\mathrm{d}\boldsymbol{l}$:(1) 沿抛物线 $x=2y^2$;(2) 沿连接该两点的直线。这个 $\boldsymbol{E}$ 是保守场吗?

1.25　三个矢量 $\boldsymbol{A},\boldsymbol{B},\boldsymbol{C}$

$$\boldsymbol{A}=\sin\theta\cos\phi\boldsymbol{e}_r+\cos\theta\cos\phi\boldsymbol{e}_\theta-\sin\phi\boldsymbol{e}_\phi$$

$$B = z^2 \sin \phi e_\rho + z^2 \cos \phi e_\phi + 2\rho z \sin \phi e_z$$

$$C = (3y^2 - 2x) e_x + x^2 e_y + 2z e_z$$

(1)哪些矢量可以由一个标量函数的梯度表示？哪些矢量可以由一个矢量函数的旋度表示？

(2)求出这些矢量的源分布。

第2章 静电场

电荷间相互作用力的存在揭示了电场的存在，反映了电场的物质性。电荷在其周围空间产生电场，相对于观察者静止且量值不随时间变化的电荷在其周围空间产生静电场。

本章在库仑定律的基础上开始对静电场的讨论。首先介绍静电场的基本物理量——电场强度 $\boldsymbol{E}$，从静电场是保守场的性质出发，引入另一基本场量——标量电位 φ。探讨媒质对静电场的影响，由此导出高斯定理；基于矢量场的唯一性定理，提出静电场的基本解算方法，介绍静电场两种重要的间接解法：电轴法和镜像法；扩展电容的概念到导体系中，引入部分电容；用场的观点讨论静电场能量的计算方法及分布特性；最后介绍用虚位移法求电场力。

2.1 库仑定律　电场强度

电荷在其周围空间会产生一种特殊形式的物质，这种物质被称为电场，电场强度是表征电场特性的一个基本物理量，在引入电场强度之前，首先介绍库仑定律。

2.1.1 库仑定律

库仑定律是电磁学的第一个实验定律，是关于真空中两点电荷之间的作用力的定量描述。在真空中，当两点电荷 q_1 和 q_2 距离为 R 时，如图 2.1 所示，q_2 受到 q_1 的作用力为

$$\boldsymbol{F}_{21} = \frac{q_2 q_1}{4\pi\varepsilon_0 R^2}\boldsymbol{e}_R \qquad (2.1.1)$$

$\boldsymbol{e}_R$　$\boldsymbol{F}_{21}$　q_1　R　q_2

图 2.1　两点电荷之间的作用力

上式称为库仑定律，其中 $\boldsymbol{e}_R = \boldsymbol{R}/R$ 是从 q_1 指向 q_2 的单位矢量，ε_0 称为真空介电常数。同样 q_1 也受到 q_2 的作用力 $\boldsymbol{F}_{12}$，由下式确定

$$\boldsymbol{F}_{12} = -\boldsymbol{F}_{21} = \frac{q_1 q_2}{4\pi\varepsilon_0 R^2}(-\boldsymbol{e}_R) \qquad (2.1.2)$$

在国际单位制（SI）中，当电量 q 的单位为库（C），距离 R 的单位为米（m），力 $\boldsymbol{F}$ 的单位为牛（N）时，ε_0 的单位为法/米（F/m），且 $\varepsilon_0 = \dfrac{10^{-9}}{36\pi} \approx 8.85 \times 10^{-12}$ 法/米。

点电荷 q_1,q_2 相互间感受到力的作用,是由于在 q_1,q_2 周围空间存在着电场。q_1 的电场作用在 q_2 上使 q_2 感受到力,同样 q_2 的电场作用在 q_1 上使 q_1 感受到力。

库仑定律只适用于点电荷,但是当带电体本身的几何尺寸远远小于它们之间的距离时,可以作为点电荷处理。

2.1.2 电场强度

电场的分布特性可以通过单位正点电荷在电场中受的力来描述。设在电场中某点有一个试验电荷 q_t,受的力为 $\boldsymbol{F}$,定义该点的电场强度为

$$\boldsymbol{E} = \lim_{q_t \to 0} \frac{\boldsymbol{F}}{q_t} \tag{2.1.3}$$

$\boldsymbol{E}$ 的单位是伏/米(V/m),$q_t \to 0$ 是为了使引入的试验电荷不致影响待测电场的分布状态。

很显然,电场强度 $\boldsymbol{E}$ 是一个随空间点位置不同而变化的矢量函数,与试验电荷无关。式(2.1.3)对时变场也适用,表示某一时刻的 $\boldsymbol{E}$。由库仑定律和电场强度的定义式可知,点电荷产生的电场强度可由下式计算

$$\boldsymbol{E} = \frac{q}{4\pi\varepsilon_0 R^2}\boldsymbol{e}_R = \frac{q}{4\pi\varepsilon_0 R^3}\boldsymbol{R} \tag{2.1.4}$$

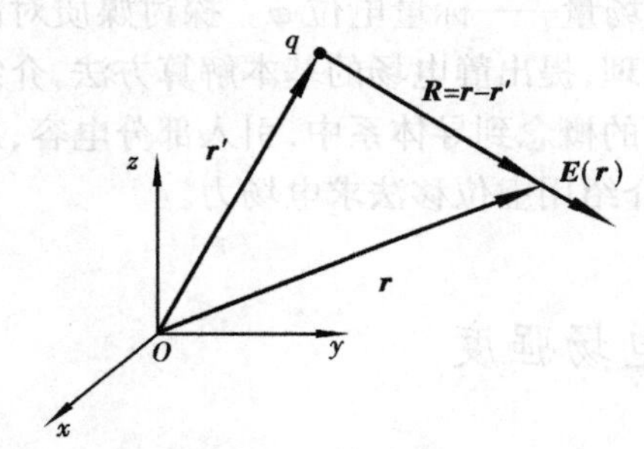

图 2.2　位于 $\boldsymbol{r}'$ 处的 q 在 $\boldsymbol{r}$ 点产生的 $\boldsymbol{E}$

当将点电荷所在的点(源点)用 $\boldsymbol{r}'$ 表示,观察点(场点)用 $\boldsymbol{r}$ 表示,如图 2.2 所示,式(2.1.4)可以写成

$$\boldsymbol{E}(\boldsymbol{r}) = \frac{q(\boldsymbol{r} - \boldsymbol{r}')}{4\pi\varepsilon_0 |\boldsymbol{r} - \boldsymbol{r}'|^3} \tag{2.1.5}$$

上式表明:电场强度与点电荷的带电量成正比。根据这种线性比例关系,可以利用叠加定理来计算不同电荷分布的电场。

真空中有 N 个点电荷时,在空间某点的电场可由各点电荷在该点产生电场的矢量和来计算

$$\begin{aligned}\boldsymbol{E} &= \boldsymbol{E}_1 + \boldsymbol{E}_2 + \cdots + \boldsymbol{E}_N \\ &= \sum_{i=1}^{N} \frac{q_i(\boldsymbol{r} - \boldsymbol{r}'_i)}{4\pi\varepsilon_0 |\boldsymbol{r} - \boldsymbol{r}'_i|^3}\end{aligned} \tag{2.1.6}$$

根据物质结构理论,电荷的分布实际上是不连续的,当分析宏观电磁现象时,可以把带电质点电荷的离散分布近似地用它的连续分布代替,从而可以得到令人满意的结果。由此需要考虑电荷的分布,并引入电荷密度的概念。

1)体电荷密度 $\rho(\boldsymbol{r}')$

电荷连续地分布在体积 V' 内,设位于 $\boldsymbol{r}'$ 处的体积元 $\Delta V'$ 内的净电荷为 $\Delta q(\boldsymbol{r}')$,则 $\boldsymbol{r}'$ 点的体电荷密度定义为

$$\rho(\boldsymbol{r}') = \lim_{\Delta V' \to 0} \frac{\Delta q(\boldsymbol{r}')}{\Delta V'} = \frac{\mathrm{d}q(\boldsymbol{r}')}{\mathrm{d}V'} \tag{2.1.7}$$

其单位为库[仑]/米^3(C/m^3)。

2)面电荷密度 $\sigma(\boldsymbol{r}')$

当电荷连续地分布在无限薄的曲面 S'上，$\Delta q(\boldsymbol{r}')$为面元 $\Delta S'$上的净电荷，定义面电荷密度为

$$\sigma(\boldsymbol{r}') = \lim_{\Delta S'\to 0}\frac{\Delta q(\boldsymbol{r}')}{\Delta S'} = \frac{\mathrm{d}q(\boldsymbol{r}')}{\mathrm{d}S'} \tag{2.1.8}$$

它的单位为库/米^2（C/m^2）。

3）线电荷密度 $\tau(\boldsymbol{r}')$

当电荷呈线状连续分布，$\Delta q(\boldsymbol{r}')$为线元 $\Delta l'$上的净电荷，定义线电荷密度为

$$\tau(\boldsymbol{r}') = \lim_{\Delta l'\to 0}\frac{\Delta q(\boldsymbol{r}')}{\Delta l'} = \frac{\mathrm{d}q(\boldsymbol{r}')}{\mathrm{d}l'} \tag{2.1.9}$$

它的单位为库/米（C/m）。

假设电荷分布于体积 V'内，其电荷体密度为 $\rho(\boldsymbol{r}')$，将体积 V'分成许许多多个体积元，每一体积元的电荷 $\mathrm{d}q=\rho\mathrm{d}V'$可视为点电荷，如图2.3所示。根据式（2.1.5），位于 $\boldsymbol{r}'$点的元电荷在场点 $\boldsymbol{r}$ 引起的电场强度为

$$\mathrm{d}\boldsymbol{E}(\boldsymbol{r}) = \frac{\mathrm{d}q}{4\pi\varepsilon_0}\frac{\boldsymbol{r}-\boldsymbol{r}'}{|\boldsymbol{r}-\boldsymbol{r}'|^3}$$

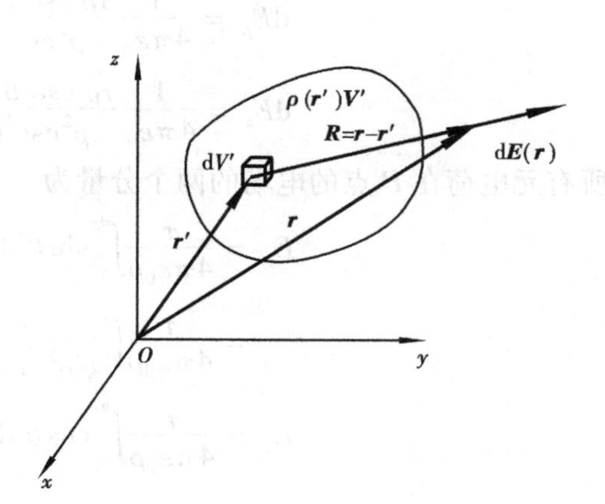

图2.3　体电荷的电场

应用叠加原理，体积 V'内全部电荷在 $\boldsymbol{r}$ 点引起的电场强度应为

$$\boldsymbol{E}(\boldsymbol{r}) = \frac{1}{4\pi\varepsilon_0}\int_{V'}\frac{\boldsymbol{r}-\boldsymbol{r}'}{|\boldsymbol{r}-\boldsymbol{r}'|^3}\mathrm{d}q = \frac{1}{4\pi\varepsilon_0}\int_{V'}\frac{\rho(\boldsymbol{r}')(\boldsymbol{r}-\boldsymbol{r}')}{|\boldsymbol{r}-\boldsymbol{r}'|^3}\mathrm{d}V' \tag{2.1.10}$$

同理，也可以得到分布面电荷所产生的电场强度表达式

$$\boldsymbol{E}(\boldsymbol{r}) = \frac{1}{4\pi\varepsilon_0}\int_{S'}\frac{\sigma(\boldsymbol{r}')(\boldsymbol{r}-\boldsymbol{r}')}{|\boldsymbol{r}-\boldsymbol{r}'|^3}\mathrm{d}S' \tag{2.1.11}$$

和分布线电荷所产生的电场强度表达式

$$\boldsymbol{E}(\boldsymbol{r}) = \frac{1}{4\pi\varepsilon_0}\int_{l'}\frac{\tau(\boldsymbol{r}')(\boldsymbol{r}-\boldsymbol{r}')}{|\boldsymbol{r}-\boldsymbol{r}'|^3}\mathrm{d}l' \tag{2.1.12}$$

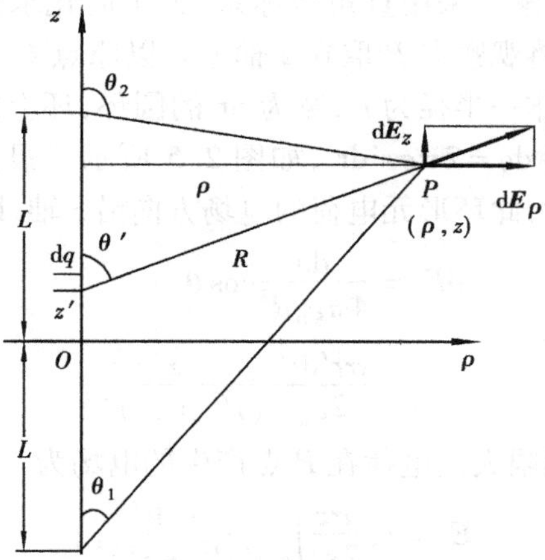

以上三式连同式（2.1.6）又称为计算电场强度的场源关系式。

例2.1　在真空中有一线电荷密度为 τ，长度为 $2L$ 的长直导线，如图2.4所示。求线外任一点的电场强度。

解　可以看出，线电荷的场具有以直线为对称轴的对称性。采用圆柱坐标，令 z 轴与线电荷重合，线电荷外任一点的电场强度与方位角 ϕ 无关。这样，z'处取的元电荷 $\mathrm{d}q=\tau\mathrm{d}z'$，它在 P 点产生的场强为

$$\mathrm{d}\boldsymbol{E} = \frac{1}{4\pi\varepsilon_0}\frac{\tau\mathrm{d}z'}{R^2}\frac{\boldsymbol{R}}{R}$$

图2.4　有限长直线电荷的电场

其两个分量分别为

$$\mathrm{d}E_\rho = \mathrm{d}\boldsymbol{E}\cdot\boldsymbol{e}_\rho = \mathrm{d}E\sin\theta' = \frac{1}{4\pi\varepsilon_0}\frac{\tau\mathrm{d}z'}{R^2}\sin\theta'$$

$$\mathrm{d}E_z = \mathrm{d}\boldsymbol{E}\cdot\boldsymbol{e}_z = \mathrm{d}E\cos\theta' = \frac{1}{4\pi\varepsilon_0}\frac{\tau\mathrm{d}z'}{R^2}\cos\theta'$$

其中 $R=\dfrac{\rho}{\sin\theta'}, z'=(z-\rho\cot\theta')$。在利用求和方法计算所有元电荷在 P 点的合成 $\boldsymbol{E}$ 时，场点是固定点，即 z,ρ 视为常量，源点是积分变量，而有 $\mathrm{d}z'=\rho\csc^2\theta'\mathrm{d}\theta'$。于是

$$\mathrm{d}E_\rho = \frac{1}{4\pi\varepsilon_0}\frac{\tau\rho\csc^2\theta'\mathrm{d}\theta'}{\rho^2\csc^2\theta'}\sin\theta' = \frac{1}{4\pi\varepsilon_0}\frac{\tau\sin\theta'}{\rho}\mathrm{d}\theta'$$

$$\mathrm{d}E_z = \frac{1}{4\pi\varepsilon_0}\frac{\tau\rho\csc^2\theta'\mathrm{d}\theta'}{\rho^2\csc^2\theta'}\cos\theta' = \frac{1}{4\pi\varepsilon_0}\frac{\tau\cos\theta'}{\rho}\mathrm{d}\theta'$$

所有元电荷在 P 点的电场的两个分量为

$$E_\rho = \frac{\tau}{4\pi\varepsilon_0\rho}\int_{\theta_1}^{\theta_2}\sin\theta'\mathrm{d}\theta' = \frac{\tau}{4\pi\varepsilon_0\rho}(\cos\theta_1 - \cos\theta_2)$$

$$= \frac{\tau}{4\pi\varepsilon_0\rho}\left(\frac{L+z}{\sqrt{\rho^2+(L+z)^2}} + \frac{L-z}{\sqrt{\rho^2+(L-z)^2}}\right)$$

$$E_z = \frac{\tau}{4\pi\varepsilon_0\rho}\int_{\theta_1}^{\theta_2}\cos\theta'\mathrm{d}\theta' = \frac{\tau}{4\pi\varepsilon_0\rho}(\sin\theta_2 - \sin\theta_1)$$

$$= \frac{\tau}{4\pi\varepsilon_0\rho}\left(\frac{\rho}{\sqrt{\rho^2+(L-z)^2}} - \frac{\rho}{\sqrt{\rho^2+(L+z)^2}}\right)$$

对 $\boldsymbol{E}_\rho$ 和 $\boldsymbol{E}_z$ 求矢量和得 P 点的电场

$$\boldsymbol{E} = E_\rho\boldsymbol{e}_\rho + E_z\boldsymbol{e}_z$$

当 $L\to\infty$ 时，即为无限长直带电线，则 $\theta_1\to 0, \theta_2\to\pi$，得 $E_\rho=\dfrac{\tau}{2\pi\varepsilon_0\rho}, E_z=0$，即

$$\boldsymbol{E} = \frac{\tau}{2\pi\varepsilon_0\rho}\boldsymbol{e}_\rho \qquad (\rho\neq 0)$$

例 2.2 一均匀带电的无限大平面，其电荷面密度为 σ，求周围空间的电场。

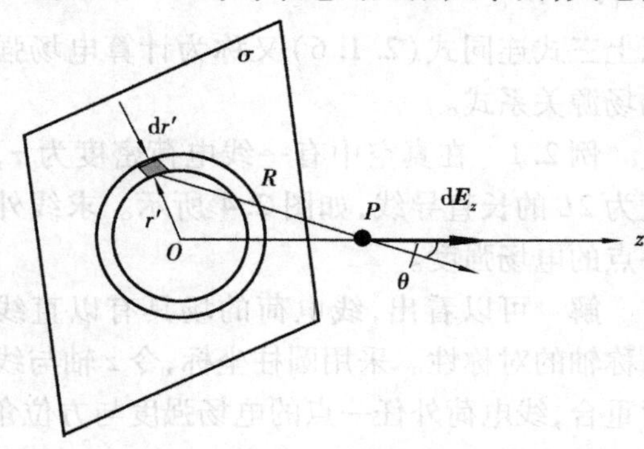

图 2.5 均匀无限大面电荷的电场

解 采用直角坐标系，为了简化求解过程，将观察点 P 取在 z 轴上。以原点 O 为圆心，作一半径为 r'，宽为 $\mathrm{d}r'$ 的圆环，环上的元电荷 $\mathrm{d}q=2\pi\sigma r'\mathrm{d}r'$，如图 2.5 所示。根据对称性，此环形元电荷的电场方向沿 z 轴，即

$$\mathrm{d}E_z = \frac{\mathrm{d}q}{4\pi\varepsilon_0 R^2}\cos\theta$$

$$= \frac{\sigma r'\mathrm{d}r'}{2\varepsilon_0}\frac{z}{(r'^2+z^2)^{3/2}}$$

则无限大面电荷在 P 点产生的电场为

$$\boldsymbol{E} = \boldsymbol{e}_z\frac{\sigma z}{2\varepsilon_0}\int_0^\infty\frac{r'\mathrm{d}r'}{(r'^2+z^2)^{3/2}}$$

$$= \boldsymbol{e}_z \frac{\sigma z}{2\varepsilon_0}\left[\frac{-1}{\sqrt{r'^2 + z^2}}\right]_0^{\infty}$$

$$= \boldsymbol{e}_z \frac{\sigma}{2\varepsilon_0} \frac{z}{|z|} = \begin{cases} \dfrac{\sigma}{2\varepsilon_0}\boldsymbol{e}_z & z > 0 \\ -\dfrac{\sigma}{2\varepsilon_0}\boldsymbol{e}_z & z < 0 \end{cases}$$

结果说明,均匀无限大面电荷产生的电场为恒值,并以平面为对称面,平面两侧的场强方向相反。

2.2 静电场的无旋性 电位

2.2.1 静电场的保守性

通过静电力做功来论证静电场是保守场这一基本性质。

在静电场中试验电荷 q_t 所受到的静电力为 $\boldsymbol{F} = q_t\boldsymbol{E}$,假设这个力使电荷移动了一个微小距离 $\mathrm{d}\boldsymbol{l}$ 时,电场对 q_t 所做的元功

$$\mathrm{d}W = \boldsymbol{F} \cdot \mathrm{d}\boldsymbol{l} = q_t\boldsymbol{E} \cdot \mathrm{d}\boldsymbol{l}$$

考虑 q_t 在电场中沿某一路径 l,从 P 点移至 Q 点,如图2.6所示,则电场对 q_t 做的功为

$$W = q_t\int_P^Q \boldsymbol{E} \cdot \mathrm{d}\boldsymbol{l} \tag{2.2.1}$$

如果电场 $\boldsymbol{E}$ 是由点电荷 q 产生的,根据式(2.1.3),上式可写成

$$\begin{aligned} W &= q_t\int_P^Q \frac{q\boldsymbol{e}_R}{4\pi\varepsilon_0 R^2} \cdot \mathrm{d}\boldsymbol{l} \\ &= \frac{q_t q}{4\pi\varepsilon_0}\int_{R_P}^{R_Q} \frac{\mathrm{d}R}{R^2} = \frac{q_t q}{4\pi\varepsilon_0}\left(\frac{1}{R_P} - \frac{1}{R_Q}\right) \end{aligned} \tag{2.2.2}$$

其中,R_P,R_Q 分别是 P 点和 Q 点到点电荷 q 的直线距离。式(2.2.2)表明电场力对 q_t 做的功与两端点的位置有关,而与移动时所走的路径无关,这正是保守场的特性。

进一步,如果上述 l 是一条闭合回路,试验电荷 q_t 从 P 点出发,经过 Q 点又回到 P 点,如

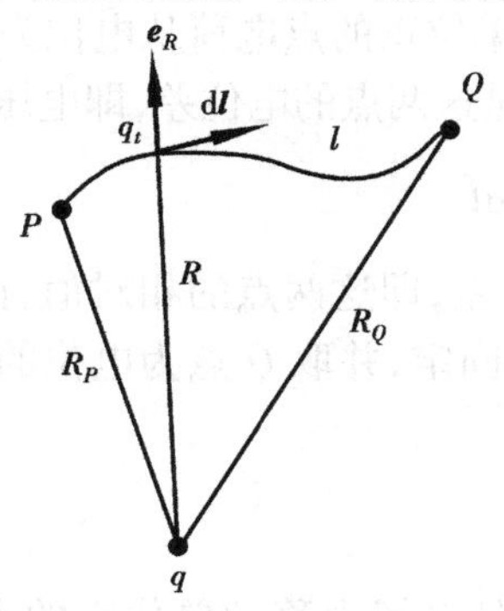

图2.6 q_t 沿路径 l 从 P 点移至 Q 点

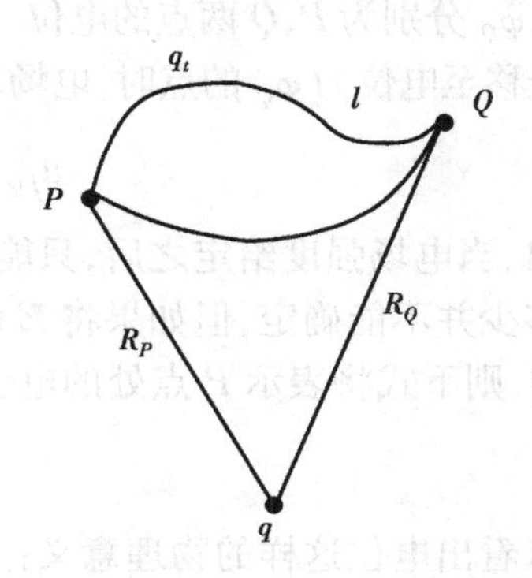

图2.7 q_t 沿闭合路径 l 移动

图 2.7 所示,则静电场做的功

$$W = q_t \oint_l \boldsymbol{E} \cdot \mathrm{d}\boldsymbol{l} = \frac{q_t q}{4\pi\varepsilon_0} \int_{R_P}^{R_P} \frac{\mathrm{d}R}{R^2}$$

$$= \frac{q_t q}{4\pi\varepsilon_0} \left(\frac{1}{R_P} - \frac{1}{R_P} \right) = 0$$

可见,电荷在静电场中沿闭合路径移动一周,电场所做的功恒为零,即

$$\oint_l \boldsymbol{E} \cdot \mathrm{d}\boldsymbol{l} = 0 \tag{2.2.3}$$

根据叠加原理,在由多个点电荷或连续分布的电荷所建立的静电场中,上式仍然成立,式(2.2.3)所表现的静电场的这一重要性质,称为静电场的守恒定律。

由斯托克斯定理,从式(2.2.3)又可得

$$\nabla \times \boldsymbol{E} = 0 \tag{2.2.4}$$

式(2.2.3)和式(2.2.4)说明在静态条件下电场 $\boldsymbol{E}$ 是无旋的或保守的。

2.2.2 电位及其物理意义

电场强度是矢量函数,直接进行运算比较复杂。依据第 1 章中曾证明的对保守场的矢量场函数的研究,可以用一个标量场的梯度来代替。由式(2.2.4)总可以定义一个标量函数 φ

$$\boldsymbol{E} = -\nabla \varphi \tag{2.2.5}$$

称该标量函数 φ 为电位,式(2.2.5)是电位的定义式,负号表明电场的方向就是电位最大减少率的方向。电位的单位为伏[特](V)。

电位与电场强度一样,也是描述静电场的基本物理量,它具有实际的物理意义。基于式(2.2.2),如果以 q_t 除该式可得电场对单位正的点电荷所做的功:

$$w = \frac{W}{q_t} = \int_P^Q \boldsymbol{E} \cdot \mathrm{d}\boldsymbol{l} \tag{2.2.6}$$

代入式(2.2.5),有

$$w = -\int_P^Q \nabla \varphi \cdot \mathrm{d}\boldsymbol{l}$$

由梯度定义式$\nabla \varphi \cdot \mathrm{d}\boldsymbol{l} = \mathrm{d}\varphi$,有

$$w = -\int_P^Q \nabla \varphi \cdot \mathrm{d}\boldsymbol{l} = -\int_{\varphi_P}^{\varphi_Q} \mathrm{d}\varphi = \varphi_P - \varphi_Q \tag{2.2.7}$$

其中,φ_P,φ_Q 分别为 P,Q 两点的电位。上式表明,电场力将单位正的点电荷从电位为 φ_P 的点经任意路径移至电位为 φ_Q 的点时,电场对该电荷所做的功就是这两点的电位差,即电压,因此

$$u_{PQ} = \varphi_P - \varphi_Q = \int_P^Q \boldsymbol{E} \cdot \mathrm{d}\boldsymbol{l} \tag{2.2.8}$$

可以看出,当电场强度给定之后,只能求出空间两点的电位差,即这两点的相对值,而 φ_P 和 φ_Q 具体是多少并不能确定,但如果将 $\boldsymbol{E}$ 的线积分的上限 Q 点固定,并取 Q 点为电位的参考点,即令 $\varphi_Q = 0$,则下式将表示 P 点处的电位 φ_P

$$\varphi_P = \int_P^Q \boldsymbol{E} \cdot \mathrm{d}\boldsymbol{l} \tag{2.2.9}$$

由此可以看出电位这样的物理意义:空间某一点的电位就是电场力移动单位正的点电荷从该点至参考点时所做的功,做功的结果导致该点电荷位能的减少。

当电荷分布已知时,可以求出电场中任一点的电位。对于点电荷 q,应用矢量分析式(2.1.4),有

$$\boldsymbol{E}(\boldsymbol{r}) = -\nabla\left(\frac{q}{4\pi\varepsilon_0|\boldsymbol{r}-\boldsymbol{r}'|}+C\right)$$

比较式(2.2.5),则可得

$$\varphi(\boldsymbol{r}) = \frac{q}{4\pi\varepsilon_0|\boldsymbol{r}-\boldsymbol{r}'|}+C \tag{2.2.10}$$

同理,可得到体、面、线分布电荷以及点电荷系的电位分别为

体电荷
$$\varphi(\boldsymbol{r}) = \frac{1}{4\pi\varepsilon_0}\int_{V'}\frac{\rho(\boldsymbol{r}')\mathrm{d}V'}{|\boldsymbol{r}-\boldsymbol{r}'|}+C \tag{2.2.11}$$

面电荷
$$\varphi(\boldsymbol{r}) = \frac{1}{4\pi\varepsilon_0}\int_{S'}\frac{\sigma(\boldsymbol{r}')\mathrm{d}S'}{|\boldsymbol{r}-\boldsymbol{r}'|}+C \tag{2.2.12}$$

线电荷
$$\varphi(\boldsymbol{r}) = \frac{1}{4\pi\varepsilon_0}\int_{l'}\frac{\tau(\boldsymbol{r}')\mathrm{d}l'}{|\boldsymbol{r}-\boldsymbol{r}'|}+C \tag{2.2.13}$$

以及点电荷系
$$\varphi(\boldsymbol{r}) = \frac{1}{4\pi\varepsilon_0}\sum_{i=1}^{N}\frac{q_i}{|\boldsymbol{r}-\boldsymbol{r}_i'|}+C \tag{2.2.14}$$

当电荷分布于有限空间时,如果选无限远为参考点,式(2.2.10)~式(2.2.14)中的积分常数均为零。以上四式又称为计算电位的场源关系式。

电位函数 φ 和电场强度 $\boldsymbol{E}$ 是表征同一电场特性的两个场量,如果知道 φ,则可由式(2.2.5)求出矢量函数 $\boldsymbol{E}$。同样,已知电场强度 $\boldsymbol{E}$,可根据式(2.2.9)获得电场中任意点的电位。

2.2.3 静电场的图示

在研究场的问题时,为了使场更直观一些,通常要作场的分布图形。在静电场中主要是作 $\boldsymbol{E}$ 线和等位面(线)。

$\boldsymbol{E}$ 线也称电力线,是静电场的矢量线,矢量线的求解在1.3中已作介绍,这里不再讨论。在静电场中的 $\boldsymbol{E}$ 线不相交,不闭合,起于正电荷,止于负电荷。

等位面(线)是将空间电位相等的点连接起来形成的曲面(线),等位面(线)的方程为

$$\varphi(\boldsymbol{r}) = C \tag{2.2.15}$$

当 C 取不同的值时可得到一个等位面(线)簇。等位面(线)与 $\boldsymbol{E}$ 线处处正交,且不同值的等位面(线)不相交。

图2.8给出了两种典型的静电场图,细实线表示等位线,带箭头的实线表示 $\boldsymbol{E}$ 线。

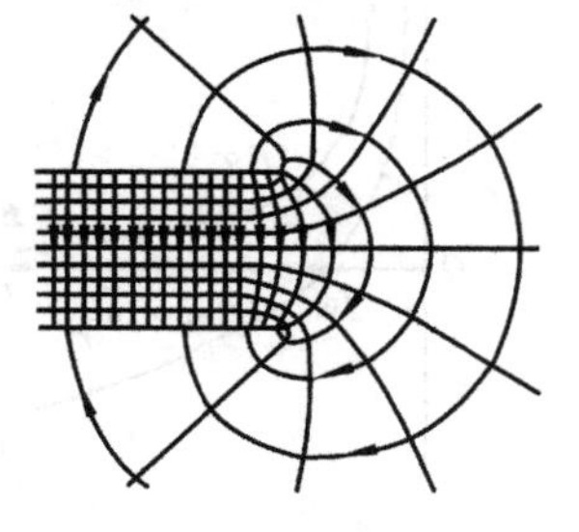

(a)平板电容器端部场图

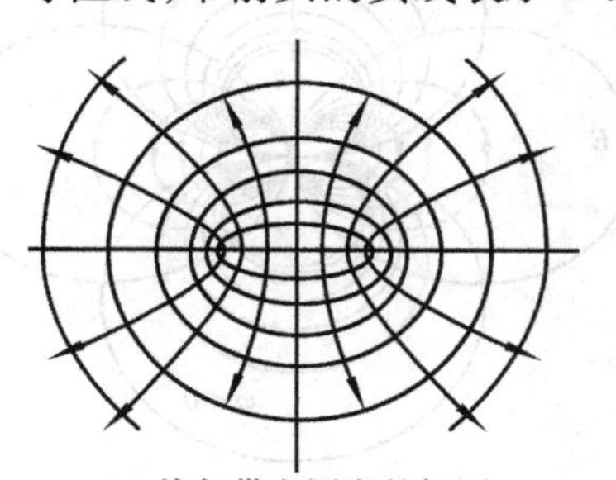

(b)均匀带电圆盘的场图

图2.8 等位面与电力线

例 2.3 求电偶极子在真空中产生的φ,E。

解 两个大小相等,符号相反的点电荷 q 和 $-q$,其间有一个微小的距离 d,由此构成了一个电偶极子。电偶极子对外的电场效应,由电偶极矩 $\boldsymbol{p}=q\boldsymbol{d}$ 来描述,其中位移 $\boldsymbol{d}$ 的方向由负电荷指向正电荷,大小为 d,单位为 C · m(库 · 米)。

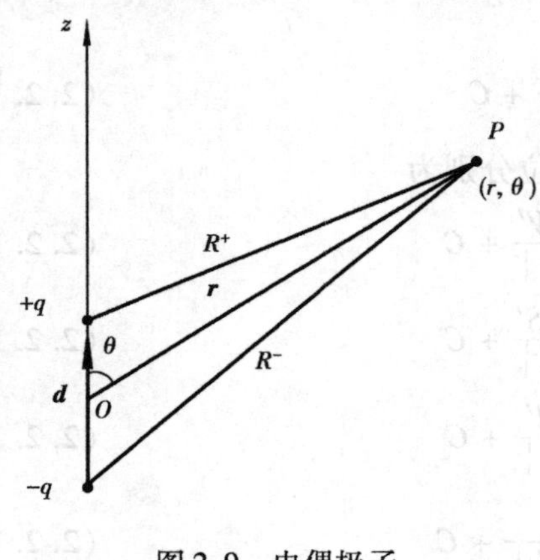

图 2.9 电偶极子

电偶极子的电场是具有轴对称性的子午面场,当场点 $r \gg d$ 时,电偶极子可以看成一个点源,故采用球坐标,以电偶极子中点为原点,$\boldsymbol{d}$ 与 z 轴重合,如图 2.9所示。应用叠加原理,P 点的电位为

$$\varphi=\frac{q}{4\pi\varepsilon_0}\left(\frac{1}{R^+}-\frac{1}{R^-}\right)=\frac{q}{4\pi\varepsilon_0}\frac{R^- - R^+}{R^- R^+} \tag{2.2.16}$$

因为 $r \gg d$,由图 2.9 可得 $R^+ \approx r-\frac{d}{2}\cos\theta$,$R^- \approx r+\frac{d}{2}\cos\theta$,因此有 $R^- - R^+ \approx d\cos\theta$,$R^- R^+ \approx r^2$,代入式(2.2.16),则

$$\varphi=\frac{qd\cos\theta}{4\pi\varepsilon_0 r^2}=\frac{p\cos\theta}{4\pi\varepsilon_0 r^2}=\frac{\boldsymbol{p}\cdot\boldsymbol{r}}{4\pi\varepsilon_0 r^3} \tag{2.2.17}$$

对上式取梯度可得电偶极子的电场强度

$$\begin{aligned}\boldsymbol{E}&=-\nabla\varphi\\&=-\left(\boldsymbol{e}_r\frac{\partial\varphi}{\partial r}+\boldsymbol{e}_\theta\frac{1}{r}\frac{\partial\varphi}{\partial\theta}\right)\\&=\frac{p}{4\pi\varepsilon_0 r^3}(2\cos\theta\boldsymbol{e}_r+\sin\theta\boldsymbol{e}_\theta)\end{aligned} \tag{2.2.18}$$

电偶极子的电场分布如图 2.10 所示。电场强度与 r^3成反比,即当 r 增大时,它比点电荷的电场衰减得更快,这是因为对远离偶极子的观察者来说,随着距离的增加,两电荷看起来靠得越近,正负电荷的电场抵消得越多。

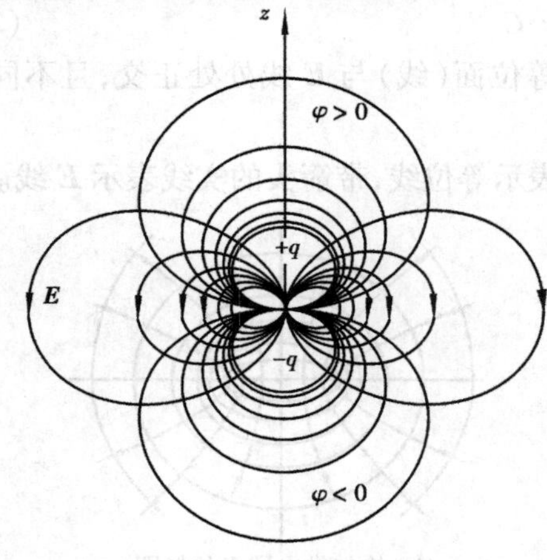

图 2.10 电偶极子的电场

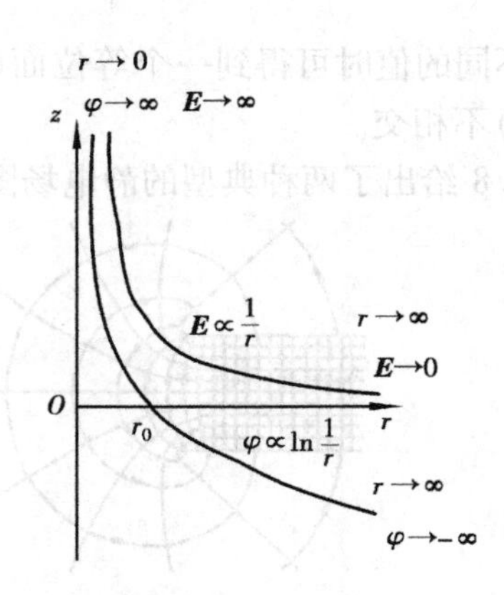

图 2.11 无限长均匀线电荷的电位与电场

例 2.4　真空中有一无限长直均匀线电荷,其电荷密度为 τ,求电位 φ。

解　这个问题既可以用式(2.2.13)直接计算电位,也可以从例 2.1 所得电场结果出发,应用电场强度与电位的积分关系式(2.2.9)计算电位,采用后一种方法。取空间某点 r_0 为电位参考点,则

$$\varphi = \int_r^{r_0} \frac{\tau}{2\pi\varepsilon_0 r}\mathrm{d}r = \frac{\tau}{2\pi\varepsilon_0}\ln\frac{r_0}{r} \tag{2.2.19}$$

从上述结果分析可得,如果将参考点选在线电荷所在处,也就是 $r_0=0$,由于 $\ln r_0 \to -\infty$,则全空间的电位将为负无穷大,这是因为线电荷所在处是电场的奇点。如果参考点选在无穷远处,即 $r_0 \to \infty$,同样有全空间的电位为无穷大,这是由于电荷分布伸向无穷远所造成的。由此可知,电场强度的奇点不能作为电位的参考点,当电荷作无限分布时,无限远处也不能作为电位的参考点。因此,当 r_0 选定为空间某一点后,由式(2.2.19)可知,$r=0$ 时,$\varphi \to \infty$;$r \to \infty$ 时,$\varphi \to -\infty$;而 $r=r_0$ 时,$\varphi=0$。在 $0<r<\infty$ 的有限空间,电位为有限值。电位分布及电场强度分布如图 2.11 所示。

2.3　静电场中的导体与电介质

前面两节讨论了不同分布形式的电荷在真空中产生的电场,实际的电场分布还与空间存在的物质情况有关。根据导电性能,可把物质粗分为两大类:导体与电介质。导体在电场作用下产生的静电感应现象,介质在电场作用下产生的极化现象,都会影响空间电场的分布。

2.3.1　静电场中的导体

导体中存在大量的自由电子,因此导体可定义为自由电子可以在其中自由运动的物质,能自由运动的电荷可以是自由电子和离子,金属是最常见的导体。当把导体放入电场中,则外电场对导体内的自由电子将产生作用力,使它们逆着电场的方向运动。这时导体表面会出现感应电荷,这些感应电荷的作用结果在导体内部又产生一个附加的电场,方向与外加电场反向,处处抵消在导体内部的外加电场,随着感应电荷的不断累计,最后达到静电平衡状态。当导体在电场中达到静电平衡以后,会出现下列现象(如图 2.12 所示):

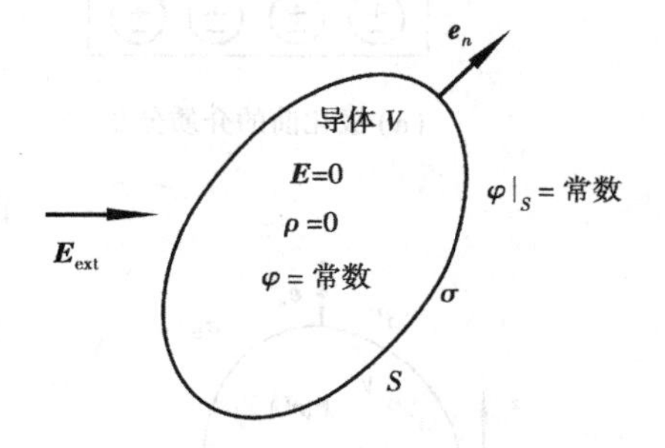

图 2.12　静电场中的导体

1)导体内部电场为零。反之,导体内的自由电荷将受电场力作用而移动,形成电流,则不属静电问题了。

2)导体内部导体电位为常数。也就是说,在静电条件下导体为等位体。

3)导体表面为等位面,表面任一点的电场强度方向与导体表面垂直。

4)电荷(包含感应电荷)只分布在导体表面无限薄的一层,形成面电荷。

综上所述,所谓导体在静电场中达到平衡状态,就是导体表面形成一定的面电荷分布,使导体成为等位体,其表面成为等位面。因此,对于静电平衡状态下的导体,可以说某个导体电位是多少伏。但对于绝缘体,则决不能说某个绝缘体的电位是多少伏,这是因为静电场中的绝缘体并不构成等位体。

2.3.2 静电场中的电介质

1)电介质(或称绝缘体)与导体不同,其中几乎没有自由电子。电介质不导电,其内部的正负带电粒子,因受分子内部和分子之间束缚力的作用,不能自由移动,故称这些粒子所带电荷为束缚电荷。

其内部存在的带电粒子被原子内在力、分子内在力和分子之间的作用力束缚着,不能自由运动,这样的物质称为电介质,这些粒子所带的电荷称为束缚电荷。

上述定义是将电介质的微弱导电性忽略了,以反映其主要特征。

电介质的分子可分为两大类。一类是极性分子,在没有电场作用时,分子内部的正负电荷作用中心不重合,可以视为电偶极子,但电介质中许许多多分子的电偶极矩排列杂乱无章,不产生宏观电矩,外呈电中性。另一类是非极性分子,在没有电场作用时,分子内部的正负电荷作用中心重合,不产生电的现象。

当有电场作用时,极性分子的电偶极子发生偏转,电偶极矩趋向外电场的方向;非极性分子内部的正负电荷作用中心沿电场方向发生偏移,形成了一个个电偶极子,如图 2.13 所示。在外电场作用下,上述这种极性分子的电偶极子发生偏转或非极性分子内部的正负电荷作用中心沿电场方向发生偏移的现象称为电介质的极化。极化的结果将影响原电场的分布。要计算空间中的电场就必须考虑电介质极化的作用。

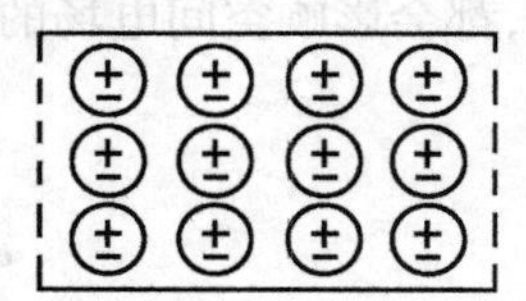

(a)极化前的介质分子

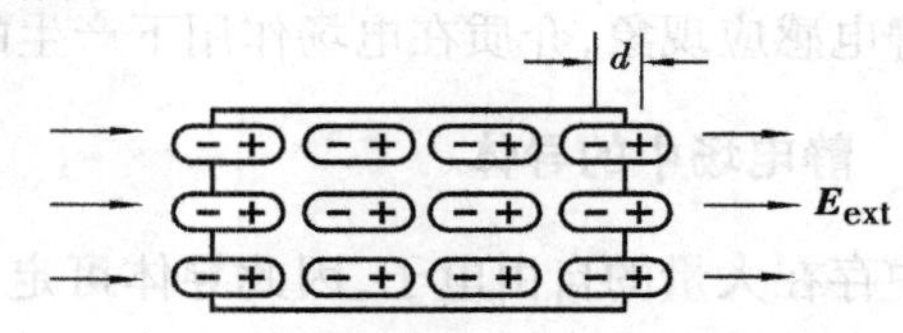

(b)极化后形成的电偶极子

图 2.13 电介质的极化

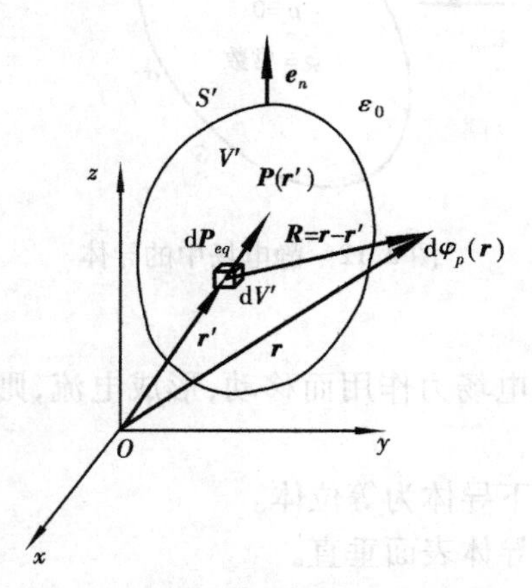

图 2.14 介质极化建立的电位

表征介质极化的程度,引入极化强度矢量 $\boldsymbol{P}$,它等于单位体积内的分子电偶极矩的矢量和,即

$$\boldsymbol{P} = \lim_{\Delta V \to 0} \frac{\Delta \boldsymbol{p}_{eq}}{\Delta V} = \frac{d\boldsymbol{p}_{eq}}{dV} \tag{2.3.1}$$

其中,$\Delta \boldsymbol{p}_{eq} = \sum \boldsymbol{p}_i$ 为体积元 ΔV 内各分子电偶极矩的矢量和,下标 eq 表示等效偶极矩;从式(2.3.1)可知,$\boldsymbol{P}$ 也表示电偶极矩的体密度。$\boldsymbol{P}$ 的单位为库/米^2(C/m^2)。

极化后的电介质可视为在真空中作体分布的电偶极子群,也是产生电场强度 $\boldsymbol{E}$ 的场源。

2)设有一体积为 V' 的介质,包围 V' 的闭合曲面为 S',如图 2.14 所示。介质在电场作用下发生极化,设极

化强度为 $\boldsymbol{P}(\boldsymbol{r}')$。在介质内 $\boldsymbol{r}'$ 处取体积元 $\mathrm{d}V'$，其等效元电矩 $\mathrm{d}\boldsymbol{p}_{eq}=\boldsymbol{P}(\boldsymbol{r}')\mathrm{d}V'$。在空间 $\boldsymbol{r}$ 处产生的元电位 $\mathrm{d}\varphi_p(\boldsymbol{r})$ 可用例2.3的结果

$$\mathrm{d}\varphi_p(\boldsymbol{r})=\frac{\mathrm{d}\boldsymbol{p}_{eq}(\boldsymbol{r}')\cdot\boldsymbol{e}_R}{4\pi\varepsilon_0R^2}$$

$$=\frac{\boldsymbol{P}(\boldsymbol{r}')\cdot\boldsymbol{e}_R}{4\pi\varepsilon_0R^2}\mathrm{d}V'=\frac{\boldsymbol{P}(\boldsymbol{r}')\mathrm{d}V'}{4\pi\varepsilon_0}\cdot\nabla'\frac{1}{R}$$

上式的推导利用了矢量恒等式 $\frac{\boldsymbol{e}_R}{R^2}=\nabla'\frac{1}{R}$。

整个电介质在 $\boldsymbol{r}$ 处建立的电位可对体积 V' 积分

$$\varphi_p(\boldsymbol{r})=\frac{1}{4\pi\varepsilon_0}\int_{V'}\boldsymbol{P}(\boldsymbol{r}')\cdot\nabla'\frac{1}{R}\mathrm{d}V'$$

利用矢量恒等式对上式中被积函数作变换，有 $\boldsymbol{P}(\boldsymbol{r}')\cdot\nabla'\frac{1}{R}=\nabla'\cdot\left[\frac{\boldsymbol{P}(\boldsymbol{r}')}{R}\right]-\frac{\nabla'\cdot\boldsymbol{P}(\boldsymbol{r}')}{R}$，代入上式，则

$$\varphi_p(\boldsymbol{r})=\frac{1}{4\pi\varepsilon_0}\left\{\int_{V'}\nabla'\cdot\left[\frac{\boldsymbol{P}(\boldsymbol{r}')}{R}\right]\mathrm{d}V'-\int_{V'}\frac{\nabla'\cdot\boldsymbol{P}(\boldsymbol{r}')}{R}\mathrm{d}V'\right\}$$

对上式右边第一项应用高斯散度定理得

$$\varphi_p(\boldsymbol{r})=\frac{1}{4\pi\varepsilon_0}\oint_{S'}\frac{\boldsymbol{P}(\boldsymbol{r}')\cdot\boldsymbol{e}_n}{R}\mathrm{d}S'+\frac{1}{4\pi\varepsilon_0}\int_{V'}\frac{-\nabla'\cdot\boldsymbol{P}(\boldsymbol{r}')}{R}\mathrm{d}V' \tag{2.3.2}$$

将上式与自由电荷产生的电位式(2.2.11)及(2.2.12)比较，如果定义

$$\rho_p=-\nabla'\cdot\boldsymbol{P}(\boldsymbol{r}') \tag{2.3.3}$$

为体极化电荷密度，和

$$\sigma_p=\boldsymbol{P}(\boldsymbol{r}')\cdot\boldsymbol{e}_n \tag{2.3.4}$$

为面极化电荷密度，则式(2.3.2)可写成

$$\varphi_p(\boldsymbol{r})=\frac{1}{4\pi\varepsilon_0}\int_{V'}\frac{\rho_p(\boldsymbol{r}')}{|\boldsymbol{r}-\boldsymbol{r}'|}\mathrm{d}V'+\frac{1}{4\pi\varepsilon_0}\oint_{S'}\frac{\sigma_p(\boldsymbol{r}')}{|\boldsymbol{r}-\boldsymbol{r}'|}\mathrm{d}S' \tag{2.3.5}$$

与自由电荷产生电位计算式的形式完全一样。于是

$$\boldsymbol{E}_p=-\nabla\varphi_p(\boldsymbol{r})$$

$$=\frac{1}{4\pi\varepsilon_0}\int_{V'}\frac{\rho_p(\boldsymbol{r}')(\boldsymbol{r}-\boldsymbol{r}')}{|\boldsymbol{r}-\boldsymbol{r}'|^3}\mathrm{d}V'+\frac{1}{4\pi\varepsilon_0}\oint_{S'}\frac{\sigma_p(\boldsymbol{r}')(\boldsymbol{r}-\boldsymbol{r}')}{|\boldsymbol{r}-\boldsymbol{r}'|^3}\mathrm{d}S' \tag{2.3.6}$$

所以，极化介质产生的附加电场，归结为以体密度 ρ_p 和面密度 σ_p 分布的极化电荷按库仑定律在真空中作用的结果，这时空间任一点的电场为合成场，即

$$\boldsymbol{E}=\boldsymbol{E}_f+\boldsymbol{E}_p \tag{2.3.7}$$

其中 $\boldsymbol{E}_f$ 由自由电荷产生，$\boldsymbol{E}_p$ 由极化电荷产生，且满足

$$\nabla\times\boldsymbol{E}=0$$

因此，电介质中的静电场恒为无旋场。

3）从以上讨论可知，介质在电场中表现出二重性。即一方面它受外电场作用而极化，极化强弱程度可用 $\boldsymbol{P}$ 来描述；另一方面极化后出现的宏观电矩体分布作为场源也要产生附加电场去影响原电场，而附加电场可用 $\boldsymbol{P}$ 定义的极化电荷体密度 ρ_p 和极化电荷面密度 σ_p 按式

(2.3.3)及式(2.3.4)计算。但是$\boldsymbol{P}$一般是未知的,这就必须先找出$\boldsymbol{P}$和$\boldsymbol{E}$的关系。实验指出,对于各向同性线性电介质,极化强度$\boldsymbol{P}$与该点的电场强度$\boldsymbol{E}$成正比(注意这里的$\boldsymbol{E}$指的是合成电场),有

$$\boldsymbol{P} = \chi \varepsilon_0 \boldsymbol{E} \tag{2.3.8}$$

其中χ称为介质的电极化率,是一无量纲的常数。对于非线性介质,χ的值与电场强度的大小有关;对于各向异性介质,$\boldsymbol{P}$和$\boldsymbol{E}$的方向不一致,并且$\boldsymbol{P}$的大小和方向与$\boldsymbol{E}$的方向有关,它们之间的关系要用矩阵来表示。本书只讨论各向同性线性介质。

由式(2.3.8)可知,电场强度越大,电介质的极化越强烈。但是,这种状况是有一定限度的,当电场强度的值超过某一数值时,电介质中的束缚电荷就会脱离分子的控制,成为自由电子,就说该电介质不再是绝缘物质,它被击穿了。把材料能够安全承受的最大电场强度称为电介质强度或击穿场强。

2.4 高斯定律

在2.2节中,讨论了静电场的无旋特性,从而得到静电场的一个基本性质,即静电场的守恒性。在这一节将讨论静电场的通量性质——高斯定律。

2.4.1 真空中的高斯定律

真空中的高斯定律描述的静电场的一个基本性质是:电场强度$\boldsymbol{E}$通过任意闭合曲面S的电场通量等于闭合面内电荷的代数和与真空介电常数ε_0的比值。其数学表达式为

$$\oint_S \boldsymbol{E} \cdot \mathrm{d}\boldsymbol{S} = \frac{q}{\varepsilon_0} \tag{2.4.1}$$

为了证明这一定律,设电场$\boldsymbol{E}$是由点电荷q产生的,即$\boldsymbol{E} = \dfrac{q}{4\pi\varepsilon_0 R^2}\boldsymbol{e}_R$,则$\boldsymbol{E}$的闭合面通量

$$\oint_S \boldsymbol{E} \cdot \mathrm{d}\boldsymbol{S} = \frac{q}{4\pi\varepsilon_0}\oint_S \frac{\boldsymbol{e}_R}{R^2} \cdot \mathrm{d}\boldsymbol{S} \tag{2.4.2}$$

在上式的被积函数中,由于$\boldsymbol{e}_R \cdot \mathrm{d}\boldsymbol{S} = \cos\theta \mathrm{d}S$,所以被积函数可以写成

$$\frac{\boldsymbol{e}_R \cdot \mathrm{d}\boldsymbol{S}}{R^2} = \frac{\cos\theta \mathrm{d}S}{R^2}$$

被积函数的数学意义可以用立体角来说明。

以q所在的点$\boldsymbol{r}'$为圆心,R为半径作一球面S',$\cos\theta \mathrm{d}S = \mathrm{d}S'$是$\mathrm{d}S$在球面$S'$上的投影,如图2.15所示。$\mathrm{d}S'$对点电荷$q$所在的点$\boldsymbol{r}'$形成一个空间锥,这个空间锥所形成的空间角称为立体角,用$\mathrm{d}\Omega$表示。从图2.15中可以看出,$\mathrm{d}S$和$\mathrm{d}S'$对$\boldsymbol{r}'$所张的立体角是相等的。因为整个球面对$\boldsymbol{r}'$所张的立体角为4π,所以$\mathrm{d}\Omega$与整个球面的立体角之比应等于面元$\mathrm{d}S'$与整个球面面积之

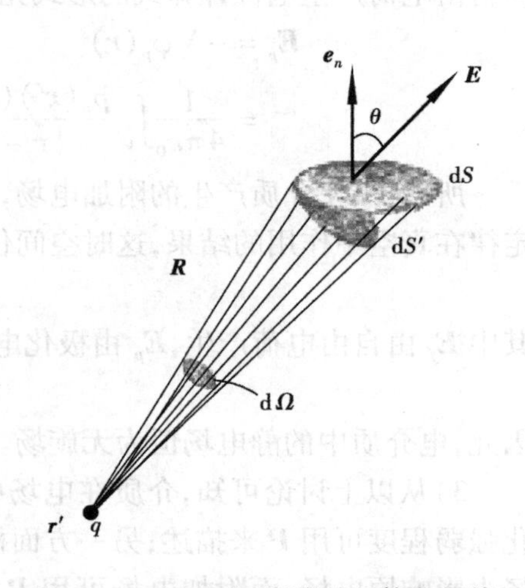

图2.15 dS和dS'所张的立体角相等

比,即

$$\frac{d\Omega}{4\pi}=\frac{dS'}{4\pi R^2}$$

因此

$$d\Omega=\frac{dS'}{R^2}=\frac{\cos\theta dS}{R^2}=\frac{\boldsymbol{e}_R\cdot d\boldsymbol{S}}{R^2} \tag{2.4.3}$$

式(2.4.3)为空间任意面元矢量对空间任一点所张的立体角 $d\Omega$ 的定义式。将式(2.4.3)代入式(2.4.2)得到

$$\oint_S \boldsymbol{E}\cdot d\boldsymbol{S}=\frac{q}{4\pi\varepsilon_0}\oint_S d\Omega \tag{2.4.4}$$

以任意形状的闭合面 S 对 $\boldsymbol{r}'$ 点所张的立体角分两种情形:一是当 $\boldsymbol{r}'$ 位于 S 内时,如图2.16(a)所示,曲面 S 与球面 S' 对 $\boldsymbol{r}'$ 所张的立体角相等,为 4π。另一种情形是 $\boldsymbol{r}'$ 点在闭合面外,如图2.16(b)所示。不难看出,曲面 S 对 $\boldsymbol{r}'$ 所张的立体角为零。这是因为 S 的一部分 S_1 对 $\boldsymbol{r}'$ 所张的立体角为正,而另一部分 S_2 对 $\boldsymbol{r}'$ 所张的立体角为负,两部分的立体角等值异号互相抵消。把这一结论应用于式(2.4.4),因此当所作闭面 S 包围点电荷 q 时,便得到式(2.4.1)。依据叠加原理,式(2.4.1)可以推广应用到点电荷系、体电荷、面电荷和线电荷所产生的电场中,此时,式中的 q 应当表示闭面内的总净电荷。因此,式(2.4.1)表示真空中电场强度 $\boldsymbol{E}$ 的闭合面通量只与闭面内的电荷有关,而与闭面外的电荷无关。

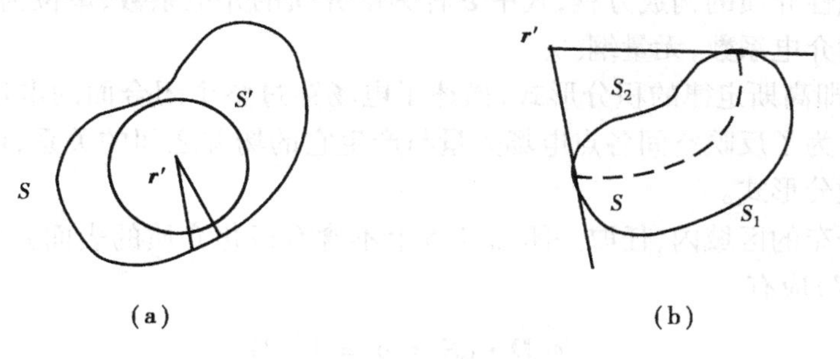

图2.16 闭合面对空间一点 $\boldsymbol{r}'$ 所张的立体角

2.4.2 一般形式的高斯定律

当有电介质存在时,这时空间任一点的电场应看成是自由电荷 q 与极化电荷 q_p 在真空中共同产生的。显然,真空中静电场的高斯定律仍然适用,式(2.4.1)右边的总净电荷不仅包含自由电荷 q,而且包含极化电荷 q_p,即

$$\oint_S \boldsymbol{E}\cdot d\boldsymbol{S}=\frac{q+q_p}{\varepsilon_0} \tag{2.4.5}$$

考虑有介质存在的电场中,任意闭合面 S 上不含有极化介质的表面。于是,闭面内只可能包含有自由电荷和极化介质的体极化电荷

$$q_p=\int_V \rho_p dV=\int_V -\nabla\cdot\boldsymbol{P}dV=-\oint_S \boldsymbol{P}\cdot d\boldsymbol{S}$$

代入式(2.4.5)得

$$\oint_S \boldsymbol{E} \cdot d\boldsymbol{S} = \frac{q}{\varepsilon_0} - \frac{1}{\varepsilon_0}\oint_S \boldsymbol{P} \cdot d\boldsymbol{S}$$

即

$$\oint_S (\varepsilon_0 \boldsymbol{E} + \boldsymbol{P}) \cdot d\boldsymbol{S} = q$$

令

$$\boldsymbol{D} = \varepsilon_0 \boldsymbol{E} + \boldsymbol{P} \tag{2.4.6}$$

称 $\boldsymbol{D}$ 为电位移矢量，单位是 C/m^2（库/米^2）。有

$$\oint_S \boldsymbol{D} \cdot d\boldsymbol{S} = q \tag{2.4.7}$$

这就是一般形式的高斯定律，它表明 $\boldsymbol{D}$ 的通量只与曲面 S 内的自由电荷有关，而与极化电荷无关，也就是与介质的电特性、分布无关，因此曲面 S 可以跨几种介质（但不含介质的边界）。而由 $\boldsymbol{D}$ 的定义式式(2.4.6)可知，$\boldsymbol{D}$ 本身则与自由电荷和介质的电特性、分布有关。

式(2.4.6)是联系 $\boldsymbol{D}$，$\boldsymbol{E}$ 的关系式，称为介质的构成方程（或称本构方程）。在各向同性线性介质中，将 $\boldsymbol{P}=\varepsilon_0\chi\boldsymbol{E}$ 代入式(2.4.6)，有

$$\boldsymbol{D} = \varepsilon_0 \boldsymbol{E} + \boldsymbol{P} = \varepsilon_0(1+\chi)\boldsymbol{E}$$

即 $\boldsymbol{D}$ 正比于 $\boldsymbol{E}$，令 $\varepsilon=(1+\chi)\varepsilon_0=\varepsilon_0\varepsilon_r$，则

$$\boldsymbol{D} = \varepsilon_0 \varepsilon_r \boldsymbol{E} = \varepsilon \boldsymbol{E} \tag{2.4.8}$$

称为各向同性线性介质的构成方程，式中 ε 称为电介质的介电系数，单位为 F/m；$\varepsilon_r=\varepsilon/\varepsilon_0$ 称为电介质的相对介电系数，无量纲。

式(2.4.7)即高斯定律的积分形式，描述了电场穿过整个闭合面的电通量与闭面内总电荷之间的关系。为了反映空间各点电场矢量与产生它的场源之间的关系，可应用高斯定律的积分形式导出微分形式。

有体电荷分布的区域内，任取一闭面 S（S 上不含有极化介质的表面），S 所包围的体积为 V，则按式(2.4.7)应有

$$\oint_S \boldsymbol{D} \cdot d\boldsymbol{S} = q = \int_V \rho dV$$

应用高斯散度定理，可得

$$\int_V \nabla \cdot \boldsymbol{D} dV = \int_V \rho dV$$

考虑到 S 面的任意性，它所包围的 V 区域的任意性，应有

$$\nabla \cdot \boldsymbol{D} = \rho \tag{2.4.9}$$

上式称为高斯定律的微分形式，它说明空间某点 $\boldsymbol{D}$ 的散度只与该点的电荷密度有关，而与其他点的电荷分布无关。高斯定律的积分形式和微分形式，反映了静电场的另一基本性质，即静电场是有“源”场，电场的“源”为电荷，在空间体电荷不为零的区域电场是有散场、无旋场。高斯定律也适用于时变场。

高斯定律的微分形式同时也说明，空间任意存在正电荷密度的点发出电通量线（或电力线）。如果电荷密度为负，意味着电通量线指向电荷所在点，即吸收电通量线。

对于无限大均匀介质中的电场，由于 $\boldsymbol{D}=\varepsilon\boldsymbol{E}$，高斯定律可写成

$$\oint_S \boldsymbol{E} \cdot d\boldsymbol{S} = \frac{q}{\varepsilon}$$

与真空中的高斯定律比较可知，形式上只是把 ε_0 换成了介质中的介电常数 ε，由于 $\varepsilon>\varepsilon_0$，所以在同样自由电荷分布情况下，介质中的电场仅为真空中的 $1/\varepsilon_r$ 倍，也就是说介质极化后总是削弱原电场的。由此可知，在线性各向同性无限大均匀介质中，真空中的库仑定律以及由此导出的其他场量的计算公式，只需将 ε_0 换成 ε，同时认为电荷只涉及自由电荷，则均成为介质中场量的计算公式。

2.4.3　高斯定律的应用

当电场分布具有某种对称性（如球对称、圆柱对称和平面对称）时，高斯定律提供了一种简单而方便的求解电场的方法，应用高斯定律解这类电场的关键是选择一个合适的闭合面（常称它为高斯面），使闭合面上的 $\boldsymbol{E}$ 或 $\boldsymbol{D}$ 为一常量，从而将电场的闭合面积分转化为电场与闭合面的乘积关系。下面将通过下面的例子来说明这一方法的应用。

例2.5　真空中有电荷以体密度 ρ 均匀分布于一半径为 a 的球内，试求球内、外的电场强度。

解　作一半径为 r 的同心球面为高斯面，当$r<a$时，如图(a)所示，应用高斯定律，则

$$\oint_S \boldsymbol{E}\cdot \mathrm{d}\boldsymbol{S}=\frac{4\pi r^3\rho}{3\varepsilon_0}$$

$$E\cdot 4\pi r^2=\frac{4\pi r^3\rho}{3\varepsilon_0}$$

$$\boldsymbol{E}=\frac{\rho r}{3\varepsilon_0}\boldsymbol{e}_r$$

当 $r>a$ 时，则

$$\oint_S \boldsymbol{E}\cdot \mathrm{d}\boldsymbol{S}=\frac{4\pi a^3\rho}{3\varepsilon_0}$$

$$E\cdot 4\pi r^2=\frac{4\pi a^3\rho}{3\varepsilon_0}$$

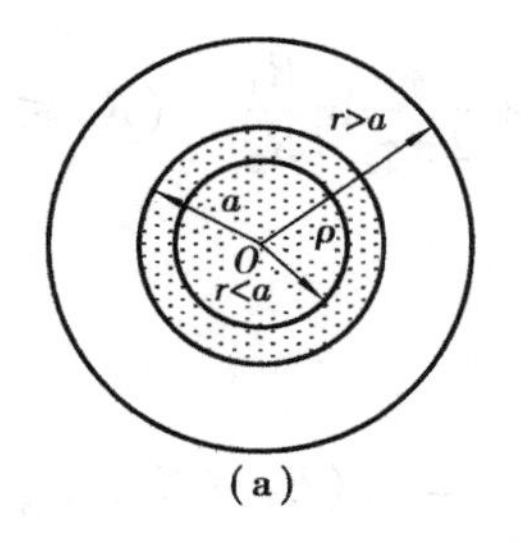

(a)

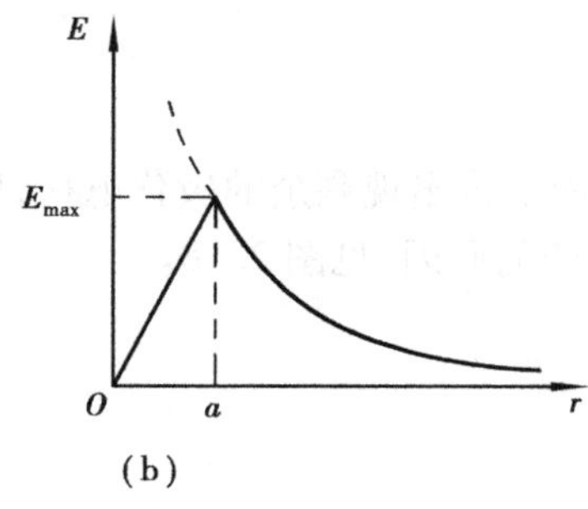

(b)

图2.17　均匀球体电荷及其在空间的电场分布

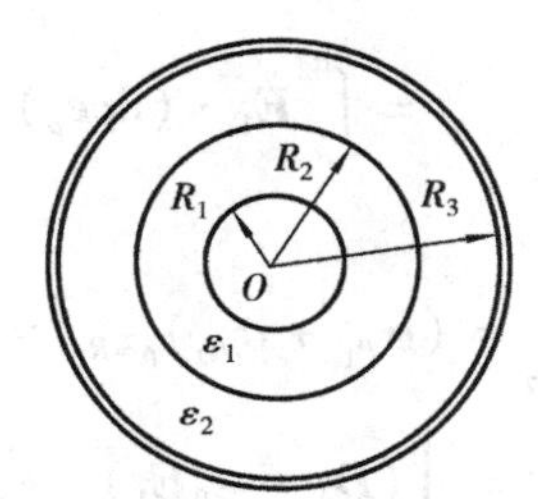

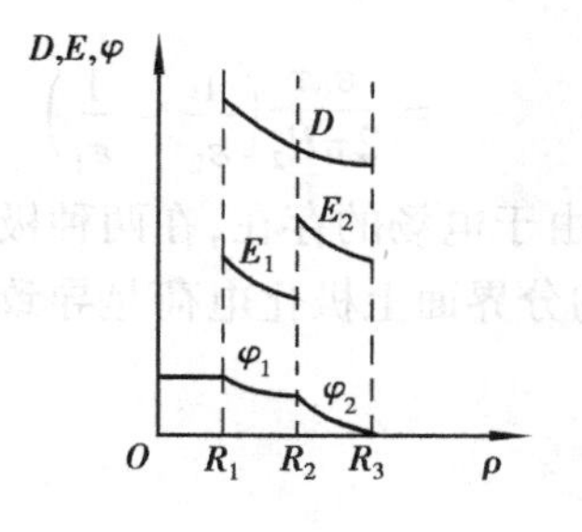

图2.18　同轴电缆及电场分布

$$E=\frac{\rho a^3}{3\varepsilon_0 r^2}e_r=\frac{q}{4\pi\varepsilon_0 r^2}e_r$$

结论:均匀球体电荷外的电场,相当于电荷集中于球心的点电荷的电场。当 $r=a$ 时,E 值达到最大 $E_{\max}$;当 $r=0$ 时,$E=0$,如图(b)所示。

例 2.6 具有两层介质(设 $\varepsilon_1>\varepsilon_2$)的长直同轴电缆,尺寸如图 2.18 所示。已知内、外导体单位长度上的电荷分别为 τ 和 $-\tau$,试求介质中的 $\boldsymbol{D},\boldsymbol{E},\varphi$ 以及介质分界面上的 σ_p。

解 同轴电缆中的电场呈轴对称分布,以电缆的轴线为 z 轴,建立圆柱坐标。

1)求 $\boldsymbol{D},\boldsymbol{E}$

作半径为 ρ,长度为 l 的同轴圆柱面 S 为高斯面,该圆柱面上 $\boldsymbol{D}$ 是均匀分布的,且方向沿径向,应用高斯定律得

$$\oint_S \boldsymbol{D}\cdot d\boldsymbol{S}=(2\pi\rho l)D=\tau l$$

$$\boldsymbol{D}=\frac{\tau}{2\pi\rho}\boldsymbol{e}_\rho \qquad (R_1\leqslant\rho\leqslant R_3)$$

$$\boldsymbol{E}_1=\frac{\boldsymbol{D}}{\varepsilon_1}=\frac{\tau}{2\pi\varepsilon_1\rho}\boldsymbol{e}_\rho \qquad (R_1\leqslant\rho\leqslant R_2)$$

$$\boldsymbol{E}_2=\frac{\boldsymbol{D}}{\varepsilon_2}=\frac{\tau}{2\pi\varepsilon_2\rho}\boldsymbol{e}_\rho \qquad (R_2\leqslant\rho\leqslant R_3)$$

2)求 φ

将电位参考点设在外导体上,即 $\varphi_2\Big|_{\rho=R_3}=0$,则

$$\varphi_2=\int_\rho^{R_3}\boldsymbol{E}_2\cdot(d\rho\boldsymbol{e}_\rho)=\frac{\tau}{2\pi\varepsilon_2}\ln\frac{R_3}{\rho} \qquad (R_2\leqslant\rho\leqslant R_3)$$

$$\varphi_1=\int_\rho^{R_3}\boldsymbol{E}\cdot d\rho\boldsymbol{e}_\rho$$

$$=\int_\rho^{R_2}\boldsymbol{E}_1\cdot(d\rho\boldsymbol{e}_\rho)+\varphi_2\Big|_{\rho=R_2}=\frac{\tau}{2\pi\varepsilon_1}\ln\frac{R_2}{\rho}+\frac{\tau}{2\pi\varepsilon_2}\ln\frac{R_3}{R_2} \qquad (R_1\leqslant\rho\leqslant R_2)$$

3)求 σ_P

$$\sigma_P\Big|_{\rho=R_2}=(\sigma_{P_1}+\sigma_{P_2})_{\rho=R_2}=(\boldsymbol{P}_1\cdot\boldsymbol{e}_{n_1}+\boldsymbol{P}_2\cdot\boldsymbol{e}_{n_2})_{\rho=R_2}$$

$$=\Big[(\boldsymbol{D}_1-\varepsilon_0\boldsymbol{E}_1)\cdot\boldsymbol{e}_\rho-(\boldsymbol{D}_2-\varepsilon_0\boldsymbol{E}_2)\cdot\boldsymbol{e}_\rho\Big]_{\rho=R_2}=\varepsilon_0(E_2-E_1)_{\rho=R_2}$$

$$=\frac{\varepsilon_0\tau}{2\pi R_2}\Big(\frac{1}{\varepsilon_2}-\frac{1}{\varepsilon_1}\Big)$$

结论:由于电场的存在,在两种极化介质的分界面上将出现剩余的极化电荷;反过来,在不连续介质的分界面上极化电荷是导致电场强度 $\boldsymbol{E}$ 突变的原因,见图 2.18。

2.5 静电场基本方程 介质分界面上的衔接条件

2.5.1 静电场的基本方程

在第1章中,曾指出矢量场的基本性质可以用矢量场的环量特性及矢量场的闭合面通量特性来描述,所得到的方程称为矢量场的基本方程。现在,根据前几节分别对静电场环量特性及闭合面通量特性的讨论,得出静电场的基本方程

$$\oint_l \boldsymbol{E} \cdot \mathrm{d}\boldsymbol{l} = 0 \tag{2.5.1}$$

$$\oint_S \boldsymbol{D} \cdot \mathrm{d}\boldsymbol{S} = q \tag{2.5.2}$$

$$\nabla \times \boldsymbol{E} = 0 \tag{2.5.3}$$

$$\nabla \cdot \boldsymbol{D} = \rho \tag{2.5.4}$$

并从电介质的极化和式(2.5.2)得到介质的构成方程

$$\boldsymbol{D} = \varepsilon_0 \boldsymbol{E} + \boldsymbol{P} \tag{2.5.5a}$$

$$\boldsymbol{D} = \varepsilon \boldsymbol{E} \tag{2.5.5b}$$

以上5个方程包含了静电场的所有基本性质。前两个方程是静电场基本方程的积分形式,方程(2.5.1)说明静电场是守恒场,尽管是在讨论真空中的静电场时获得的,但同样适用于介质中的静电场,也就是说,只要是静电场都存在这一关系。方程(2.5.2)说明电荷产生电场这一客观事实,这一方程不但适用于静电场,也适用于时变场。方程(2.5.3)和方程(2.5.4)是静电场基本方程的微分形式,这两个方程的重要性在于它直接反映场中各点的场量与场源之间的关系,从数学的意义上说,它们从场的散度和旋度一起描述了各点场与源的情况。另外,从矢量场的唯一性定理来看,有了散度和旋度,再加上边界条件就可唯一地确定静电场,它给出了求解静电场的一般方法。方程(2.5.5a)和方程(2.5.5b)是联系 $\boldsymbol{D},\boldsymbol{E}$ 的介质的构成方程,方程(2.5.5a)对任何介质均成立,方程(2.5.5b)只适用于各向同性线性介质。

2.5.2 介质分界面上的衔接条件

在不连续介质的分界面上,可能存在着极化电荷和自由电荷,场量 $\boldsymbol{D},\boldsymbol{E}$ 的大小和方向都可能发生突变。这种情况下场量的微分已失去意义,静电场基本方程的微分形式不再适用,但是分界面两旁的这些场量必须遵循基本方程的积分形式,将静电场基本方程的积分形式应用于分界面上,可导出衔接条件。

把分界面上的场量分解成平行分界面的分量(切向分量)和垂直分界面的分量(法向分量),并且约定分界面的法线正方向由介质1指向介质2(这一约定将贯穿本教材始终)。

1)根据静电场的守恒性来研究电场的切向分量。在分界面处作一小矩形闭合回路,如图(2.19)所示。小回路在分界面两侧的长度各为 Δl,其间的距离为 Δm,Δl 长度很短,可认为其上的电场强度近似不变,Δm 长度更小,以至于 $\Delta m \to 0$。对这个小回路应用静电场的守恒定律,可得

$$\oint_l \boldsymbol{E} \cdot \mathrm{d}\boldsymbol{l} = E_{2t}\Delta l - E_{1t}\Delta l = 0$$

故电场强度的介质分界面衔接条件为

$$E_{1t} = E_{2t} \tag{2.5.6}$$

其衔接条件的矢量形式为

$$\boldsymbol{e}_n \times (\boldsymbol{E}_2 - \boldsymbol{E}_1) = 0 \tag{2.5.7}$$

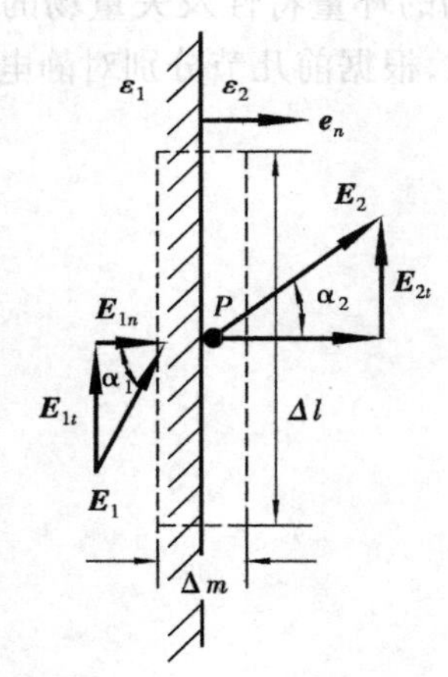

图 2.19　分界面上 E_t 的边界条件

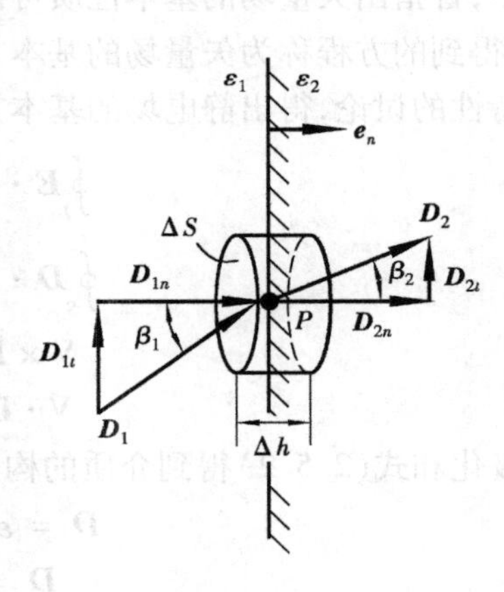

图 2.20　分界面上 D_n 的边界条件

式(2.5.6)或式(2.5.7)表明,在不同介质分界面上,电场强度的切向分量总是连续的。

2)根据高斯定律研究分界面上电场的法向分量。在分界面上作一小的扁圆柱,两个端面为 ΔS,柱高为 Δh,ΔS 面元很小,可认为其上的电场近似不变,Δh 长度更短,以至于 $\Delta h \to 0$,如图2.20所示。设分界面上自由电荷面密度为 σ,介质中的自由电荷体密度为 ρ,对于这个小闭合面,应用高斯定律,可得

$$\oint_S \boldsymbol{D} \cdot \mathrm{d}\boldsymbol{S} = D_{2n}\Delta S - D_{1n}\Delta S = \sigma \Delta S + \rho \Delta S \Delta h$$

当 $\Delta h \to 0$ 时,体电荷对通量的贡献为零,于是电位移矢量的介质分界面衔接条件为

$$D_{2n} - D_{1n} = \sigma \tag{2.5.8}$$

其衔接条件的矢量形式

$$\boldsymbol{e}_n \cdot (\boldsymbol{D}_2 - \boldsymbol{D}_1) = \sigma \tag{2.5.9}$$

式(2.5.8)或式(2.5.9)说明若介质分界面上有自由面电荷,则介质分界面两侧的电位移矢量不连续。

如果分界面上不存在自由面电荷,即 $\sigma = 0$,且这两种各向同性线性介质的介电常数分别为 ε_1 和 ε_2,则有 $\boldsymbol{D}_1 = \varepsilon_1 \boldsymbol{E}_1$,$\boldsymbol{D}_2 = \varepsilon_2 \boldsymbol{E}_2$ 和 $\alpha_1 = \beta_1$,$\alpha_2 = \beta_2$,于是 $\boldsymbol{E}$,$\boldsymbol{D}$ 的分界面衔接条件可写成

$$E_1 \sin\alpha_1 = E_2 \sin\alpha_2$$

$$\varepsilon_1 E_1 \cos\alpha_1 = \varepsilon_2 E_2 \cos\alpha_2$$

两式相除得

$$\frac{\tan\alpha_1}{\tan\alpha_2} = \frac{\varepsilon_1}{\varepsilon_2} \tag{2.5.10}$$

上式称为静电场的折射定律。

2.5.3 电位的介质分界面衔接条件

作为静电场的基本物理量，电位的边界条件可由 $\boldsymbol{E},\boldsymbol{D}$ 的边界条件导出。在介质分界面上，由 $E_{1t}=E_{2t}$，得

$$-\frac{\partial\varphi_1}{\partial t}=-\frac{\partial\varphi_2}{\partial t}$$

等式两端分别对 t 积分，有

$$\varphi_1=\varphi_2+C$$

其中 C 为积分常数。设 φ_1 和 φ_2 分别是紧靠分界面两侧 A,B 两点的电位，即 A,B 两点的距离 $d_{AB}\to 0$，因为电场强度总是有限值，故分界面两侧距离无限小的两点间的电位差应等于零，所以积分常数 C 为零，故得

$$\varphi_1=\varphi_2 \tag{2.5.11}$$

再由 $D_{2n}-D_{1n}=\sigma$，得

$$\varepsilon_1\frac{\partial\varphi_1}{\partial n}-\varepsilon_2\frac{\partial\varphi_2}{\partial n}=\sigma \tag{2.5.12}$$

式(2.5.11)、式(2.5.12)为电位的介质分界面衔接条件。

2.5.4 导体与介质相界的边界条件

考虑与导体相界的是介质2，由式(2.5.7)和式(2.5.9)，在紧靠导体表面的介质中有

$$\boldsymbol{e}_n\times\boldsymbol{E}_2=0 \tag{2.5.13}$$

$$\boldsymbol{e}_n\cdot\boldsymbol{D}_2=\sigma \tag{2.5.14}$$

称为介质的边界条件。同时，也可以用式(2.5.14)来计算导体表面的面电荷密度。

设导体的电位为 φ_1，用电位来描述的这一边界条件，有

$$\varphi_2=\varphi_1 \tag{2.5.15}$$

$$\varepsilon_2\frac{\partial\varphi_2}{\partial n}=-\sigma \tag{2.5.16}$$

例2.7 有介电系数为 ε_1 和 ε_2 的平板电容器如图2.21和图2.22所示。在图2.21中，已知两种介质的厚度 d_1,d_2，极板间电压 U_0；在图2.22中，已知极板的两部分面积 S_1,S_2，以及极板上的总电荷 $\pm q_0$。试分别求出其中的电场强度。

解 1)图2.21所示平板电容器两介质分界面上，$\boldsymbol{D}$ 相等，但 $\boldsymbol{E}$ 不相等，有

$$\begin{cases}\varepsilon_1E_1=\varepsilon_2E_2\\E_1d_1+E_2d_2=U_0\end{cases}$$

求得结果为

$$\boldsymbol{E}_1=\frac{\varepsilon_2}{\varepsilon_1d_2+\varepsilon_2d_2}U_0\boldsymbol{e}_x \text{ 和 } \boldsymbol{E}_2=\frac{\varepsilon_1}{\varepsilon_1d_2+\varepsilon_2d_2}U_0\boldsymbol{e}_x$$

由所得到的结果可知，如果 $\varepsilon_1>\varepsilon_2$，则 $E_2>E_1$，也就是说，在 ε 较小区域中的电场强度，要比 ε 较大区域中的电场强度大，这点是有实际意义的。在电工设备中，常采用多层不同的绝缘材料，改善电场分布情况，使最大的电场强度不超过击穿场强。

2)图 2.22 所示平板电容器两介质分界面上,两介质中的 $\boldsymbol{E}$ 相等,但每个极板 S_1 和 S_2 两部

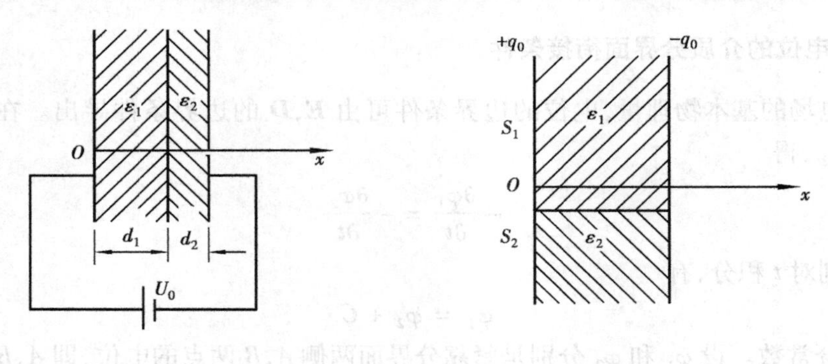

图 2.21　　图 2.22

分面积上 $\boldsymbol{D}$ 不相等,使得相应的电荷密度 σ_1 和 σ_2 不相等,则

$$\begin{cases}\sigma_1/\varepsilon_1 = \sigma_2/\varepsilon_2 \\ \sigma_1 S_1 + \sigma_2 S_2 = q_0\end{cases}$$

由此解出

$$\sigma_1 = \frac{\varepsilon_1}{\varepsilon_1 S_1 + \varepsilon_2 S_2} q_0 \text{ 和 } \sigma_2 = \frac{\varepsilon_2}{\varepsilon_1 S_1 + \varepsilon_2 S_2} q_0$$

因此,待求电场强度为

$$\boldsymbol{E}_1 = \boldsymbol{E}_2 = \frac{D_1}{\varepsilon_1}\boldsymbol{e}_x = \frac{\sigma_1}{\varepsilon_1}\boldsymbol{e}_x = \frac{1}{\varepsilon_1 S_1 + \varepsilon_2 S_2} q_0 \boldsymbol{e}_x$$

2.6 电位的微分方程与边值问题

归纳前几节研究的静电场基本问题可以分成两类:第一类是已知电荷分布,求电场强度 $\boldsymbol{E}$ 或电位 φ;第二类是相反的问题,在已知电场强度 $\boldsymbol{E}$ 或电位 φ 的情况下,求电荷分布。关于第一类问题,对于某些简单的电荷分布情况,可以通过库仑定律或高斯通量定律直接求解,也可以应用电位的场源关系来计算 φ,再取负梯度得 $\boldsymbol{E}$。关于第二类问题,可由高斯通量定律的微分形式求得,即 $\rho = \nabla \cdot \varepsilon \boldsymbol{E}$;介质分界面或导体表面的电荷则应用衔接条件 $\sigma = \boldsymbol{e}_n \cdot (\boldsymbol{D}_2 - \boldsymbol{D}_1)$ 求出面电荷分布。

但是在现实生活中大量遇到的实际问题却是复杂的,场分布既不具有对称性,而且仅在有限区域,也不能直接表示成形如 $\boldsymbol{E} = \frac{1}{4\pi\varepsilon}\int_{V'} \frac{\rho \boldsymbol{e}_R}{R^2} \mathrm{d}V'$ 或 $\varphi = \frac{1}{4\pi\varepsilon}\int_{V'} \frac{\rho}{R} \mathrm{d}V'$ 的场源关系式。例如,有时只知道某一有限区域内电荷分布情况,而对区域外的电荷分布一无所知,但却可能知道区域边界上电位 φ 的值或 $\frac{\partial \varphi}{\partial n}$ 的值,这类问题在电工中经常遇到,因此需要讨论求解静电场更一般的方法。

2.6.1 泊松方程和拉普拉斯方程

对于各向同性线性局部均匀介质区域的静电场中,将 $\boldsymbol{E} = -\nabla \varphi$ 和 $\boldsymbol{D} = \varepsilon \boldsymbol{E}$ 代入 $\nabla \cdot \boldsymbol{D} = \rho$

中，可得

$$\nabla \cdot \boldsymbol{\varepsilon}(-\nabla\varphi) = \rho$$

对于均匀介质而言，$\boldsymbol{\varepsilon}$ 为常数，有电位 φ 的微分方程

$$\nabla^2\varphi = -\frac{\rho}{\boldsymbol{\varepsilon}} \tag{2.6.1}$$

称为泊松方程。对于 $\rho=0$ 的空间区域，此时电位的微分方程为

$$\nabla^2\varphi = 0 \tag{2.6.2}$$

称为拉普拉斯方程。

电位的微分方程表达了场中各点电位的空间变化与该点自由电荷之间的普遍关系，因此，所有静电场问题的求解都可归结为在给定边界条件下寻求泊松方程或拉普拉斯方程解的问题。

2.6.2 静电场的边值问题

利用高等数学的知识，可以求解电位的泊松方程和拉普拉斯方程，从理论上讲，φ 的二阶偏微分方程的解答有无数多个，它反映在微分方程通解的积分常数上。然而，按已知边界条件得到的电位解答只有一个，这种在给定边界条件下求解电位微分方程的定解问题称为静电场的边值问题。

根据给定边界条件的不同，静电场的边值问题可分为以下4种类型：

1）在整个场域边界 S 上，电位 φ 的值已知，即给定

$$\varphi\Big|_S = f(\boldsymbol{r}) \tag{2.6.3}$$

称为第一类边值问题，或狄里赫利问题。

2）在整个场域边界 S 上，电位的法向导数已知，即给定

$$\frac{\partial\varphi}{\partial n}\bigg|_S = g(\boldsymbol{r}) \tag{2.6.4}$$

称为第二类边值问题，或纽曼问题。

3）在场域边界 $S = S_1 + S_2$，在 S_1 上电位 φ 的值已知，在 S_2 上电位法向导数已知，即给定

$$\varphi\Big|_{S_1} = f(\boldsymbol{r}) \tag{2.6.5}$$

$$\frac{\partial\varphi}{\partial n}\bigg|_{S_2} = g(\boldsymbol{r}) \tag{2.6.6}$$

称为混合边值问题。

4）在整个场域的边界 S 上，已知电位和电位法向导数的线性组合，即给定

$$\left(\varphi + \beta\frac{\partial\varphi}{\partial n}\right)\bigg|_S = h(\boldsymbol{r}) \tag{2.6.7}$$

称为第三类边值问题。

当场域伸展到无限远处，即所谓的无界问题。如果电荷分布在有限区域，则在无限远处电位值为零，因此有

$$\lim_{r\to\infty} r\varphi = 有限值 \tag{2.6.8}$$

称为自然边界条件。

另外,当整个场域中电介质不是完全均匀的,但能分成几个均匀介质的子区域时,可按各电介质子区域分别写出泊松(拉普拉斯)方程,并引入相应介质区域分界面上的衔接条件作为定解条件,形成对应问题的边值问题。

例 2.8 平板电容器的极板间有两层介质,第一层介质厚度 $d_1 = 0.2$ cm,介电常数 $\varepsilon_1 = \varepsilon_0$;第二层介质的厚度 $d_2 = 0.8$ cm,介电常数 $\varepsilon_2 = 2\varepsilon_0$。极板的板面尺寸远大于 d_1, d_2,如图 2.23所示。设两极板间的电位差为 $U_0 = 110$ V,求介质中的电位及电场强度的分布。

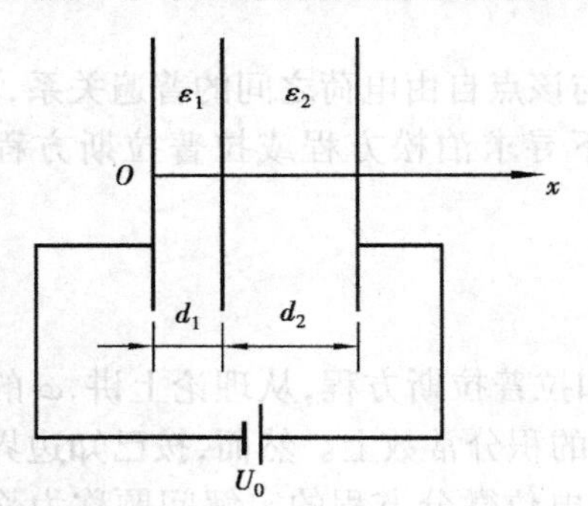

图 2.23 分界面与导板平行的平板电容器

解 电容器极板间有两种不同介质,应分成两个区域来研究。令介电常数 ε_1 区域中的电位为 φ_1,介电常数 ε_2 区域中的电位为 φ_2。φ_1, φ_2 分别满足拉普拉斯方程。由于极板的尺寸远大于 d_1, d_2,则电位仅为 x 坐标的函数,因此,拉普拉斯方程简化为

$$\frac{d^2\varphi_1}{dx^2} = 0, \frac{d^2\varphi_2}{dx^2} = 0$$

积分两次,得

$$\varphi_1 = C_1 x + C_2 \qquad 0 \leqslant x \leqslant d_1$$

$$\varphi_2 = C_3 x + C_4 \qquad d_1 \leqslant x \leqslant d$$

给定的边界条件为

$$x = 0, \varphi_1 = 0, \qquad \text{则 } C_2 = 0 \tag{1}$$

$$x = d, \varphi_2 = U_0, \qquad \text{则 } C_3 \times 10^{-2} + C_4 = 110 \tag{2}$$

$$x = d_1, \varphi_1(d_1) = \varphi_2(d_2), \qquad \text{则 } C_1 \times 0.2 \times 10^{-2} + C_2 = C_3 \times 0.2 \times 10^{-2} + C_4 \tag{3}$$

$$\varepsilon_1 \left.\frac{d\varphi_1}{dx}\right|_{x=d_1} = \varepsilon_2 \left.\frac{d\varphi_2}{dx}\right|_{x=d_1}, \qquad \text{则 } C_3 = \frac{\varepsilon_1}{\varepsilon_2} C_1 = \frac{C_1}{2} \tag{4}$$

联解(1)~(4)式得

$$C_1 = 18\ 330, C_2 = 0, C_3 = 9\ 166, C_4 = 18.33$$

解得电位分布为

$$\varphi_1(x) = 18\ 330x \quad \text{V}$$

$$\varphi_2(x) = (9\ 166x + 18.33) \quad \text{V}$$

最后,根据 $\boldsymbol{E} = -\nabla\varphi = -\frac{d\varphi}{dx}\boldsymbol{e}_x$,得

$$\boldsymbol{E}_1 = -18\ 330\boldsymbol{e}_x \quad \text{V/m}$$

$$\boldsymbol{E}_2 = -9\ 166\boldsymbol{e}_x \quad \text{V/m}$$

这个结果与例 2.7 中的结论一致,当两种不同绝缘材料同时使用时,介电系数小的材料将承受较大的电场强度,应注意是否超过击穿场强。

2.6.3 静电场的唯一性定理

依据赫姆霍兹定理,静电场的唯一性定理可作如下描述:“对于任一静电场,当场域内的

电荷分布以及整个边界条件为已知时,该场域的各个部分就被唯一地确定下来了”。或者可更为简洁的表述为“满足给定边界条件的泊松方程的解是唯一的”。

由静电场的唯一性定理可知,只要保证场源的分布不变,保证相应的边界条件得到满足,那么解答都是正确的、唯一的,而不管这个解答是采用何种方法得来的。

2.7　静电场的间接求解方法

从理论上来说,可以按照电位微分方程的定解问题来求解静电场问题。而实际上,由于电荷分布的多样性,介质特性和边界条件的复杂性,要写出和直接求解电位微分方程的定解问题是困难的,甚至是不可能的。在这种情况下,间接求解的方法能使一些复杂问题得到很好的解决。这一节介绍的镜像法和电轴法就是静电场边值问题的间接解法,它们基于静电场的唯一性定理,能把复杂问题转化成简单问题来求解。

镜像法主要用于边界面为平面(无限大或半无限大)和导体球面的边值问题,其基本过程是:在保证所求场域内电荷分布不变、边界条件不变的情况下,用设置在场域边界之外分布简单的电荷代替实际边界上未知的复杂的电荷分布,从而使原问题得以简化求解。这种虚设于场域边界之外的电荷称为镜像电荷,以寻求镜像电荷的大小和位置为中心、使原问题简化求解的方法称为镜像法。

电轴法主要解决带等值异号电荷的两平行长直圆柱形导体周围的电场问题,其实质是将两带电圆柱导体周围空间的电场转化为等效的两平行长直线电荷的电场来求解。对这类问题的分析具有实际意义,因为这种形式的导体在电力传输和通信传输等工程中有着广泛的应用。

2.7.1　镜像法

1)点电荷对无限大接地导体平面的镜像

首先讨论最简单的点电荷对无限大接地导体平面的镜像问题,如图2.24(a)所示。在导体表面上方的介质空间中,有一点电荷 q,导体对电场的影响是由于导体表面上的感应电荷引起的。因此,介质中的电场应该是点电荷和分布在导体表面上的感应面电荷共同产生,由此形成的边值问题为:

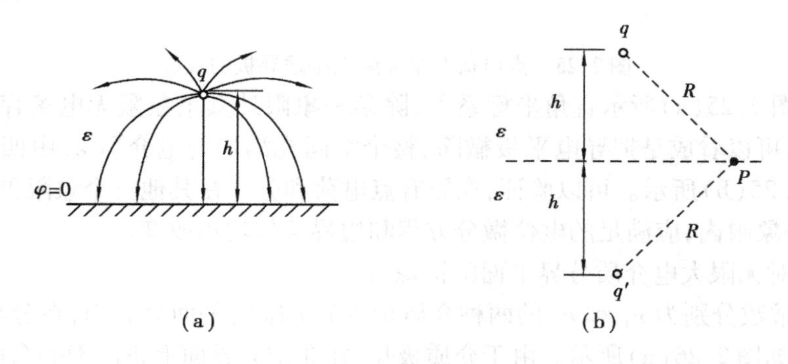

图2.24　无限大接地导体附近的点电荷及其镜像

①除点电荷所在处外，介质空间中 $\nabla^2\varphi=0$；

②在导体平面及无穷远处的边界上 $\varphi|_S=0$。

从导体表面 $\varphi=0$ 的边界条件出发，在点电荷 q 相对于导体表面对称的镜像位置，放置一个取代面电荷的镜像电荷 q'，抽去无限大导体平板，并使原导体平板下半空间也充满相同介电常数为 ε 的介质，参见图 2.24(b)，则由

$$\varphi=\frac{q}{4\pi\varepsilon R}+\frac{q'}{4\pi\varepsilon R}=0$$

得镜像电荷 $q'=-q$。

这样，上半介质空间的电场便简化为在无限大介质空间中由点电荷 q 与镜像电荷 q' 共同产生的电场问题。无限大导体平板上方介质中任一点的电位为

$$\varphi=\frac{q}{4\pi\varepsilon r_1}+\frac{-q}{4\pi\varepsilon r_2}$$

按图 2.24(b)求得介质中的电场后，可求出导体表面的感应面电荷密度，进一步可证明导体上的感应电荷 $Q=\int_S\sigma\mathrm{d}S=-q$。电荷 q 所受的力可看成是镜像电荷 q' 对它的作用力，因此

$$f=-\frac{q^2}{4\pi\varepsilon(2h)^2}$$

负号表示点电荷受到的是镜像电荷的吸引力。

应用镜像法时需注意有效区域，在所讨论的问题中，有效区域只是导电平板以上的介质区域，导电平板下半空间区域实际上并不存在电场，它是无效区域。

例 2.9 设有一点电荷 q 置于相互成直角的两个半无限大导电平板附近，如图 2.25(a)所示。试分析求解这一电场的思路。

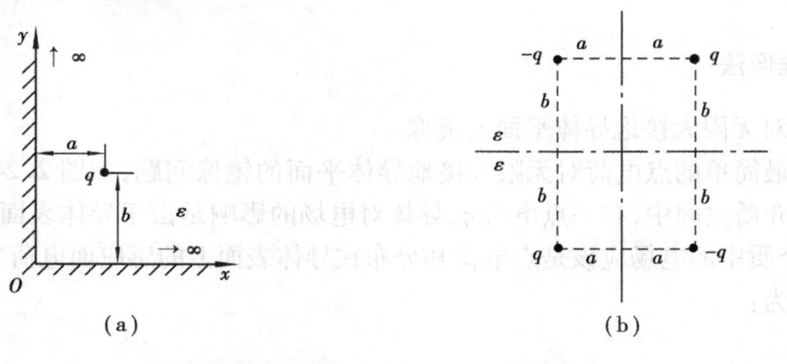

图 2.25 点电荷对半无限大接地导板的镜像

解 在如图 2.25(a)所示直角坐标系下，除第一象限外其余象限无电场存在。对于第一象限内的电场，可以看成是把导电平板撤除、整个空间充满均匀电介质 ε，由四个点电荷所引起的场，如图 2.25(b)所示。可以验证，在原有点电荷和分布在其他三个象限里的镜像电荷的作用下，在第一象限内，应满足的电位微分方程和边界条件均不改变。

2)点电荷对无限大电介质分界平面的镜像

设有介电常数分别为 ε_1 和 ε_2 的两种介质相界的无限大平面分界面，在分界面上方 ε_1 区域有点电荷 q，如图 2.26(a)所示。由于介质极化，在介质分界面上将出现剩余面极化电荷，密度为 σ_P，因此，介质中的电场应是点电荷 q 与极化面电荷共同产生。尽管面密度 σ_P 分布未

知,可以设想运用镜像法虚设一镜像点电荷来代替分布的面极化电荷的作用,镜像电荷的大小按介质分界面的边界条件确定。

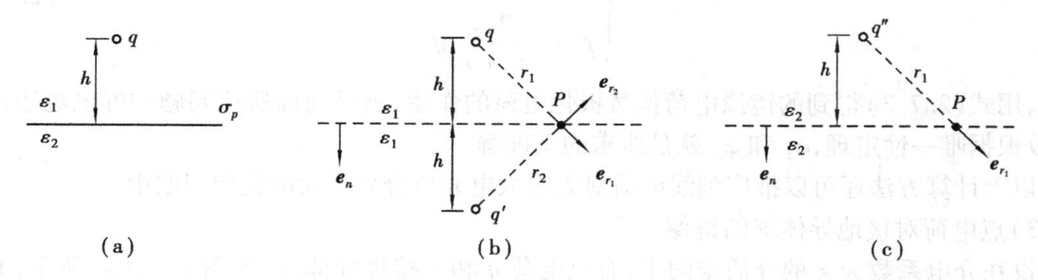

图 2.26 点电荷对无限大介质分界平面的镜像

现在两种介质中都存在有电场,必须分区求解。设 ε_1 和 ε_2 两个区域的电位函数分别是 φ_1 和 φ_2,则静电场的边值问题为

①除点电荷所在处外,上、下两个半空间区域电位满足

$$\nabla^2\varphi_1 = 0, \nabla^2\varphi_2 = 0;$$

②在无限远处,即 $r\to\infty$ 时,有 $\varphi_1=0,\varphi_2=0$;

③在介质分界面上,φ_1,φ_2 满足分界面条件

$$\begin{cases}\varphi_1 = \varphi_2 \\ \varepsilon_1 \dfrac{\partial\varphi_1}{\partial n} = \varepsilon_2 \dfrac{\partial\varphi_2}{\partial n}\end{cases}$$

在计算介质 1 中的电场时,用镜像点电荷 q' 代替分界面上的面极化电荷,同时去掉分界面,将整个空间视作介质 ε_1,如图 2.26(b)所示。在计算介质 2 中的电场时,则用 q'' 代替原电荷 q 和面极化电荷,将它放在原电荷处,并把整个空间视作介质 ε_2,如图 2.26(c)所示。在两介质中,电位的表达式分别为

$$\varphi_1 = \frac{1}{4\pi\varepsilon_1}\left(\frac{q}{r_1}+\frac{q'}{r_2}\right)$$

$$\varphi_2 = \frac{1}{4\pi\varepsilon_2}\frac{q''}{r_1}$$

在 $r_1=r_2$ 处,由分界边条件 $\varphi_1=\varphi_2$ 可得

$$\frac{q}{\varepsilon_1}+\frac{q'}{\varepsilon_1}=\frac{q''}{\varepsilon_2} \tag{2.7.1}$$

又

$$\varepsilon_1\frac{\partial\varphi_1}{\partial n} = \varepsilon_1 \nabla\varphi_1\big|_n = \frac{1}{4\pi}\left[\left(-\frac{q}{r_1^2}\boldsymbol{e}_{r_1}\right)\cdot\boldsymbol{e}_n + \left(-\frac{q'}{r_2^2}\boldsymbol{e}_{r_2}\right)\cdot\boldsymbol{e}_n\right]$$

$$\varepsilon_2\frac{\partial\varphi_2}{\partial n} = \varepsilon_2\nabla\varphi_2\big|_n = \frac{1}{4\pi}\left(-\frac{q''}{r_1^2}\boldsymbol{e}_{r_1}\right)\cdot\boldsymbol{e}_n$$

将上两式代入在 $r_1=r_2$ 处的分界面条件 $\varepsilon_1\dfrac{\partial\varphi_1}{\partial n}=\varepsilon_2\dfrac{\partial\varphi_2}{\partial n}$,并注意 $\boldsymbol{e}_{r_1}\cdot\boldsymbol{e}_n=-\boldsymbol{e}_{r_2}\cdot\boldsymbol{e}_n$,有

$$q-q'=q'' \tag{2.7.2}$$

联立求解式(2.7.1)和式(2.7.2),便得

$$\begin{cases} q' = \dfrac{\varepsilon_1 - \varepsilon_2}{\varepsilon_1 + \varepsilon_2} q \\ q'' = \dfrac{2\varepsilon_2}{\varepsilon_1 + \varepsilon_2} q \end{cases} \tag{2.7.3}$$

显然,用式(2.7.3)得到的镜像电荷代替极化电荷的作用,满足前面所述问题的静电场边值问题,故根据唯一性定理,φ_1 和 φ_2 就是所求的正确解。

以上计算方法还可以推广到线电荷对无限大电介质分界平面的镜像问题中。

3)点电荷对接地导体球的镜像

设在介电系数为 ε 的介质空间中,有点电荷 q 和一接地导体球,如图 2.27(a)所示,介质中的静电场边值问题应为:

①除 q 所在处和导体球外,处处都有 $\nabla^2\varphi = 0$;

②在无穷远 $r \to \infty$ 时,$\varphi = 0$;

③导体球接地,则在球面上 $\varphi = 0$。

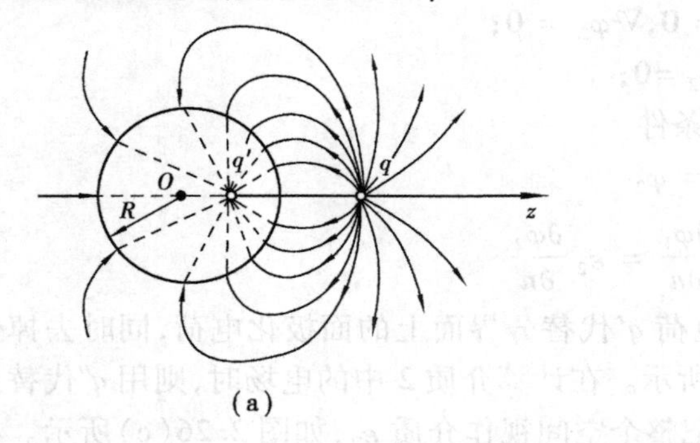

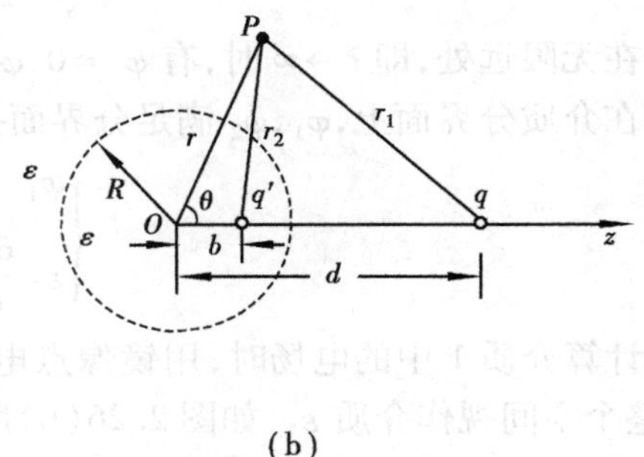

图 2.27　点电荷对导体球的镜像

分析点电荷在导体球面上引起的感应电荷,它吸引了部分电力线,从电力线分布情况看,以介电系数为 ε 的介质球置换导体球,在球内相应点上设置等效点电荷 q' 可以代替球面上感应电荷对球外电场的影响。基于此想法,设想将导体球抽出,使原问题成为无限大均匀介质空间电场问题,根据场分布的对称性,取球坐标系,在球心 O 与点电荷 q 的连线上距球心 b 处设置等效点电荷 q',q 与 q' 的距离为 d,如图 2.27(b)所示。于是,球外任一点 P 的电位为

$$\varphi = \frac{q}{4\pi\varepsilon r_1} + \frac{q'}{4\pi\varepsilon r_2}$$

$$= \frac{q}{4\pi\varepsilon\sqrt{r^2 + d^2 - 2rd\cos\theta}} + \frac{q'}{4\pi\varepsilon\sqrt{r^2 + b^2 - 2rb\cos\theta}}$$

对上式应用静电场边值问题条件③,有

$$\frac{q}{4\pi\varepsilon\sqrt{R^2 + d^2 - 2Rd\cos\theta}} + \frac{q'}{4\pi\varepsilon\sqrt{R^2 + b^2 - 2Rb\cos\theta}} = 0$$

即

$$q^2(R^2 + b^2) - 2q^2Rb\cos\theta = q'^2(R^2 + d^2) - 2q'^2Rd\cos\theta$$

为使上式对任意 θ 角均成立,必有

$$q^2(R^2 + b^2) = q'^2(R^2 + d^2)$$

$$q^2 b = q'^2 d$$

由此得出

$$q' = -\frac{R}{d}q \tag{2.7.4}$$

$$b = \frac{R^2}{d} \tag{2.7.5}$$

值得注意的是:

①q'正好处在点电荷 q 关于导体球面的镜像位置,这正好是球面镜像法的来由,且电荷 q 与 q'所在的位置对球心正好互为反演点,式(2.7.5)称为反演关系;

②在此处镜像电荷 q'的量值正好等于导体球面上负的感应电荷。

例2.10 在半径为 a 的不接地且带电的导体球外,距球心 d 处有点电荷 q,已知导体球的电位为 φ_0。试求:1)球壳所带的电荷 Q;2)q 所受的静电力 $\boldsymbol{f}_q$。

解 1)分析题意:由前面的分析,电荷 q 和它的镜像电荷 $q' = -\frac{a}{d}q$ 的作用将保持原导体球面处为零值等位面。若要保证原导体球面是电位为 φ_0 的等位面,只能是导体所带的电荷 Q 以及正的感应电荷 $q''(=-q')$均匀分布在球面上,亦可以等效集中在球心处

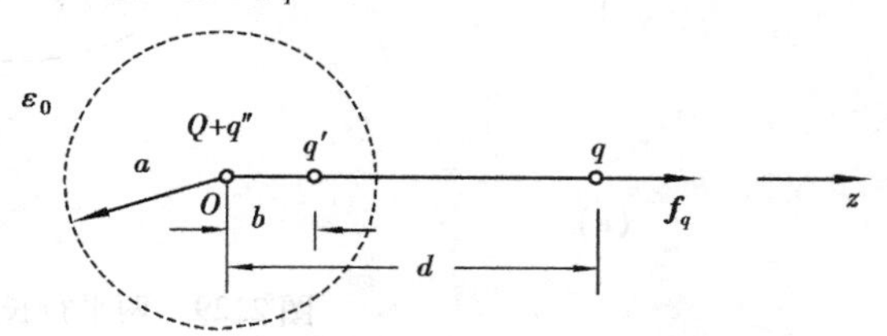

图2.28 求外电场的等效计算图

$$\varphi_0 = \frac{Q+q''}{4\pi\varepsilon_0 a} = \frac{1}{4\pi\varepsilon_0 a}\left[Q + \frac{a}{d}q\right]$$

解上式可得

$$Q = 4\pi\varepsilon_0 a\varphi_0 - \frac{a}{d}q$$

2)q 所受的静电力,等效为 Q, $-q'$和 q''对它的作用力,所以

$$\boldsymbol{f}_q = \frac{q}{4\pi\varepsilon_0}\left[\frac{q'}{(d-b)^2} + \frac{Q+q''}{d^2}\right]\boldsymbol{e}_k$$

$$= \frac{q}{4\pi\varepsilon_0}\left[\frac{-\frac{a}{d}q}{\left(d-\frac{a^2}{d}\right)^2} + \frac{4\pi\varepsilon_0 a\varphi_0}{d^2}\right]\boldsymbol{e}_k$$

$$= \left[\frac{a\varphi_0 q}{d^2} - \frac{adq^2}{4\pi\varepsilon_0(d^2-a^2)^2}\right]\boldsymbol{e}_k$$

当点电荷偏心地位于内半径为 R 的导体球壳内,要求解导体球壳内的电场时,式(2.7.4)和式(2.7.5)同样适用,这时由于 $d<R$,因此会出现$|q'|>|q|$,并且其位置 $b=\frac{R^2}{d}>d$。

2.7.2 电轴法

1)真空中两平行长直线电荷的电场

首先分析两平行长直线电荷的电场。设有两条等值异号的长直平行线电荷，线电荷密度为 $+\tau$ 和 $-\tau$，相距为 $2b$。在直角坐标系中，令导线方向与 z 轴方向一致，如图 2.29(a)所示。忽略导线的边沿效应，认为线电荷周围的电场为平行平面场，其分布与 z 轴无关，可以仅讨论图示 xOy 平面上的场分布。

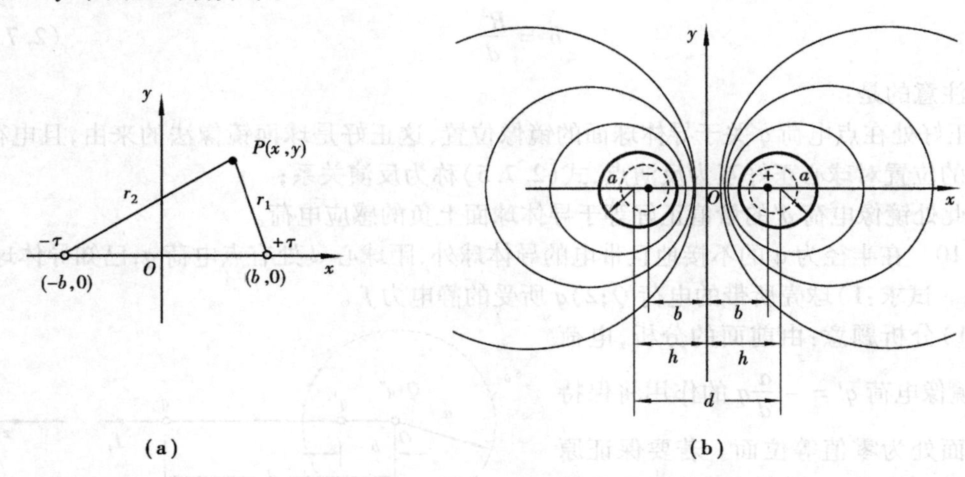

图 2.29 两平行长直线电荷的电场

如果取 r_0 点为电位参考点，根据式(2.2.9)，正的线电荷在 P 点产生的电位为

$$\varphi_1 = \frac{\tau}{2\pi\varepsilon_0}\int_{r_1}^{r_0}\frac{\mathrm{d}r}{r} = -\frac{\tau}{2\pi\varepsilon_0}\ln r_1 + C_1$$

负的线电荷在 P 点引起的电位为

$$\varphi_2 = \frac{\tau}{2\pi\varepsilon_0}\ln r_2 + C_2$$

式中 C_1 和 C_2 为积分常数，取决于电位参考点 r_0 的选择。应用叠加原理 P 点的电位为

$$\varphi = \varphi_1 + \varphi_2 = \frac{\tau}{2\pi\varepsilon_0}\ln\frac{r_2}{r_1} + C$$

若令 $r_1 = r_2$ 时，$\varphi = 0$，即电位参考点选在 y 轴上，则 $C = 0$，可得电位的最简形式

$$\varphi = \frac{\tau}{2\pi\varepsilon_0}\ln\frac{r_2}{r_1} \tag{2.7.6}$$

现在讨论电场的分布特性。由上式可知，当 $\frac{r_2}{r_1} = K$ 时，φ 为常数，即成为等位线方程，又可写成

$$\frac{r_2^2}{r_1^2} = \frac{(x+b)^2 + y^2}{(x-b)^2 + y^2} = K^2$$

经整理后得

$$\left(x - \frac{K^2+1}{K^2-1}b\right)^2 + y^2 = \left(\frac{2Kb}{K^2-1}\right)^2 \tag{2.7.7}$$

这是圆簇方程，在 xOy 平面上，等位线是一簇圆，圆心在 x 轴上，坐标为 $\left(\frac{K^2+1}{K^2-1}b, 0\right)$，半径为 $\left|\frac{2Kb}{K^2-1}\right|$，如图 2.29(b)所示。

如果令圆心横坐标为 h、圆半径为 a,则有

$$h = \frac{K^2 + 1}{K^2 - 1}b \text{ 和 } a = \left|\frac{2Kb}{K^2 - 1}\right|$$

h,a 和 b 三者的关系为

$$h^2 = a^2 + b^2 \tag{2.7.8}$$

这个关系称为反演关系,对每一个等位圆均成立,线电荷所在的点称为反演点。如果把上式写成如下形式

$$a^2 = h^2 - b^2 = (h + b)(h - b)$$

表明与圆心在同一条直线上的两个反演点,它们各自与同一等位圆心距离的乘积等于该等位圆半径的平方,如图 2.29(b)所示。

2)电轴法

基于线电荷的电场分析,再来讨论两圆柱导体的电场。设导体半径为 a,轴线间距离为 d,圆柱导体单位长度上所带的电荷分别为 $+\tau$ 和 $-\tau$。根据静电平衡原理,导体表面仍为等位面,但因两异性电荷相互吸引,在导体表面上不均匀分布的面电荷密度是未知的,所以直接求解电场是困难的。然而,前面对两等值异号线电荷电场分布的研究可知,其等位面是充满整个空间的圆柱面,因此可以设想,实际的圆柱导体与图 2.29(b)中的某一对等位圆柱面重合,如粗实线所标示的。由于圆柱导体单位长度上的电荷与线电荷的电量相等,边界条件相同,根据唯一性定理,圆柱导体外部电场与线电荷对应等位面外部的电场应当是完全相同的,所以这两根线电荷可以理解成圆柱导体的对外作用中心轴线(它们不同于圆柱导体的几何轴线),也称之为等效电轴。显然要求解两平行长直圆柱带电导体的电场,只需确定它们的等效电轴的位置即可,这种求解方法称为电轴法,它适用于求解两长直平行的各种圆形截面的传输线的电场。

电轴法的关键是根据两圆柱导体的几何尺寸及几何轴线的位置找出两电轴的位置,当正负电轴的位置确定以后,则电场分布迎刃而解。对于半径不同的传输线,也可用同样的原理求得。

图 2.30(a)中是两根不同半径,但互相平行的传输线,尺寸关系如图 2.30(b)所示,根据式(2.7.8)可得

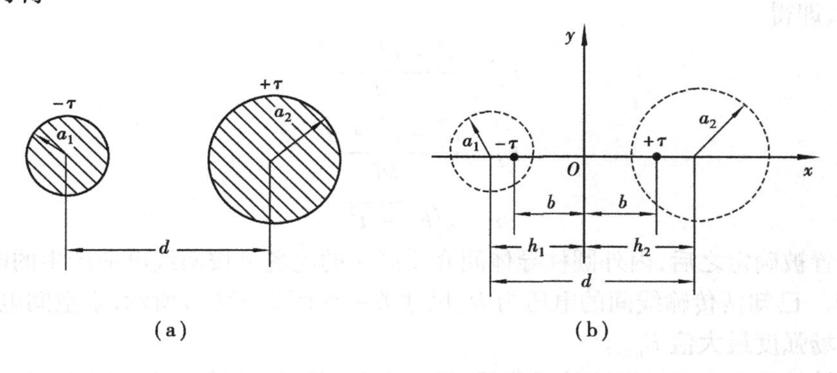

图 2.30 半径不同的两圆柱导线

$$\begin{cases} h_1^2 = a_1^2 + b^2 \\ h_2^2 = a_2^2 + b^2 \\ d = h_1 + h_2 \end{cases}$$

其中，a_1，a_2和 d 为已知量，联立求解得

$$h_1 = \frac{d^2 + a_1^2 - a_2^2}{2d}$$

$$h_2 = \frac{d^2 - a_1^2 + a_2^2}{2d}$$

$$b = \sqrt{h_1^2 - a_1^2}$$

图 2.30(b)示出了电轴位置。

图 2.31(a)是圆柱导体偏心套合的情况，内外圆柱导体轴线平行，相距为 d，要求它们之间介质区域的电场，根据图 2.31(b)所示尺寸，可列出关系式

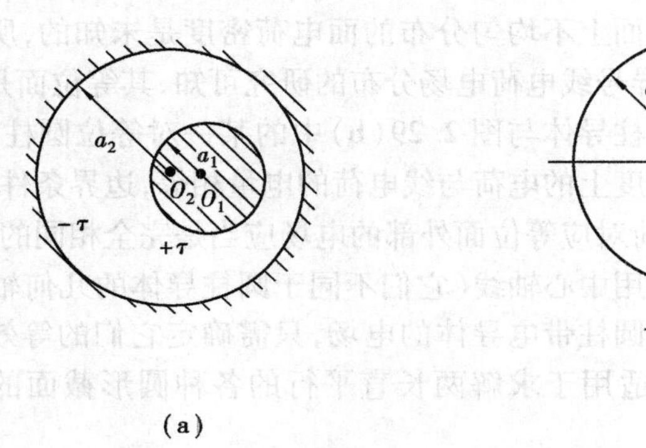

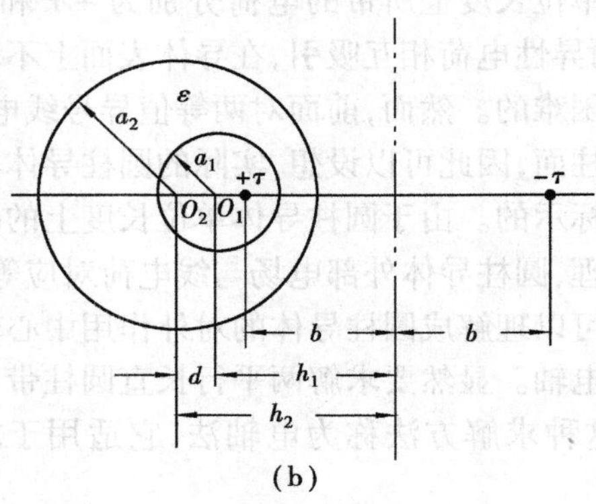

图 2.31　不同轴的圆柱带电体

$$\begin{cases} h_1^2 = a_1^2 + b^2 \\ h_2^2 = a_2^2 + b^2 \\ d = h_2 - h_1 \end{cases}$$

联立解上式，即得

$$h_1 = \frac{a_2^2 - a_1^2 - d^2}{2d}$$

$$h_2 = \frac{a_2^2 - a_1^2 + d^2}{2d}$$

$$b = \sqrt{h_1^2 - a_1^2}$$

电轴位置被确定之后，内外圆柱导体间介质区域的电场可按两线电荷产生的电场计算。

例 2.11　已知两传输线间的电压为 U，尺寸关系如图 2.32(a)所示，求空间电位分布和导体表面上电场强度最大值 $E_{\max}$。

解　电轴的位置 b 可由反演关系获得，但 τ 未知，所以首先根据线间电压求 τ。因为导体是等位体，为简便计算，取 c，d 两点的电位差

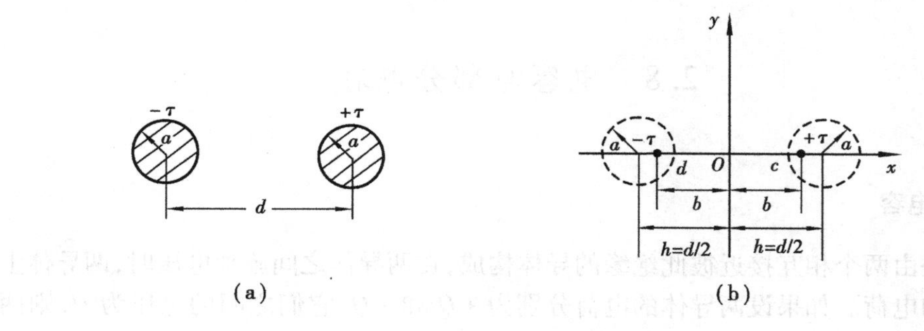

图 2.32 两线输电线

$$U = \varphi_c - \varphi_d = 2\varphi_c = \frac{\tau}{\pi\varepsilon_0}\ln\frac{r_2}{r_1}$$

$$= \frac{\tau}{\pi\varepsilon_0}\ln\frac{b+(h-a)}{b-(h-a)} = \frac{\tau}{\pi\varepsilon_0}\ln\frac{[b+(h-a)]^2}{b^2-(h-a)^2}$$

$$= \frac{\tau}{\pi\varepsilon_0}\ln\frac{(h+b)}{a} = \frac{\tau}{\pi\varepsilon_0}\ln\frac{d/2+\sqrt{(d/2)^2-a^2}}{a}$$

所以

$$\frac{\tau}{2\pi\varepsilon_0} = \frac{U}{2\ln\dfrac{d/2+\sqrt{(d/2)^2-a^2}}{a}}$$

场中任意点的电位为

$$\varphi = \frac{U}{2\ln\dfrac{d/2+\sqrt{(d/2)^2-a^2}}{a}}\ln\frac{r_2}{r_1}$$

两线电荷距导体上的 $c(d)$ 点最近，又在一条直线上，两线电荷在 $c(d)$ 点产生的电场方向相同，所以电场最大。

$$E_{\max} = |\boldsymbol{E}_{1c} + \boldsymbol{E}_{2c}| = \frac{\tau}{2\pi\varepsilon_0}\left[\frac{1}{b-(h-a)} + \frac{1}{b+(h-a)}\right]$$

$$= \frac{\tau}{2\pi\varepsilon_0}\left[\frac{2b}{b^2-(h-a)^2}\right] = \frac{U}{2\ln\dfrac{d/2+\sqrt{(d/2)^2-a^2}}{a}}\left(\frac{\sqrt{(d/2)^2-a^2}}{ad/2-a^2}\right)$$

当 $a \ll \dfrac{d}{2}$

$$E_{\max} \approx \frac{U}{2\ln\dfrac{d}{a}}\cdot\frac{1}{a} = \frac{U}{2a\ln\dfrac{d}{a}}$$

$E_{\max}$ 近似与 a 成反比，所以可增大 a 以便减小 $E_{\max}$。

2.8　电容与部分电容

2.8.1　电容

电容器是由两个相互接近彼此绝缘的导体构成，在两导体之间施加电压时，两导体上将出现等值异号的电荷。如果设两导体的电荷分别为 $+Q$ 和 $-Q$，它们之间的电压为 U，则两导体的电容定义为

$$C = \frac{Q}{U} \tag{2.8.1}$$

电容是一个重要的参数，单位为法[拉](F)，电容仅与导体形状、尺寸、相互位置以及两导体间的介质有关，而与所带的电荷、电压无关，这种电容称为线性电容。

例 2.12　计算两线输电线单位长度的电容，尺寸如图 2.32 所示。

解　设两导体上所带电荷分别为 $+\tau$ 和 $-\tau$，两导体上的电位分别为

$$\varphi_1 = \frac{\tau}{2\pi\varepsilon_0}\ln\frac{r_2}{r_1} = \frac{\tau}{2\pi\varepsilon_0}\ln\frac{b+(d/2-a)}{b-(d/2-a)}$$

$$\varphi_2 = -\varphi_1$$

两线间电压

$$U = \varphi_1 - \varphi_2 = \frac{\tau}{\pi\varepsilon_0}\ln\frac{b+(d/2-a)}{b-(d/2-a)}$$

所以单位长度导线的电容

$$C' = \frac{\tau}{U} = \frac{\pi\varepsilon_0}{\ln\dfrac{b+(d/2-a)}{b-(d/2-a)}}$$

一般情况下，$a \ll \dfrac{d}{2}$，则 $b \approx \dfrac{d}{2}$，此时

$$C' = \frac{\pi\varepsilon_0}{\ln(d/a)}$$

2.8.2　导体系统与部分电容

有两个以上的导体系统称为多导体系统，例如，真空三极管是三导体的系统，三相输电线则是三个或四个导体的系统。在多导体系统中，由于任意两个导体上的电荷一般不是等值异号的，电容概念不能直接引用，所以需要将电容概念加以扩展，从而引入部分电容概念。

$$\begin{aligned}
\varphi_1 &= \alpha_{11}q_1 + \alpha_{12}q_2 + \cdots + \alpha_{1i}q_i + \cdots + \alpha_{1N}q_N \\
\varphi_2 &= \alpha_{21}q_1 + \alpha_{22}q_2 + \cdots + \alpha_{2i}q_i + \cdots + \alpha_{2N}q_N \\
&\vdots \\
\varphi_i &= \alpha_{i1}q_1 + \alpha_{i2}q_2 + \cdots + \alpha_{ii}q_i + \cdots + \alpha_{iN}q_N \\
&\vdots \\
\varphi_N &= \alpha_{N1}q_1 + \alpha_{N2}q_2 + \cdots + \alpha_{Ni}q_i + \cdots + \alpha_{NN}q_N
\end{aligned} \tag{2.8.2}$$

设有 N 个导体和大地一起构成 $N+1$ 个导体系统,取大地的电位为零。在多导体系统中,每个导体的电位不仅取决于该导体的几何形状及电荷,而且还与其他导体的形状、位置及电荷有关,当导体的电荷分别为 $q_1,q_2,\cdots,q_N$时,根据导体的电位与各导体电荷的线性关系,可写出各导体的电位如式(2.8.2)所示,用矩阵表示

$$[\varphi]=[\alpha][q] \tag{2.8.3}$$

式中,α 为常数,称为电位系数,α_{ii}称为自有电位系数,α_{ij}称为互有电位系数,它们可通过下列关系式获取

$$\alpha_{ii}=\frac{\varphi_i}{q_i}\bigg|_{q_1=q_2=\cdots=q_{i-1}=q_{i+1}=\cdots=q_N=0}$$

$$\alpha_{ij}=\frac{\varphi_i}{q_j}\bigg|_{q_1=q_2=\cdots=q_{j-1}=q_{j+1}=\cdots=q_N=0}$$

电位系数的性质有:

①电位系数都是正值;

②自有电位系数 α_{ii}大于与它有关的互有电位系数 α_{ij};

③电位系数只与导体的几何形状、尺寸、相互位置和电介质的介电常数有关;

④$\alpha_{ji}=\alpha_{ij}$,即$[\alpha]$为对称阵。

如果求解上述方程组,可得各导体的电荷

$$[q]=[\alpha]^{-1}[\varphi]=[\beta][\varphi] \tag{2.8.4}$$

即

$$\begin{aligned}
q_1&=\beta_{11}\varphi_1+\beta_{12}\varphi_2+\cdots+\beta_{1i}\varphi_i+\cdots+\beta_{1N}\varphi_N\\
q_2&=\beta_{21}\varphi_1+\beta_{22}\varphi_2+\cdots+\beta_{2i}\varphi_i+\cdots+\beta_{2N}\varphi_N\\
&\vdots\\
q_i&=\beta_{i1}\varphi_1+\beta_{i2}\varphi_2+\cdots+\beta_{ii}\varphi_i+\cdots+\beta_{iN}\varphi_N\\
&\vdots\\
q_N&=\beta_{N1}\varphi_1+\beta_{N2}\varphi_2+\cdots+\beta_{Ni}\varphi_i+\cdots+\beta_{NN}\varphi_N
\end{aligned} \tag{2.8.5}$$

式中,β 称为静电感应系数,β_{ii}称为自有感应系数,β_{ij}称为互有感应系数。它们也是只与导体的几何形状、尺寸、相互位置以及空间介电常数有关的常数。并可通过下列关系式获取

$$\beta_{ii}=\frac{q_i}{\varphi_i}\bigg|_{\varphi_1=\varphi_2=\cdots=\varphi_{i-1}=\varphi_{i+1}=\cdots=\varphi_N=0}$$

$$\beta_{ij}=\frac{q_i}{\varphi_j}\bigg|_{\varphi_1=\varphi_2=\cdots=\varphi_{j-1}=\varphi_{j+1}=\cdots=\varphi_N=0}$$

感应系数的性质有:

①自有感应系数均为正值;

②互有感应系数均为负值;

③自有感应系数 β_{ii}大于与它有关的互有感应系数的绝对值 $|\beta_{ij}|$。

如果将上式表示成电荷与电压的关系,如

$$\begin{aligned}
q_1=&(\beta_{11}+\beta_{12}+\cdots+\beta_{1N})(\varphi_1-0)-\beta_{12}(\varphi_1-\varphi_2)\\
&-\beta_{13}(\varphi_1-\varphi_3)-\cdots-\beta_{1N}(\varphi_1-\varphi_N)
\end{aligned}$$

其中，(φ_1-0)是1号导体与大地之间的电压。令

$$C_{10}=\beta_{11}+\beta_{12}+\cdots+\beta_{1N}$$

$$C_{12}=-\beta_{12},C_{13}=-\beta_{13},\cdots,C_{1N}=-\beta_{1N}$$

则有

$$q_1=C_{10}U_{10}+C_{12}U_{12}+C_{13}U_{13}+\cdots+C_{1N}U_{1N}$$

这样方程组(2.8.5)化为

$$\begin{aligned}
q_1 &= C_{10}U_{10}+C_{12}U_{12}+\cdots+C_{1i}U_{1i}+\cdots+C_{1N}U_{1N}\\
q_2 &= C_{21}U_{21}+C_{20}U_{20}+\cdots+C_{2i}U_{2i}+\cdots+C_{2N}U_{2N}\\
&\vdots\\
q_i &= C_{i1}U_{i1}+C_{i0}U_{i0}+\cdots+C_{i0}U_{i0}+\cdots+C_{iN}U_{iN}\\
&\vdots\\
q_N &= C_{N1}U_{N1}+C_{N2}U_{N2}+\cdots+C_{Ni}U_{Ni}+\cdots+C_{N0}U_{N0}
\end{aligned}\tag{2.8.6}$$

式中，系数C称为部分电容，导体与大地之间的电容C_{i0}称为自有部分电容，两导体之间的电容$C_{ij}=C_{ji}$，称为互有部分电容。所有的部分电容恒为正值且仅与导体的几何形状、尺寸、相互位置以及空间介电常数有关。一般而言，在$N+1$个导体组成的系统中共有$N(N+1)/2$个部分电容，形成电容网络，这样就把一个静电场的问题变为一个电容电路的问题，从而把场的概念和路的概念联系起来。图2.33(a)示出由三个导体和大地组成的四导体系统，图2.33(b)则为由六个部分电容构成的对应电容网络。

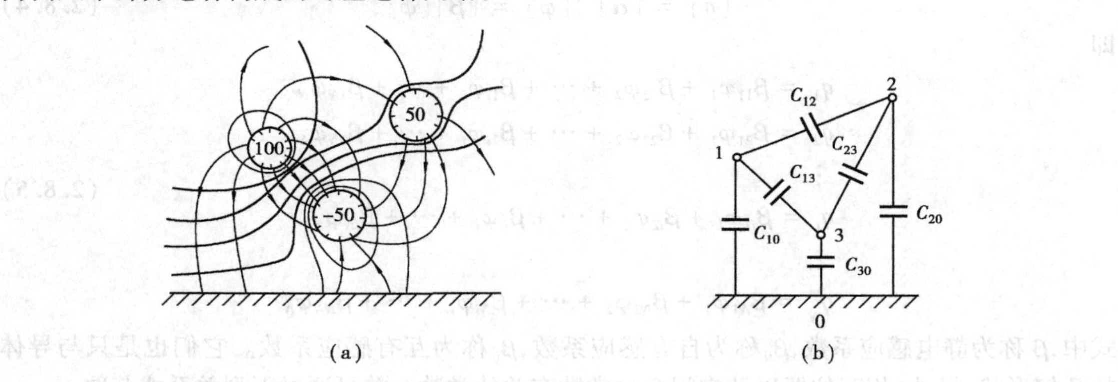

图2.33　多导体系统的部分电容

例2.13　设二输电线距地面高度为h，线间距离为d，导线半径为a，且$a\ll d,a\ll h$，如图2.34(a)所示。试计算考虑大地影响时的二线传输系统的各部分电容，及二输电线间的等效电容①。

解　整个系统是由三个导体组成的导体系统，共有三个部分电容。为了计算部分电容，首先计算电位系数，有

$$\varphi_1=\alpha_{11}\tau_1+\alpha_{12}\tau_2$$

$$\varphi_2=\alpha_{21}\tau_1+\alpha_{22}\tau_2$$

① 在多导体系统中，把两导体作为电容器的两个极板，设在这两个电极间加上已知电压U，极板上所带电荷分别为$\pm q$，则把比值$\frac{q}{U}$叫做这两导体间的等效电容或称工作电容。

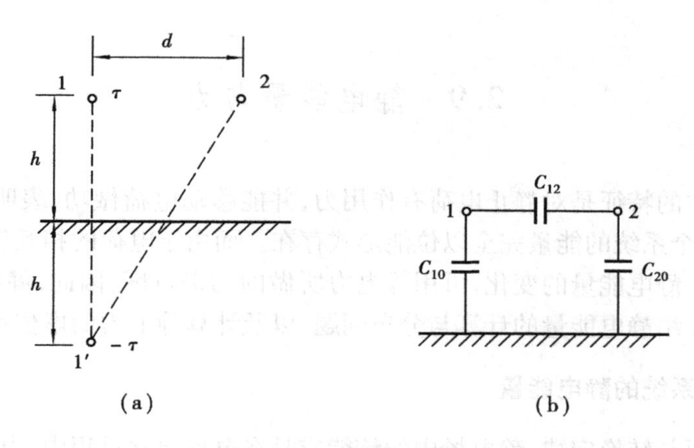

图2.34 二线输电线

令 $\tau_1=\tau,\tau_2=0$,计算此情况下的 φ_1,φ_2,将地面的影响用镜像电荷代替,并略去导线2上感应电荷的影响,则得

$$\varphi_1=\frac{\tau}{2\pi\varepsilon_0}\ln\frac{2h}{a}$$

$$\varphi_2=\frac{\tau}{2\pi\varepsilon_0}\ln\frac{r'_{21}}{r_{21}}=\frac{\tau}{2\pi\varepsilon_0}\ln\frac{\sqrt{4h^2+d^2}}{d}$$

所以

$$\alpha_{11}=\frac{\varphi_1}{\tau}=\frac{1}{2\pi\varepsilon_0}\ln\frac{2h}{a}$$

$$\alpha_{21}=\frac{\varphi_2}{\tau}=\frac{1}{2\pi\varepsilon_0}\ln\frac{\sqrt{4h^2+d^2}}{d}$$

同理可得

$$\alpha_{22}=\frac{1}{2\pi\varepsilon_0}\ln\frac{2h}{a}$$

再根据各个系数间的关系,可得输电系统单位长度各部分电容

$$C_{10}=C_{20}=\beta_{11}+\beta_{12}=\frac{\alpha_{22}-\alpha_{12}}{\Delta}=\frac{2\pi\varepsilon_0}{\ln\frac{2h\sqrt{4h^2+d^2}}{ad}}$$

$$C_{12}=C_{21}=-\beta_{12}=\frac{\alpha_{21}}{\Delta}=\frac{2\pi\varepsilon_0\ln\frac{\sqrt{4h^2+d^2}}{d}}{\left(\ln\frac{2h}{a}\right)^2-\left(\ln\frac{\sqrt{4h^2+d^2}}{d}\right)^2}$$

其中,$\Delta=\begin{vmatrix}\alpha_{11}\alpha_{12}\\ \alpha_{21}\alpha_{22}\end{vmatrix}$,二线间的单位长度等效电容为

$$C_{eq}=C_{12}+\frac{C_{10}C_{20}}{C_{10}+C_{20}}=\frac{\pi\varepsilon_0}{\ln\left(\frac{2h}{a}\frac{d}{\sqrt{4h^2+d^2}}\right)}$$

2.9 静电能量与力

静电场最基本的特征是对静止电荷有作用力,并能移动电荷做功,表明静电场具有能量。在静态条件下,一个系统的能量完全以位能形式存在。而由于电荷的相互作用所引起的位能,即所谓静电能量。静电能量的变化,可用静电力所做的功来量度,因此,静电力与静电能量密切相关。这一节介绍静电能量的计算与分布问题,以及计算静电力的虚位移法。

2.9.1 电荷系统的静电能量

根据能量守恒与转换定律,静电场中的储能应是在电场建立过程中,由外力做功转化而来的,因此,可根据建立该电场时外力做的功来计算电场能量。下面讨论静电场完全建立后,电荷密度为 $\rho(\boldsymbol{r})$,电位为 $\varphi(\boldsymbol{r})$ 时的静电能量。

假设系统中的介质是线性的,如果在充电过程中某一时刻,场中某点的电位是 $\varphi'(\boldsymbol{r})$,再将电荷增量 δq 从无穷远处移至该点,外力需做功

$$\delta A = \varphi' \delta q \tag{2.9.1}$$

因为静电能量只与电荷分布的最终状态有关,而与建立这一电荷分布的过程无关,因此可以选择一种最便于计算能量的充电方式:假设在充电过程中,各点的电荷密度按同一比例因子增长,即各点的电荷密度同时由零开始,并同时达终值。令此比例因子为 m,且 $0 \leqslant m \leqslant 1$,即当 $m=0$ 时,对应充电开始时刻,各点电荷密度为零,当 $m=1$ 时,对应充电结束时刻,各点电荷密度为终值。在任何中间时刻,电荷密度的增量为

$$\delta\rho'(\boldsymbol{r}) = \delta[m\rho(\boldsymbol{r})] = \rho(\boldsymbol{r})\delta m$$

所以电荷增量

$$\delta q = \rho \delta m \mathrm{d}V \tag{2.9.2}$$

因各点电荷按同一比例增长,故在任一瞬间电场的相对分布状况不变,而其强弱则与该瞬间的电荷值成比例,因此,任何中间时刻,各点电位也随 m 的增大而成比例地增大,即

$$\varphi'(\boldsymbol{r}) = m\varphi(\boldsymbol{r}) \tag{2.9.3}$$

将式(2.9.2)和式(2.9.3)代入式(2.9.1)并对其积分可得系统总静电能量

$$\begin{aligned} W_e &= \int_0^1 m\delta m \int_V \rho\varphi \mathrm{d}V \\ &= \frac{1}{2}\int_V \rho\varphi \mathrm{d}V \end{aligned} \tag{2.9.4}$$

这就是连续电荷系统的静电能量,如果电荷作面分布,其密度为 σ,则

$$W_e = \frac{1}{2}\int_S \sigma\varphi \mathrm{d}S \tag{2.9.5}$$

如果带电体是导体,因为每个导体的电位为常数,上式便成为

$$W_e = \frac{1}{2}\sum_{i=1}^{n} q_i \varphi_i \tag{2.9.6}$$

其中,$q_i = \int_S \sigma_i \mathrm{d}S$ 是第 i 号导体的总电荷。

2.9.2 静电场能量的分布特性

以上讨论仅涉及静电场能量的计算问题，而未说明静电能量在空间是如何分布的。下面来推导能量的另一种表达式，从而说明静电场能量的分布特性。

将 $\rho=\nabla\cdot\boldsymbol{D}$ 代入式(2.9.4)，得

$$W_e=\frac{1}{2}\int_V(\nabla\cdot\boldsymbol{D})\varphi\mathrm{d}V \tag{2.9.7}$$

根据矢量恒等式

$$\nabla\cdot(A\boldsymbol{F})=\nabla A\cdot\boldsymbol{F}+A\nabla\cdot\boldsymbol{F}$$

式(2.9.7)的被积函数可写成

$$\begin{aligned}(\nabla\cdot\boldsymbol{D})\varphi&=\nabla\cdot(\varphi\boldsymbol{D})-\nabla\varphi\cdot\boldsymbol{D}\\&=\nabla\cdot(\varphi\boldsymbol{D})+\boldsymbol{E}\cdot\boldsymbol{D}\end{aligned}$$

代入式(2.9.7)

$$W_e=\frac{1}{2}\int_V\nabla\cdot(\varphi\boldsymbol{D})\mathrm{d}V+\frac{1}{2}\int_V\boldsymbol{E}\cdot\boldsymbol{D}\mathrm{d}V$$

把积分区域 V 扩大到整个空间，S 是限定 V 的外表面，可认为 S 是半径 $R\to\infty$ 的球面，这样做并不影响积分的结果。对上式右边第一个积分应用散度定理，则

$$W_e=\frac{1}{2}\oint_S(\varphi\boldsymbol{D})\cdot\mathrm{d}\boldsymbol{S}+\frac{1}{2}\int_V\boldsymbol{E}\cdot\boldsymbol{D}\mathrm{d}V$$

由于在 S 表面上的 φ 和 $\boldsymbol{D}$ 将分别与$\frac{1}{R}$和$\frac{1}{R^2}$成正比，因此，$|\varphi\boldsymbol{D}|$ 将与$\frac{1}{R^3}$成正比，而 S 与 R^2 成正比，当 $R\to\infty$ 时，上式中的面积分为零，从而得到

$$W_e=\int_V\left(\frac{1}{2}\boldsymbol{E}\cdot\boldsymbol{D}\right)\mathrm{d}V \tag{2.9.8}$$

由式(2.9.8)不难看出，静电能量的体密度为

$$w_e=\frac{1}{2}\boldsymbol{E}\cdot\boldsymbol{D} \tag{2.9.9}$$

w_e 的单位为焦耳/米^3，显然，它是一个空间坐标的函数，它表明凡是有静电场存在的空间，就有静电能量的分布，故用它来描述静电能量在空间的分布特性。

对于各向同性线性介质，由于 $\boldsymbol{D}=\varepsilon\boldsymbol{E}$，因此静电能量体密度可写成

$$w_e=\frac{1}{2}\varepsilon E^2=\frac{1}{2\varepsilon}D^2 \tag{2.9.10}$$

例2.14 真空中一半径为 R 的球体内，分布有体密度为 ρ_0 的电荷，试求静电能量。

解 本题既可以用式(2.9.4)计算，也可以用式(2.9.8)计算。首先应用高斯定律求出球内、外的 $\boldsymbol{E}$ 和 φ。电位参考点取在无限远点。

在 $r>R$ 处

$$\boldsymbol{E}=\frac{q}{4\pi\varepsilon_0r^2}\boldsymbol{e}_r=\frac{\frac{4}{3}\pi R^3\rho_0}{4\pi\varepsilon_0r^2}\boldsymbol{e}_r=\frac{R^3\rho_0}{3\varepsilon_0r^2}\boldsymbol{e}_r$$

$$\varphi=\int_r^\infty\frac{R^3\rho_0}{3\varepsilon_0r^2}\boldsymbol{e}_r\cdot\mathrm{d}\boldsymbol{r}=\frac{R^3\rho_0}{3\varepsilon_0r}$$

在 $r<R$ 处

$$\boldsymbol{E}=\frac{\frac{4}{3}\pi r^3\rho_0}{4\pi\varepsilon_0 r^2}\boldsymbol{e}_r=\frac{r\rho_0}{3\varepsilon_0}\boldsymbol{e}_r$$

$$\varphi=\int_r^{\infty}\boldsymbol{E}\cdot\mathrm{d}\boldsymbol{r}=\int_r^{R}\frac{r\rho_0}{3\varepsilon_0}\boldsymbol{e}_r\cdot\mathrm{d}\boldsymbol{r}+\frac{R^3\rho_0}{3\varepsilon_0 R}=\frac{R^2\rho_0}{2\varepsilon_0}-\frac{r^2\rho_0}{6\varepsilon_0}$$

由式(2.9.4),得

$$W_e=\frac{1}{2}\int_0^R\rho_0\left(\frac{R^2\rho_0}{2\varepsilon_0}-\frac{r^2\rho_0}{6\varepsilon_0}\right)4\pi r^2\mathrm{d}r=\frac{4}{15}\frac{\pi\rho_0^2}{\varepsilon_0}R^5$$

再由式(2.9.8)计算,得

$$W_e=\frac{1}{2}\int_0^R\varepsilon_0\left(\frac{\rho_0 r}{3\varepsilon_0}\right)^2 4\pi r^2\mathrm{d}r+\frac{1}{2}\int_R^{\infty}\varepsilon_0\left(\frac{\rho_0 R^3}{3\varepsilon_0 r^2}\right)^2 4\pi r^2\mathrm{d}r$$

$$=\frac{4}{15}\frac{\pi\rho_0^2}{\varepsilon_0}R^5$$

可见两种方法所得结果相同。

2.9.3 静电力

带电体在静电场中会受到静电力的作用,这个力因遵从库仑定律,故也称为库仑力。原则上可以应用库仑定律,或应用电场强度的定义式 $\boldsymbol{f}=q\boldsymbol{E}$ 来计算静电力。对于作体分布和面分布的电荷,带电体受的力可以表示成

$$\boldsymbol{f}=\int_V\rho\boldsymbol{E}\mathrm{d}V$$

或

$$\boldsymbol{f}=\oint_S\sigma\boldsymbol{E}\mathrm{d}S$$

这样的矢量积分一般比较复杂,因此希望用更简单的方法计算电场力。在力学中用物体位能的空间变化率来计算力有时是很方便的,这种方法引入到静电力的计算中被称为虚位移法。采用虚位移法计算静电力要用到广义坐标和广义力的概念,广义坐标是确定系统中各物体形状、大小及相互位置的一组独立几何量,如距离、面积、体积或角度等。广义力是指企图改变系统中某物体的某一种广义坐标的力的泛称。在量纲上广义坐标与相应广义力的乘积应等于功,因此与上述广义坐标对应的广义力分别是机械力、表面张力、压强和转矩。

设有一多导体带电系统,假设除了 p 号导体外其余的导体不动,且 p 号导体受广义力 f 的作用也只有一个坐标 g 有微小变化 $\mathrm{d}g$,则广义力做功 $f\mathrm{d}g$,此时按功能守恒原理应有如下功能关系

$$\mathrm{d}W=\mathrm{d}W_e+f\mathrm{d}g \tag{2.9.11}$$

式中,$\mathrm{d}W=\sum\varphi_k\mathrm{d}q_k$ 表示与各带电体相连接的电源提供的能量,$\mathrm{d}W_e$ 和 $f\mathrm{d}g$ 分别表示静电能量的增量和电场力做的功。

下面分别对导体系与电源是否相连接的两种方式进行讨论。

1)导体系充电后撤去电源。当 p 号导体受广义力 f 的作用有微小变化 $\mathrm{d}g$ 时,各带电体的

电荷维持不变,因而 $dq_k=0$,即 $dW=0$。因此,式(2.9.11)可以写成

$$0 = dW_e + f dg$$

从而得

$$f = -\left.\frac{dW_e}{dg}\right|_{q_k=\text{const}} = -\left.\frac{\partial W_e}{\partial g}\right|_{q_k=\text{const}} \tag{2.9.12}$$

这种情况下,由于导体系与外源隔绝,电场力做功只能靠减少电场中的静电能量来实现。

2)导体系充电后仍与电源相连。当 p 号导体受广义力 f 的作用有微小变化 dg 时,各带电体的电位维持不变。根据式(2.9.6),有

$$dW_e = d\left(\frac{1}{2}\sum_{i=1}^{n} q_i\varphi_i\right) = \frac{1}{2}\sum_{i=1}^{n}\varphi_i dq_i = \frac{1}{2}dW$$

上式表明外源提供的能量一半用于静电能量的增量,另一半则用于电场力做功,显然,电场力做功等于静电能量的增量

$$f dg = dW_e\big|_{\varphi_k=\text{const}}$$

从而有

$$f = \left.\frac{\partial W_e}{\partial g}\right|_{\varphi_k=\text{const}} \tag{2.9.13}$$

以上两种情况所得结果应是相同的。实际上,带电体并未移动,上述位移是假想的,故称上述计算电场力的方法为虚位移法。因此对于同一个问题,在假设 q 一定,或假设 φ 一定计算得到的静电力是相同的。

以平板电容器中的电场力为例来证明上述结论。因电场能量 $W_e=\frac{1}{2}CU^2=\frac{q^2}{2C}$,式中 C 是电容,U 是电压。分别用两公式求力,可得:

$$f = -\left.\frac{\partial W_e}{\partial g}\right|_{q=\text{const}} = -\frac{q^2}{2}\frac{\partial}{\partial g}\left(\frac{1}{C}\right) = \frac{q^2}{2C^2}\frac{\partial C}{\partial g} = \frac{U^2}{2}\frac{\partial C}{\partial g}$$

和

$$f = \left.\frac{\partial W_e}{\partial g}\right|_{\varphi=\text{const}} = \frac{U^2}{2}\frac{\partial C}{\partial g}$$

结果相同。可以看出,在电场力的作用下,有使电容 C 增大的趋势。

例 2.15　在平行板电容器间充有两种不同的介质,如图 2.35 所示。求介质分界面上每单位面积所受的电场力。

解　由图 2.35(a)可知,充有两种不同的介质的平板电容器看作两电容器串联,设 $d=d_1+d_2$

$$C = \frac{C_1C_2}{C_1+C_2} = \frac{(\varepsilon_1S/d_1)(\varepsilon_2S/d_2)}{(\varepsilon_1S/d_1)+(\varepsilon_2S/d_2)}$$

$$= \frac{\varepsilon_1\varepsilon_2S}{\varepsilon_1(d-d_1)+\varepsilon_2d_1}$$

由式(2.9.13),可得

$$f = \left.\frac{\partial W_e}{\partial g}\right|_{U=\text{const}} = \frac{\partial}{\partial d_1}\left(\frac{1}{2}CU^2\right)$$

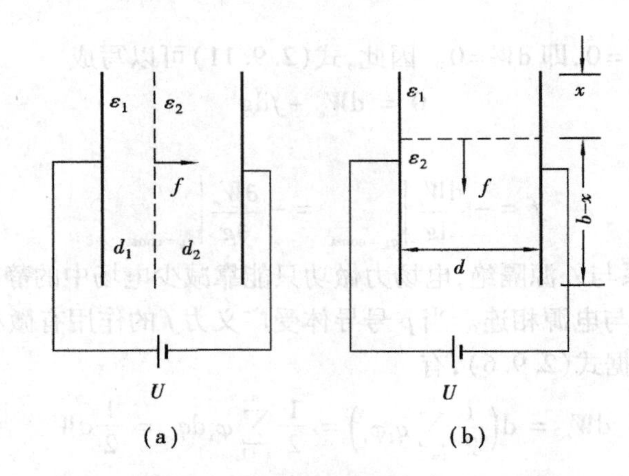

图 2.35　有两种介质的平行板电容器

$$= \frac{U^2}{2}\frac{\partial}{\partial d_1}\left(\frac{\varepsilon_1\varepsilon_2 S}{\varepsilon_1(d-d_1)+\varepsilon_2 d_1}\right)$$

$$= \frac{U^2\varepsilon_1\varepsilon_2 S}{2}\frac{\varepsilon_1-\varepsilon_2}{[\varepsilon_1(d-d_1)+\varepsilon_2 d_1]^2} = \frac{(CU)^2}{2}\frac{\varepsilon_1-\varepsilon_2}{\varepsilon_1\varepsilon_2 S} = \frac{q^2}{2S}\left(\frac{1}{\varepsilon_2}-\frac{1}{\varepsilon_1}\right)$$

所以分界面上单位面积受的力为

$$f' = \frac{f}{S} = \frac{\sigma^2}{2}\left(\frac{1}{\varepsilon_2}-\frac{1}{\varepsilon_1}\right) = \frac{D^2}{2}\left(\frac{1}{\varepsilon_2}-\frac{1}{\varepsilon_1}\right)$$

对图 2.35(b),可以看作两电容器并联,且

$$C = C_1 + C_2 = \frac{\varepsilon_1 S_1}{d} + \frac{\varepsilon_2 S_2}{d} = \frac{\varepsilon_1 ax}{d} + \frac{\varepsilon_2 a(b-x)}{d}$$

a 为极板垂直纸面方向上的宽度。所以

$$f = \left.\frac{\partial W_e}{\partial g}\right|_{U=\text{const}} = \frac{\partial}{\partial x}\left(\frac{1}{2}CU^2\right) = \frac{U^2}{2}\frac{\partial}{\partial x}\left[\frac{\varepsilon_1 ax}{d} + \frac{\varepsilon_2 a(b-x)}{d}\right]$$

$$= \frac{E^2}{2}ad(\varepsilon_1-\varepsilon_2)$$

分界面上单位面积受的力

$$f' = \frac{f}{ad} = \frac{E^2}{2}(\varepsilon_1-\varepsilon_2)$$

上述结果说明,当有电场垂直或平行于两种介质的分界面时,作用在分界面处的力总是和分界面垂直,并且指向 ε 小的介质一侧。这个结果,对任意两种介质分界面也都是正确的。

小　结

1)库仑定律是基本实验定律,是静电场的基础

$$\boldsymbol{F}_{21} = \frac{q_2 q_1}{4\pi\varepsilon_0 R^2}\boldsymbol{e}_R$$

2)电场的基本场量是电场强度

真空中位于原点的点电荷 q 在 $\boldsymbol{r}$ 处引起的电场强度

$$\boldsymbol{E} = \frac{q}{4\pi\varepsilon_0 r^2}\boldsymbol{e}_r$$

连续分布的电荷引起的电场强度

$$\boldsymbol{E}(\boldsymbol{r}) = \frac{1}{4\pi\varepsilon_0}\int \frac{\boldsymbol{r}-\boldsymbol{r}'}{|\boldsymbol{r}-\boldsymbol{r}'|^3}\mathrm{d}q$$

式中的 $\mathrm{d}q$ 可以是 $\rho(\boldsymbol{r}')\mathrm{d}V'$，$\sigma(\boldsymbol{r}')\mathrm{d}S'$，$\tau(\boldsymbol{r}')\mathrm{d}l'$ 或它们的组合。

3)介质极化的程度可用极化强度 $\boldsymbol{P}$ 表示

$$\boldsymbol{P} = \lim_{\Delta V\to 0}\frac{\sum \boldsymbol{p}_i}{\Delta V}$$

极化电荷的体密度与面密度分别为

$$\rho_p = -\nabla\cdot\boldsymbol{P}, \sigma_p = \boldsymbol{P}\cdot\boldsymbol{e}_n$$

4)静电场的基本方程

$$\oint_l \boldsymbol{E}\cdot\mathrm{d}\boldsymbol{l} = 0 \qquad \nabla\times\boldsymbol{E} = 0$$

$$\oint_S \boldsymbol{D}\cdot\mathrm{d}\boldsymbol{S} = q \qquad \nabla\cdot\boldsymbol{D} = \rho$$

电位移 $\boldsymbol{D}=\varepsilon_0\boldsymbol{E}+\boldsymbol{P}$。在各向同性线性介质中

$$\boldsymbol{P} = \chi\varepsilon_0\boldsymbol{E}$$
$$\boldsymbol{D} = \varepsilon_0\boldsymbol{E}$$

在不同介质分界面上，场量的边界条件为

$$\boldsymbol{e}_n\times(\boldsymbol{E}_2-\boldsymbol{E}_1) = 0, \boldsymbol{e}_n\cdot(\boldsymbol{D}_2-\boldsymbol{D}_1) = \boldsymbol{\sigma}$$

5)由静电场的无旋性，可引入标量电位 $\varphi(\boldsymbol{r})$，电位与场强的关系是

$$\boldsymbol{E} = -\nabla\varphi$$

或

$$\varphi_P = \int_P^Q \boldsymbol{E}\cdot\mathrm{d}\boldsymbol{l}$$

积分上限是电位的参考点。

6)均匀媒质中电位满足泊松方程或拉普拉斯方程

$$\nabla^2\varphi = -\frac{\rho}{\varepsilon} \text{或} \nabla^2\varphi = 0$$

在已知电荷分布时，可直接写出电位与电荷的关系式

$$\varphi(\boldsymbol{r}) = \frac{1}{4\pi\varepsilon}\int\frac{\mathrm{d}q}{|\boldsymbol{r}-\boldsymbol{r}'|}$$

一般情况下，需从电位的微分方程和边界条件求解，称为静电场的边值问题。边界条件分以下三类：

第一类边值　　$\varphi|_S = f(\boldsymbol{r})$

第二类边值　　$\left.\dfrac{\partial\varphi}{\partial n}\right|_S = g(\boldsymbol{r})$

第三类边值　　$\left.(\alpha\varphi+\beta\dfrac{\partial\varphi}{\partial n})\right|_S = h(\boldsymbol{r})$

另外，在不同媒质的分界面上，电位的分界面条件为

$$\varphi_1 = \varphi_2, \varepsilon_1 \frac{\partial \varphi_1}{\partial n} - \varepsilon_2 \frac{\partial \varphi_2}{\partial n} = \sigma$$

只要满足给定的边界条件,满足泊松方程或拉普拉斯方程的解是唯一的。

7)镜像法

点电荷对无限大接地导体平面的镜像:等量异号、位置对称,镜像电荷置于边界之外。

点电荷对无限大电介质分界平面的镜像:位置对称。

$$q' = \frac{\varepsilon_1 - \varepsilon_2}{\varepsilon_1 + \varepsilon_2} q \quad (\text{适用区 } \varepsilon_1)$$

$$q'' = \frac{2\varepsilon_2}{\varepsilon_1 + \varepsilon_2} q \quad (\text{适用区 } \varepsilon_2)$$

点电荷对接地金属球面的镜像:

镜像电荷 $q' = -\frac{R}{d} q$

镜像电荷与球心的距离 $b = \frac{R^2}{d}$

8)电轴法

解决带等值异号电荷的两平行圆柱导体间的电场问题,电轴位置由下式决定。

$$h^2 = a^2 + b^2$$

9)在多导体系统中,各导体相互间均有影响,需要用一组方程表示其电荷与电位的关系:

$$[\varphi] = [\alpha][q]$$

或

$$[q] = [\beta][\varphi]$$

引入部分电容以后,可以把静电场问题变为一个电容电路问题,即

$$[q] = [C][U]$$

10)静电能量计算式

$$W_e = \frac{1}{2} \sum_{i=1}^{N} q_i \varphi_i$$

或

$$W_e = \frac{1}{2} \int_V \boldsymbol{E} \cdot \boldsymbol{D} \mathrm{d}V$$

静电能量以位能形式储存在电场中,电场能量密度为

$$w_e = \frac{1}{2} \boldsymbol{E} \cdot \boldsymbol{D}$$

11)应用虚位移法可求静电力

$$f = \left.\frac{\partial W_e}{\partial g}\right|_{\varphi_k = \text{const}} = -\left.\frac{\partial W_e}{\partial g}\right|_{q_k = \text{const}}$$

习　题

2.1　空中有两个同号点电荷：$q_1(=q)$和$q_2(=3q)$，它们的距离为d。试决定在它们的连线上，哪一点的电场强度为零；哪一点上由这两个电荷所引起的电场强度量值相等，方向一致。

2.2　真空中有一长度为l的细直线，均匀带电，电荷线密度为τ。试计算P点的电场强度：

(1)P点位于细直线的中垂线上，距离细直线中点l远处；

(2)P点位于细直线的延长线上，距离细直线中点l远处。

2.3　真空中有一密度为$2\pi n$ C/m 的无限长线电荷沿y轴放置，另有密度分别为 0.1 n C/m^{2}和-0.1 n C/m^{2}的无限大带电平面分别位于$z=3$ m 和$z=-4$ m 处。试求P点$(1,-7,2)$的电场强度$\boldsymbol{E}$。

2.4　真空中两电荷的量值及它们的位置是已知的，如题2.4图所示，试写出电位$\varphi(r,\theta)$和电场强度$\boldsymbol{E}(r,\theta)$的表达式。

2.5　有一平行板电容器，两极板距离$AB=d$，中间平行地放入两块薄金属片C,D，且$AC=CD=DB=d/3$（见题2.5图），如将AB两板充电到电压U_0后，拆去电源，问：

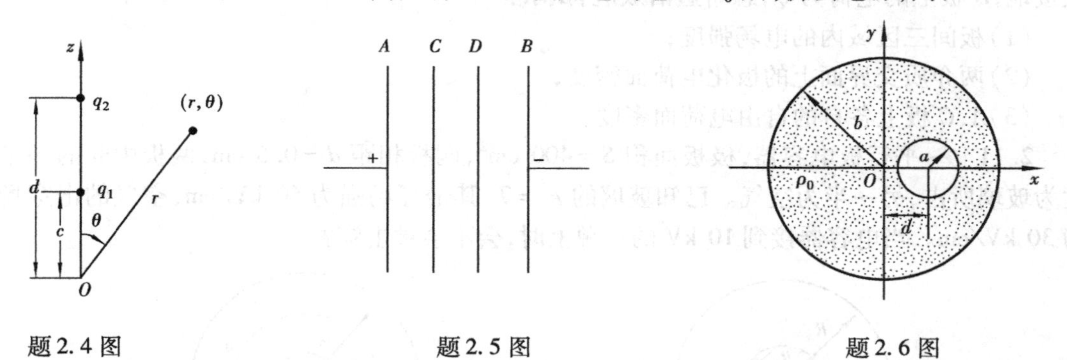

题2.4图　　　　题2.5图　　　　题2.6图

(1)AB,CD,BC间电压各为多少？C,D片上有无电荷？AC,CD,DB间电场强度各为多少？

(2)若将C,D两片用导线连接，再断开，重答(1)问；

(3)若充电前先联结C,D，然后依次拆去电源和C,D的连接线，再答(1)问；

(4)若继(2)之后，又将A,B两板用导线短接，再断开，重新回答(1)中所问。

2.6　半径为b的无限长圆柱中，有体密度为ρ_0的电荷，与它偏轴地放有一半径为a的无限长圆柱空洞，两者轴线距离为d，如题2.6图所示。求空洞内的电场强度（设在真空中）。（提示：可应用叠加原理）

2.7　半径为a、介电常数为ε的介质球内，已知极化强度$\boldsymbol{P}(r)=\dfrac{k}{r}\boldsymbol{e}_r$（$k$为常数）。试求：(1)极化电荷体密度$\rho_p$和面密度$\sigma_p$；(2)自由电荷体密度$\rho$；(3)介质球内、外的电场强度$\boldsymbol{E}$。

2.8　具有两层同轴介质的圆柱形电容器，内导体的直径为2 cm，内层介质的相对介电常数$\varepsilon_{r1}=3$，外层介质的相对介电常数$\varepsilon_{r2}=2$，要使两层介质中的最大场强相等，并且内层介质所承受的电压和外层介质相等，问两层介质的厚度各为多少？

2.9　用双层电介质制成的同轴电缆如题 2.9 图所示，介电常数 $\varepsilon_1=4\varepsilon_0$，$\varepsilon_2=2\varepsilon_0$；内、外导体单位长度上所带电荷分别为 τ 和 $-\tau$。

(1)求两种电介质中以及 $\rho<R_1$ 和 $\rho>R_3$ 处的电场强度与电通密度；

(2)求两种电介质中的电极化强度；

(3)问何处有极化电荷，并求其密度。

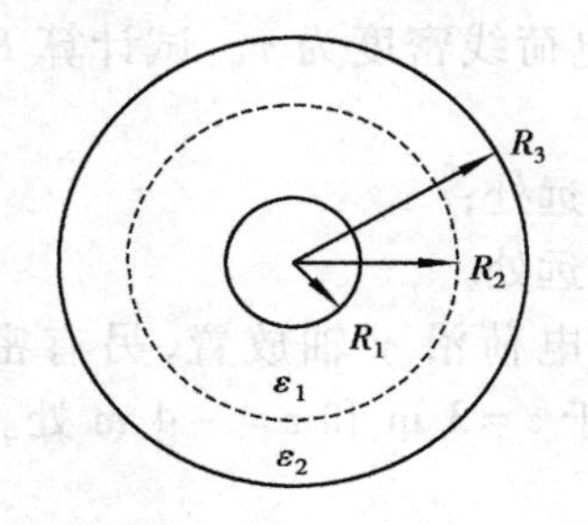

题 2.9 图

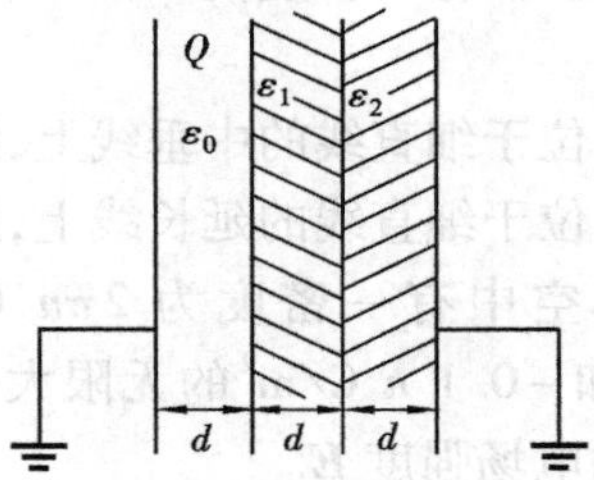

题 2.10 图

2.10　有三块相互平行、面积均为 S 的薄导体平板，A，B 板间是厚度为 d 的空气层，B，C 板间则是厚度为 d 的两层介质，它们的介电常数分别为 ε_1 和 ε_2，如题2.10 图所示。设 A，C 两板接地，B 板上的电荷为 Q，忽略边沿效应，试求：

(1)板间三区域内的电场强度；

(2)两介质交界面上的极化电荷面密度；

(3)A，C 板上各自的自由电荷面密度。

2.11　一平行板电容器，极板面积 $S=400\ \text{cm}^2$，两板相距 $d=0.5$ cm，两板中间的一半厚度为玻璃所占，另一半为空气。已知玻璃的 $\varepsilon_r=7$，其击穿场强为 60 kV/cm，空气的击穿场强为 30 kV/cm。当电容器接到 10 kV 的电源上时，会不会被击穿？

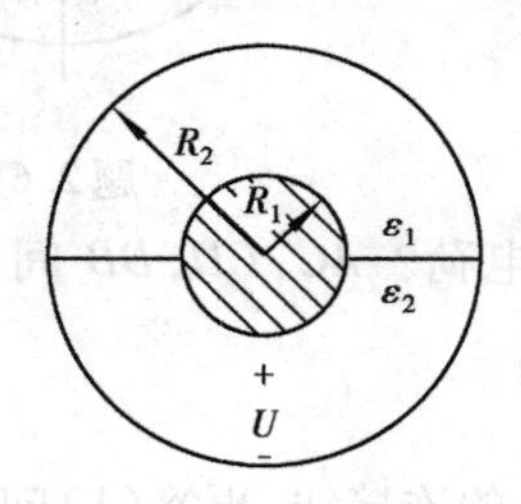

题 2.12 图

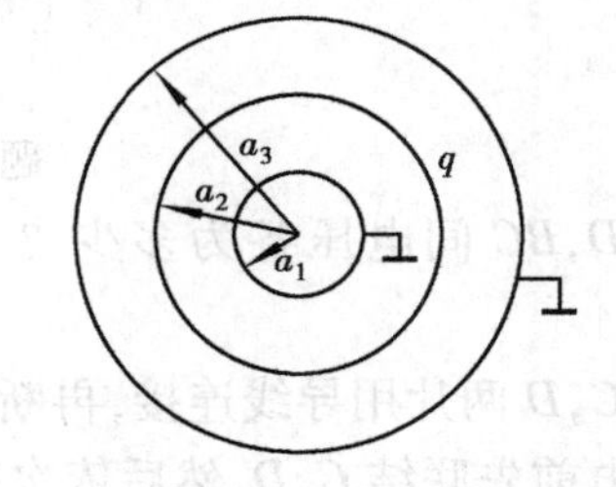

题 2.15 图

2.12　在题 2.12 图所示球形电容器中，对半地填充有介电常数分别为 ε_1 和 ε_2 两种均匀介质，两介质交界面是以球心为中心的圆环面。在内、外导体间施加电压 U 时，试求：

(1)电容器中的电位函数和电场强度；

(2)内导体两部分表面上的自由电荷密度。

2.13　从静电场基本方程出发，证明当电介质均匀时，极化电荷密度 ρ_P 存在的条件是自由电荷的体密度 ρ 不为零，且有关系式 $\rho_P=-(1-\varepsilon_0/\varepsilon)\rho$。

2.14　试证明不均匀电介质在没有自由电荷体密度时可能有极化电荷体密度，并导出极化电荷体密度 ρ_P 的表达式。

2.15 有三个同心导体球壳的半径分别为 a_1,a_2和 a_3($a_1 < a_2 < a_3$),导体球壳之间是真空。已知球壳2上的电量为 q,内球壳1与外球壳3均接地。求:

(1)球壳2与内、外球壳之间的电场和电位分布;

(2)内球壳1的外表面与外球壳3的内表面上的电荷面密度 σ_1和 σ_2。

2.16 在相距为 d 的两平行导体平板之间,填充有 $d/2$ 厚的、介电常数为 ε 的介质,其余 $d/2$ 厚为真空,且真空中分布有密度为 ρ_0 的自由电荷,如题2.16图所示。设左、右板之间的电压为 U,在忽略边缘效应情况下,试用边值问题的方法求板间的电位函数,然后再计算电场强度。

2.17 在半径分别为 a 和 $b(>a)$ 的两同轴长圆筒形导体之间,充满密度为 ρ_0 的空间电荷,且内、外筒形导体间的电压为 U,如题2.17图所示。试用边值问题的方法求电荷区内的电位函数。

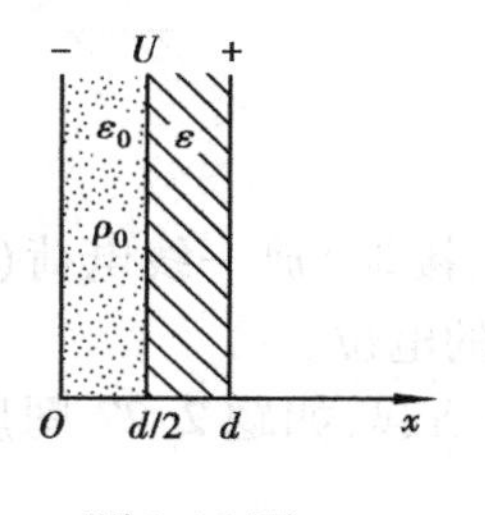

题2.16图

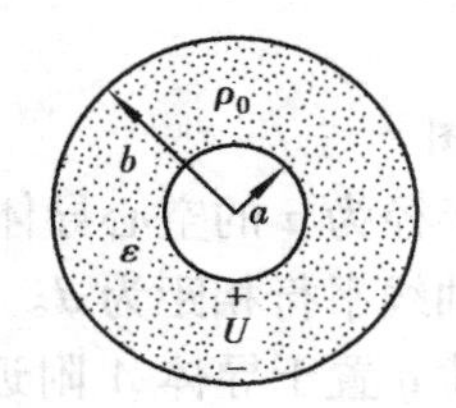

题2.17图

2.18 电荷按 $\rho = \dfrac{\alpha}{r^2}$的规律分布于 $R_1 \leqslant r \leqslant R_2$ 的球壳层中,其中 α 为常数,试由泊松方程直接积分求电位分布。

2.19 两平行导体平板,相距为 d,板的尺寸远大于 d,一板电位为零,另一板电位为 V_0,两板间充满电荷,电荷体密度与距离成正比,即 $\rho(x) = \rho_0 x$。试求两板间的电位分布(注:$x=0$ 处板的电位为零)。

2.20 在无限大接地导体平面两侧各有一点电荷 q_1 和 q_2,与导体平面的距离均为 d,求空间的电位分布。

2.21 一半径为 a 的球壳,同心地置于半径为 b 的球壳内,外壳接地。一点电荷 q 放在内球内距其球心为 d 处。问大球内各点的电位为多少?

2.22 真空中一点电荷 $q = 10^{-6}$ C,放在距金属球壳(半径为 $R = 5$ cm)的球心 15 cm 处,求:

(1)球面上各点的 φ,$\boldsymbol{E}$ 表达式。何处场强最大,数值如何?

(2)若将球壳接地,则情况如何?

(3)若将该点电荷置于球壳内距球心 3 cm 处,再求球内 φ 与 $\boldsymbol{E}$ 的表达式。

2.23 空气中平行地放置两根长直导线,半径都是 6 cm,轴线间距离为 20 cm,若导线间加电压 1 000 V,求:

(1)电场中的电位分布;

(2)导线表面电荷密度的最大值和最小值。

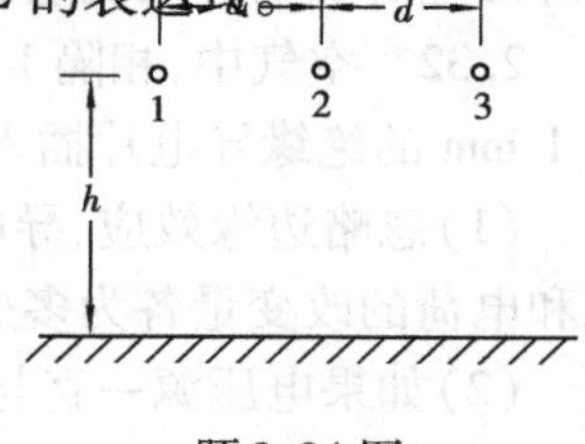

题2.24图

2.24 三条输电线位于同一水平面上,导体半径皆为 $r_0 = 4$ mm,距地面高度 $h = 14$ m,线间距离 $d = 2$ m。其中导线1接电

源,对地电压为 $U_1=110$ kV,如题 2.24 图所示:

(1)导线 2,3 未接至电源,但它们由于静电感应作用也有电压。问其电压各为多少?

(2)若将导线 2 接地,问导线 2 上的电荷与导线 3 对地电压分别为多少?

(3)此时,若切断接地线,然后断开电源,问三根线对地的电压各为多少?

2.25　求题 2.25 图所示带等量异号电荷的偏心圆柱导体间的电场。已知其间电介质的介电常数为 ε,尺寸 a_1,a_2和 d 也给定。

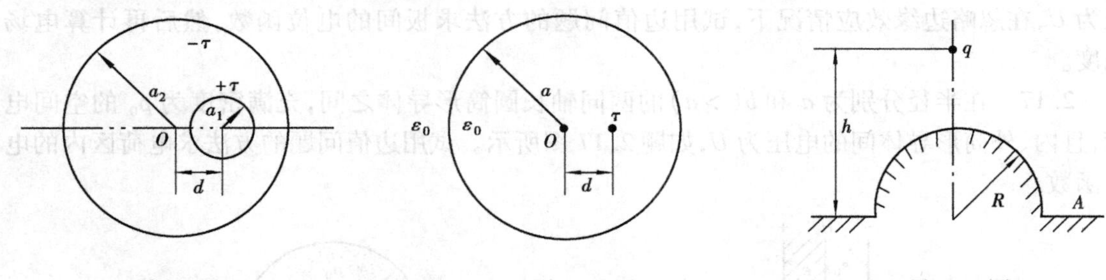

题 2.25 图　　题 2.26 图　　题 2.27 图

2.26　在一半径为 a 的空心导体圆柱中(无限长、接地)放一线电荷(线电荷密度为 τ)。此线电荷与圆柱轴线平行相距为 d。求圆柱内任意点的电位。

2.27　点电荷 q 置于导体 A 附近,导体有半球形凸起,如题 2.27 图所示。已知 q,h,R。求此点荷所受的力。

2.28　若将某对称的三芯电缆中三个导体相连,测得导体与铅皮间的电容为 0.051 μF,若将电缆中的两导体与铅皮相连,它们与另一导体间的电容为 0.037 μF,求:

(1)电缆的各部分电容;

(2)每一相的工作电容;

(3)若在导体 1,2 之间加直流电压 100 V,求导体每单位长度的电荷量。

2.29　两个电容器 C_1和 C_2各充以电荷 q_1 和 q_2。然后移去电源,再将两电容器并联,问总的能量是否减少?减少了多少?到哪里去了?

2.30　用 8 mm 厚、$\varepsilon_r=5$ 的电介质片隔开的两片金属盘,形成一电容为 1 pF 的平行板电容器,并接到 1 kV 电源。如果不计摩擦,要把电介质片从两金属盘间移出来,问在下列两种情况各需做多少功?

(1)移动前,电源已断开;

(2)移动中,电源一直连着。

2.31　一个由两只同心导电球壳构成的电容器,内球半径为 a,外球壳半径为 b,外球壳很薄,其厚度可略去不计,两球壳上所带电荷分别是 $+Q$ 和 $-Q$,均匀分布在球面上。求这个同心球形电容器的静电能量。

2.32　空气中,相隔 1 cm 的两块平行导电平板充电到 100 V 后脱离电源,然后将一厚度为 1 mm 的绝缘导电片插入两极间,问:

(1)忽略边缘效应,导电片吸收了多少能量?这部分能量起到了什么作用?两板间的电压和电荷的改变量各为多少?最后储存在其中的能量多大?

(2)如果电压源一直与两平行导电平板相连,重答前问。

2.33　板间距为 d,电压为 U_0 的两平行板电极,浸于介电常数为 ε 的液态介质中,如题

2.33图所示。已知介质液体的质量密度是ρ_m，问两极板间的液体将升高多少？

2.34　两个同轴薄金属圆柱，半径分别为$R_1=5$ cm，$R_2=6$ cm，小圆柱有$l=1$ m放在大圆柱内，中间介质的介电常数为ε_0，如题2.34图所示。如在两圆柱间加上1 000 V电压，求小圆柱所受到的轴间吸力。

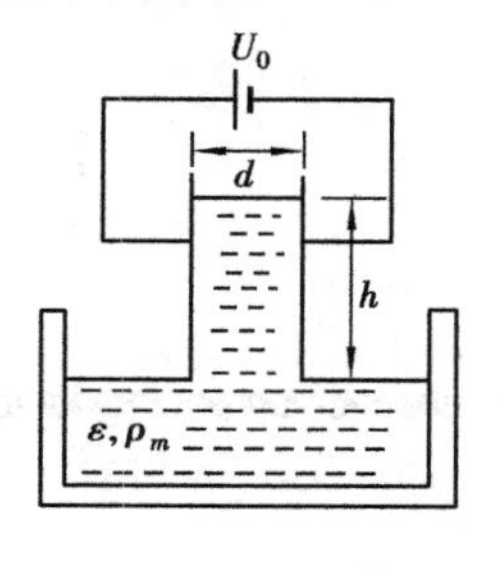

题2.33图

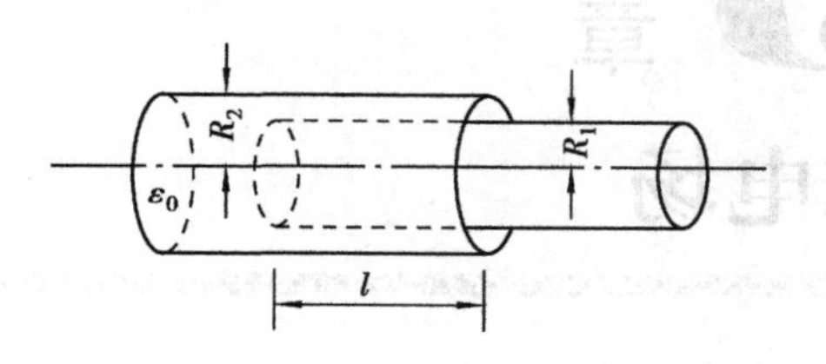

题2.34图

第 3 章
恒定电场

在静电场中，导体内没有电场，没有电荷的运动，导体是等位体，导体表面是等位面，所研究的是介质中的电场。

当导体中有电场存在时，导体中的自由电荷在电场力的作用下就会作定向运动，形成电流。如果导体中的电场保持不变，那么，运动着的自由电荷在导体中的分布将达到一种动态平衡，不随时间而改变，这种运动电荷形成的电流称为恒定电流，维持导体中具有恒定电流的电场称为恒定电场。

恒定电流的存在将要在其周围产生磁场，不过这种磁场并不影响原有恒定电场的分布，下一章将讨论这种磁场。

处于恒定电场中的导体表面，将有恒定的电荷分布，它们将在导体周围的介质中引起恒定电场，其性质与静电场类似，遵从与静电场相同的规律。所以，本章的重点在研究导电媒质中的恒定电场。

3.1 电流与电流密度

3.1.1 电源与电动势

已充电的电容器，用导线连接它的正、负极板，电容器放电，导线中有电流通过，但很快电流衰减为零，放电过程结束。可见，要维持导线中有恒定的电流，导线中必须维持有恒定的电场。恒定电场的产生依靠相连接的外电源。

一种能将其他形式的能量转换为电能的装置称为电源。

要产生恒定电场，在导线中引起恒定电流，需要连接直流电源。直流电源能将电源内的原子或分子的正、负电荷分开，使正电荷移向正极，负电荷移向负极。显然，这种移动电荷的作用力不是电场的库仑力，称之为局外力，用 $\boldsymbol{f}_e$ 表示，把作用在单位正的点电荷上的局外力设想为一种等效的电场强度，称为局外场强，按下式定义

$$\boldsymbol{E}_e = \lim_{q_t \to 0} \boldsymbol{f}_e / q_t \tag{3.1.1}$$

其单位为伏/米(V/m)。于是，从场的角度来描述电源的特性，可以定义电源的电动势

$$\varepsilon = \int_l \boldsymbol{E}_e \cdot \mathrm{d}\boldsymbol{l} = \int_A^B \boldsymbol{E}_e \cdot \mathrm{d}\boldsymbol{l} \tag{3.1.2}$$

显然,它的单位是伏[特](V)。

局外场强对电荷作用的结果,必然在A,B两极板分别积累正、负电荷,这些积累的电荷又将在电源内部产生库仑电场$\boldsymbol{E}$,所以电源内部的合成场强为

$$\boldsymbol{E}_t = \boldsymbol{E}_e + \boldsymbol{E} \tag{3.1.3}$$

场强$\boldsymbol{E}_e$和$\boldsymbol{E}$方向相反,如图3.1所示。当外电路开路时,局外力不断移动正、负电荷,使库仑电场$\boldsymbol{E}$逐步增强,直到$|\boldsymbol{E}| = |\boldsymbol{E}_e|$,达到了动态平衡,此时有

$$\boldsymbol{E}_t = \boldsymbol{E}_e + \boldsymbol{E} = 0 \tag{3.1.4}$$

电荷的移动结束。

当外电路接通时,在库仑电场作用下有电荷沿外电路作定向运动,形成电流。此时,正、负极板上累积的电荷Q和$-Q$量值减少,库仑电场$\boldsymbol{E}$量值减小,破坏了式(3.1.4)反映的动态平衡,局外力又将移动正、负电荷分别到正、负两极板上,使库仑电场$\boldsymbol{E}$量值升高。其结果将达到新的动态平衡,保持了外电路有一定的端电压,使外电路中有一恒定电场,从而在外电路中维持了一恒定电流。

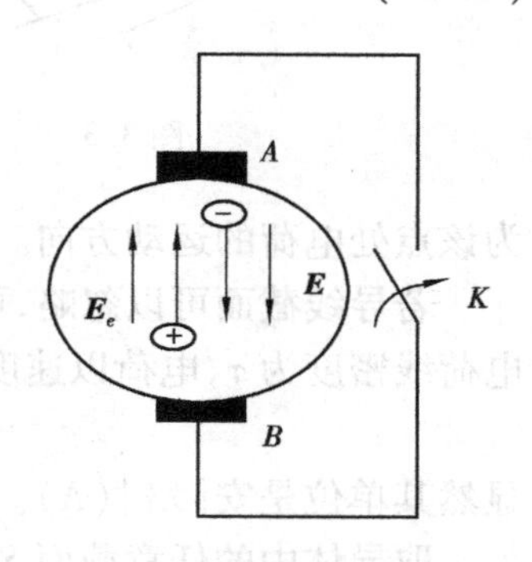

图3.1　电源与内外电路

3.1.2　电流和电流密度

导体中任意一截面S上单位时间内通过的电荷量定义为通过该面积的电流,以i表示,由下式来描述

$$i = \lim_{\Delta t \to 0} \frac{\Delta q}{\Delta t} = \frac{\mathrm{d}q}{\mathrm{d}t} \tag{3.1.5}$$

电流的单位是安[培](A),1安[培]=1库[仑]/秒。对于恒定电流而言用I表示。

作为整体量,电流并不能反映导体截面S上某点处电荷的流动特性,因此,就有必要引入电流密度的概念。

以体密度ρ分布的电荷,按速度$\boldsymbol{v}$在空间作匀速运动,如图3.2所示。设在Δt时间内体积$\Delta V = \Delta S \cdot \Delta l$内的电荷通过$\Delta S$端面全部流出,则流出$\Delta S$面的电流为

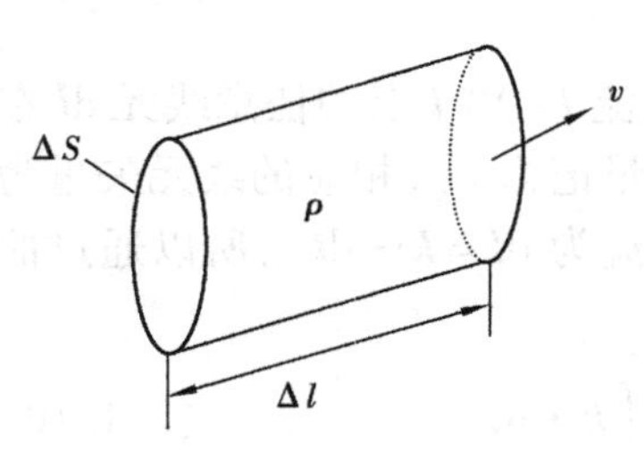

图3.2　体电流密度

$$\Delta I = \frac{\rho \cdot \Delta S \cdot \Delta l}{\Delta t} = \frac{\rho \cdot \Delta S \cdot v\Delta t}{\Delta t} = \rho v \Delta S$$

定义$\boldsymbol{J} = \lim_{\Delta s \to 0} \frac{\Delta I}{\Delta S} \boldsymbol{e}_n = \frac{\mathrm{d}I}{\mathrm{d}S} \boldsymbol{e}_n$为流经$\Delta S$端面上某点处的电流密度矢量,$\boldsymbol{e}_n$为$\Delta S$上该点处电荷的运动方向,这就是说,用电流密度完全可以表示某点处电荷的运动特性。于是,有

$$\boldsymbol{J} = \rho \boldsymbol{v} \tag{3.1.6}$$

它的单位是安[培]/米^2(A/m^2),称之为体电流密度(或称为体电流的面密度)。

若体电荷在薄层导体中流动,当薄层导体的厚度$h \to 0$时,可近似认为电流沿一厚度为零的曲面流动,称之为面电流。图3.3表示宽为Δl_1,长为Δl_2的薄层导体面,其面电荷密度为σ,沿Δl_1以速度$\boldsymbol{v}$流动。设Δt时间内电荷全部流出薄层导体,导体中的面电流为

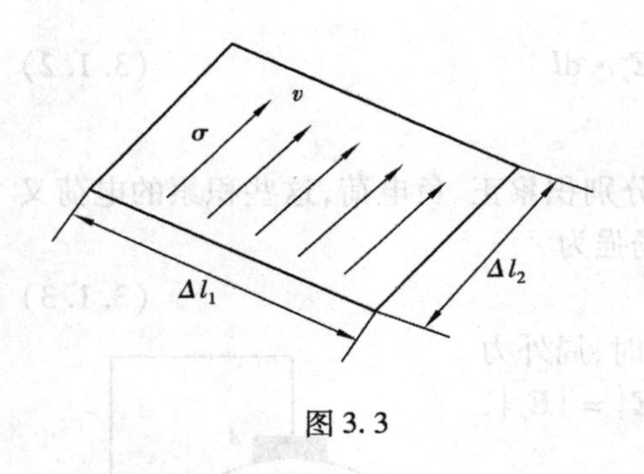

图 3.3

$$\Delta I = \frac{\sigma \cdot \Delta l_1 \cdot \Delta l_2}{\Delta t} = \sigma \cdot \Delta l_1 \cdot v$$

定义 $\boldsymbol{k} = \lim\limits_{\Delta l_1 \to 0} \frac{\Delta I}{\Delta l_1} \boldsymbol{e}_n$ 为流经 Δl_1 端面上某点处的电流密度矢量，$\boldsymbol{e}_n$ 的方向正好是该点处电荷的运动方向，则

$$\boldsymbol{k} = \sigma \boldsymbol{v} \tag{3.1.7}$$

表示薄层导体上某点处的面电流密度（或称为面电流的线密度），单位为安[培]/米(A/m)，它的方向即为该点处电荷的运动方向。

若导线截面可以忽略，可以看作线形导线，其上电荷运动方向决定于导线的走向。设导线电荷线密度为 τ，电荷以速度 $\boldsymbol{v}$ 沿导线运动，可定义线电流为

$$I = \tau v \tag{3.1.8}$$

显然其单位是安[培](A)。

取导体中的任意截面 S，确定 S 面的周界 l 及其循行方向，如图 3.4。在 S 面内取一面元 $\mathrm{d}\boldsymbol{S}$，按右手定则，以右手四指绕过 l 的循行方向，大拇指的指向为面元 $\mathrm{d}\boldsymbol{S}$ 的正方向，用单位矢量 $\boldsymbol{e}_n$ 的方向表示，则面元矢量可表示为 $\mathrm{d}\boldsymbol{S} = \mathrm{d}S\boldsymbol{e}_n$。若通过 $\mathrm{d}\boldsymbol{S}$ 的电流为 $\mathrm{d}I$，电流密度为 $\boldsymbol{J}$，应有 $\mathrm{d}I = \boldsymbol{J} \cdot \mathrm{d}\boldsymbol{S}$，于是截面 S 上通过的电流为

$$I = \int_S \mathrm{d}I = \int_S \boldsymbol{J} \cdot \mathrm{d}\boldsymbol{S} \tag{3.1.9}$$

由上分析可见，电流是单位时间内通过 S 面的整体电荷量，它在 S 面上的具体分布及各点处电荷的运动方向只能由电流密度来描述，电流密度应是恒定电场的基本场矢量。

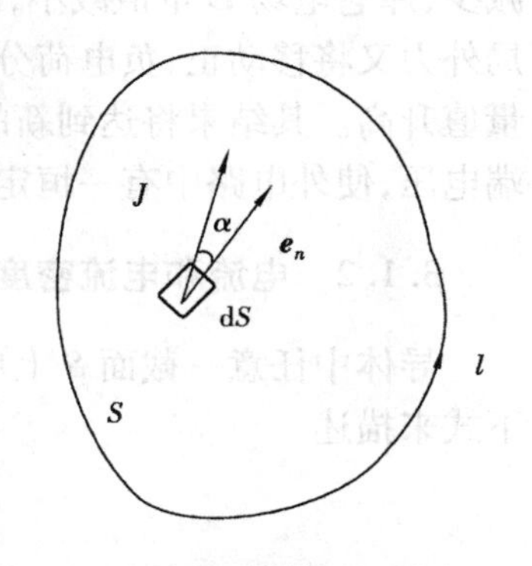

图 3.4　电流密度的通量

参考图 3.5，计算流经薄层导体曲面 S 内任意曲线段 l 的电流 I。将 l 上的任意线元 $\mathrm{d}\boldsymbol{l}$ 在曲面内的法线方向单位矢量记为 $\boldsymbol{e}_\perp$，相应的线元矢量为 $\mathrm{d}\boldsymbol{l}_\perp = \mathrm{d}l\boldsymbol{e}_\perp$。流经 $\mathrm{d}\boldsymbol{l}$ 的电流为 $\mathrm{d}I = \boldsymbol{k} \cdot \mathrm{d}\boldsymbol{l}_\perp$，所以通过曲线 l 的电流

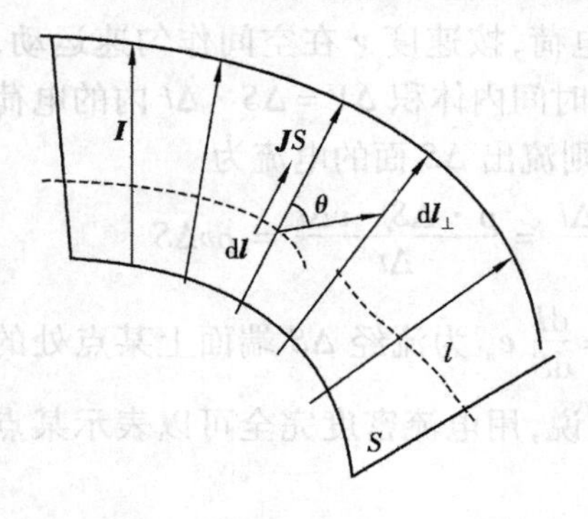

图 3.5　面电流

$$I = \int_l \boldsymbol{k} \cdot \mathrm{d}\boldsymbol{l}_\perp \tag{3.1.10}$$

若元电荷 $\mathrm{d}q$ 以速度 $\boldsymbol{v}$ 运动，它们的乘积 $\mathrm{d}q\boldsymbol{v}$ 称为元电流段，其单位为库[仑]米/秒(C·m/s)。按运动电荷的体、面和线类型可分为如下三种元电流段。

$$\mathrm{d}q\boldsymbol{v} = \rho \mathrm{d}V\boldsymbol{v} = \boldsymbol{J}\mathrm{d}V \tag{3.1.11}$$

$$\mathrm{d}q\boldsymbol{v} = \sigma \mathrm{d}S\boldsymbol{v} = \boldsymbol{k}\mathrm{d}V \tag{3.1.12}$$

$$\mathrm{d}q\boldsymbol{v} = \tau \mathrm{d}l\boldsymbol{v} = I\mathrm{d}\boldsymbol{l} \tag{3.1.13}$$

由以上 3 式可知，元电流段是矢量，它们是产生恒定磁场的点场源。

3.1.3　欧姆定律的微分形式

自由电子作定向运动时会受到正离子点阵的阻碍。要维持导电媒质中的恒定电流，必须有恒定电场给予的电场作用力，以克服自由电子在运动中所受的阻力。显然，电场强度矢量应当是恒定电场的又一基本场量。

根据有关导电理论和实验，在各向同性线性导电媒质中，电场强度和体电流密度之间存在如下关系

$$\boldsymbol{J} = \gamma \boldsymbol{E} \tag{3.1.14}$$

式中，γ 是导电媒质的电导率，单位为西[门子]/米(S/m)。如果 $\gamma \neq 0$，上式又可表示为

$$\boldsymbol{E} = \rho_r \boldsymbol{J} \tag{3.1.15}$$

式中，ρ_r 称为导电媒质的电阻率，其单位是欧[姆]·米(Ω·m)。

可见，γ 反映导电媒质的电特性，式(3.1.14)建立了场中任意一点处 $\boldsymbol{J}$ 和 $\boldsymbol{E}$ 两个基本场量的联系，它是欧姆定律的微分形式，又被称之为导电媒质的性能方程。此式对于时变场的情况也适用。

3.1.4　功率和功率密度

在电场力作用下，自由电子作定向运动，不可避免地会和其他粒子发生碰撞，以致电子释放部分能量而发热，其运动速度降低。为了维持导电媒质中的恒定电流，必须不断对运动电子提供能量，使之具有恒定的平均速度。

设各向同性线性导电媒质占有 V 体积，任取一元体积 $\mathrm{d}V$，其内单位体积中有 N 个自由运动的电子，每个电子带电量为 $-e$，它们的平均运动速度为 $\boldsymbol{v}$，电流密度应为

$$\boldsymbol{J} = N(-e)\boldsymbol{v} = \rho \boldsymbol{v}$$

若导电媒质中的场强为 $\boldsymbol{E}$，每个自由电子所受电场力 $\boldsymbol{f}_e = -e\boldsymbol{E}$，电子运动的元位移 $\mathrm{d}\boldsymbol{l} = \boldsymbol{v}\mathrm{d}t$，移动每个电子做元功

$$\mathrm{d}A_e = \boldsymbol{f} \cdot \mathrm{d}\boldsymbol{l} = -e\boldsymbol{E} \cdot \boldsymbol{v}\mathrm{d}t$$

电场力对元体积 $\mathrm{d}V$ 内所有的电子应做的元功和元功率分别为

$$\mathrm{d}A = \mathrm{d}A_e N\mathrm{d}V = N(-e)\boldsymbol{E} \cdot \boldsymbol{v}\mathrm{d}V\mathrm{d}t = \boldsymbol{J} \cdot \boldsymbol{E}\mathrm{d}V\mathrm{d}t$$

$$\mathrm{d}P = \frac{\mathrm{d}A}{\mathrm{d}t} = \boldsymbol{J} \cdot \boldsymbol{E}\mathrm{d}V$$

在整个 V 体积内电荷的运动需要消耗的功率为

$$P = \int_V \mathrm{d}P = \int_V \boldsymbol{J} \cdot \boldsymbol{E}\mathrm{d}V \tag{3.1.16}$$

上式表明：电荷的运动消耗了电功率，产生热耗，积分式中的被积函数 $\boldsymbol{J} \cdot \boldsymbol{E}$ 具有单位体积内消耗功率的量纲，反映导电媒质存在的空间中消耗功率的分布特性，用 p 表示

$$p = \boldsymbol{J} \cdot \boldsymbol{E} \tag{3.1.17}$$

称为功率密度，单位是瓦[特]/米^3(W/m^3)，又称它是焦耳定律的微分形式。

3.2 恒定电场的基本方程

3.2.1 传导电流的连续性方程

依据电荷守恒定律,在电场中,流出任一闭合面的传导电流,恒等于该闭合面内自由电荷的减少率

$$\oint_S \boldsymbol{J} \cdot d\boldsymbol{S} = -\frac{dq}{dt} \tag{3.2.1}$$

这就是电流连续性方程(积分形式)的一般形式。

在恒定电场中,流过恒定电流就意味着导电媒质中电荷的分布保持不变,即达到一种动态平衡:单位时间内有多少电荷流出某一闭合面,就有多少电荷流入该闭合面,流出该闭合面(净)的恒定电流恒为零,即$\frac{dq}{dt}=0$。于是,式(3.2.1)变为

$$\oint_S \boldsymbol{J} \cdot d\boldsymbol{S} = 0 \tag{3.2.2}$$

称之为恒定电场中传导电流的连续性方程。

3.2.2 电场强度的环量

如图3.1所示,当所选择的闭合路径 l 经过电源时,有

$$\oint_l (\boldsymbol{E} + \boldsymbol{E}_e) \cdot d\boldsymbol{l} = \oint_l \boldsymbol{E} \cdot d\boldsymbol{l} + \oint_l \boldsymbol{E}_e \cdot d\boldsymbol{l} = \int_B^A \boldsymbol{E}_e \cdot d\boldsymbol{l} = \boldsymbol{\varepsilon}$$

当所选择的闭合路径 l 不经过电源时,有

$$\oint_l \boldsymbol{E} \cdot d\boldsymbol{l} = 0 \tag{3.2.3}$$

即在恒定电场中导电媒质空间满足 $\boldsymbol{E}$ 的环量恒为零。

3.2.3 导电媒质中恒定电场的基本方程

综合以上讨论,导电媒质中的恒定电场满足以下两个基本规律:

$$\oint_l \boldsymbol{E} \cdot d\boldsymbol{l} = 0$$

$$\oint_S \boldsymbol{J} \cdot d\boldsymbol{S} = 0$$

即恒定电场基本方程的积分形式。

由斯托克斯定理和高斯散度定理,可直接推出如下基本方程的微分形式

$$\nabla \times \boldsymbol{E} = 0 \tag{3.2.4}$$

$$\nabla \cdot \boldsymbol{J} = 0 \tag{3.2.5}$$

这两个方程更为直接地反映了导电媒质恒定电场的基本性质:无散、无旋性。

式(3.1.14)建立了场中任意一点处 $\boldsymbol{J}$ 和 $\boldsymbol{E}$ 两个基本场量的联系,称之为导电媒质的性能方程

$$\boldsymbol{J} = \gamma \boldsymbol{E}$$

另外，由于导体表面恒定电荷的分布在其周围的介质中产生了恒定电场，仍属库仑场，所以介质中场的分布仍满足高斯通量定理，高斯通量定理的积分和微分形式以及介质的性能方程依然成立

$$\oint_S \boldsymbol{D} \cdot d\boldsymbol{S} = q$$

$$\nabla \cdot \boldsymbol{D} = \rho$$

$$\boldsymbol{D} = \varepsilon \boldsymbol{E}$$

3.2.4 恒定电场中电位的微分方程

根据式(3.2.4)恒定电场的无旋性，可定义标量电位函数

$$\boldsymbol{E} = -\nabla \varphi \tag{3.2.6}$$

有关电位的物理意义、性质、电位参考点的选择和计算等都与静电场中相同。电位按下式由电场强度来计算

$$\varphi = \int_P^Q \boldsymbol{E} \cdot d\boldsymbol{l} \tag{3.2.7}$$

在各向同性线性导电媒质中，将式(3.1.14)、式(3.2.6)代入式(3.2.5)，有

$$\nabla \cdot \boldsymbol{J} = \nabla \cdot \gamma(-\nabla \varphi) = -\gamma \nabla^2 \varphi - \nabla \gamma \cdot \nabla \varphi = 0$$

当导电媒质均匀时，γ 为常数，$\nabla \gamma = 0$，$\nabla \cdot \boldsymbol{J} = -\gamma \nabla^2 \varphi = 0$，有

$$\nabla^2 \varphi = 0 \tag{3.2.8}$$

即在恒定电场中电位函数满足拉普拉斯方程。

由式(3.2.8)，再加上恒定电场边界面上的定解条件，就可以构成边值问题，形成了求解恒定电场的又一方法。

3.2.5 在不均匀导电媒质内可能累积有体积电荷

在不均匀导电媒质中，其电导率 γ 和介电系数 ε 都可能是空间坐标的函数。计算体积电荷用到高斯通量定理和传导电流连续性原理的微分形式

$$\nabla \cdot \boldsymbol{J} = \nabla \cdot (\gamma \boldsymbol{E}) = \nabla \gamma \cdot \boldsymbol{E} + \gamma \nabla \cdot \boldsymbol{E} = 0$$

$$\nabla \cdot \boldsymbol{D} = \nabla \cdot (\varepsilon \boldsymbol{E}) = \nabla \varepsilon \cdot \boldsymbol{E} + \varepsilon \nabla \cdot \boldsymbol{E} = \rho$$

由上两式消去 $\nabla \cdot \boldsymbol{E}$ 项，得

$$\rho = \boldsymbol{E} \cdot \left(\nabla \varepsilon - \varepsilon \frac{\nabla \gamma}{\gamma}\right) = \gamma \boldsymbol{E} \cdot \left(\frac{\nabla \varepsilon}{\gamma} - \varepsilon \frac{\nabla \gamma}{\gamma^2}\right)$$

$$= \gamma \boldsymbol{E} \cdot \nabla\left(\frac{\varepsilon}{\gamma}\right) = \boldsymbol{J} \cdot \nabla\left(\frac{\varepsilon}{\gamma}\right)$$

由上可知，γ 和 ε 不均匀的导电媒质中一般有体积电荷的累积。对于均匀导电媒质，γ 和 ε 是常数，$\rho = 0$，没有体积电荷。

3.3 导电媒质分界面衔接条件

在不同导电媒质分界面上，可能有自由面电荷，还可能有极化面电荷，它们的存在造成分界面两侧场矢量不连续。当研究场矢量的分布时，在媒质分界面处就遇到了困难。为此，必须

研究场矢量的分界面衔接条件。

3.3.1　两导电媒质分界面衔接条件

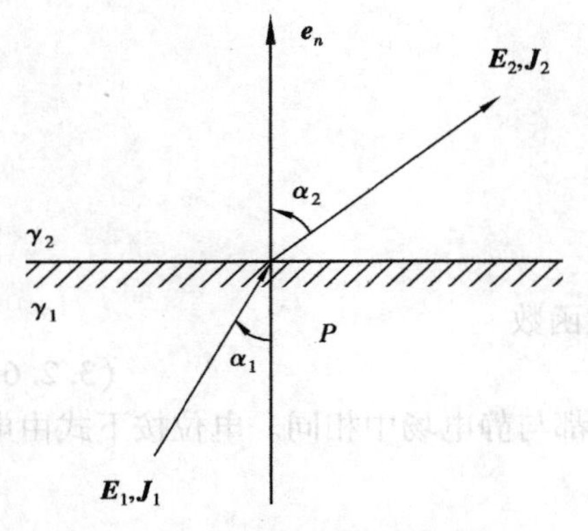

图 3.6　导电媒质分界面条件

1)图 3.6 示出两导电媒质分界面上的入射和折射情况,分界面上的正法线方向由媒质 1 指向媒质 2,用单位矢量 e_n 表示。依据恒定电场基本方程的积分形式如式(3.2.2)、式(3.2.3),采用如同静电场中推导分界面衔接条件的方法,在导电媒质分界面上,可分别导得关于电场强度和电流密度的两个齐次衔接条件

$$e_n \times (E_2 - E_1) = 0 \tag{3.3.1}$$

$$e_n \cdot (J_2 - J_1) = 0 \tag{3.3.2}$$

从量值上来分析,有

$$E_{1t} = E_{2t} \tag{3.3.3}$$

$$J_{1n} = J_{2n} \tag{3.3.4}$$

即在媒质分界面上电场强度的切向分量连续,电流密度的法向分量连续。

若媒质是各向同性线性的,由图 3.6,式(3.3.3)和式(3.3.4)可分别写为

$$E_1 \sin\alpha_1 = E_2 \sin\alpha_2$$

$$\gamma_1 E_1 \cos\alpha_1 = \gamma_2 E_2 \cos\alpha_2$$

以上两式相除即得

$$\frac{\tan\alpha_1}{\tan\alpha_2} = \frac{\gamma_1}{\gamma_2} \tag{3.3.5}$$

称为恒定电场中的折射定律。

将式 $E = -\nabla\varphi$ 和 $J = \gamma E$ 代入式(3.3.1)和式(3.3.2)式中,可得到用电位表示的媒质分界面衔接条件

$$\varphi_1 = \varphi_2 \tag{3.3.6}$$

$$\gamma_1 \frac{\partial\varphi_1}{\partial n} = \gamma_2 \frac{\partial\varphi_2}{\partial n} \tag{3.3.7}$$

2)分界面上的自由面电荷

计算分界面上的自由面电荷,可使用电位移 D 的分界面条件

$$e_n \cdot (D_2 - D_1) = e_n \cdot \left(\frac{\varepsilon_2}{\gamma_2} J_2 - \frac{\varepsilon_1}{\gamma_1} J_1\right) = \sigma$$

式中 σ 是面电荷密度,由式(3.3.2)有 $e_n \cdot J_1 = e_n \cdot J_2$,令该式左右端等于 J_n,有

$$J_n\left(\frac{\varepsilon_2}{\gamma_2} - \frac{\varepsilon_1}{\gamma_1}\right) = \sigma$$

由此式可见,仅当导电媒质的电导率和介电系数之间满足关系

$$\frac{\varepsilon_2}{\gamma_2} = \frac{\varepsilon_1}{\gamma_1} \tag{3.3.8}$$

分界面上的自由面电荷为零。一般情况下导电媒质分界面上累积有自由面电荷。

3.3.2　两种特殊的分界面情况

1）导体与理想介质的分界面情况

设第一种媒质为导体，电导率为 γ_1；第二种媒质为理想介质，电导率 $\gamma_2=0$。就电流密度而言，显然有 $\boldsymbol{J}_2=0$，故 $J_{1n}=J_{2n}=0$，即在导体表面电流密度没有法向分量，电流沿导体表面流动。对于电场强度来说，应有 $E_{1n}=0$，即在导体表面电场强度只有切向分量。由上面的分析可知，在理想介质一侧，应有 $E_{1t}=E_{2t}\neq 0$，再由 $\boldsymbol{e}_n\cdot(\boldsymbol{D}_2-\boldsymbol{D}_1)=\boldsymbol{e}_n\cdot(\varepsilon_2\boldsymbol{E}_2-\varepsilon_1\boldsymbol{E}_1)=\sigma$ 分界面衔接条件以及 $E_{1n}=0$，可得到 $E_{2n}=\sigma/\varepsilon_2$。又因为导体表面有自由面电荷存在，致使 $E_{2n}\neq 0$。

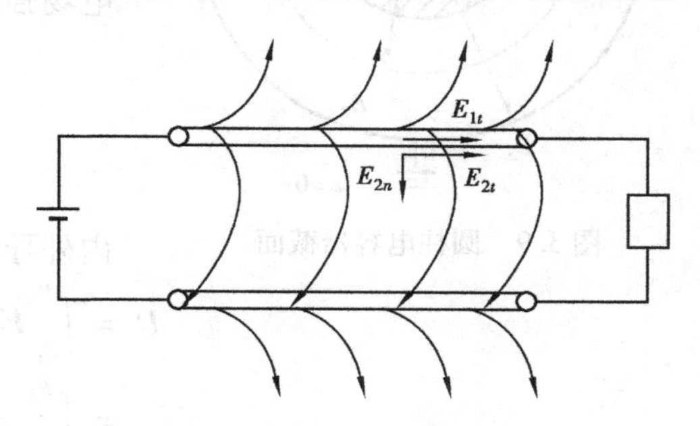

图3.7　导体与空气相界

由上分析可见，在理想介质侧紧靠分界面处，电场强度有切向分量，也有法向分量，$\boldsymbol{E}$ 线不垂直于导体表面，导体表面也不是等位面。图3.7绘出了电力线示意图。在实际应用中，一般有 $E_{2n}\gg E_{2t}$，为方便计算理想介质中的恒定电场，仍可近似认为 $\boldsymbol{E}$ 线垂直于导体表面，导体表面仍近似为等位面。

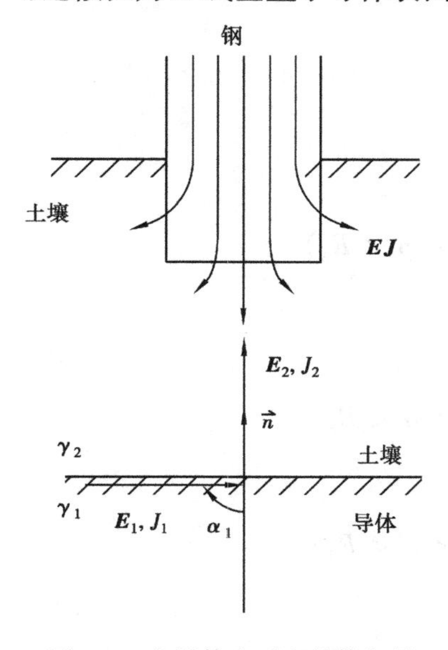

图3.8　良导体和不良导体相界

2）设 γ_1 为良导体的电导率，γ_2 为不良导体的电导率，且 $\gamma_1\gg\gamma_2$，图3.8示出了良导体和不良导体相界的情况。只要入射角 $\alpha_1<90°$，不论 α_1 的大小如何，根据折射定律式(3.3.5)，α_2 一定很小，以至于紧靠媒质分界面处，不良导体侧的电流线可近似看成与分界面垂直。比如金属导体接地情况：钢（$\gamma_1=5\times10^6$ S/m）与土壤（$\gamma_2=10^{-2}$ S/m）相界，在分界面上，当 $\alpha_1=89°59'50''$ 时，仅有 $\alpha_2=8''$。这说明：恒定电场中良导体和不良导体相界，在紧靠媒质分界面不良导体侧，电场强度和电流密度矢量近似与分界面垂直，分界面可近似为一等位面，这为分析实际问题带来了很大的便利。

例3.1　已知圆柱形电容器，长为 l，内外导体的半径分别为 R_1 和 R_3（$l\gg R_3$），其间有两种介质，分界面半径为 R_2，介电系数分别为 ε_1 和 ε_2，电导率分别为 γ_1 和 γ_2，内外导体之间加有电压为 U_0，如图3.9所示。试求：(1)介质中的电场强度 $\boldsymbol{E}$、电流密度 $\boldsymbol{J}$ 和电位 φ 的分布；(2)介质分界面上的自由电荷面密度 σ；(3)电容器的功率损耗 P 和漏电导 G。

解　圆柱电容器 $l\gg R_3$，可忽略边缘效应，电容器内应为平行平面电场，可取图3.9所示圆柱电容器横截面的二维场问题来计算。考虑到结构上的圆柱对称特点，取电容器轴线为 z 轴建立圆柱坐标系，电场的分布仅与径向坐标 ρ 相关。电容器两电极之间的介质是非理想的不良导体，可认为内外导体表面分别为等位面，介质中的漏电流将是呈均匀圆柱辐射状分布。

1）设电容器的漏电流为 I，取以坐标原点 O 至介质中任意点的距离 ρ 为半径、高为 l 的圆

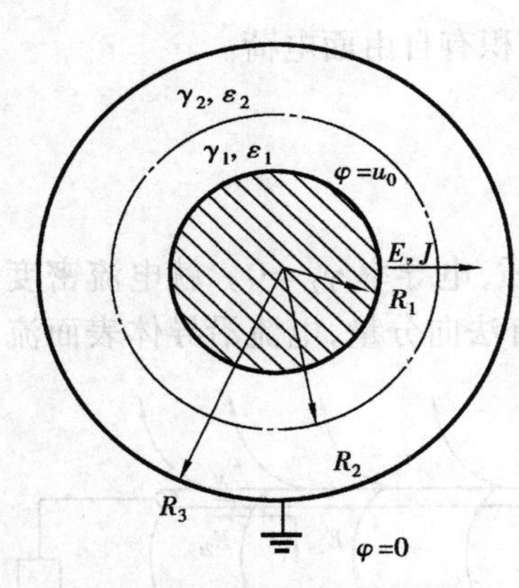

图 3.9　圆柱电容器截面

柱面。作面积分有

$$\int_S \boldsymbol{J} \cdot \mathrm{d}\boldsymbol{S} = J2\pi l\rho = I$$

电流密度矢量为

$$\boldsymbol{J} = \frac{I}{2\pi l\rho}\boldsymbol{e}_\rho \quad (R_1 < \rho < R_3)$$

电场强度矢量为

$$\boldsymbol{E}_1 = \frac{\boldsymbol{J}}{\gamma_1} = \frac{I}{2\pi\gamma_1 l\rho}\boldsymbol{e}_\rho \quad (R_1 < \rho < R_2)$$

$$\boldsymbol{E}_2 = \frac{\boldsymbol{J}}{\gamma_2} = \frac{I}{2\pi\gamma_2 l\rho}\boldsymbol{e}_\rho \quad (R_2 < \rho < R_3)$$

内外导体之间的电压

$$\begin{aligned} U &= \int_{R_1}^{R_2}\boldsymbol{E}_1 \cdot \mathrm{d}\boldsymbol{\rho} + \int_{R_2}^{R_3}\boldsymbol{E}_2 \cdot \mathrm{d}\boldsymbol{\rho} \\ &= \int_{R_1}^{R_2}\frac{I}{2\pi\gamma_1 l\rho}\boldsymbol{e}_\rho \cdot \mathrm{d}\rho\boldsymbol{e}_\rho + \int_{R_2}^{R_3}\frac{I}{2\pi\gamma_2 l\rho}\boldsymbol{e}_\rho \cdot \mathrm{d}\rho\boldsymbol{e}_\rho \\ &= \frac{I}{2\pi l}\left(\frac{1}{\gamma_1}\ln\frac{R_2}{R_1} + \frac{1}{\gamma_2}\ln\frac{R_3}{R_2}\right) \end{aligned}$$

则漏电流为

$$I = \frac{2\pi l U_0}{\frac{1}{\gamma_1}\ln\frac{R_2}{R_1} + \frac{1}{\gamma_2}\ln\frac{R_3}{R_2}}$$

电流密度为

$$\boldsymbol{J} = \frac{U_0}{\left(\frac{1}{\gamma_1}\ln\frac{R_2}{R_1} + \frac{1}{\gamma_2}\ln\frac{R_3}{R_2}\right)\rho}\boldsymbol{e}_\rho \quad (R_1 < \rho < R_3)$$

电场强度为

$$\boldsymbol{E}_1 = \frac{U_0}{\left(\ln\frac{R_2}{R_1} + \frac{\gamma_1}{\gamma_2}\ln\frac{R_3}{R_2}\right)\rho}\boldsymbol{e}_\rho \quad (R_1 < \rho < R_2)$$

$$\boldsymbol{E}_2 = \frac{U_0}{\left(\frac{\gamma_2}{\gamma_1}\ln\frac{R_2}{R_1} + \ln\frac{R_3}{R_2}\right)\rho}\boldsymbol{e}_\rho \quad (R_2 < \rho < R_3)$$

电位参考点设在外导体上，媒质 γ_2 中的电位

$$\varphi_2 = \int_\rho^{R_3}\boldsymbol{E}_2 \cdot \mathrm{d}\boldsymbol{l} = \int_\rho^{R_3}\frac{U_0}{\left(\frac{\gamma_2}{\gamma_1}\ln\frac{R_2}{R_1} + \ln\frac{R_3}{R_2}\right)\rho}\boldsymbol{e}_\rho \cdot \mathrm{d}\rho\boldsymbol{e}_\rho = \frac{U_0}{\left(\frac{\gamma_2}{\gamma_1}\ln\frac{R_2}{R_1} + \ln\frac{R_3}{R_2}\right)}\ln\frac{R_3}{\rho}$$

$$\varphi_1 = \int_\rho^{R_2}\boldsymbol{E}_1 \cdot \mathrm{d}\boldsymbol{\rho} + \int_{R_2}^{R_3}\boldsymbol{E}_2 \cdot \mathrm{d}\boldsymbol{\rho} = \frac{U_0}{\left(\frac{\gamma_2}{\gamma_1}\ln\frac{R_2}{R_1} + \ln\frac{R_3}{R_2}\right)}\left(\ln\frac{R_3}{R_2} + \frac{\gamma_2}{\gamma_1}\ln\frac{R_2}{\rho}\right)$$

2)介质分界面($\rho = R_2$)上的自由电荷面密度

$$\sigma = J_n\left(\frac{\varepsilon_2}{\gamma_2} - \frac{\varepsilon_1}{\gamma_1}\right) = \frac{(\varepsilon_2\gamma_1 - \varepsilon_1\gamma_2)U_0}{\left(\gamma_2\ln\frac{R_2}{R_1} + \gamma_1\ln\frac{R_3}{R_2}\right)R_2}$$

3)介质中的功率损耗

$$P = U_0 I = \frac{2\pi h\gamma_1\gamma_2}{\gamma_2\ln\frac{R_2}{R_1} + \gamma_1\ln\frac{R_3}{R_2}}U_0^2$$

漏电导

$$G = \frac{I}{U_0} = \frac{2\pi h\gamma_1\gamma_2}{\gamma_2\ln\frac{R_2}{R_1} + \gamma_1\ln\frac{R_3}{R_2}}$$

3.4　电导与电阻

3.4.1　导电媒质中的恒定电场与无源区静电场的比拟

对于导电媒质中的恒定电场与无源区静电场,就它们的场量方程作对应比较:

恒定电场	无源区静电场
$\nabla \times \boldsymbol{E} = 0$	$\nabla \times \boldsymbol{E} = 0$
$\boldsymbol{E} = -\nabla\varphi$	$\boldsymbol{E} = -\nabla\varphi$
$\nabla \cdot \boldsymbol{J} = 0$	$\nabla \cdot \boldsymbol{D} = 0$
$\boldsymbol{J} = \gamma\boldsymbol{E}$	$\boldsymbol{D} = \varepsilon\boldsymbol{E}$
$I = \int_S \boldsymbol{J} \cdot \mathrm{d}\boldsymbol{S}$	$\varphi_D = \int_S \boldsymbol{D} \cdot \mathrm{d}\boldsymbol{S}$
$\nabla^2\varphi = 0$	$\nabla^2\varphi = 0$

由比较可知:两种场一一对应,形成对偶关系,对偶量 $\boldsymbol{J}$ 与 $\boldsymbol{D}$,γ 与 ε,I 与 q 在两种场中的地位完全相当,其基本方程的形式完全相同;当边界条件及媒质特性相一致时,就会有相同形式的场图;上述两种场应有相似的计算方法。进一步可推知:在一种场中行之有效的计算方法可以推广到另一种场中去应用,可以用一种场的造型模拟另一种场进行研究,所形成的这种场研究方法称之为静电比拟。

3.4.2　电导

流经导体的电流与导体两端的电压之比称为电导,用 G 表示

$$G = I/U \tag{3.4.1}$$

其单位为西[门子](S 或 1/Ω)。

将导体两端分别连接电源的正、负电极,并认为电极的电导率 $\gamma_{极} \gg$ 导体的电导率 $\gamma_{导}$。这样,可视它们之间的界面为良导体和不良导体之间的媒质分界面,以便按(3.4.1)式计算导体的电导。

电导的倒数称位电阻

$$R = U/I = 1/G \tag{3.4.2}$$

单位为欧[姆](Ω)。

导体的电导或电阻的大小与导体的电导率、形状、几何尺寸以及电极的位置等因素相关。一般情况下导体的形状并不规则,难于用解析的方法计算其电导或电阻,此时,可采用图解法或数值计算方法。

电导的计算是基于有某种设定的恒定电场。对于一段电导率和截面都均匀的导体,导体截面上的电流密度和沿导体长度方向的电场强度都是均匀分布的,则它的电导

$$G = \frac{JS}{El} = \frac{\gamma ES}{El} = \gamma \frac{S}{l}$$

或者电阻

$$R = \rho \frac{l}{S}$$

对于形状较为规则的导体,先可假设导体中流过电流 I(通常是指导体中电流均布的情况),然后按 $I \to \boldsymbol{J} \to \boldsymbol{E} \to U \to G(R)$ 这样的流程计算,求得电导(电阻)。或者,先假设导体两端的电压,然后从解电位微分方程入手,按 $U \to \varphi \to \boldsymbol{E} \to \boldsymbol{J} \to I \to G(R)$ 这种流程,计算求得电导(电阻)。由此可见,欲从定义式(3.4.1)求电导,关键的问题是求得导电媒质中假设的恒定电场。

按以上方式计算电导可表示为

$$G = \frac{\int_S \boldsymbol{J} \cdot \mathrm{d}\boldsymbol{S}}{\int_l \boldsymbol{E} \cdot \mathrm{d}\boldsymbol{l}} = \frac{\int_S \gamma \boldsymbol{E} \cdot \mathrm{d}\boldsymbol{S}}{\int_l \boldsymbol{E} \cdot \mathrm{d}\boldsymbol{l}} \tag{3.4.3}$$

式中 l 是导体两端两电极之间任一条路径,S 是导体端面上正电极的表面,或是导体中的相应截面积。

计算电导还可以采用静电比拟的方法。对比静电场中均匀电介质条件下电容的计算式

$$C = \frac{q}{U} = \frac{\varepsilon \int_S \boldsymbol{E} \cdot \mathrm{d}\boldsymbol{S}}{\int_l \boldsymbol{E} \cdot \mathrm{d}\boldsymbol{l}}$$

和恒定电场中均匀导电媒质条件下电导的计算式

$$G = \frac{I}{U} = \frac{\gamma \int_S \boldsymbol{E} \cdot \mathrm{d}\boldsymbol{S}}{\int_l \boldsymbol{E} \cdot \mathrm{d}\boldsymbol{l}}$$

可见只要静电场中的导体和恒定电场中的电极的形状、几何尺寸以及相对位置等条件完全相同,那么,电导和电容之间的关系应为

$$\frac{G}{C} = \frac{\gamma}{\varepsilon} \tag{3.4.4}$$

由此若知道电容的表达式,只要用电导率 γ 代换介电系数 ε,便可得到相应的电导表达式。

例 3.2 计算同轴电缆的绝缘电阻。电缆截面尺寸见图 3.10,电缆长度 $L \gg R_1, R_2$。

解 在同轴电缆内外导体上加一恒压电源,设媒质中的漏电流为 I。由电流分布的圆柱对称性,建立圆柱坐标系。取半径为 ρ,长度为 L 的同轴圆柱面,作圆柱面积分

$$I = \int_s \boldsymbol{J} \cdot \mathrm{d}\boldsymbol{S} = 2\pi\rho LJ$$

得电流密度矢量

$$\boldsymbol{J} = \frac{I}{2\pi\rho L}\boldsymbol{e}_\rho$$

电场强度矢量

$$\boldsymbol{E} = \frac{I}{2\pi\gamma\rho L}\boldsymbol{e}_\rho$$

内外导体之间的电压为

$$U = \int_{R_1}^{R_2} \boldsymbol{E} \cdot \mathrm{d}\rho \boldsymbol{e}_\rho = \frac{I}{2\pi\gamma L}\ln\frac{R_2}{R_1}$$

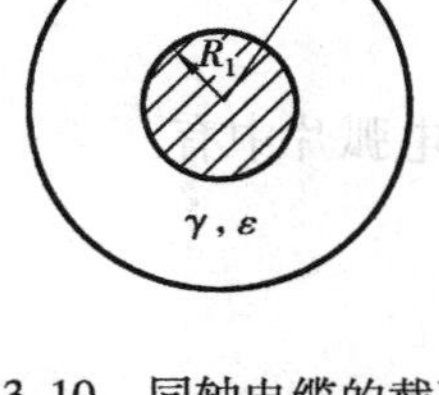

图 3.10 同轴电缆的截面

电缆的绝缘电阻为

$$R = \frac{U}{I} = \frac{I}{2\pi\gamma L}\ln\frac{R_2}{R_1}$$

电缆的漏电导为

$$G = \frac{1}{R} = \frac{2\pi\gamma L}{\ln\frac{R_2}{R_1}}$$

例 3.3 薄导电弧片的厚度为 h，两端加有电压 U_0。试计算恒定电流场的分布和沿弧片圆弧线方向的电导。

解 按图 3.11 所示导电弧片，电流将沿圆弧线流动。若以弧片圆心为原点建立圆柱坐标系，因弧片很薄，可视电位 φ 与 z 坐标无关，而且等位线分布与 ρ 坐标无关。有电位微分方程

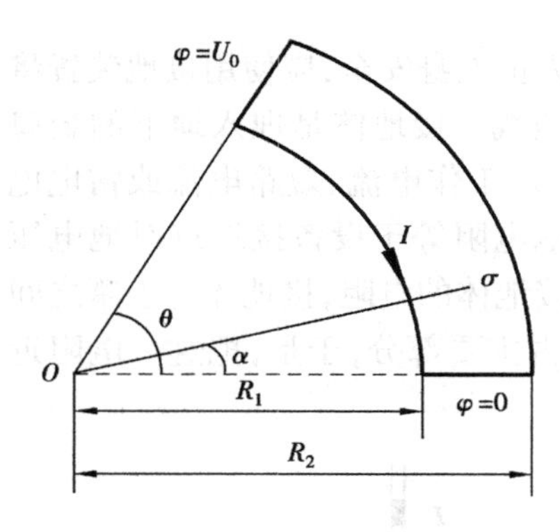

图 3.11 加恒定电压的导电弧片

$$\nabla^2\varphi = 0 \qquad 0 < \alpha < \theta$$

即

$$\frac{1}{\rho^2}\frac{\partial^2\varphi}{\partial\alpha^2} = 0 \qquad 0 < \alpha < \theta$$

边界条件

$\alpha = 0$ 时，$\varphi = 0$

$\alpha = \theta$ 时，$\varphi = U_0$

电位微分方程的通解为

$$\varphi = C\alpha + D$$

代入边界条件，得定积分常数

$$C = \frac{U_0}{\theta}, D = 0$$

有

$$\varphi = \frac{U_0}{\theta}\alpha$$

这个解答能自动满足另外两个边界条件

$$\rho = R_1, \frac{\partial \varphi}{\partial \rho} = 0$$

$$\rho = R_2, \frac{\partial \varphi}{\partial \rho} = 0$$

所以导电弧片中有

$$\boldsymbol{E} = -\nabla \varphi = -\frac{1}{\rho}\frac{\partial \varphi}{\partial \alpha}\boldsymbol{e}_\alpha = -\frac{U_0}{\theta\rho}\boldsymbol{e}_\alpha$$

$$\boldsymbol{J} = \gamma \boldsymbol{E} = -\frac{\gamma U_0}{\theta \rho}\boldsymbol{e}_\alpha$$

导电弧片流过的总的电流

$$I = \int_S \boldsymbol{J} \cdot \mathrm{d}\boldsymbol{S} = \int_{R_1}^{R_2} \frac{\gamma U_0}{\theta \rho}(-\boldsymbol{e}_\alpha) \cdot h\mathrm{d}\rho(-\boldsymbol{e}_\alpha) = \frac{\gamma h U_0}{\theta}\ln\frac{R_2}{R_1}$$

图 3.11 所示情况下弧片的电导

$$G = \frac{I}{U_0} = \frac{\gamma h}{\theta}\ln\frac{R_2}{R_1}$$

3.4.3 接地电阻

在使用电气设备时,为了保证电气设备正常工作和操作人员人身安全,应使用接地装置将设备的某一部分(如外壳)接地。接地装置包括接地体和接地线。接地体是埋入地下的金属导体,如圆钢、扁钢、钢管等,接地导线将设备连接到接地体上。工作电流、短路电流或雷电电流通过接地线流向接地体,再分散流入大地(见图 3.12)。接地电阻等于设备接地点对地电压与通过接地线、接地体流入大地的电流之比,它包括接地线、接地体的电阻,接地体与土壤之间的接触电阻,以及电流所流经土壤的电阻。其中土壤的电阻占主要部分,于是,把这一电阻近似作为接地电阻。

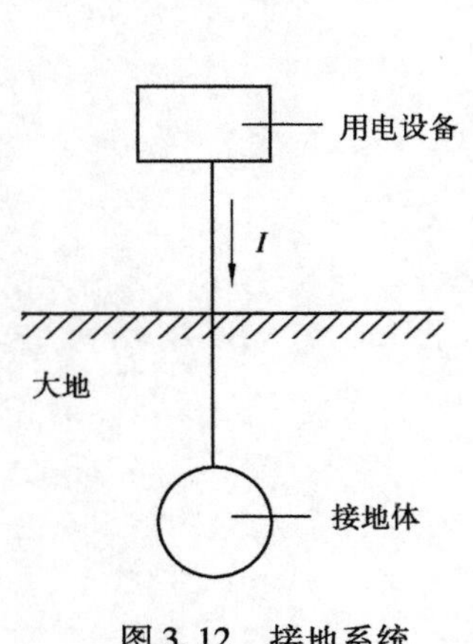

图 3.12 接地系统

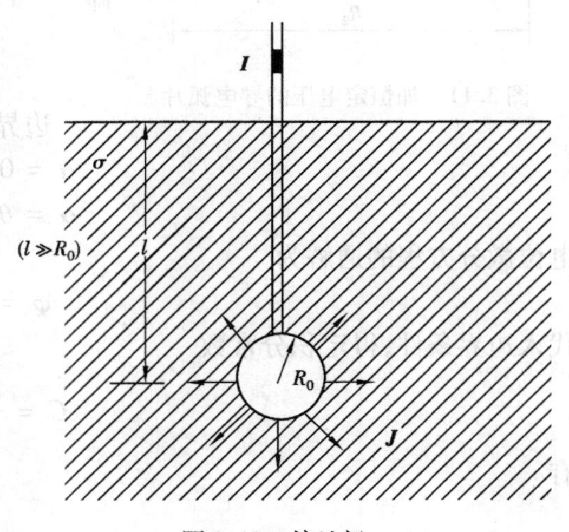

图 3.13 接地极

为计算接地电阻,可考虑以下几个因素。其一,图 3.12 可利用恒定电场的分析计算方法,来计算直流或低频交流情况下的接地电阻。其二,相对于金属导体而言,土壤是一种不良导体,接地体可看作电极。其三,接地体附近土壤中电流密度较大,电压主要降落在这一区域,相距较远的接地体可视为孤立导体。

当接地体深埋于地下时,可以忽略地表的影响。如图 3.13 所示,一个球形接地体深埋于地表下,土壤中的场可看成是一孤立球形电极在无限大均匀导电媒质中的恒定电场。在无限大均匀介质中孤立球形导体的电容为

$$C = 4\pi\varepsilon R_0$$

利用静电比拟方法 $G = C\dfrac{\gamma}{\varepsilon}$,接地电阻为

$$R = \frac{1}{G} = \frac{1}{4\pi\gamma R_0}$$

例 3.4　设半球形接地体埋入地表面,见图 3.14(a),用镜像法分析计算接地电阻和电场的分布情况。

解　根据镜像法,假设上半空间也充满了同种土壤均匀导电媒质,在上半空间放置一半球形镜像电极,其上的镜像电流也应该是 I,如图 3.14(b)所示。有 $2I$ 电流由球面辐射流出,接地体的电位应为

$$\varphi = \frac{2I}{4\pi\gamma R_0} = \frac{I}{2\pi\gamma R_0}$$

所以图 3.13(a)中半球形接地体的接地电阻为

$$R = \frac{\varphi}{I} = \frac{1}{2\pi\gamma R_0}$$

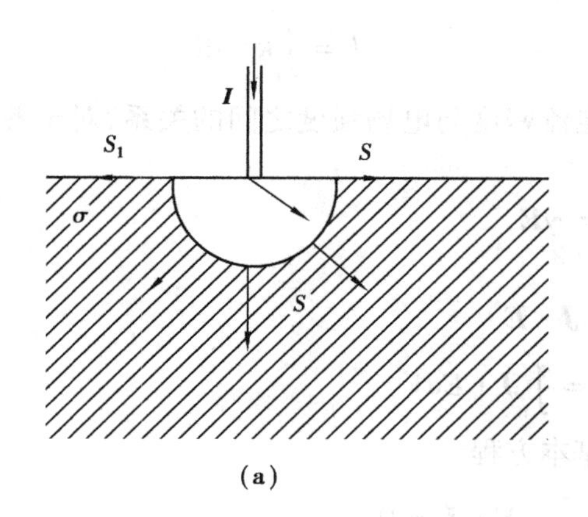

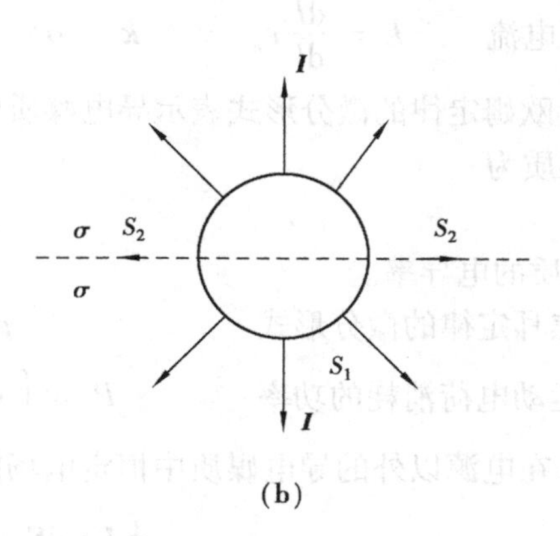

图 3.14　半球形接地极和它的镜像

于是,土壤中距球心为 r 处的电流密度和电场强度

$$\boldsymbol{J} = \frac{I}{2\pi r^2}\boldsymbol{e}_r$$

$$\boldsymbol{E} = \frac{I}{2\pi\gamma r^2}\boldsymbol{e}_r$$

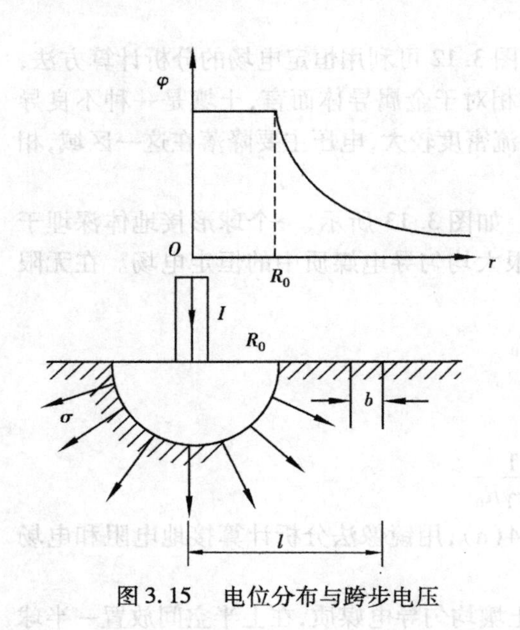

图 3.15　电位分布与跨步电压

地表面距球心 r 处的电位为

$$\varphi = \int_r^{\infty} \boldsymbol{E} \cdot \mathrm{d}r\boldsymbol{e}_r = \frac{I}{2\pi\gamma r}$$

设人的跨步距离为 b，在地面上人到半球形接地体中心的距离为 l，则跨步电压为

$$U = \frac{I}{2\pi\gamma}\left(\frac{1}{l-b} - \frac{1}{l}\right)$$

可参见图 3.15。如果跨步电压的安全限值为 U_0，危险区半径为 L_0，则由式

$$U_0 = \frac{I}{2\pi\gamma}\left(\frac{1}{L_0-b} - \frac{1}{L_0}\right)$$

可解得 L_0。若 $b \ll L_0$，可确定

$$L_0 = \sqrt{\frac{Ib}{2\pi\gamma U_0}}$$

小　结

1）恒定电场中描述电流分布的基本场矢量是电流密度矢量。有如下关系：

	电流密度	与运动电荷的关系	与电流的关系
体电流	$\boldsymbol{J} = \frac{\mathrm{d}I}{\mathrm{d}S}\boldsymbol{e}_n$	$\boldsymbol{J} = \rho\boldsymbol{v}$	$I = \int_S \boldsymbol{J} \cdot \mathrm{d}\boldsymbol{S}$
面电流	$\boldsymbol{k} = \frac{\mathrm{d}I}{\mathrm{d}l}\boldsymbol{e}_n$	$\boldsymbol{k} = \sigma\boldsymbol{v}$	$I = \int_l \boldsymbol{k} \cdot \mathrm{d}\boldsymbol{l}$

2）欧姆定律的微分形式表示导电媒质中电流密度与电场强度之间的关系，对于各向同性线性媒质为

$$\boldsymbol{J} = \gamma\boldsymbol{E}$$

γ 是媒质的电导率。

焦耳定律的微分形式　　$p = \boldsymbol{J} \cdot \boldsymbol{E}$

运动电荷消耗的功率　　$P = \int_V \mathrm{d}P = \int_V \boldsymbol{J} \cdot \boldsymbol{E}\mathrm{d}V$

3）在电源以外的导电媒质中恒定电场的基本方程

$$\oint_S \boldsymbol{J} \cdot \mathrm{d}\boldsymbol{S} = 0 \qquad \nabla \cdot \boldsymbol{J} = 0$$

$$\oint_l \boldsymbol{E} \cdot \mathrm{d}\boldsymbol{l} = 0 \qquad \nabla \times \boldsymbol{E} = 0$$

各向同性媒质中　　$\boldsymbol{J} = \gamma\boldsymbol{E}$

电源内部的局外电场强度　　$\boldsymbol{E}_e = \lim_{q \to 0} \frac{\boldsymbol{f}_e}{q}$

电源电动势　　$\varepsilon = \int_l \boldsymbol{E} \cdot \mathrm{d}\boldsymbol{l} = \int_B^A \boldsymbol{E}_e \cdot \mathrm{d}\boldsymbol{l}$

A,B 分别表示电源正、负极板。

电源以外的导电媒质中电位满足拉普拉斯方程

$$\nabla^2\varphi = 0$$

4)恒定电场媒质分界面上的衔接条件

$$\boldsymbol{e}_n \times (\boldsymbol{E}_2 - \boldsymbol{E}_1) = 0$$

$$\boldsymbol{e}_n \cdot (\boldsymbol{J}_2 - \boldsymbol{J}_1) = 0$$

量值上有

$$E_{1t} = E_{2t}$$

$$J_{1n} = J_{2n}$$

折射定律

$$\frac{\tan \alpha_1}{\tan \alpha_2} = \frac{\gamma_1}{\gamma_2}$$

电位分界面衔接条件

$$\varphi_1 = \varphi_2$$

$$\gamma_1 \frac{\partial \varphi_1}{\partial n} = \gamma_2 \frac{\partial \varphi_2}{\partial n}$$

5)导电媒质中的恒定电场与无源区静电场,其基本方程、分界面边界条件有相似的形式,当边界条件及媒质特性相一致时,可以用静电比拟的方法求解恒定电场。

6)通过求解恒定电场可以计算导体的电导或电阻。

$$G = I/U(R = 1/G = U/I)$$

习　题

3.1　电导率为 γ 的均匀、各向同性的导体球,其表面上的电位为 $\varphi_0\cos\theta$,其中 θ 是球坐标(r,θ,ϕ)的一个变量。试确定表面上各点的电流密度 $\boldsymbol{J}$。

3.2　球形电容器的内半径 $R_1=5$ 厘米,外半径 $R_2=10$ 厘米,中间的非理想介质有电导率 $r=10^{-9}$西门子/米。已知两极间电压为 $U_0=1\ 000$ 伏,求:

(1)两球面之间任意点的 $\boldsymbol{E},\boldsymbol{J}$ 和 φ;

(2)漏电导(并与球形电容器的电容计算式作比较)。

3.3　上题的电容器中设有两层电介质,其分界面亦为球面,半径为 $R_0=8$ 厘米。若 $\gamma_1=10^{-10}$西门子/米,$\gamma_2=10^{-9}$西门子/米,求电容器:

(1)两种介质中的 $\boldsymbol{E},\boldsymbol{J}$ 和 φ;

(2)漏电导。

3.4　一导电弧片由两块不同电导率的薄片构成,见题3.4图。若 $\gamma_1=6.5\times10^7$ 西门子/米,$\gamma_2=1.2\times10^7$ 西门子/米,$R_2=45$ 厘米,$R_1=30$ 厘米,钢片厚度为2毫米,电极间电压为 $U=30$ 伏,且 $\gamma_{电极}\gg\gamma_1$,求:

(1)弧片内的电位分布(设 x 轴上的电极为零点位);

(2)总电流 I 和弧片电阻 R;

(3)在分界面上,$\boldsymbol{D},\boldsymbol{E},\boldsymbol{J}$ 是否突变?

(4)分界面上的电荷密度 σ。

3.5　以橡胶作为绝缘的电缆漏电阻是通过下述办法测定的：把长度为 l 的电缆浸入盐水溶液中（应使漏出的电缆导体在盐水溶液之外），然后在电缆导体和溶液之间加电压，从而可测得电流。有一段3米长的电缆，浸入溶液后加电压200伏，测得电流 2×10^{-9}安；已知绝缘层的厚度与中心导体的半径相等，求绝缘层的电阻率。

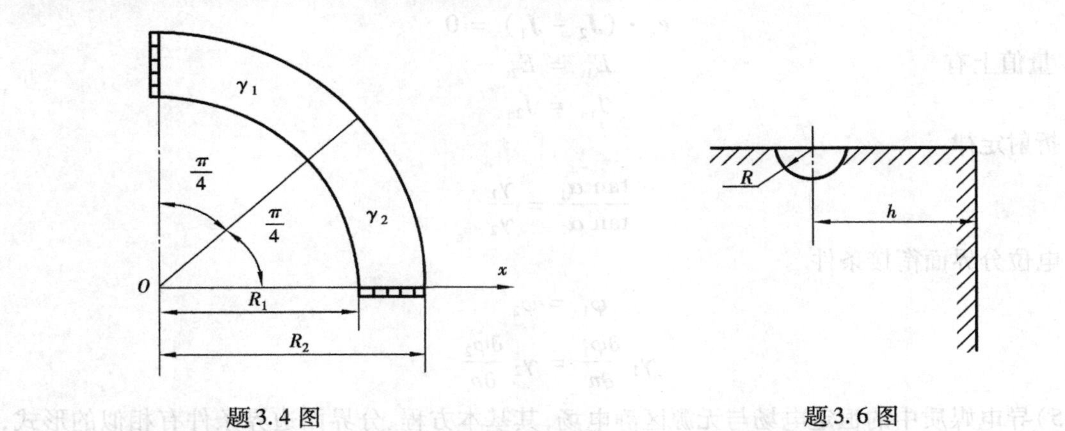

题3.4图　　题3.6图

3.6　半球形电极置于一个直而深的陡壁附近，见题3.6图。已知 $R=0.3$ 米，$h=10$ 米，土壤的电导率 $\gamma=10^{-2}$西门子/米，求接地电阻。

3.7　一个由钢条组成的接地系统，已知其接地电阻为100欧姆，土壤的电导率 $\gamma=10^{-2}$西门子/米，设有短路电流500安从钢条流入地中，有人正以0.6米的步距向此接地体系统前进，前足距钢条中心2米，试求跨部电压。（解题时，可将接地体系统用一等效的半球形接地器代替。）

第4章 恒定磁场

在导电媒质中,恒定电场引起了恒定电流,而恒定电流在它的周围空间又产生了不随时间变化的磁场,称为恒定磁场。在本章中,研究恒定磁场的思路、方法和步骤与第二章静电场相似。由运动电荷在磁场中受到作用力感知恒定磁场的存在,通过对该作用力的了解、分析,到定义恒定磁场的基本场量,探讨这些基本场量应具有的基本特性,应遵循的基本规律和基本方程,研究媒质的磁特性,建立媒质分界面衔接条件,讨论磁场的能量,学习恒定磁场的计算方法,从而逐步深入地认识恒定磁场。

由于场源的性质不同,因此恒定磁场的基本特性与静电场有本质的不同。

4.1 磁感应强度

4.1.1 洛仑兹力和磁感应强度

1)恒定磁场对运动电荷有作用力使我们感知它的存在,作用力的大小与方向相关于电荷运动的速度大小和运动方向。我们发现,在磁场中当电荷沿某一特定方向运动时,电荷不受作用力,对磁场中某一确定的点,这个特定的方向是唯一的。称此特定方向所连成的线为零力线。

如图4.1所示,点电荷 q 在磁场中 A 点处以速度 $\boldsymbol{v}$ 运动,过 A 点的零力线以虚线表示,它与 $\boldsymbol{v}$ 之间有夹角 α。实验证明,这时运动电荷 q 受到磁场 $\boldsymbol{f}$ 力作用,其大小

$$f \propto qv\sin\alpha$$

显然,$\alpha=\frac{\pi}{2}$时出现作用力的最大值

$$f_{\max} \propto qv$$

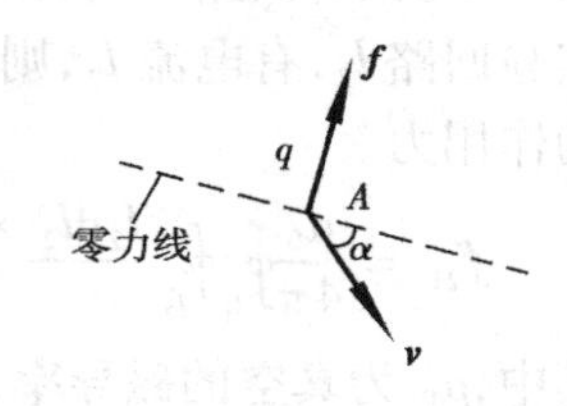

图4.1 零力线和洛仑兹力

在方向上,$\boldsymbol{f}\perp$点电荷 q 运动方向 $\boldsymbol{v}$ 与零力线构成的平面。称该运动电荷 q 受到的磁场作用力 $\boldsymbol{f}$ 为洛仑兹力。

根据运动电荷受到磁场作用力这一基本事实,可定义磁感应强度 $\boldsymbol{B}$,它的大小为

$$B = \lim_{q \to 0} \frac{f_{\max}}{qv} \tag{4.1.1}$$

它的方向：当规定零力线的参考方向，使得沿电荷的运动方向按右手螺旋转向零力线的参考方向（旋转角 $\alpha < \pi$）时，大拇指正好指向点电荷受到的磁场作用力 $\boldsymbol{f}$ 的方向，这时的零力线参考方向即为磁感应强度 $\boldsymbol{B}$ 的方向。

$\boldsymbol{B}$ 的单位是特斯拉[T]，$1\ \mathrm{T} = 1\ \mathrm{Wb/m^2}$。以上定义也适合于时变磁场。

2）根据如上所定义的磁感应强度，可以导出洛仑兹力的计算表达式。运动点电荷 q 受到的磁场作用力

$$\boldsymbol{f} = q(\boldsymbol{v} \times \boldsymbol{B}) \tag{4.1.2}$$

分析它的受力特点：当电荷的运动速度为零时，不受磁场作用力；当电荷沿平行于磁感应强度的方向运动时，不受磁场作用力；运动电荷受力的方向总是与电荷的运动方向垂直，所以，洛仑兹力不断的改变电荷的运动方向，但不能改变电荷运动速度的大小。由此也可以得出这样的结论：对于运动电荷洛仑兹力不做功。

如图 4.2 所示处于恒定磁场中的载流细导线 l，在其上取一元电流段

$$\mathrm{d}q\boldsymbol{v} = I\mathrm{d}\boldsymbol{l}$$

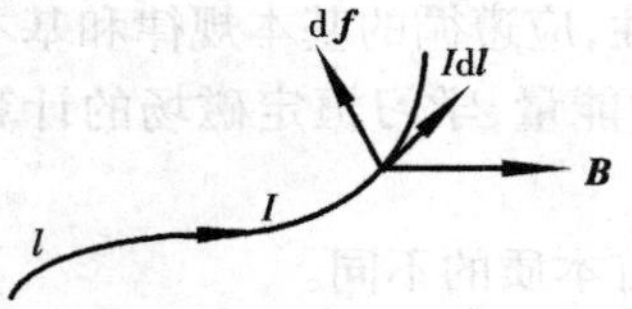

它受到的洛仑兹力

$$\mathrm{d}\boldsymbol{f} = \mathrm{d}q\boldsymbol{v} \times \boldsymbol{B} = I\mathrm{d}\boldsymbol{l} \times \boldsymbol{B} \tag{4.1.3}$$

于是载流细导线 l 所受洛仑兹力

$$\boldsymbol{f} = \int_l \mathrm{d}\boldsymbol{f} = I\int_l \mathrm{d}\boldsymbol{l} \times \boldsymbol{B} \tag{4.1.4}$$

图 4.2　计算洛仑兹力

闭合载流细导线 l 所受洛仑兹力

$$\boldsymbol{f} = I\oint_l \mathrm{d}\boldsymbol{l} \times \boldsymbol{B}$$

4.1.2　毕奥-沙伐定律

1）实验指出，在真空中两个元电流段 $I_1\mathrm{d}\boldsymbol{l}_1$ 和 $I_2\mathrm{d}\boldsymbol{l}_2$ 之间的作用力，正比于它们之间的矢量积 $I_1\mathrm{d}\boldsymbol{l}_1 \times I_2\mathrm{d}\boldsymbol{l}_2$，而反比于它们之间距离的平方。这就是安培力定律。

实际上不可能存在孤立的元电流段，我们研究的只能是整个电流回路。为此，设有两个电流回路，如图 4.3 所示，回路 1 为源回路 l_1，有电流 I_1，回路 2 为实验回路 l_2，有电流 I_2，则得实验回路所受到的源回路的作用力

$$\boldsymbol{f}_{21} = \frac{\mu_0}{4\pi}\oint_{l_1}\oint_{l_2} \frac{I_2\mathrm{d}\boldsymbol{l}_2 \times (I_1\mathrm{d}\boldsymbol{l}_1 \times \boldsymbol{e}_R)}{R^2} \tag{4.1.5}$$

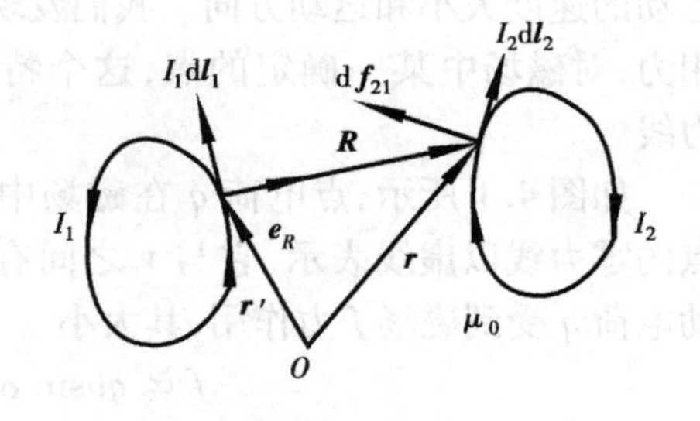

图 4.3　两元电流段之间的安培力

其中，μ_0 为真空的磁导率，在国际单位制中，$\mu_0 = 4\pi \times 10^{-7}$ 亨[利]/米（H/m）。

2）我们来具体分析实验回路所受到的源回路产生的磁场作用力。上式中的被积函数应为元电流段 $I_2\mathrm{d}\boldsymbol{l}_2$ 受到元电流段 $I_1\mathrm{d}\boldsymbol{l}_1$ 所产生磁场的作用力

$$
\begin{aligned}
\mathrm{d}\boldsymbol{f}_{21} &= \frac{\mu_0}{4\pi}\frac{I_2\mathrm{d}\boldsymbol{l}_2\times(I_1\mathrm{d}\boldsymbol{l}_1\times\boldsymbol{e}_R)}{R^2}\\
&= I_2\mathrm{d}\boldsymbol{l}_2\times\left(\frac{\mu_0}{4\pi}\frac{I_1\mathrm{d}\boldsymbol{l}_1\times\boldsymbol{e}_R}{R^2}\right)
\end{aligned}
$$

将上式与式(4.1.3)元电流段所受洛仑兹力进行比较,可见式中括号内的部分应当是$I_1\mathrm{d}\boldsymbol{l}_1$在场中某点处产生的磁感应强度

$$
\mathrm{d}\boldsymbol{B} = \frac{\mu_0(I_1\mathrm{d}\boldsymbol{l}_1\times\boldsymbol{e}_R)}{4\pi R^2}
$$

它的方向由$I_1\mathrm{d}\boldsymbol{l}_1\times\boldsymbol{e}_R$确定。式中:$\boldsymbol{R}=\boldsymbol{r}-\boldsymbol{r}'$,$\boldsymbol{e}_R=\frac{\boldsymbol{R}}{R}=\frac{\boldsymbol{r}-\boldsymbol{r}'}{|\boldsymbol{r}-\boldsymbol{r}'|}$,参见图4.4,于是

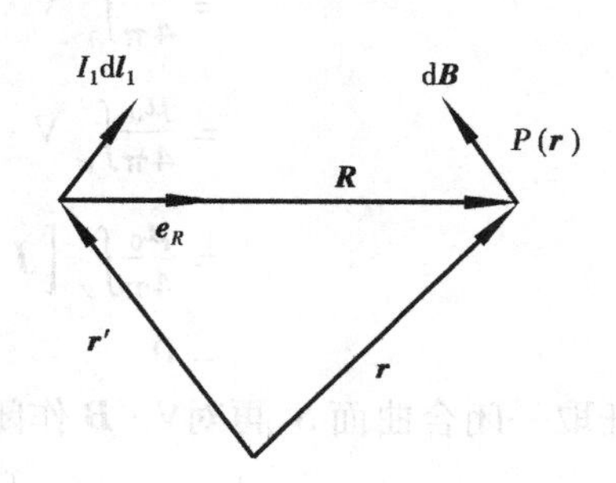

图4.4 元电流段产生磁感应强度

$$
\mathrm{d}\boldsymbol{B} = \frac{\mu_0}{4\pi}\frac{I_1\mathrm{d}\boldsymbol{l}_1\times\boldsymbol{e}_R}{R^2}
$$

这样,整个源电流回路l'在P点产生的磁感应强度可写为如下形式

$$
\boldsymbol{B}(\boldsymbol{r}) = \frac{\mu_0}{4\pi}\oint_{l'}\frac{I_1\mathrm{d}\boldsymbol{l}_1\times\boldsymbol{e}_R}{R^2} \tag{4.1.6}
$$

对于体、面型元电流段$\mathrm{d}q\boldsymbol{v}=\boldsymbol{J}\mathrm{d}V$(或$=\boldsymbol{K}\mathrm{d}S$),可对照上式写出相应分布电流所产生的磁感应强度

$$
\boldsymbol{B}(\boldsymbol{r}) = \frac{\mu_0}{4\pi}\int_{V'}\frac{\boldsymbol{J}\times\boldsymbol{e}_R}{R^2}\mathrm{d}V' \tag{4.1.7}
$$

$$
\boldsymbol{B}(\boldsymbol{r}) = \frac{\mu_0}{4\pi}\int_{S'}\frac{\boldsymbol{K}\times\boldsymbol{e}_R}{R^2}\mathrm{d}S' \tag{4.1.8}
$$

可用以下通用式概括表达上面三式

$$
\boldsymbol{B}(\boldsymbol{r}) = \frac{\mu_0}{4\pi}\int_{\Omega'}\frac{\mathrm{d}q\boldsymbol{v}\times(\boldsymbol{r}-\boldsymbol{r}')}{|\boldsymbol{r}-\boldsymbol{r}'|^3}\mathrm{d}\Omega' \tag{4.1.9}
$$

式中Ω'表示产生磁场的源区。

称式(4.1.6)~式(4.1.9)表达式为毕奥-沙伐定律。在运算中,积分是对源区坐标$\boldsymbol{r}'$进行的,场点坐标在积分过程中视为常量。由计算式可知,$\boldsymbol{B}$与产生它的源$\mathrm{d}q\boldsymbol{v}$呈线性比例关系,在计算中可以运用叠加原理。毕奥-沙伐定律的表达式又称为真空中磁感应强度的场—源关系式。

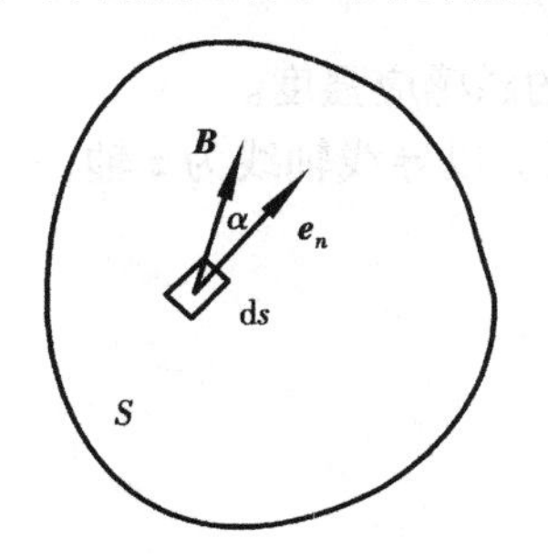

图4.5 曲面上的磁通

4.1.3 磁通连续性原理

1)在恒定磁场中的一曲面S上,取一面元$\mathrm{d}S$,确定它的正方向,作正法向单位矢量$\boldsymbol{e}_n$,参见图4.5。在面元$\mathrm{d}S$上的磁感应强度为$\boldsymbol{B}$,于是,$\mathrm{d}S$上$\boldsymbol{B}$的通量为

$$
\mathrm{d}\Phi = B\mathrm{d}S\cos\alpha = \boldsymbol{B}\cdot\mathrm{d}\boldsymbol{S}
$$

曲面S上$\boldsymbol{B}$的通量

$$\Phi = \int_S \boldsymbol{B} \cdot \mathrm{d}\boldsymbol{S} \tag{4.1.10}$$

称为磁通,单位是韦伯(Wb)。显然,磁通是标量,其正与负决定于 S 面取定的正方向。有时又称磁感应强度 $\boldsymbol{B}$ 为磁通密度。

2)取毕奥-沙伐定律的表达式(4.1.7)作散度运算

$$\begin{aligned}\nabla \cdot \boldsymbol{B} &= \nabla \cdot \left[\frac{\mu_0}{4\pi}\int_{V'} \frac{\boldsymbol{J} \times \boldsymbol{e}_R}{R^2}\mathrm{d}V'\right] \\ &= \frac{\mu_0}{4\pi}\int_{V'} \nabla \cdot \left(\frac{\boldsymbol{J} \times \boldsymbol{e}_R}{R^2}\right)\mathrm{d}V' \\ &= \frac{\mu_0}{4\pi}\int_{V'} \nabla \cdot \left(\nabla\left(\frac{1}{R}\right) \times \boldsymbol{J}\right)\mathrm{d}V' \\ &= \frac{\mu_0}{4\pi}\int_{V'} \left[\boldsymbol{J} \cdot \nabla \times \nabla\left(\frac{1}{R}\right) - \nabla\left(\frac{1}{R}\right) \cdot (\nabla \times \boldsymbol{J})\right]\mathrm{d}V' \\ &= 0\end{aligned}$$

任取一闭合曲面 S,再对 $\nabla \cdot \boldsymbol{B}$ 作闭合面通量,运用高斯散度定理,有

$$\oint_S \boldsymbol{B} \cdot \mathrm{d}\boldsymbol{S} = \int_V (\nabla \cdot \boldsymbol{B})\,\mathrm{d}V = 0$$

此式反映出恒定磁场的一个基本特性:磁通的连续性原理,磁感应强度 $\boldsymbol{B}$ 对于任意闭合曲面的面积分恒等于零,即有多少 $\boldsymbol{B}$ 线穿入 S 面,就有多少 $\boldsymbol{B}$ 线穿出 S 面。将上面反映磁通连续性原理的表达式作为恒定磁场的基本特征,其积分形式

$$\oint_S \boldsymbol{B} \cdot \mathrm{d}\boldsymbol{S} = 0 \tag{4.1.11}$$

微分形式

$$\nabla \cdot \boldsymbol{B} = 0 \tag{4.1.12}$$

由这一基本方程可以说明,当用磁感应强度线(又称为 $\boldsymbol{B}$ 线)来形象地描述恒定磁场时,$\boldsymbol{B}$ 线是一条无头无尾的闭合矢量线,反映出磁通的连续性。与静电场完全不同,磁场是无散场,没有通量场源存在,这一结论正好符合迄今为止没有发现单独的磁荷存在这一客观事实。据此,判断一个矢量场 $\boldsymbol{F}$ 是否是磁场的必要条件,就是要看条件 $\nabla \cdot \boldsymbol{F} = 0$ 是否成立。

磁通的连续性原理这一基本特性和相应的基本方程,对于时变磁场也同样适合。

4.1.4 计算举例

例 4.1 长为 L 的直导线载电流为 I,试计算它在真空中产生的磁感应强度。

解 因结构上的对称性,载流直导线产生的磁场应是子午面场。以导线轴线为 z 轴,一端为原点,建立圆柱坐标系,如图 4.6 所示。

研究几个典型区域中的磁感应强度 $\boldsymbol{B}$:

1)ρ 坐标轴上取点 $P(\rho,0)$

在导线上任取一元电流段

$$Id\boldsymbol{l}' = Idz'\boldsymbol{e}_z$$

$$\boldsymbol{r}' = z'\boldsymbol{e}_z, \boldsymbol{r} = \rho\boldsymbol{e}_\rho$$

$$\boldsymbol{R} = \boldsymbol{r} - \boldsymbol{r}' = \rho\boldsymbol{e}_\rho - z'\boldsymbol{e}_z$$

$$R = \sqrt{\rho^2 + z'^2}$$

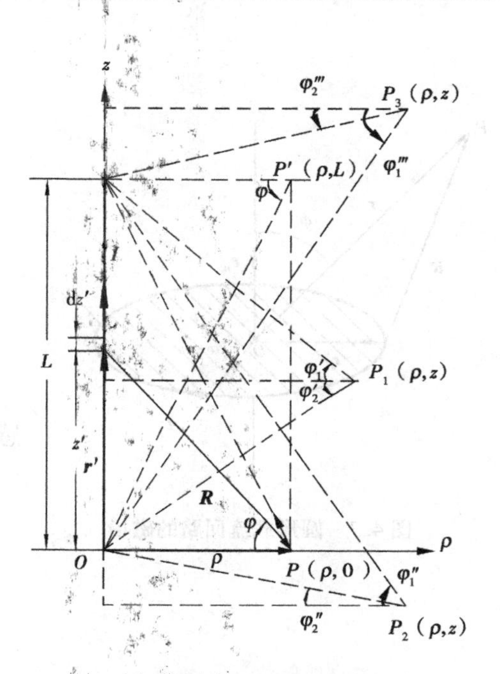

图4.6　载流直导线在真空中产生的磁场

该元电流段在点 P 产生的磁感应强度

$$\begin{aligned} d\boldsymbol{B} &= \frac{\mu_0}{4\pi}\frac{Id\boldsymbol{l}'\times\boldsymbol{R}}{R^3} \\ &= \frac{\mu_0}{4\pi}\frac{Idz'\boldsymbol{e}_z\times(\rho\boldsymbol{e}_\rho - z'\boldsymbol{e}_z)}{(\rho^2+z'^2)^{3/2}} \\ &= \frac{\mu_0 I\rho dz'\boldsymbol{e}_\phi}{4\pi(\rho^2+z'^2)^{3/2}} \end{aligned}$$

直载流导线在 P 点产生的磁感应强度

$$\begin{aligned} \boldsymbol{B}_P &= \frac{\mu_0 I\rho}{4\pi}\int_0^L \frac{dz'\boldsymbol{e}_\phi}{(\rho^2+z'^2)^{3/2}} \\ &= \frac{\mu_0 I\rho}{4\pi}\left[\frac{z'}{\rho^2\sqrt{\rho^2+z'^2}}\right]_0^L \boldsymbol{e}_\phi \\ &= \frac{\mu_0 I}{4\pi\rho}\frac{L}{\sqrt{\rho^2+L^2}}\boldsymbol{e}_\phi = \frac{\mu_0 I}{4\pi\rho}\sin\varphi\boldsymbol{e}_\phi \end{aligned}$$

在 P' 点处也有相同的结果

$$\boldsymbol{B}_{P'} = \frac{\mu_0 I}{4\pi\rho}\sin\varphi\boldsymbol{e}_\phi$$

2）取场点 $P_1(\rho,z)(0<z<L)$

由点 P_1 作坐标轴 ρ 的平行线，将导线 L 分为两段，分别对应两个角 φ_1 和 φ_2，应用线性叠加原理得

$$\boldsymbol{B}_{P_1} = \frac{\mu_0 I}{4\pi\rho}(\sin\varphi_1' + \sin\varphi_2')\boldsymbol{e}_\phi$$

3）取场点 $P_2(\rho,z)(z<0)$

从 P_2 点作 z 轴的垂线，与导线的延长线相交。利用前面的计算结果，减去延长的那段导线载流而产生的磁场。设它们对应的角度分别为 φ_1'' 和 φ_2''，有

$$\boldsymbol{B}_{P_2} = \frac{\mu_0 I}{4\pi\rho}(\sin\varphi_1'' - \sin\varphi_2'')\boldsymbol{e}_\phi$$

4）取场点 $P_3(\rho,z)(z>L)$

$$\boldsymbol{B}_{P_3} = \frac{\mu_0 I}{4\pi\rho}(\sin\varphi_1''' - \sin\varphi_2''')\boldsymbol{e}_\phi$$

5）当 $L\to\infty$ 时，成为长直载流导线，可利用(2)的计算结果。此时，$\varphi_1' = \varphi_2' = \pi/2$，于是得

$$\boldsymbol{B} = \frac{\mu_0 I}{2\pi\rho}\boldsymbol{e}_\phi$$

例4.2　由图4.7计算真空中半径为 a，电流为 I 的圆形载流回路轴线上的磁感应强度。

解　取回路中心为坐标原点，建立圆柱坐标系。在圆形载流回路上取一元电流段

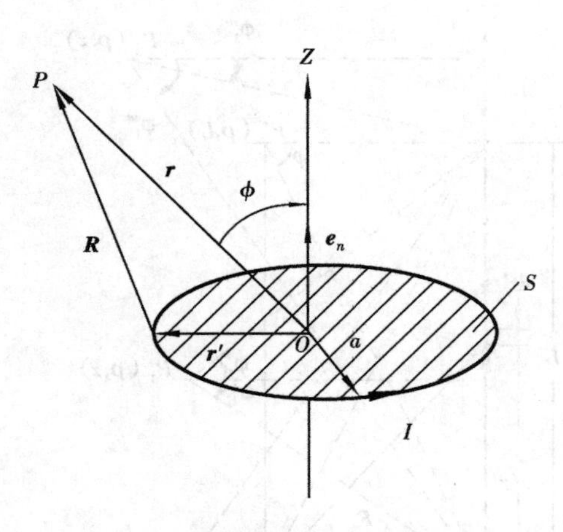

图 4.7　圆形载流回路的磁场

$$I\mathrm{d}\boldsymbol{l} = Ia\mathrm{d}\phi\boldsymbol{e}_\phi$$

$$\boldsymbol{R} = \boldsymbol{r} - \boldsymbol{r}' = z\boldsymbol{e}_z - a\boldsymbol{e}_\rho$$

$$R = (z^2 + a^2)^{1/2}$$

该元电流段产生的磁感应强度

$$\mathrm{d}\boldsymbol{B} = \frac{\mu_0}{4\pi}\frac{Ia\mathrm{d}\phi\boldsymbol{e}_\phi \times (z\boldsymbol{e}_z - a\boldsymbol{e}_\rho)}{(z^2 + a^2)^{3/2}} = \frac{\mu_0}{4\pi}\frac{Ia\mathrm{d}\phi(z\boldsymbol{e}_\rho + a\boldsymbol{e}_z)}{(z^2 + a^2)^{3/2}}$$

按磁场分布的对称性,圆形载流回路轴线上的磁感应强度 $\boldsymbol{B}$ 只具有 z 方向的分量,所以

$$\boldsymbol{B} = \frac{\mu_0}{4\pi}\int_0^{2\pi}\frac{Ia^2\mathrm{d}\phi}{(z^2 + a^2)^{3/2}}\boldsymbol{e}_z = \frac{\mu_0 Ia^2}{2(z^2 + a^2)^{3/2}}\boldsymbol{e}_z$$

在 $z=0$ 处

$$\boldsymbol{B} = \frac{\mu_0 I}{2a}\boldsymbol{e}_z$$

4.2　磁矢量位

4.2.1　磁矢量位的定义及其计算式

计算磁感应强度涉及矢量积分,而且被积函数还是函数的矢量积,所以它的计算是很麻烦的。在静电场中引入了电位函数,通过电位再求电场强度就比直接计算简单。如果在恒定磁场中,也能参照静电场的做法,依据磁场的基本规律引入某种位函数,那么,通过它来计算磁感应强度就有减少计算量的可能。

由恒定磁场的基本特征$\nabla \cdot \boldsymbol{B}=0$,表明磁场的无散场。若定义一矢量场函数 $\boldsymbol{A}$,使得

$$\boldsymbol{B} = \nabla \times \boldsymbol{A} \tag{4.2.1}$$

则由矢量恒等式$\nabla \cdot (\nabla \times \boldsymbol{A})=0$,能保证磁感应强度$\nabla \cdot \boldsymbol{B}=0$ 成立。称所定义的矢量场函数 $\boldsymbol{A}$ 为磁矢量位,它的单位是 Wb/m。

应注意到,磁矢量位 $\boldsymbol{A}$ 是为计算磁感应强度 $\boldsymbol{B}$ 而引出的中间计算量,它没有明确的物理意义,但从计算 $\boldsymbol{B}$ 来说,$\boldsymbol{A}$ 的求解是很重要的。

根据赫姆霍兹定律知,要确定一个矢量,必须知道它的旋度和散度。由定义式(4.2.1)来看,磁矢量位 $\boldsymbol{A}$ 的旋度规定为磁感应强度 $\boldsymbol{B}$,它的散度没有加以限制,也就是说 $\boldsymbol{A}$ 并没有被确定下来。若令 $\boldsymbol{A}'=\boldsymbol{A}+\nabla\psi$,其中 ψ 是有一阶连续偏导数的标量函数。对 $\boldsymbol{A}'$求旋度$\nabla\times\boldsymbol{A}'=\nabla\times(\boldsymbol{A}+\nabla\psi)=\nabla\times\boldsymbol{A}=\boldsymbol{B}$,可见 $\boldsymbol{A}$ 和 $\boldsymbol{A}'$描述的是同一磁场。这说明仅依据定义式(4.2.1)确定的磁矢量位 $\boldsymbol{A}$ 是多值的。为了限制 $\boldsymbol{A}$ 的多值性,还应确定 $\boldsymbol{A}$ 的散度。确定 $\boldsymbol{A}$ 的散度叫做规范选择。在恒定磁场中,通常选择$\nabla \cdot \boldsymbol{A}=0$,称它为库仑规范。

根据毕奥-沙伐定律,磁感应强度 $\boldsymbol{B}$ 应为

$$\begin{aligned}\boldsymbol{B}(\boldsymbol{r}) &= \frac{\mu_0}{4\pi}\int_{\Omega'}\frac{\mathrm{d}q\boldsymbol{v}\times\boldsymbol{e}_R}{R^2} = \frac{\mu_0}{4\pi}\int_{\Omega'}\nabla\left(\frac{1}{R}\right)\times\mathrm{d}q\boldsymbol{v}\\ &= \frac{\mu_0}{4\pi}\int_{\Omega'}\left[\nabla\times\left(\frac{\boldsymbol{v}}{R}\right)-\frac{1}{R}\nabla\times\boldsymbol{v}\right]\mathrm{d}q\\ &= \frac{\mu_0}{4\pi}\int_{\Omega'}\nabla\times\left(\frac{\mathrm{d}q\boldsymbol{v}}{R}\right) = \nabla\times\left[\frac{\mu_0}{4\pi}\int_{\Omega'}\frac{\mathrm{d}q\boldsymbol{v}}{R}\right]\end{aligned}$$

对比式(4.2.1)应有磁矢量位 $\boldsymbol{A}$ 的一般计算式

$$\boldsymbol{A} = \frac{\mu_0}{4\pi}\int_{\Omega'}\frac{\mathrm{d}q\boldsymbol{v}}{R} + \boldsymbol{C} \tag{4.2.2}$$

具体来说,不同类型的恒定电流,有如下与之相对应的磁矢量位 $\boldsymbol{A}$ 计算式

$$\mathrm{d}q\boldsymbol{v} = \boldsymbol{J}\mathrm{d}V' \qquad \boldsymbol{A} = \frac{\mu_0}{4\pi}\int_{V'}\frac{\boldsymbol{J}\mathrm{d}V'}{R} + \boldsymbol{C} \tag{4.2.3}$$

$$\mathrm{d}q\boldsymbol{v} = \boldsymbol{K}\mathrm{d}S' \qquad \boldsymbol{A} = \frac{\mu_0}{4\pi}\int_{S'}\frac{\boldsymbol{K}\mathrm{d}S'}{R} + \boldsymbol{C} \tag{4.2.4}$$

$$\mathrm{d}q\boldsymbol{v} = I\mathrm{d}\boldsymbol{l}' \qquad \boldsymbol{A} = \frac{\mu_0}{4\pi}\int_{l'}\frac{I\mathrm{d}\boldsymbol{l}'}{R} + \boldsymbol{C} \tag{4.2.5}$$

以上诸式都称为计算磁矢量位 $\boldsymbol{A}$ 的场—源关系式,式中 $\boldsymbol{C}$ 为积分待定常矢量。

在使用这些计算式时应注意到:作为位函数,如同电场中的电位一样,磁矢量位 $\boldsymbol{A}$ 同样也应考虑参考点的选择问题,确定常矢量 $\boldsymbol{C}$ 的值,以保证 $\boldsymbol{A}$ 的唯一解答。当电流区域有限分布时,参考点应选在无限远点;当电流区域无限分布时,参考点应选在有限远点;在参考点处 $\boldsymbol{A}=0$。由磁矢量位 $\boldsymbol{A}$ 的场—源关系式可知,$\boldsymbol{A}$ 的方向决定于电流的流向,积分计算较简单。

4.2.2 计算磁通

将式(4.2.1)代入磁通计算式中,有

$$\Phi = \int_S \boldsymbol{B}\cdot\mathrm{d}\boldsymbol{S} = \int_S(\nabla\times A)\cdot\mathrm{d}\boldsymbol{S}$$

运用斯托克斯定理,有计算式

$$\Phi = \int_S(\nabla\times\boldsymbol{A})\cdot\mathrm{d}\boldsymbol{S} = \oint_l\boldsymbol{A}\cdot\mathrm{d}\boldsymbol{l} \tag{4.2.6}$$

其中,l 为 S 曲面的周界,l 的环行方向($\mathrm{d}\boldsymbol{l}$ 的方向)与 S 曲面上面元 $\mathrm{d}\boldsymbol{S}$ 的正法线方向呈右螺旋关系。根据上式以磁矢量位 $\boldsymbol{A}$ 计算磁通,又多了一种选择。

4.2.3 计算举例

例 4.3 计算长直载流导线在周围真空中产生的磁矢量位和磁感应强度。

解 设长直导线长为 $2L$,场点位置矢量的模 $r \ll L$,于是研究的磁场问题属平行平面场问题。如图 4.8 建立直角坐标系,场点取在 $z=0$ 的平面上不失问题的一般性。因场源和场域结构的对称性,场的分布呈圆柱对称,所以,实际计算区域是在 $z=0$ 的平面和场点 $P(\rho,0)$ 与轴所确定的半平面的交线上。实际计算在圆柱坐标系下进行。

在 z 轴上取元电流段 $I\mathrm{d}\boldsymbol{l}'=I\mathrm{d}z'\boldsymbol{e}_z$,其位置矢量是 $\boldsymbol{r}'=z'\boldsymbol{e}_z$,场点的位置矢量是 $\boldsymbol{r}=\rho\boldsymbol{e}_\rho$,则 $\boldsymbol{R}=\boldsymbol{r}-\boldsymbol{r}'=\rho\boldsymbol{e}_\rho-z'\boldsymbol{e}_z$,有

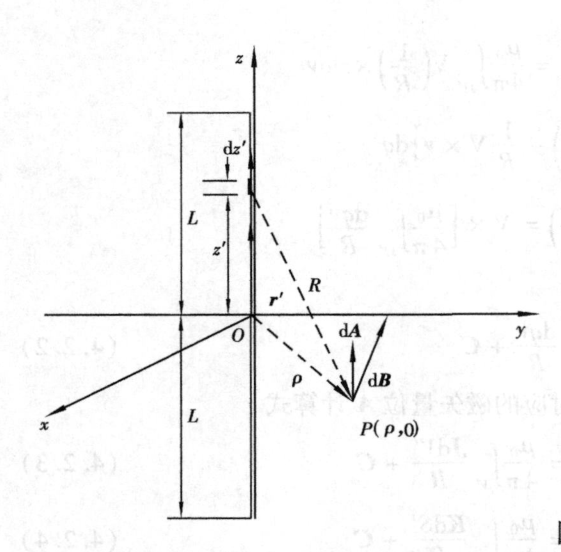

图 4.8　长直载流导线周围的磁场

$$R = \sqrt{\rho^2 + z'^2}$$

$$\mathrm{d}\boldsymbol{A} = \frac{\mu_0 I \mathrm{d}z' \boldsymbol{e}_z}{4\pi R}$$

$$\boldsymbol{A} = \frac{\mu_0}{4\pi}\int_{-L}^{L} \frac{I\mathrm{d}z'}{\sqrt{\rho^2 + z'^2}} \boldsymbol{e}_z + \boldsymbol{C}$$

$$= \frac{\mu_0 I}{4\pi}\left[\ln\left(z' + \sqrt{\rho^2 + z'^2}\right)\right]_{-L}^{L} \boldsymbol{e}_z + \boldsymbol{C}$$

$$= \frac{\mu_0 I}{4\pi}\ln\frac{L + \sqrt{\rho^2 + L^2}}{-L + \sqrt{\rho^2 + L^2}} \boldsymbol{e}_z + \boldsymbol{C}$$

$$= \frac{\mu_0 I}{2\pi}\ln\frac{L + \sqrt{\rho^2 + L^2}}{\rho} \boldsymbol{e}_z + \boldsymbol{C}$$

因 $L \gg \rho$，有磁矢量位

$$\boldsymbol{A} = \frac{\mu_0 I}{2\pi}\ln\frac{2L}{\rho}\boldsymbol{e}_z + \boldsymbol{C}$$

磁感应强度为

$$\boldsymbol{B} = \nabla \times \boldsymbol{A} = \begin{vmatrix} \dfrac{\boldsymbol{e}_\rho}{\rho} & \boldsymbol{e}_\phi & \dfrac{\boldsymbol{e}_z}{\rho} \\ \dfrac{\partial}{\partial\rho} & \dfrac{\partial}{\partial\phi} & \dfrac{\partial}{\partial z} \\ 0 & 0 & A_z \end{vmatrix} = -\frac{\partial A_z}{\partial\rho}\boldsymbol{e}_\phi = \frac{\mu_0 I}{2\pi\rho}\boldsymbol{e}_\phi$$

例 4.4　试求两长直平行载流输电线在真空中产生的磁场。

解　如图 4.9 所示，依据两长直平行载流输电线产生磁场具有平行平面场的特点，建立直角坐标系，在 xOy 平面上进行计算。

在两长直平行载流输电线上各取相应的元电流段

$$I\mathrm{d}\boldsymbol{l}'_1 = I\mathrm{d}z'\boldsymbol{e}_{z'}$$

$$I\mathrm{d}\boldsymbol{l}'_2 = -I\mathrm{d}z'\boldsymbol{e}_{z'}$$

在 xOy 平面上取场点 $P(x,y,0)$，它与两长直平行载流输电线间的距离分别为 r_1, r_2。运用例 4.3 的计算结果，两长直平行导线电流在 P 点产生的磁矢量位

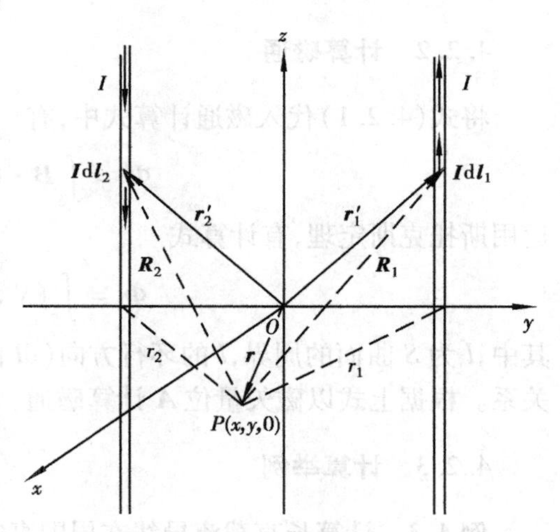

图 4.9　两长直平行载流输电线的磁场

$$\boldsymbol{A} = \boldsymbol{A}_1 + \boldsymbol{A}_2 = \frac{\mu_0 I}{2\pi}\left(\ln\frac{2L}{r_1} - \ln\frac{2L}{r_2}\right)\boldsymbol{e}_z + \boldsymbol{C}$$

$$= \frac{\mu_0 I}{2\pi}\ln\frac{r_2}{r_1}\boldsymbol{e}_z + \boldsymbol{C}$$

近似认为电流伸展到了无限远，磁矢量位的参考点应选在有限远处，可选在 xOz 平面上。此

时，$r_1=r_2$，$\boldsymbol{A}_Q=\boldsymbol{C}=0$。于是，两长直平行载流输电线产生的磁矢量位为

$$\boldsymbol{A}=A_z\boldsymbol{e}_z=\frac{\mu_0 I}{2\pi}\ln\frac{r_2}{r_1}\boldsymbol{e}_z$$

其中，r_1，r_2分别为场点到载有正、负电流导线轴线间的距离。上式与静电场中长直平行两线带电导线在真空中产生的电位表达式十分相似。

磁感应强度 $\boldsymbol{B}$ 由磁矢量位 $\boldsymbol{A}$ 求得

$$\boldsymbol{B}=\nabla\times\boldsymbol{A}=\frac{\partial A_z}{\partial y}\boldsymbol{e}_x+\left(-\frac{\partial A_z}{\partial x}\right)\boldsymbol{e}_y$$

只需将r_1，r_2的直角坐标代入上式，就可算得B_x，B_y的具体值。分析场的分布，在 $\boldsymbol{B}$ 线上取一线元矢量 $\mathrm{d}\boldsymbol{l}=\mathrm{d}x\boldsymbol{e}_x+\mathrm{d}y\boldsymbol{e}_y$，有方程 $\boldsymbol{B}\times\mathrm{d}\boldsymbol{l}=0$。所以有

$$B_y\mathrm{d}x-B_x\mathrm{d}y=0$$

$$\frac{\partial A}{\partial x}\mathrm{d}x+\frac{\partial A}{\partial y}\mathrm{d}y=0$$

$$\mathrm{d}A=0\Rightarrow A=C$$

可见在平行平面磁场中，$\boldsymbol{B}$ 线就是等 $\boldsymbol{A}$ 线。

例 4.5 求磁偶极子在远区的磁场。

解 1）关于磁偶极子的概念与题意分析。

具有任意形状的平面细小电流环称为磁偶极子，如图 4.10 所示。该细小电流环所界定的面积 S 很小，以至于它处在外磁场中，可视 S 上的磁场是均匀的。磁偶极子对外的磁效应用磁偶极矩（简称磁矩）表示

$$\boldsymbol{m}=I\boldsymbol{S}=IS\boldsymbol{e}_n$$

其中：$\boldsymbol{e}_n$ 为 S 面正法向单位矢量，它与细小电流环中流过的电流方向呈右螺旋关系。

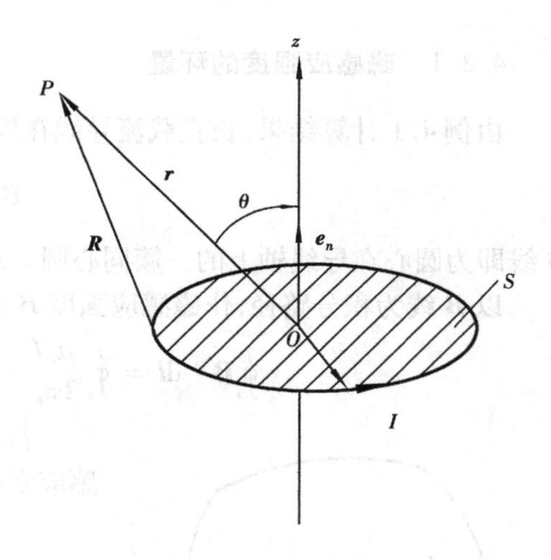

图 4.10 磁偶极子远区的磁场

在图 4.10 中求磁偶极子远区的磁场，必有 $r\gg$细环的尺度，且 $\boldsymbol{R}\approx\boldsymbol{r}$，$\boldsymbol{e}_R\approx\boldsymbol{e}_r$，由此磁偶极子可近似看为一点源。建立球坐标系，原点在磁偶极子处，磁矢量位的参考点应选在无限远处。

2）以细小电流环 l 及所围区域为源区 S，在 l 上取元电流段 $I\mathrm{d}\boldsymbol{l}'$，它产生的磁矢量位为

$$\boldsymbol{A}=\frac{\mu_0}{4\pi}\oint_{l'}\frac{I\mathrm{d}\boldsymbol{l}'}{R}$$

由矢量恒等式

$$\oint_l f\mathrm{d}\boldsymbol{l}=-\int_S\nabla f\times\mathrm{d}\boldsymbol{S}$$

$$\boldsymbol{A}=\frac{\mu_0}{4\pi}\oint_{l'}\frac{I\mathrm{d}\boldsymbol{l}'}{R}=\frac{\mu_0 I}{4\pi}\int_{S'}-\left(\nabla'\frac{1}{R}\right)\times\mathrm{d}\boldsymbol{S}'$$

$$=\frac{\mu_0 I}{4\pi}\int_{S'}\boldsymbol{e}_z\times\frac{\boldsymbol{e}_R}{R^2}\mathrm{d}S'$$

考虑到 $\boldsymbol{R}\approx\boldsymbol{r}$，$\boldsymbol{e}_R\approx\boldsymbol{e}_r$，代入上式有

$$\boldsymbol{A} = \frac{\mu_0 I}{4\pi}\int_{S'} \frac{\boldsymbol{e}_z \times \boldsymbol{e}_R}{r^2}\,\mathrm{d}S' = \frac{\mu_0 IS'}{4\pi r^2}(\boldsymbol{e}_z \times \boldsymbol{e}_R) = \frac{\mu_0 \boldsymbol{m} \times \boldsymbol{e}_r}{4\pi r^2}$$

又因

$$\boldsymbol{e}_z \times \boldsymbol{e}_r = \sin\theta\, \boldsymbol{e}_\phi$$

所以

$$\boldsymbol{A} = \frac{\mu_0 m}{4\pi r^2}\sin\theta\, \boldsymbol{e}_\phi$$

$$\boldsymbol{B} = \nabla \times \boldsymbol{A} = \frac{\mu_0 m}{4\pi r^3}[2\cos\theta \boldsymbol{e}_r + \sin\theta \boldsymbol{e}_\theta]$$

可以比较静电场中的电偶极子产生的电位和电场强度，相应表达式中有相似之处，磁感应强度 $\boldsymbol{B}$ 与磁偶极子到远区 P 点距离的 3 次方成反比。

4.3 真空中的安培环路定律

4.3.1 磁感应强度的环量

由例 4.1 计算结果，长直载流导线在周围真空中产生的恒定磁场 $\boldsymbol{B}$ 为

$$\boldsymbol{B} = \frac{\mu_0 I}{2\pi\rho}\boldsymbol{e}_\phi \tag{4.3.1}$$

$\boldsymbol{B}$ 线即为圆心在导线轴上的一簇同心圆。现在作如下考虑：

以 $\boldsymbol{B}$ 线为积分路径，作磁感应强度 $\boldsymbol{B}$ 的环量

$$\oint_l \boldsymbol{B}\cdot \mathrm{d}\boldsymbol{l} = \oint_l \frac{\mu_0 I}{2\pi\rho}\boldsymbol{e}_\phi \cdot \rho \mathrm{d}\phi \boldsymbol{e}_\phi = \frac{\mu_0 I}{2\pi}\int_0^{2\pi}\mathrm{d}\phi = \mu_0 I$$

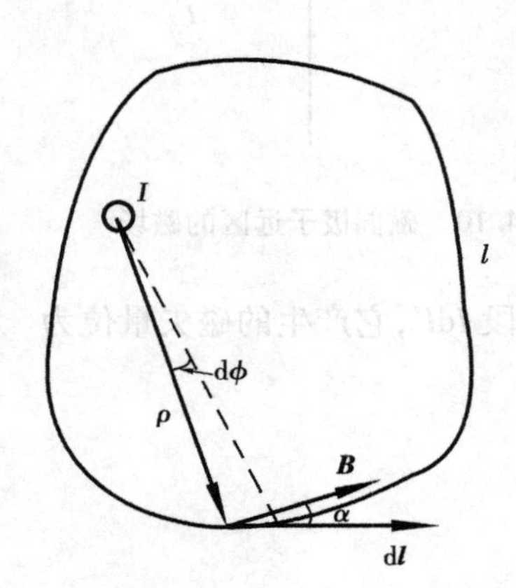

图 4.11　B 沿任意闭合路径的环量

若在导线横截面内包围导线任取一条闭合路径 l，作磁感应强度 $\boldsymbol{B}$ 的环量，如图 4.11 所示。因为

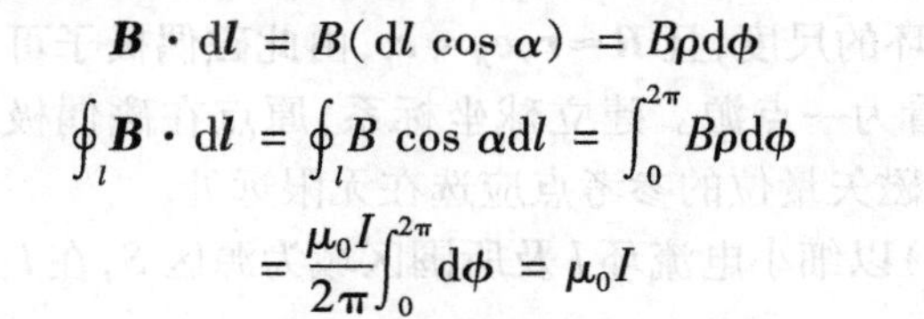

$$\boldsymbol{B}\cdot \mathrm{d}\boldsymbol{l} = B(\mathrm{d}l\cos\alpha) = B\rho\mathrm{d}\phi$$

$$\oint_l \boldsymbol{B}\cdot \mathrm{d}\boldsymbol{l} = \oint_l B\cos\alpha \mathrm{d}l = \int_0^{2\pi} B\rho\mathrm{d}\phi$$

$$= \frac{\mu_0 I}{2\pi}\int_0^{2\pi}\mathrm{d}\phi = \mu_0 I$$

如果闭合路径 l 中没有包含电流 I，那么

$$\oint_l \boldsymbol{B}\cdot \mathrm{d}\boldsymbol{l} = \int_0^0 B\rho\mathrm{d}\phi = \frac{\mu_0 I}{2\pi}\int_0^0 \mathrm{d}\theta = 0$$

如果闭合路径 l 中所包围的电流不止一个，而且并不都是长直的电流，如图 4.12 所示。根据叠加原理，可以严格证明有如下结论成立

$$\oint_l B\cdot \mathrm{d}l = \mu_0(I_1 + I_2 + I_3) = \mu_0 \sum I_k$$

通过以上各类环量的计算，可以分析归纳为恒定磁场中的一个基本规律。

4.3.2　真空中的安培环路定律

在真空磁场中，磁感应强度沿任意闭合回路的线积分，等于真空中的磁导率乘以该回路所限定面积中穿过的自由电流代数和。其表达式为

$$\oint_l \boldsymbol{B} \cdot \mathrm{d}\boldsymbol{l} = \mu_0 \sum_{k=1}^{n} I_k \qquad (4.3.2)$$

这就是真空中的安培环路定律。上式是定律的积分表达形式，其中 I_k 的正负取决于 I_k 的流向与 l 回路的环行方向是否符合右手螺旋关系，相符为正，否则为负。

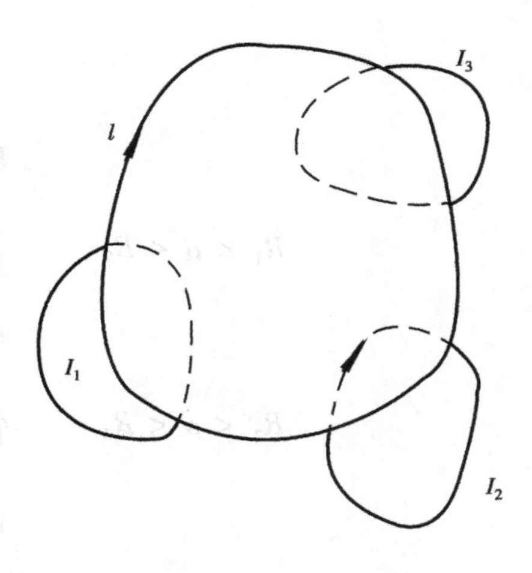

图 4.12

应注意的是，定律中所反映的磁感应强度沿任意闭合回路的线积分，仅与回路所包围的面积中通过的自由电流的总量相关，而与其他电流无关。但是，磁感应强度本身则与产生磁场的所有电流都相关。

由安培环路定律积分形式可知，等式右端的电流是环行回路 l 所限定面积 S 中通过的电流代数和。这种电流通常是以体分布形式存在，设其体电流密度为 $\boldsymbol{J}$，安培环路定律又可写为

$$\oint_l \boldsymbol{B} \cdot \mathrm{d}\boldsymbol{l} = \mu_0 \int_S \boldsymbol{J} \cdot \mathrm{d}\boldsymbol{S}$$

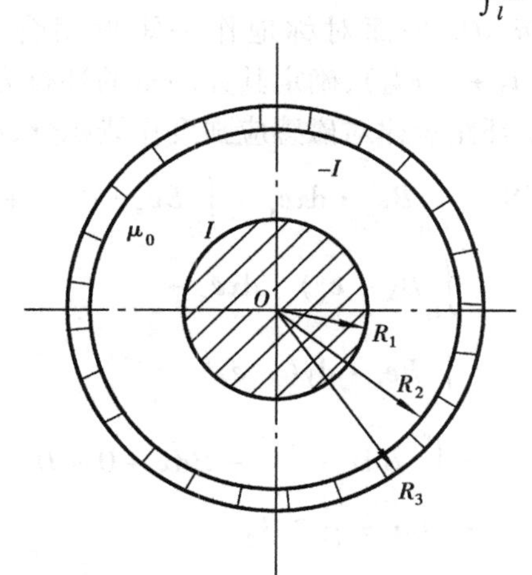

图 4.13　长直同轴电缆的磁场

运用斯托克斯定理，上式可写为

$$\oint_l \boldsymbol{B} \cdot \mathrm{d}\boldsymbol{l} = \int_S (\nabla \times \boldsymbol{B}) \cdot \mathrm{d}\boldsymbol{S} = \int_S \mu_0 \boldsymbol{J} \cdot \mathrm{d}\boldsymbol{S}$$

考虑到闭合回路选择的任意性，它所限定面积也呈任意性，要保持上式积分相等，应有式中的被积函数相等

$$\nabla \times \boldsymbol{B} = \mu_0 \boldsymbol{J} \qquad (4.3.3)$$

上式称之为真空中安培环路定律的微分形式。它非常明确地反映恒定磁场的有旋性，这一性质就决定了恒定磁场与静电场的本质区别。

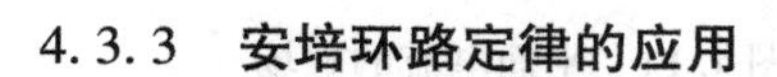

4.3.3　安培环路定律的应用

例 4.6　长直同轴电缆，其横截面尺寸如图 4.13 所示。已知内、外导体以及它们之间媒质的磁导率为 μ_0，内、外导体中流过电流分别为 I, $-I$，试求磁感应强度的分布。

解　场源分布和媒质结构上的对称性，决定了磁场的分布呈平行平面场，又是轴对称场。以图 4.13 所示的横截面为计算区域，建立圆柱坐标系。以 $0<\rho<\infty$ 为半径，以半径为 ρ 的同心圆作为积分路径，被积函数为 $\boldsymbol{B}=B(\rho)\boldsymbol{e}_\phi$。

$$0 < \rho < R_1 \qquad \oint_l \boldsymbol{B} \cdot \mathrm{d}\boldsymbol{l} = \int_0^{2\pi} B\boldsymbol{e}_\phi \cdot \rho \mathrm{d}\phi \boldsymbol{e}_\phi$$

$$= 2\pi\rho B = \frac{\mu_0 I}{\pi R_1^2}\pi\rho^2$$

$$\boldsymbol{B} = \frac{\mu_0 I\rho}{2\pi R_1^2}\boldsymbol{e}_\phi$$

$R_1 < \rho < R_2$
$$\oint_l \boldsymbol{B}\cdot \mathrm{d}\boldsymbol{l} = 2\pi\rho B$$

$$\boldsymbol{B} = \frac{\mu_0 I}{2\pi\rho}\boldsymbol{e}_\phi$$

$R_2 < \rho < R_3$
$$\oint_l \boldsymbol{B}\cdot \mathrm{d}\boldsymbol{l} = 2\pi\rho B = \mu_0\left[I + \frac{-I(\rho^2 - R_2^2)}{(R_3^2 - R_2^2)}\right]$$

$$\boldsymbol{B} = \frac{\mu_0 I(R_3^2 - \rho^2)}{2\pi(R_3^2 - R_2^2)\rho}\boldsymbol{e}_\phi$$

$\rho > R_3$
$$\oint_l \boldsymbol{B}\cdot \mathrm{d}\boldsymbol{l} = \mu_0(I - I) = 0$$

$$\boldsymbol{B} = 0$$

例 4.7 已知在 xOz 平面上有面电流，其电流面密度 $\boldsymbol{k} = k_0\boldsymbol{e}_z$。试求该平面两侧真空中的磁场分布。

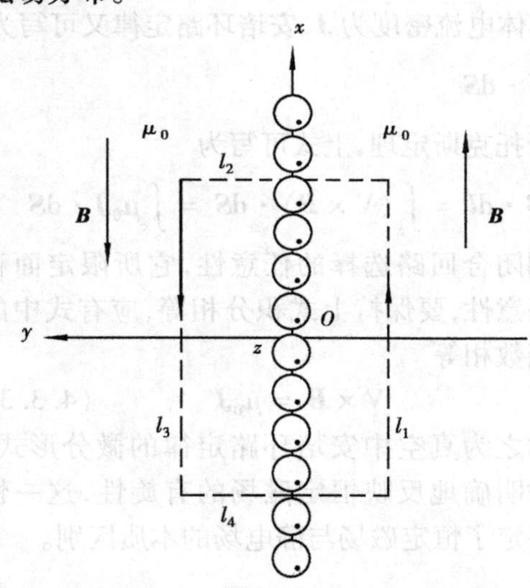

图 4.14 平面电流的磁场

解 磁场的分布以 xOz 平面为对称：$y > 0$，$\boldsymbol{B} = B(-\boldsymbol{e}_x)$；$y < 0$，$\boldsymbol{B} = B\boldsymbol{e}_x$，如图 4.14 所示。若在图中跨 xOz 平面对称地作一矩形闭合回路 $l(l = l_1 + l_2 + l_3 + l_4)$，确定其如图示的环行方向，运用安培环路定律对磁感应强度作线积分，有

$$\oint_l \boldsymbol{B}\cdot \mathrm{d}\boldsymbol{S} = \int_{l_1} B\boldsymbol{e}_x\cdot \mathrm{d}x\boldsymbol{e}_x + \int_{l_2} B\boldsymbol{e}_x\cdot \mathrm{d}y\boldsymbol{e}_y + \int_{l_3} B(-\boldsymbol{e}_x)\cdot \mathrm{d}x\boldsymbol{e}_x + \int_{l_4} B\boldsymbol{e}_x\cdot \mathrm{d}y(-\boldsymbol{e}_y)$$

$$= \int_{-a}^{a} B\mathrm{d}x + \int_{a}^{-a} -B\mathrm{d}x + 0 + 0$$

$$= 4Ba = \mu_0 2ak_0$$

所以

$$B = \frac{\mu_0}{2}k_0$$

故

$$y > 0 \qquad \boldsymbol{B} = \frac{\mu_0}{2}k_0(-\boldsymbol{e}_x)$$

$$y < 0 \qquad \boldsymbol{B} = \frac{\mu_0}{2}k_0\boldsymbol{e}_x$$

例 4.8 有厚为 d 的无限大导体板上，均匀分布着密度为 $\boldsymbol{J} = J_0\boldsymbol{e}_z$ 的体电流。试求导体板两侧真空中的磁感应强度。

解　媒质结构和场源分布以 yOz 平面为对称，使得磁感应强度分布也以 yOz 平面为对称，且有 $x>0$，$\boldsymbol{B}=B\boldsymbol{e}_y$，$x<0$　$\boldsymbol{B}=B(-\boldsymbol{e}_y)$。跨 yOz 平面对称设置矩形回路为积分路径 l，如图4.15所示。

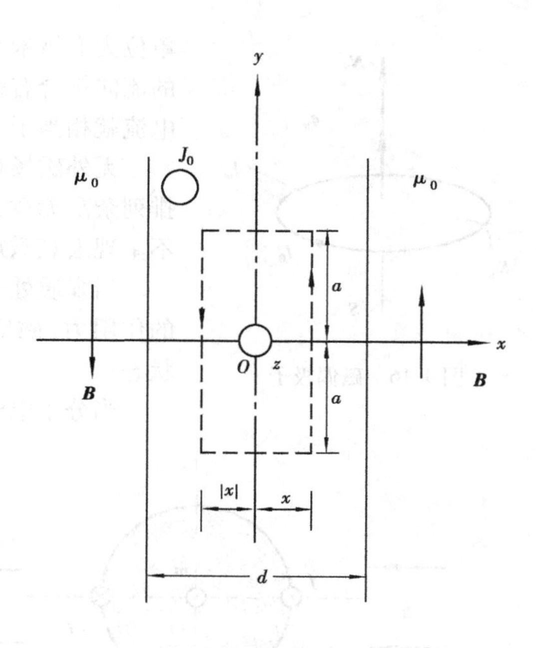

图4.15　体电流导板产生的磁场

$|x|\leqslant-\dfrac{d}{2}$：

$$\oint_l \boldsymbol{B}\cdot\mathrm{d}\boldsymbol{l}=\int_{-a}^{a}B\boldsymbol{e}_y\cdot\mathrm{d}y\boldsymbol{e}_y+\int_{a}^{-a}-B\boldsymbol{e}_y\cdot\mathrm{d}y\boldsymbol{e}_y$$

$$=4aB=4\mu_0 a|x|J_0$$

所以　　$\boldsymbol{B}=\mu_0 J_0 x\boldsymbol{e}_y$

$|x|\geqslant\dfrac{d}{2}$：

$$\oint_l \boldsymbol{B}\cdot\mathrm{d}\boldsymbol{l}=4aB=2\mu_0 adJ_0$$

$x\geqslant\dfrac{d}{2}$：

$$\boldsymbol{B}=\frac{1}{2}\mu_0 J_0 \mathrm{d}\boldsymbol{e}_y$$

$x\leqslant-\dfrac{d}{2}$：

$$\boldsymbol{B}=\frac{1}{2}\mu_0 J_0 \mathrm{d}(-\boldsymbol{e}_y)$$

当 $|x|\to0$，$\boldsymbol{B}=0$，这说明在无限大平面对称情况下，电流呈体分布时，对称面上有 $\boldsymbol{B}=0$，可将积分路径 l 的一条边选在对称面上，它对闭合回路的线积分的贡献为零。

从以上3个例题可以看出，当电流分布和场域媒质结构具有无限长直圆柱对称，或者具有无限大平面对称时，可恰当选择闭合的积分路径 l，运用安培环路定律，直接求解磁感应强度。有时需应用线性叠加原理，以利于形成磁场分布的某种对称性，便于应用安培环路定律来求解。

4.4　媒质磁化　安培环路定律的一般形式

实际接触更多的是有媒质存在的磁场，在磁场中媒质的电磁特性有何变化，媒质中的磁场是否也具有无散有旋性是更值得关注和研究的问题。

4.4.1　媒质的磁化

从物质的结构来看，物质由分子组成，分子由原子组成，原子中的电子绕原子核运动。将分子中的电子运动对外的磁效应等效于一个细小的圆环形电流，用 I_0 表示，称之为分子电流，它的磁效应可用磁偶极子的偶极矩表示

$$\boldsymbol{m}=I_0\boldsymbol{S}_m \tag{4.4.1}$$

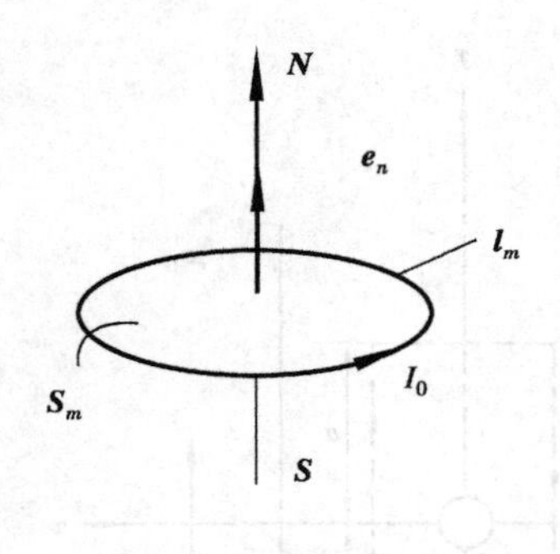

图 4.16　磁偶极子

单位为安培米平方（$A\cdot m^2$）。式中，$\boldsymbol{S}_m = S_m\boldsymbol{e}_n$ 的正方向与 I_0 的流向符合右螺旋关系，如图 4.16 所示。于是，每一个分子电流就相当于一个磁偶极子，好似一个小磁针。

无外磁场存在时，媒质中分子电流的磁矩取向没有规律，排列杂乱无章，许许多多的磁偶极子的磁效应互相抵消，对外不呈现宏观磁矩。

当媒质处于外磁场中时，媒质中分子电流将受到外磁场的作用力，磁矩发生偏转。分析分子电流所处的两种极端状态：

当分子电流所在平面与外磁场 $\boldsymbol{B}$ 平行时，即分子电流的

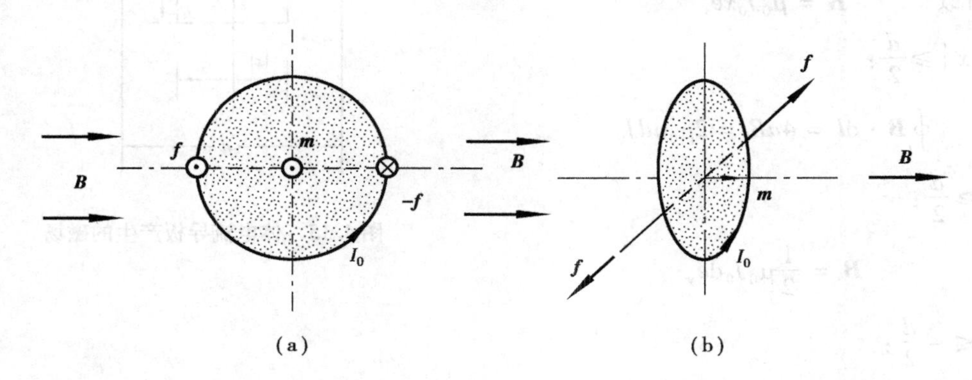

图 4.17　处在磁场中的磁偶极子

磁矩方向垂直于外磁场时，受到磁场的洛仑兹力 $\boldsymbol{f} = q\boldsymbol{v}\times\boldsymbol{B}$ 作用，而使分子电流受到力臂为分子电流直径的最大力矩作用，驱使它的磁矩朝向外磁场偏转，见图 4.17(a)。

当分子磁矩与外磁场 $\boldsymbol{B}$ 的方向一致，即分子电流所在平面垂直于外磁场 $\boldsymbol{B}$ 时，分子电流环上各处所受到的洛仑兹力互相抵消，使分子电流保持稳定状态，见图 4.17(b)。

处在其他情况时，媒质中分子电流将受到磁场的洛仑兹力作用，其磁矩将朝外磁场方向偏转，趋向于较为有序的排列，对外呈现磁性，表现为宏观磁矩。外磁场愈强，媒质中分子电流的磁矩的排列愈趋向于一致。这种媒质中分子电流的磁矩取向趋向一致称之为媒质的磁化，其结果使外磁场得到加强。

当然，分子电流的磁矩取向趋于一致是指总的趋势，实际上由于分子自身的热运动，分子磁矩不可能趋于完全一致的排列。

上面简述的是磁场中媒质磁化的机理。为了便于宏观地研究媒质磁化现象，应进行定量的分析。

在磁化的媒质中取一体积元 ΔV，它的当中有 N 个分子电流，每一个分子电流的磁矩为 $\boldsymbol{m} = I_0\boldsymbol{S}_m$，于是 N 个分子电流表现出来的宏观磁矩为 $\sum\boldsymbol{m}$。用 $\boldsymbol{M}$ 来表示磁化的媒质中某点处单位体积中表现出的宏观磁矩

$$\boldsymbol{M} = \lim_{\Delta V\to 0}\frac{\sum\boldsymbol{m}}{\Delta V} \tag{4.4.2}$$

称为磁化强度，单位是安[培]/米（A/m）。它表征媒质中各点处媒质磁化的强弱程度，当然，

它也是媒质空间点的坐标矢量函数。

4.4.2　媒质磁化后的磁效应

在 4.2 节算例中计算了磁偶极子在远区产生的磁矢量位 $\boldsymbol{A}=\frac{\mu_0 \boldsymbol{m}\times\boldsymbol{e}_r}{4\pi r^2}$,考虑到本节中坐标原点作其他设置的可能性,此式应一般化为 $\boldsymbol{A}=\frac{\mu_0 \boldsymbol{m}\times\boldsymbol{e}_R}{4\pi R^2}$。

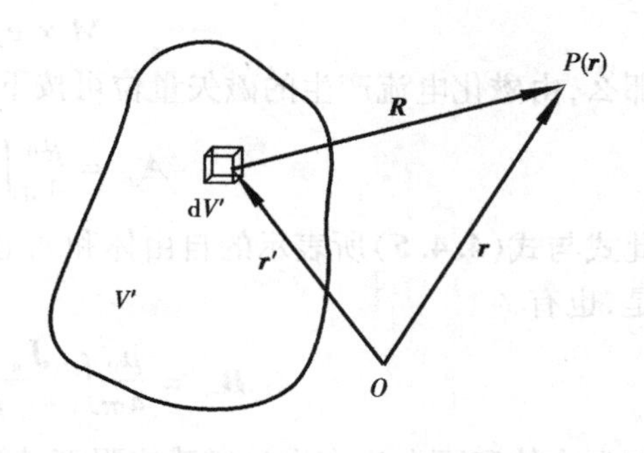

图 4.18　磁化媒质产生的磁场

在磁化媒质区域 V' 中,取体积元 $\mathrm{d}V'$,如图 4.18 所示,将其中所有的分子电流都等效为一个个的磁偶极子,它们所表现出来的宏观磁矩为

$$\sum \boldsymbol{m}=\boldsymbol{M}\mathrm{d}V'$$

所产生的磁矢量位

$$\mathrm{d}\boldsymbol{A}_m=\frac{\mu_0}{4\pi}\frac{\sum \boldsymbol{m}\times\boldsymbol{e}_R}{R^2}=\frac{\mu_0}{4\pi}\frac{\boldsymbol{M}\times\boldsymbol{e}_R}{R^2}\mathrm{d}V'$$

于是,V' 区域中磁化媒质产生的磁效应可表示为

$$\boldsymbol{A}_m=\frac{\mu_0}{4\pi}\int_{V'}\frac{\boldsymbol{M}\times\boldsymbol{e}_R}{R^2}\mathrm{d}V'=\frac{\mu_0}{4\pi}\int_{V'}\boldsymbol{M}\times\nabla'\left(\frac{1}{R}\right)\mathrm{d}V' \tag{4.4.3}$$

由矢量恒等式

$$\nabla\times(f\boldsymbol{F})=f\nabla\times\boldsymbol{F}+\nabla f\times\boldsymbol{F}$$

式(4.4.3)可写为

$$\boldsymbol{A}_m=\frac{\mu_0}{4\pi}\int_{V'}\left[\frac{\nabla'\times\boldsymbol{M}}{R}-\nabla'\times\frac{\boldsymbol{M}}{R}\right]\mathrm{d}V'$$

再按矢量恒等式(旋度定律)

$$\int_V(\nabla\times\boldsymbol{F})\mathrm{d}V=-\oint_S\boldsymbol{F}\times\mathrm{d}\boldsymbol{S}$$

有

$$\int_{V'}-\nabla'\times\left(\frac{\boldsymbol{M}}{R}\right)\mathrm{d}V'=\oint_{S'}\left(\frac{\boldsymbol{M}}{R}\right)\times\mathrm{d}\boldsymbol{S}'=\oint_{S'}\frac{\boldsymbol{M}\times\boldsymbol{e}_n}{R}\mathrm{d}S'$$

$$\boldsymbol{A}_m=\frac{\mu_0}{4\pi}\int_{V'}\frac{\nabla'\times\boldsymbol{M}}{R}\mathrm{d}V'+\frac{\mu_0}{4\pi}\oint_{S'}\frac{\boldsymbol{M}\times\boldsymbol{e}_n}{R}\mathrm{d}S' \tag{4.4.4}$$

根据(4.2.3)和(4.2.4)两式,有体电流和面电流存在的真空中,磁矢量位应按如下场源关系式计算

$$\boldsymbol{A}=\frac{\mu_0}{4\pi}\int_{V'}\frac{\boldsymbol{J}}{R}\mathrm{d}V'+\frac{\mu_0}{4\pi}\oint_{S'}\frac{\boldsymbol{K}}{R}\mathrm{d}S' \tag{4.4.5}$$

对比以上两式,可知具有相同的形式。由此,若采用等效观念,引出磁化电流的概念,可定义体磁化电流密度和面磁化电流密度:

体磁化电流密度

$$\nabla\times\boldsymbol{M}=\boldsymbol{J}_m\qquad(\mathrm{A/m^2})$$

面磁化电流密度

$$\boldsymbol{M} \times \boldsymbol{e}_n = \boldsymbol{K}_m \qquad (\mathrm{A/m})$$

那么,由磁化电流产生的磁矢量位可按下式计算

$$\boldsymbol{A}_m = \frac{\mu_0}{4\pi}\int_{V'} \frac{\boldsymbol{J}_m}{R}\mathrm{d}V' + \frac{\mu_0}{4\pi}\oint_{S'} \frac{\boldsymbol{K}_m}{R}\mathrm{d}S' \tag{4.4.6}$$

此式与式(4.4.5)所表示的自由体和面电流产生的磁矢量位计算式具有完全相同的形式。于是,也有

$$\boldsymbol{B}_m = \frac{\mu_0}{4\pi}\int_{V'} \frac{\boldsymbol{J}_m \times \boldsymbol{e}_R}{R^2}\mathrm{d}V' + \frac{\mu_0}{4\pi}\oint_{S'} \frac{\boldsymbol{K}_m \times \boldsymbol{e}_R}{R^2}\mathrm{d}S' \tag{4.4.7}$$

与自由体和面电流产生的磁感应强度计算式具有完全相同的形式。

由上分析可见,媒质磁化后对原磁场的影响,可以用按体磁化电流密度 $\boldsymbol{J}_m$ 和面磁化电流密度 $\boldsymbol{k}_m$ 分布的磁化电流所产生的磁场等效地描述。与自由电流一样,磁化电流也遵从毕奥-沙伐定律产生恒定磁场。在有媒质存在的区域,任意一点处的磁感应强度,应是由自由电流和磁化电流在真空中产生的磁场的合成。通常,将媒质磁化后的等效磁化电流称为二次场源。

4.4.3 安培环路定律的一般形式

在有媒质存在的磁场中,考虑闭合回路不含在媒质分界面上的部分线段,则真空中的安培环路定律可表述成如下形式

$$\begin{aligned}\oint_l \boldsymbol{B} \cdot \mathrm{d}\boldsymbol{l} &= \mu_0\left(\sum I_k + \sum I_m\right) \\ &= \mu_0\left(\sum I_k + \int_S \boldsymbol{J}_m \cdot \mathrm{d}\boldsymbol{S}\right) \\ &= \mu_0\left(\sum I_k + \oint_l \boldsymbol{M} \cdot \mathrm{d}\boldsymbol{l}\right)\end{aligned}$$

于是,有

$$\oint_l \left(\frac{\boldsymbol{B}}{\mu_0} - \boldsymbol{M}\right) \cdot \mathrm{d}\boldsymbol{l} = \sum I_k$$

定义一个新的场量

$$\boldsymbol{H} = \frac{\boldsymbol{B}}{\mu_0} - \boldsymbol{M} \tag{4.4.8}$$

安培环路定律可表示为

$$\oint_l \boldsymbol{H} \cdot \mathrm{d}\boldsymbol{l} = \sum_{k=1}^{n} I_k \tag{4.4.9}$$

上式中包含了媒质磁化的影响,其表述比真空中的安培环路定律更为简洁,更具有一般性,称它为安培环路定律的一般形式。定律中被积函数 $\boldsymbol{H}$ 称为磁场强度,由(4.4.8)定义,它的单位为安[培]/米(A/m)。于是式(4.4.9)表示,磁场强度沿闭合路线的积分等于该闭合路线所界定面积上通过的自由电流代数和,I_k的正负取决于 I_k的流向与 l 回路的环行方向是否符合右手螺旋关系,相符为正,否则为负。

考虑到通常自由电流是以体电流分布的,式(4.4.9)可以改写为

$$\oint_l \boldsymbol{H} \cdot \mathrm{d}\boldsymbol{l} = \int_S \boldsymbol{J} \cdot \mathrm{d}\boldsymbol{S}$$

式中 $d\boldsymbol{S}$ 的正方向与 l 回路的环行方向呈右手螺旋关系。由斯托克斯定理，有

$$\oint_l \boldsymbol{H} \cdot d\boldsymbol{l} = \int_S \nabla \times \boldsymbol{H} \cdot d\boldsymbol{S} = \int_S \boldsymbol{J} \cdot d\boldsymbol{S}$$

考虑到积分回路 l 选择的任意性，其所界定面积 S 的任意性，要使上式成立，必有

$$\nabla \times \boldsymbol{H} = \boldsymbol{J} \tag{4.4.10}$$

成立，它更为直接地反映出恒定磁场的场量与激励源之间的关系。称式(4.4.9)和式(4.4.10)分别为安培环路定律一般形式的积分形式和微分形式。

应当指出，真空中的安培环路定律是安培环路定律一般形式的特殊形式，在真空中没有媒质的磁化，$\boldsymbol{M}=0$，$\boldsymbol{H}=\boldsymbol{B}/\mu_0$。在应用上，安培环路定律一般形式的使用方法与第 4.3 节所描述的完全相同。

4.4.4　各向同性线性媒质的性能方程

媒质的性能方程就是磁场强度 $\boldsymbol{H}$ 的定义式(4.4.8)，又写为

$$\boldsymbol{B} = \mu_0(\boldsymbol{H} + \boldsymbol{M}) \tag{4.4.11}$$

它直接反映媒质磁化的影响，反映 $\boldsymbol{B}$ 和 $\boldsymbol{H}$ 两个基本场量之间的关系。

实验表明，在各向同性线性媒质中，有

$$\boldsymbol{M} = \chi_m \boldsymbol{H} \tag{4.4.12}$$

其中，χ_m 为纯数，称为媒质的磁化率，它有可能是空间的坐标函数。若媒质还是均匀的，χ_m 就为常数。将上式代入(4.4.11)得

$$\boldsymbol{B} = \mu_0(\boldsymbol{H} + \chi_m \boldsymbol{H}) = \mu_0(1 + \chi_m)\boldsymbol{H} = \mu_0\mu_r \boldsymbol{H} = \mu \boldsymbol{H} \tag{4.4.13}$$

其中，$\mu_r = 1 + \chi_m$ 称为媒质的相对磁导率，$\mu = \mu_0\mu_r$ 称为媒质的磁导率。对于一般非磁性物质来讲，$\chi_m = 0$，$\mu = \mu_0$。对于铁磁物质而言，$\chi_m \gg 1$，$\mu_r \gg 1$，$\mu \gg \mu_0$。

4.4.5　无限大各向同性、线性、均匀媒质中的场—源关系

此时，媒质的相对磁导率、磁导率都为常数，只需将真空中恒定磁场的场—源关系里的真空磁导率 μ_0 换为媒质的磁导率 μ 即可。据此，媒质中的毕奥—沙伐定律计算式可表述为

$$\boldsymbol{B}(r) = \frac{\mu}{4\pi}\int_{\Omega'} \frac{dq\boldsymbol{v} \times (\boldsymbol{r} - \boldsymbol{r}')}{|\boldsymbol{r} - \boldsymbol{r}'|^3} d\Omega' \tag{4.4.14}$$

同理，磁矢量位也有相应的表示

$$\boldsymbol{A} = \frac{\mu}{4\pi}\int_{\Omega'} \frac{dq\boldsymbol{v}}{R} + \boldsymbol{C} \tag{4.4.15}$$

上面两式中，当源区 Ω' 分别为 V'，S'，l' 时，积分区域 $d\Omega'$ 应分别为 dV'，dS'，dl'，元电流段 $dq\boldsymbol{v}$ 应分别为 $\boldsymbol{J}dV'$，$\boldsymbol{k}dS'$，Idl'。

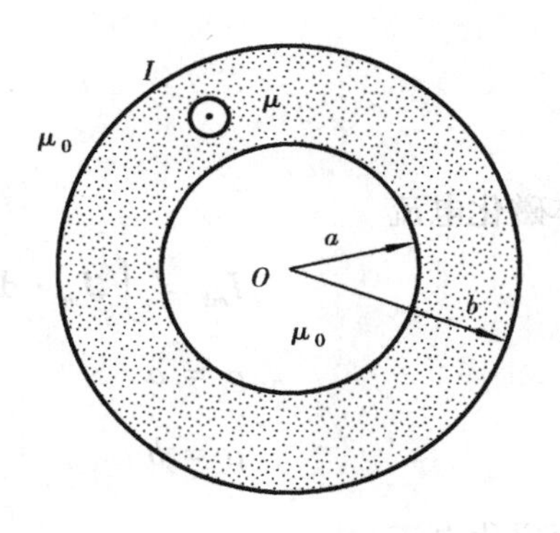

图 4.19　圆柱铁管的截面

4.4.6　计算举例

例 4.9　已知圆柱铁管内外半径分别为 a 和 b，其中通过电流 I，铁管的磁导率为 μ，试求：①磁感应强度 $\boldsymbol{B}$；②铁管中的磁化强度 $\boldsymbol{M}$；③铁管中的磁化电流密度 $\boldsymbol{J}_m$，$\boldsymbol{K}_m$。

解 激励电流和媒质的分布使磁场为轴对称场，又呈平行平面场，取一截面如图 4.19 所示，建立圆柱坐标系，有 $\boldsymbol{B}=B(\rho)\boldsymbol{e}_\phi$。

1）取圆心在原点处，半径为 ρ 的圆为积分路径，由安培环路定律得

$$\rho < a \qquad \oint_l \boldsymbol{H}\cdot \mathrm{d}\boldsymbol{l} = 2\pi\rho H = 0$$

$$\boldsymbol{H} = \boldsymbol{B} = 0$$

$$a < \rho < b \qquad \oint_l H_1 \cdot \mathrm{d}\boldsymbol{l} = \int_0^{2\pi} H_1 \boldsymbol{e}_\phi \cdot \rho \mathrm{d}\phi \boldsymbol{e}_\phi = 2\pi\rho H_1 = \frac{I}{(b^2-a^2)}(\rho^2-a^2)$$

$$\boldsymbol{H}_1 = \frac{I(\rho^2-a^2)}{2\pi(b^2-a^2)\rho}\boldsymbol{e}_\phi$$

$$\boldsymbol{B}_1 = \frac{\mu I(\rho^2-a^2)}{2\pi(b^2-a^2)\rho}\boldsymbol{e}_\phi$$

$$\rho > b \qquad \oint_l \boldsymbol{H}_2 \cdot \mathrm{d}\boldsymbol{l} = 2\pi\rho H = I$$

$$\boldsymbol{H}_2 = \frac{I}{2\pi\rho}\boldsymbol{e}_\phi$$

$$\boldsymbol{B}_2 = \frac{\mu_0 I}{2\pi\rho}\boldsymbol{e}_\phi$$

2）求媒质的磁化（$a<\rho<b$）

$$a < \rho < b \qquad \boldsymbol{M} = \frac{\boldsymbol{B}_1}{\mu_0} - \boldsymbol{H}_1 = \left(\frac{\mu}{\mu_0}-1\right)\boldsymbol{H}_1 = \left(\frac{\mu}{\mu_0}-1\right)\frac{I(\rho^2-a^2)}{2\pi(b^2-a^2)\rho}\boldsymbol{e}_\phi$$

3）求铁管中的磁化电流密度

$$a < \rho < b \qquad \boldsymbol{J}_m = \nabla \times \boldsymbol{M} = \begin{vmatrix} \frac{1}{\rho}\boldsymbol{e}_\rho & \boldsymbol{e}_\phi & \frac{1}{\rho}\boldsymbol{e}_z \\ \frac{\partial}{\partial\rho} & \frac{\partial}{\partial\alpha} & \frac{\partial}{\partial z} \\ 0 & \rho M_\phi & 0 \end{vmatrix}$$

$$= \left(\frac{\mu}{\mu_0}-1\right)\frac{I}{\pi(b^2-a^2)}\boldsymbol{e}_z$$

体磁化电流

$$I_{m1} = \int_S \boldsymbol{J}_m \cdot \mathrm{d}\boldsymbol{S} = J_m \pi(b^2-a^2) = \left(\frac{\mu}{\mu_0}-1\right)I$$

$$\rho = a \qquad \boldsymbol{K}_m = \boldsymbol{M}\times\boldsymbol{e}_n = 0$$

$$\rho = b \qquad \boldsymbol{K}_m = \boldsymbol{M}\times\boldsymbol{e}_n = \left(\frac{\mu}{\mu_0}-1\right)\frac{I}{2\pi b}(-\boldsymbol{e}_z)$$

面磁化电流

$$I_{m2} = \oint_l \boldsymbol{K}_m \cdot \mathrm{d}l\boldsymbol{e}_z = -\left(\frac{\mu}{\mu_0}-1\right)I$$

总的磁化电流

$$I_m = I_{m1} + I_{m2} = 0$$

例 4.10　如图4.20所示空气中放置绕有线圈匝数为 N、电流为 I 的长直螺旋管，求管内的磁场。

解　长直螺线管的长度 L 远大于它的半径 R，忽略边缘效应，可视该螺线管为无限长。通常，线圈均匀密绕于螺线管外壁上，相当于沿管外壁上有均匀分布的环形面电流。这样，在螺线管内可用轴对称的平行平面场表示它的磁场，应建立圆柱坐标系。沿螺线管的轴线作一截面，

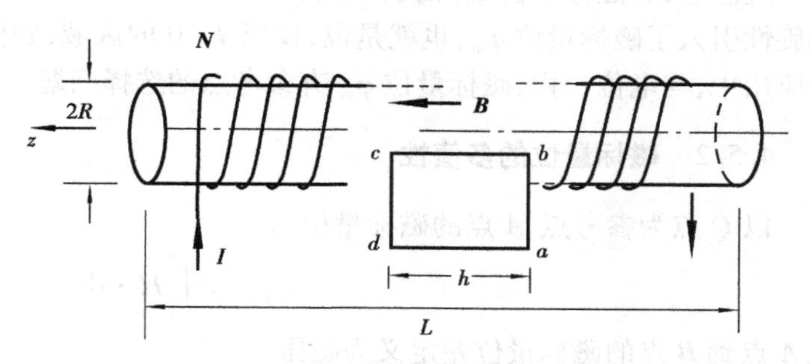

图4.20　长直螺旋管内的磁场

如图4.20所示，螺线管等效环形面电流密度为

$$\boldsymbol{K} = \frac{NI}{L}\boldsymbol{e}_\phi$$

管内磁场沿螺线管的轴线方向，即为 z 坐标方向。

易于推知，在螺线管外的磁场趋于零。

跨螺线管壁作一矩形回路 l_{abcd}，它的长边与管壁平行。由安培环路定律得

$$\begin{aligned}\oint_l \boldsymbol{H}\cdot \mathrm{d}\boldsymbol{l} &= \int_{ab}\boldsymbol{H}\cdot \mathrm{d}\boldsymbol{l} + \int_{cd}\boldsymbol{H}\cdot \mathrm{d}\boldsymbol{l} + \int_{bc}\boldsymbol{H}\cdot \mathrm{d}\boldsymbol{l} + \int_{da}\boldsymbol{H}\cdot \mathrm{d}\boldsymbol{l} \\ &= 0 + 0 + \int_0^h \boldsymbol{H}\cdot \mathrm{d}\boldsymbol{l} + \int_h^0 0\cdot \mathrm{d}\boldsymbol{l} = h\cdot H = h\frac{NI}{L}\end{aligned}$$

$$\boldsymbol{H} = \frac{NI}{L}\boldsymbol{e}_z$$

$$\boldsymbol{B} = \frac{\mu_0 NI}{L}\boldsymbol{e}_z$$

4.5　磁标量位

4.5.1　磁标量位的概念

如果能像电场一样在磁场中引入标量形式的位函数，给磁场的计算带来快捷方便，这将是十分有价值的事。要研究的问题是在什么情况下，可以引入标量位函数。

与静态电场有本质的区别，在于恒定磁场表现出有旋性 $\nabla\times\boldsymbol{H}=\boldsymbol{J}$，如果在 $\boldsymbol{J}=0$ 的区域，必然有 $\nabla\times\boldsymbol{H}=0$，即是说在没有恒定电流的区域，恒定磁场呈无旋性。据此，可引出一标量位函数

$$\boldsymbol{H} = -\nabla\varphi_m \qquad (4.5.1)$$

称 φ_m 为磁标量位，其单位是安[培](A)。

与静态电场一样,可以定义出等磁位面(线) $\varphi_m(\boldsymbol{r}) = C$,$C$ 为某一个具体的磁位值。同样,在等磁位面(线)上,处处都有 $\boldsymbol{H} \perp$ 等磁位面(线),作等磁位面(线)表示的场图的原则也同静态电场。

应注意到:磁标量位 φ_m 的引入反映了计算上的需要,它没有明确的物理意义。基于场的无旋性引入了磁标量位 φ_m,也就是说,仅当 $\boldsymbol{J}=0$ 的区域,磁标量位 φ_m 的定义才有意义。在实际应用中,与电位一样,磁标量位 φ_m 有参考点的选择问题。

4.5.2 磁标量位的多值性

以 Q 点为参考点,A 点的磁标量位为

$$\varphi_{mA} = \int_A^Q \boldsymbol{H} \cdot \mathrm{d}\boldsymbol{l}$$

从 A 点到 B 点的磁标量位差定义为磁压

$$\begin{aligned} U_{mAB} &= \int_A^B \boldsymbol{H} \cdot \mathrm{d}\boldsymbol{l} \\ &= \int_A^Q \boldsymbol{H} \cdot \mathrm{d}\boldsymbol{l} - \int_B^Q \boldsymbol{H} \cdot \mathrm{d}\boldsymbol{l} \\ &= \varphi_{mA} - \varphi_{mB} \end{aligned}$$

显然,磁压的单位也是安[培](A)。

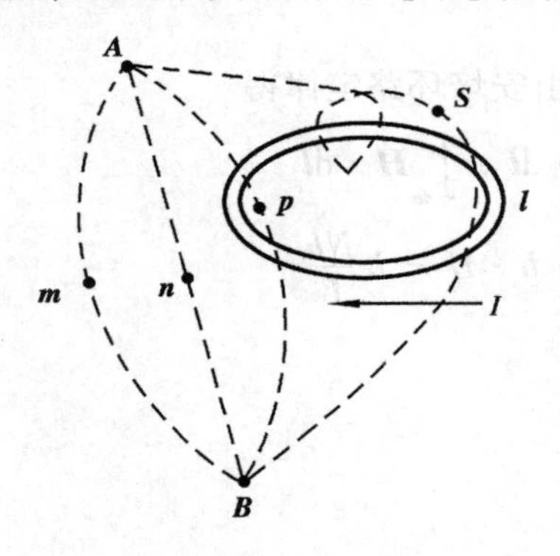

图 4.21 标量磁位的多值性

以图 4.21 中回路 $l_1(AmBnA)$ 做磁场强度 $\boldsymbol{H}$ 的线积分

$$\oint_{l_1} \boldsymbol{H} \cdot \mathrm{d}\boldsymbol{l} = \int_{AmB} \boldsymbol{H} \cdot \mathrm{d}\boldsymbol{l} + \int_{BnA} \boldsymbol{H} \cdot \mathrm{d}\boldsymbol{l} = 0$$

$$U_{AB} = \int_{AmB} \boldsymbol{H} \cdot \mathrm{d}\boldsymbol{l} = \int_{AnB} \boldsymbol{H} \cdot \mathrm{d}\boldsymbol{l}$$

若取 $l_2(AmBPA)$ 为积分回路,则

$$\oint_{l_2} \boldsymbol{H} \cdot \mathrm{d}\boldsymbol{l} = \int_{AmB} \boldsymbol{H} \cdot \mathrm{d}\boldsymbol{l} - \int_{APB} \boldsymbol{H} \cdot \mathrm{d}\boldsymbol{l} = -I$$

$$U_{AB} = \int_{AmB} \boldsymbol{H} \cdot \mathrm{d}\boldsymbol{l} = \int_{APB} \boldsymbol{H} \cdot \mathrm{d}\boldsymbol{l} - I$$

若取 $l_3(AmBSA)$ 为积分回路,且在 S 处沿电流回路绕了 k 次,则

$$\oint_{l_2} \boldsymbol{H} \cdot \mathrm{d}\boldsymbol{l} = \int_{AmB} \boldsymbol{H} \cdot \mathrm{d}\boldsymbol{l} - \int_{ASB} \boldsymbol{H} \cdot \mathrm{d}\boldsymbol{l} = -kI$$

$$U_{AB} = \int_{AmB} \boldsymbol{H} \cdot \mathrm{d}\boldsymbol{l} = \int_{ASB} \boldsymbol{H} \cdot \mathrm{d}\boldsymbol{l} - kI$$

由上面的计算可见,三次计算 A,B 两点的磁压,都得到不同的值。若以 B 点为参考点,很显然,A 点的磁位具有多值性。

分析产生多值性的原因,是因为磁场强度 $\boldsymbol{H}$ 的积分回路穿过了或多次绕过了载有电流 I 的回路所限定的面积。据此,如果将电流回路所决定的面称为磁障碍面,并规定 $\boldsymbol{H}$ 的积分回路不得穿过磁障碍面,那么,磁标量位的单值性就得到了保证。

4.5.3 磁标量位的微分方程

在满足$\nabla \cdot \boldsymbol{B}=0$、$\nabla \times \boldsymbol{H}=0$ 两个基本方程的恒定磁场中,可定义磁标量位 φ_m。设这一恒

定磁场媒质的磁导率为 μ，有构成方程 $\boldsymbol{B}=\mu\boldsymbol{H}$，将它带入 $\boldsymbol{B}$ 的散度方程，有

$$\nabla\cdot\boldsymbol{B}=\nabla\cdot(\mu\boldsymbol{H})=0$$

用式(4.5.1)带入上式，有

$$\nabla\cdot(-\mu\varphi_m)=0$$

即

$$\mu\nabla^2\varphi_m+\nabla\mu\cdot\nabla\varphi_m=0$$

若磁场中媒质是各向同性、线性、均匀媒质，μ 为常数，则磁标量位 φ_m 应满足如下拉普拉斯方程

$$\nabla^2\varphi_m=0 \tag{4.5.2}$$

于是，可以按照解微分方程的方法来求解磁场，有关的求解方法见第 2 章静电场。

4.6　恒定磁场的基本方程　媒质分界面上的衔接条件

4.6.1　基本方程与构成方程

磁通的连续性和安培环路定律反映了恒定磁场的基本特性，所以用它们的方程作为恒定磁场的基本方程，方程的积分形式

$$\begin{aligned}\oint_S\boldsymbol{B}\cdot d\boldsymbol{S}&=0\\ \oint_l\boldsymbol{H}\cdot d\boldsymbol{l}&=\sum I\end{aligned} \tag{4.6.1}$$

方程的微分形式

$$\begin{aligned}\nabla\cdot\boldsymbol{B}&=0\\ \nabla\times\boldsymbol{H}&=\boldsymbol{J}\end{aligned} \tag{4.6.2}$$

它们描述了恒定磁场无散有旋的基本特性。

有媒质存在的恒定磁场中，媒质的构成方程为

$$\boldsymbol{B}=\mu_0(\boldsymbol{H}+\boldsymbol{M}) \tag{4.6.3}$$

在各向同性线性媒质中

$$\boldsymbol{M}=\chi_m\boldsymbol{H}$$

$$\mu_r=1+\chi_m,\quad \mu=\mu_0\mu_r$$

媒质的构成方程可表示为

$$\boldsymbol{B}=\mu\boldsymbol{H} \tag{4.6.4}$$

应当指出，恒定磁场总是满足磁通的连续性的，可以用 $\nabla\cdot\boldsymbol{B}=0$ 来作为判断一个矢量场可否是磁场的必要条件。

必须注意到，基本方程的积分形式适用于各种不同的场域形式、不同媒质的分布情况，而它的微分形式只能适用于连续媒质中。要求得恒定磁场的分布，需要求解磁场的微分方程，而解答的确定，需要媒质分界面(线)上的场矢量衔接条件。

4.6.2　媒质分界面上的衔接条件

在媒质分界面上场矢量通常要发生突变，要求解磁场的分布，就必须搞清楚在媒质分界面

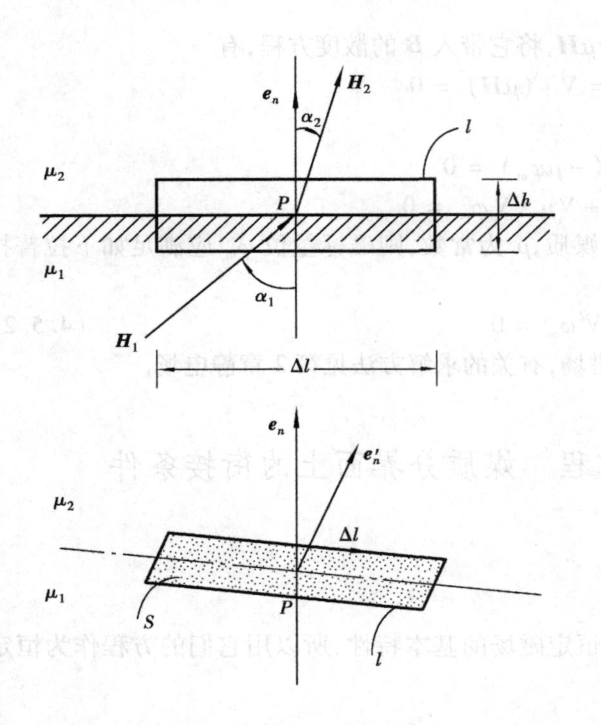

图 4.22　媒质分界面上的磁场强度

上磁感应强度和磁场强度究竟发生了什么样的变化。当然,这需要运用基本方程的积分形式来研究。

1)磁场强度 $\boldsymbol{H}$ 所满足的分界面衔接条件

取有两种媒质 1 和 2 的场域空间,它们的磁导率为 μ_1 和 μ_2,在分界面上取一点 P,如图 4.22 所示。设 $\boldsymbol{e}_n$ 为在 P 点处该分界面上的正法线单位矢量,其方向为从媒质 μ_1 指向媒质 μ_2,$\boldsymbol{K}$ 表示分界面上的面电流密度。图中示出了磁场强度 $\boldsymbol{H}$ 的入射和折射情况,相应的入射角 α_1 和折射角 α_2。取矩形回路 l 包围 P 点正好跨过分界面,其长边 Δl 很短,且平行于分界面,其高 Δh 很短,以至于 $\Delta h \to 0$。

取 $\boldsymbol{e}'_n$ 为 l 回路所界定面积 S 正方向的单位矢量,在媒质 2 中 Δl 的正方向按下式确定:

$$\Delta \boldsymbol{l} = (\boldsymbol{e}'_n \times \boldsymbol{e}_n)\Delta l$$

根据安培环路定律

$$\begin{aligned}\oint_l \boldsymbol{H} \cdot \mathrm{d}\boldsymbol{l} &= \boldsymbol{H}_2 \cdot \Delta \boldsymbol{l} - \boldsymbol{H}_1 \cdot \Delta \boldsymbol{l} \\ &= (\boldsymbol{H}_2 - \boldsymbol{H}_1) \cdot (\boldsymbol{e}'_n \times \boldsymbol{e}_n)\Delta l \\ &= \boldsymbol{K} \cdot \boldsymbol{e}'_n \Delta l\end{aligned}$$

可得

$$\boldsymbol{e}_n \times (\boldsymbol{H}_2 - \boldsymbol{H}_1) = \boldsymbol{K} \tag{4.6.5}$$

当时 $\boldsymbol{K} = 0$,有

$$\boldsymbol{e}_n \times (\boldsymbol{H}_2 - \boldsymbol{H}_1) = 0 \tag{4.6.6}$$

上式的模为

$$H_1 \sin \alpha_1 = H_2 \sin \alpha_2$$

即

$$H_{1t} = H_{2t} \tag{4.6.7}$$

说明在媒质分界面上无面电流时磁场强度 $\boldsymbol{H}$ 的切向分量是连续的。

2)磁感应强度应满足的分界面衔接条件

在如图 4.23 中所示的媒质分界面,作一扁平圆柱面,使其正好跨过分界面,且上、下底面平行于分界面,底面积 ΔS 很小,认为在其上各处磁感应强度相等,它的高 $\Delta h \to 0$。图中示出了磁感应强度 $\boldsymbol{B}$ 的入射角 β_1 和折射角 β_2。根据磁通连续性原理,有

$$\oint_S \boldsymbol{B} \cdot \mathrm{d}\boldsymbol{S} = \boldsymbol{B}_2 \cdot \Delta S \boldsymbol{e}_n + \boldsymbol{B}_1 \cdot \Delta S(-\boldsymbol{e}_n)$$

$$= \boldsymbol{e}_n \cdot (\boldsymbol{B}_2 - \boldsymbol{B}_1)\Delta S = 0$$

有

$$\boldsymbol{e}_n \cdot (\boldsymbol{B}_2 - \boldsymbol{B}_1) = 0 \qquad (4.6.8)$$

其模值为

$$B_1 \cos\beta_1 = B_2 \cos\beta_2$$
$$B_{1n} = B_{2n} \qquad (4.6.9)$$

即磁感应强度的法向分量连续。

3）折射定律

若1）和2）中的媒质是各向同性线性的，即 $\alpha_1 = \beta_1, \alpha_2 = \beta_2$，且在媒质分界面上面电流密度 $\boldsymbol{K} = 0$，由式(4.6.7)、式(4.6.9)和式(4.6.4)可导出

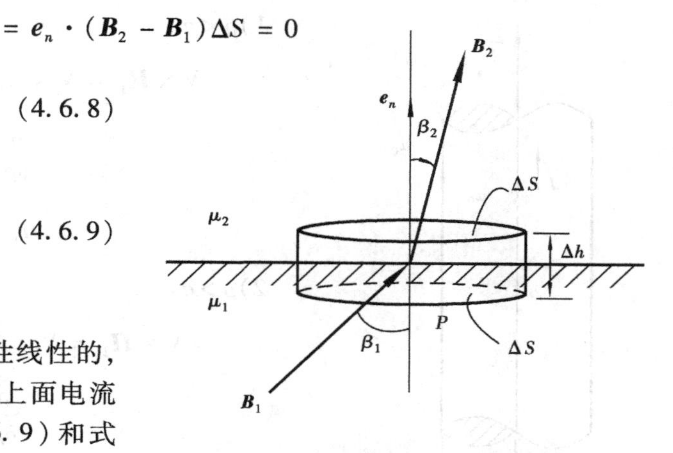

图4.23　媒质分界面上的磁感应强度

$$\frac{\tan\alpha_1}{\tan\alpha_2} = \frac{\mu_1}{\mu_2} \qquad (4.6.10)$$

称为磁场中的折射定律。

考虑常见的情况，第一种媒质是铁磁物质，$\mu_1 \gg \mu_0$，第二种媒质是空气，$\mu_2 = \mu_0$。若设 $\mu_1 = 7\,000\mu_0$，当 $\alpha_1 = 89°$时，$\alpha_2 = \tan^{-1}\left(\frac{\mu_0}{7\,000\mu_0}\tan\alpha_1\right) = \tan^{-1}(8.184 \times 10^{-3}) = 28'$，可见当磁场由铁磁物质进入非铁磁物质时，不管入射角大小如何，只要 $\alpha_1 \neq \frac{\pi}{2}$，则分界面上紧靠非铁磁物质一侧均可视为磁感应强度 $\boldsymbol{B}$ 垂直于分界面，分界面可看作是等标量磁位面。

4.6.3　用磁位表示的媒质分界面边界条件

依据式(4.6.5)和式(4.6.8)，可以导出磁位表示的媒质分界面衔接条件。

用磁矢量位表示的媒质分界面边界条件为

$$A_1 = A_2$$
$$\boldsymbol{e}_n \times \left(\frac{1}{\mu_2}\nabla \times \boldsymbol{A}_2 - \frac{1}{\mu_1}\nabla \times \boldsymbol{A}_1\right) = \boldsymbol{k} \qquad (4.6.11)$$

在没有传导电流存在的场域空间，用标量磁位表示的媒质分界面边界条件为

$$\varphi_{m1} = \varphi_{m2}$$
$$\mu_1 \frac{\partial \varphi_{m1}}{\partial n} = \mu_2 \frac{\partial \varphi_{m2}}{\partial n} \qquad (4.6.12)$$

4.6.4　磁场计算

多媒质的恒定磁场中，媒质分界面衔接条件是计算磁场的不可缺少的条件。

例4.11　已知长直圆柱载流导体置于空气中，其半径为 a，体电流密度为 $\boldsymbol{J}_0 = J_0\boldsymbol{e}_z$，由恒定磁场基本方程的微分形式求磁感应强度 $\boldsymbol{B}$。

解　分析场源和媒质分布的对称性，可知磁场分布是平行平面场，又是轴对称场，建立圆柱坐标系，如图4.24所示，磁感应强度 $\boldsymbol{B} = B(\rho)\boldsymbol{e}_\phi$ 分布在长直圆柱导体和周围的空气中。运用式(4.6.2)中的安培环路定律的微分形式求解。

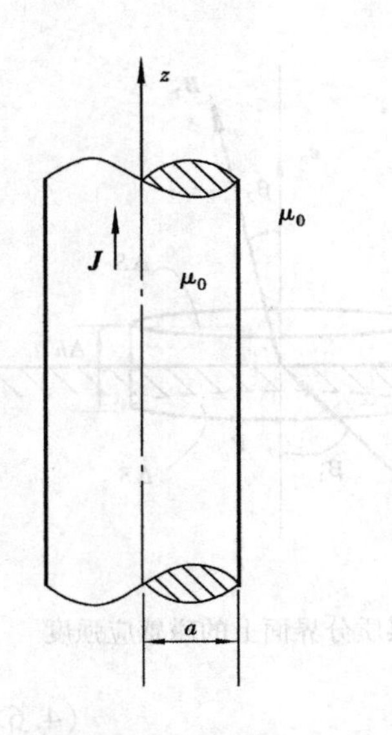

图 4.24 长直圆柱载流导体

1) $\rho < a$

$$\nabla \times \boldsymbol{H}_1 = \nabla \times H_1 \boldsymbol{e}_\phi = \frac{1}{\rho}\frac{\partial}{\partial \rho}(\rho H_1)\boldsymbol{e}_z = J_0 \boldsymbol{e}_z$$

$$\frac{\partial}{\partial \rho}(\rho H_1) = J_0 \rho$$

$$H_1 = \frac{1}{2}J_0\rho + \frac{C_1}{\rho}$$

2) $\rho > a$

$$\nabla \times \boldsymbol{H}_2 = \nabla \times H_2 \boldsymbol{e}_\phi = \frac{1}{\rho}\frac{\partial}{\partial \rho}(\rho H_2)\boldsymbol{e}_z = 0$$

$$\frac{\partial}{\partial \rho}(\rho H_2) = 0$$

$$H_2 = \frac{C_2}{\rho}$$

3) $\rho = a$，由式(4.6.7)可得 $H_1 = H_2$，即：

$$\frac{1}{2}J_0 a + \frac{C_1}{a} = \frac{C_2}{a} \tag{1}$$

由式(4.6.9)可得 $B_{1n} = B_{2n} = 0$，但此条件不能建立求解待定系数的方程。

4)当 $\rho \to 0$ 时，H_1 应为有限值，则 $C_1 = 0$，由式(1)得

$$C_2 = \frac{1}{2}J_0 a^2$$

有

$\rho < a$

$$\boldsymbol{H}_1 = \frac{1}{2}J_0 \rho \boldsymbol{e}_\phi$$

$$\boldsymbol{B}_1 = \frac{1}{2}\mu_0 J_0 \rho \boldsymbol{e}_\phi$$

$\rho > a$

$$\boldsymbol{H}_2 = \frac{1}{2}a^2 J_0 \frac{1}{\rho}\boldsymbol{e}_\phi$$

$$\boldsymbol{B}_2 = \frac{1}{2}\mu_0 a^2 J_0 \frac{1}{\rho}\boldsymbol{e}_\phi$$

4.7 电　感

4.7.1 电感的概念

1)磁通与磁链

磁通：穿过 S 面的 $\boldsymbol{B}$ 线的总量，又称 $\boldsymbol{B}$ 的通量

$$\Phi = \int_S \boldsymbol{B} \cdot \mathrm{d}\boldsymbol{S} \tag{4.7.1}$$

它的单位为韦伯(Wb)。在各向同性线性媒质中，如果磁场由通电线圈产生，则由毕奥-沙伐定律：

$$\boldsymbol{B} = \frac{I}{4\pi}\int_l \frac{\mu \mathrm{d}\boldsymbol{l} \times \boldsymbol{R}}{R^2}$$

很显然 $|\boldsymbol{B}|$ 正比于 I,亦即 Φ 与 I 成正比。

如果线圈有 N 匝,每匝线圈都有自己界定的面积,都会通过相应的磁通。如果线圈线径很细,且密绕在一起,则可认为每匝线圈界定的面积上通过的磁通是一样的。

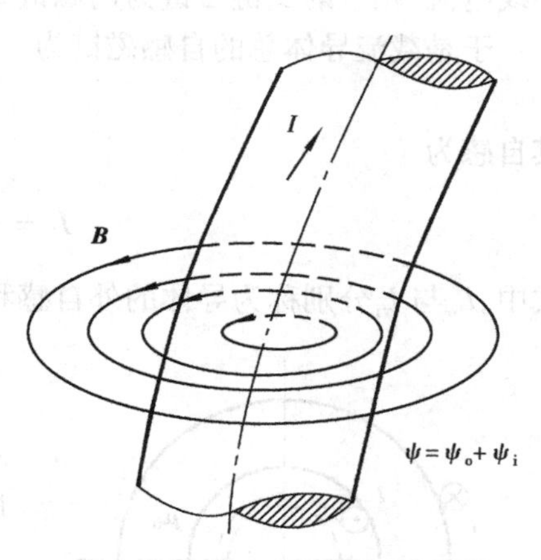

图 4.25　内磁链和外磁链

磁链:处在磁场中的线圈,其每匝线圈界定面积上通过磁通的总和,就称为磁场与该线圈**交链**的磁链。

$$\psi = \sum_{k=1}^{N} \phi_k \tag{4.7.2}$$

式中,N 为线圈的匝数,显然它的单位也是韦伯。若每匝交链的磁通都相等,则:$\psi = N\phi$。

磁链反映磁通与电流线圈回路的交链情况,如图 4.25 所示。

2)自感与互感

由电流回路产生,与回路本身相交链的磁链,称为自感磁链,用 ψ_L 表示。自感磁链 ψ_L 与产生它的回路电流 I 成正比,比例系数用 L 来表示,称它为**自感**。

$$L = \frac{\psi_L}{I} \tag{4.7.3}$$

其单位为亨[利](H),是一个只与回路线圈形状、几何尺寸、导线及周围媒质磁导率相关,而与电流无关的物理量。

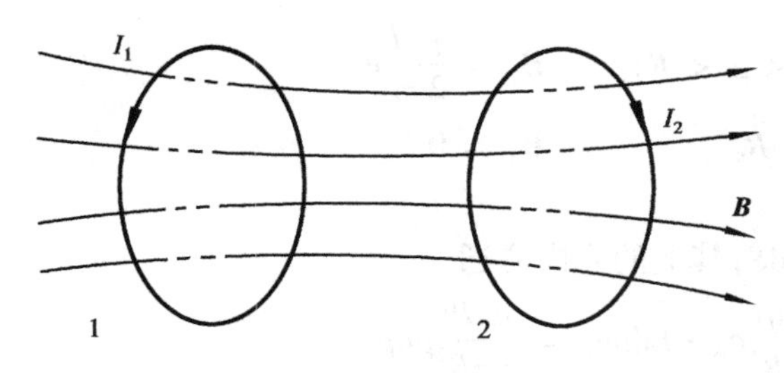

图 4.26　两电流回路的交链

如图 4.26 所示,由 1 号电流回路产生的与 2 号回路相交链的磁链,称为 1 号回路对 2 号回路产生的互感磁链 ψ_{21},它与 1 号回路的电流成正比 $\psi_{21} = M_{21}I_1$,于是定义比例系数称为 1 号回路对 2 号回路的**互感**

$$M_{21} = \psi_{21}/I_1 \tag{4.7.4}$$

同理:由 2 号电流回路产生的,与 1 号回路交链的磁链称为 2 号回路对 1 号回路的互感磁链 ψ_{12},M_{12}称为 2 号回路相对 1 号回路的互感

$$M_{12} = \psi_{12}/I_2 \tag{4.7.5}$$

不论 M_{12}或 M_{21},它们都反映一电流回路产生的与另一电流回路相交链的能力,它也是一个仅与两回路形状、相对位置、几何尺寸、导体及周围媒质特性相关,而与电流无关的物理量。后面还将证明

$$M_{12} = M_{21} \tag{4.7.6}$$

3)内自感和外自感

由载流导体产生的与自身交链的磁通中,有一部分是与整个导体电流相交链的,称之为外磁通 Φ_o,相应的交链磁链为外磁链 ψ_o。

另一部分磁通是在导体内部，或者与部分导体相交链，称为内磁通 Φ_i，它们仅仅交链部分导线电流，相应的交链磁链为内磁链 ψ_i。

于是载流导体总的自感磁链为

$$\psi = \psi_o + \psi_i$$

其自感为

$$L = \frac{\psi}{I} = \frac{\psi_o}{I} + \frac{\psi_i}{I} = L_o + L_i \tag{4.7.7}$$

式中，L_o与 L_i分别称为导体的外自感和内自感。

4）计算举例

例 4.12 内导体半径为 R_1，外导体半径为 R_2的长直同轴电缆，其横截面如图 4.27 所示。试求单位长度的自感。

解 分析题意，按图中设置的长直同轴电缆的截面，很显然其磁场既为一平行平面场，又是轴对称场。处在内导体中呈同心圆的 **B** 线，构成内磁通和内磁链，它们均与过电缆轴线的任意半平面相垂直。

可按先求 $\boldsymbol{B} \to \psi_i, \psi_o \to L_0$ 这样的思路计算：

1）求 **B**

$$\rho < R_1 \quad \boldsymbol{B}_1 = \frac{\mu_0 I'}{2\pi\rho}\boldsymbol{e}_\phi = \frac{\mu_0}{2\pi\rho}\frac{I}{\pi R_1^2}\pi\rho^2\boldsymbol{e}_\phi = \frac{\mu_0 I\rho}{2\pi R_1^2}\boldsymbol{e}_\phi$$

$$R_1 < \rho < R_2 \qquad \boldsymbol{B}_2 = \frac{\mu_0 I}{2\pi\rho}\boldsymbol{e}_\phi$$

$$\rho > R_2 \qquad \boldsymbol{B}_3 = 0$$

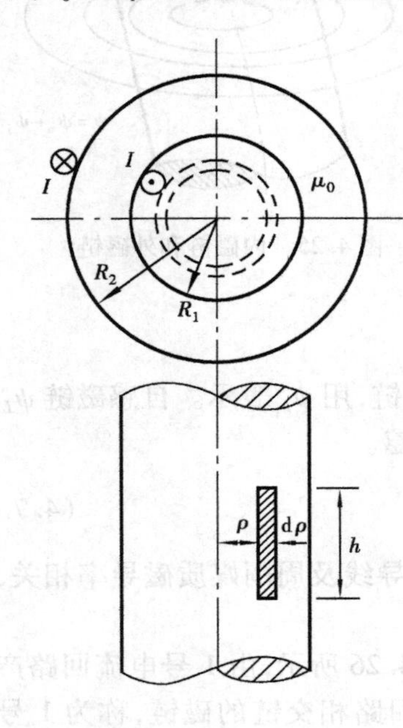

图 4.27 长直同轴电缆的截面

2）求内磁链、内自感

如图在 ρ 处取一高为 h，宽为 $d\rho$ 的面元 dS，其上的元内磁通

$$d\Phi_i = \boldsymbol{B}\cdot d\boldsymbol{S} = \frac{\mu_0 I\rho}{2\pi R_1^2}\boldsymbol{e}_\phi \cdot h d\rho \boldsymbol{e}_\phi = \frac{\mu_0 I h}{2\pi R_1^2}\rho d\rho$$

应注意到：

①与 $d\phi_i$相交链的电流不是整个 I，而只是其中的一部分 $I' = \frac{\rho^2}{R_1^2}I$，磁链的计算基础是交链整个电流 I，所以 $d\Phi_i \neq d\psi_i$；

②处于不同 ρ 处的面元 $d\boldsymbol{S} = h d\rho \boldsymbol{e}_\phi$，它所交链的磁通 $d\Phi_i$不同，对应的磁链 $d\psi_i$ 也不一样。此时，只需用与部分电流交链的元磁通折合成与整个电流交链的磁通，即为元磁链

$$d\psi_i = k d\Phi_i = \frac{I'}{I}d\Phi_i = \frac{\rho^2}{R_1^2}d\Phi_i = \frac{\mu_0 I h}{2\pi R_1^4}\rho^3 d\rho$$

与内导体交链的磁链

$$\psi_i = \frac{\mu_0 I h}{2\pi R_1^4}\int_0^{R_1}\rho^3 d\rho = \frac{\mu_0 I h}{8\pi R_1^4}\left[\rho^4\right]_0^{R_1} = \frac{\mu_0 I h}{8\pi}$$

单位长度的**内自感**

$$L'_{i} = \frac{\psi_{i}}{Ih} = \frac{\mu_{0}}{8\pi} \tag{4.7.8}$$

3)求元外磁通和外磁链

元外磁通(磁链)

$$d\Phi_{0} = \boldsymbol{B} \cdot d\boldsymbol{S} = \frac{\mu_{0} I}{2\pi\rho} h d\rho$$

外磁链

$$\psi_{0} = \int d\Phi_{0} = \frac{\mu_{0} I h}{2\pi\rho} \int_{R_1}^{R_2} \frac{d\rho}{\rho} = \frac{\mu_{0} I h}{2\pi} \ln \frac{R_2}{R_1}$$

单位长度的外自感

$$L'_{0} = \frac{\psi_{0}}{Ih} = \frac{\mu_{0}}{2\pi} \ln \frac{R_2}{R_1}$$

同轴电缆单位长度的自感为

$$L' = L'_{i} + L'_{o} = \frac{\mu_{0}}{8\pi} + \frac{\mu_{0}}{2\pi} \ln \frac{R_2}{R_1}$$

例 4.13 在空气中,有半径为 r_0 的两长直圆柱形传输线,如图 4.28 所示,试求单位长度传输线的自感。

解 分析题意,长直二线传输线,可视为在其两端闭合的一个环形电流回路,设其中的电流为 I,流向如图中所示。忽略边缘效应($l \gg D$, $D \gg r_0$),它产生的磁场,可看成平行平面场。

按内自感和外自感来求自感。

内自感不易求,可按例 1 中的结果近似取得,外自感的求法有两种:

1)由 $\boldsymbol{A}$ 求 $\Phi_0 \to \psi_0 \to L'_0$;

2)由 $\boldsymbol{B}$ 求 $\Phi_0 \to \psi_0 \to L'_0$。

下面分别解之。

(a)二线传输线产生的磁矢量位:

$$\boldsymbol{A} = \frac{\mu_0 I}{2\pi} \ln \frac{r_2}{r_1} \boldsymbol{e}_y$$

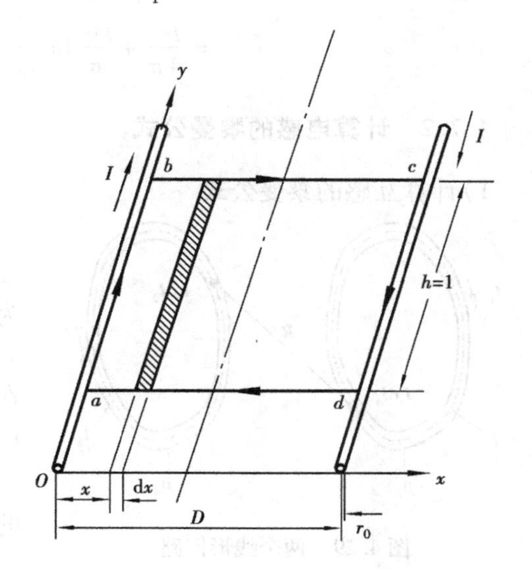

图 4.28 二线传输线的自感

其中,r_1,r_2 分别表示正向、负向电流到场点的距离,$\boldsymbol{A}$ 的方向决定于电流方向。

取长度为 $h=1$ 的矩形回路 l_{abcd},求 l_{abcd} 界定面积内的外磁通(外磁链):

$$\begin{aligned}
\psi'_{0} = \Phi'_{0} &= \oint_{l} \boldsymbol{A} \cdot d\boldsymbol{l} \\
&= \frac{\mu_0 I}{2\pi}\left(\int_{ab} \ln \frac{D - r_0}{r_0} dl + \int_{cd} \ln \frac{D - r_0}{r_0} dl\right) \\
&= \frac{\mu_0 I}{2\pi}\left[\ln \frac{D - r_0}{r_0} + \ln \frac{D - r_0}{r_0}\right]
\end{aligned}$$

$$= \frac{\mu_0 I}{2\pi} \ln \frac{D}{r_0}$$

(b)在 l_{abcd} 回路界定面积中,先求 $\boldsymbol{B}$,再求外磁通(外磁链):

$$\boldsymbol{B} = \boldsymbol{B}_1 + \boldsymbol{B}_2 = \frac{\mu_0 I}{2\pi}(-\boldsymbol{e}_z) + \frac{\mu_0 I}{2\pi(D-x)}(-\boldsymbol{e}_z)$$

$$= \frac{\mu_0 I}{2\pi}\left[\frac{1}{x} + \frac{1}{D-x}\right](-\boldsymbol{e}_z)$$

$$\Phi'_0 = \int_S \boldsymbol{B} \cdot \mathrm{d}\boldsymbol{S} = \frac{\mu_0 I}{2\pi}\int_{r_0}^{D-r_0}\left(\frac{1}{x} + \frac{1}{D-x}\right)\mathrm{d}x$$

$$= \frac{\mu_0 I}{2\pi}\left[\ln\frac{D-r_0}{r_0} - \ln\frac{r_0}{D-r_0}\right]$$

$$= \frac{\mu_0 I}{\pi} \ln \frac{D}{r_0} = \phi'_0$$

(c)求单位长度二线传输线的自感 L'_0:

$$L' = L'_\mathrm{i} + L'_0 = L'_\mathrm{i} + \frac{\psi'_0}{I} = \frac{\mu_0}{8\pi} \times 2 + \frac{\mu_0}{\pi} \ln \frac{D}{r_0}$$

$$= \frac{\mu_0}{4\pi} + \frac{\mu_0}{\pi} \ln \frac{D}{r_0}$$

4.7.2 计算电感的黎曼公式

1)计算互感的黎曼公式

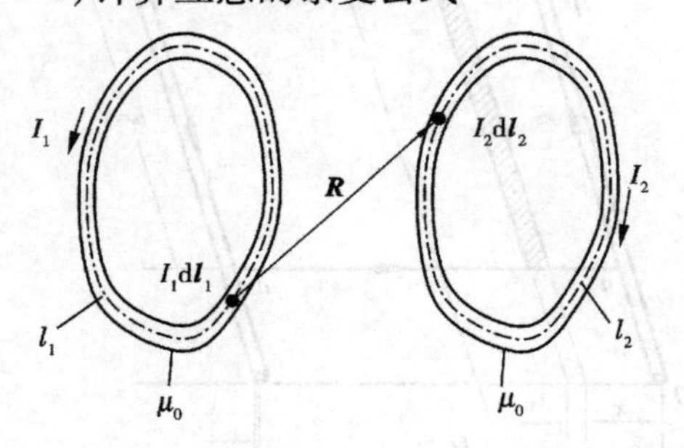

图 4.29 两个线形回路

首先来分析如图 4.29 所示两线形回路之间的互感,设两回路的导体及周围媒质的磁导率都为 μ_0。

设回路 1 中通有电流 I_1,其作用中心线可视为在导线几何轴线 l_1 上。同理,设回路 2 中通有电流 I_2,其作用中心线也在导线几何轴线 l_2 上。

回路 1 的电流在回路 2 的轴线 l_2 上某点处产生的矢量磁位 $\boldsymbol{A}_1$

$$\boldsymbol{A}_1 = \frac{\mu_0}{4\pi}\oint_{l_1}\frac{I_1 \mathrm{d}\boldsymbol{l}_1}{R}$$

回路 1 电流产生的与回路 2 相交链的磁通

$$\psi_{21} = \Phi_{21} = \oint_{l_2} \boldsymbol{A}_1 \cdot \mathrm{d}\boldsymbol{l}_2 = \frac{\mu_0 I_1}{4\pi}\oint_{l_2}\oint_{l_1}\frac{\mathrm{d}\boldsymbol{l}_1 \cdot \mathrm{d}\boldsymbol{l}_2}{R}$$

则回路 1 相对于回路 2 的互感

$$M_{21} = \frac{\psi_{21}}{I_1} = \frac{\mu_0}{4\pi}\oint_{l_2}\oint_{l_1}\frac{\mathrm{d}\boldsymbol{l}_1 \cdot \mathrm{d}\boldsymbol{l}_2}{R} \tag{4.7.9}$$

同理,回路 2 电流产生的与回路 1 相交链的磁通

$$\psi_{12} = \Phi_{12} = \oint_{l_2} \boldsymbol{A}_2 \cdot \mathrm{d}\boldsymbol{l}_1 = \frac{\mu_0 I_2}{4\pi}\oint_{l_1}\oint_{l_2}\frac{\mathrm{d}\boldsymbol{l}_2 \cdot \mathrm{d}\boldsymbol{l}_1}{R}$$

则回路2相对于回路1的互感

$$M_{12}=\frac{\psi_{12}}{I_1}=\frac{\mu_0}{4\pi}\oint_{l_1}\oint_{l_2}\frac{\mathrm{d}\boldsymbol{l}_2\cdot\mathrm{d}\boldsymbol{l}_1}{R} \tag{4.7.10}$$

对比(4.7.9)和(4.7.10)两式可知,式中的线积分变量 $\boldsymbol{l}_1$ 和 $\boldsymbol{l}_2$ 相互无关,可以交换线积分运算的先后次序,显然有 $M=M_{12}=M_{21}$,式(4.7.6)所反映的计算互感的互易原理得到证明。(4.7.9)和(4.7.10)两式都称为计算互感的黎曼公式。

2)用黎曼公式计算自感

如果两个线形线圈回路形状、几何尺寸都完全一样,将它们重叠在一块,若形成一个线形线圈回路,则采用黎曼公式求它们之间的互感,就相当于求线形线圈回路的自感。

在用(4.7.9)或(4.7.10)公式计算自感时,有出现 R 为零情况的可能。为避免此类情况发生,可将线圈电流集中于回路导线的几何轴线上,视为线圈回路 l_1,而线形线圈回路的内边框线可看作 l_2。再考虑该电流回路所产生的与自身相交链的磁链可分为内磁链和外磁链,则线形线圈回路的自感为

$$L=L_i+L_o \tag{4.7.11}$$

其内自感按式(4.7.8)计算

$$L_i=\frac{\mu_0}{8\pi}l_1 \tag{4.7.12}$$

其外自感按式(4.7.9)计算

$$L_o=\frac{\mu_0}{4\pi}\oint_{l_2}\oint_{l_1}\frac{\mathrm{d}\boldsymbol{l}_1\cdot\mathrm{d}\boldsymbol{l}_2}{R} \tag{4.7.13}$$

若线形线圈有 w 匝,通常 $L_o\gg L_i$ 有

$$L=L_o=\frac{\mu_0 w^2}{4\pi}\oint_{l_2}\oint_{l_1}\frac{\mathrm{d}\boldsymbol{l}_1\cdot\mathrm{d}\boldsymbol{l}_2}{R} \tag{4.7.14}$$

也就是说,计算一个线形线圈回路的外自感相当于计算回路1和回路2构成的两个线形线圈回路之间的互感。

4.8　磁场能量与磁场力

4.8.1　恒定磁场中的能量

外源做功建立磁场。在线性媒质中,假设电流和磁场的建立过程是缓慢进行的,没有电磁能量的辐射和其他损耗。于是,外源做功全部都将转换成磁场中储存的能量。为计算简单起见,首先考虑单个电流回路的情况。

1)单个载流回路系统

置于空气中电感为 L 的载流回路 l,其上的电流缓慢地由零逐渐增加到 I。设电流为 i 时,经过 $\mathrm{d}t$ 时间有 $\mathrm{d}i$ 电流增量,它将导致周围空间磁场的变化,在 l 回路中产生磁链增量 $\mathrm{d}\psi$,依据电磁感应定律,将在 l 回路产生感应电动势

$$\varepsilon=-\frac{\mathrm{d}\psi}{\mathrm{d}t}$$

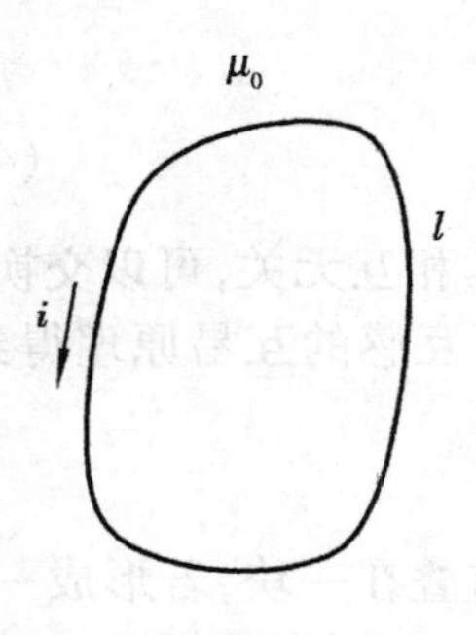

图 4.30　单个线形载流回路系统

以抵消电流 i 的变化。为保持电流 i 在 dt 时间有增量 di，必须在 l 回路中加以电压增量 $du=-\varepsilon$，消除 ε 的影响。于是在 dt 时间内，外电源输入回路 l 的能量

$$dW=(-\varepsilon)idt=id\psi=id(Li)=Lidi$$

将全部转换成磁场能量，于是自感为 L 的单个载流回路系统的磁场能量为

$$W_m=\int dW_m=\int_0^I Lidi=\frac{1}{2}LI^2=\frac{1}{2}L\psi \quad (4.8.1)$$

2)有两个线形载流回路系统

置于空气中的载流回路 l_1 和 l_2，它们的自感分别为 L_1 和 L_2，互感为 M，电流分别为 i_1 和 i_2，它们缓慢地由零逐渐增加到 I_1 或 I_2。以下面的方式来建立磁场：

①维持 i_2 为零，使 i_1 由 0 增加到 I_1

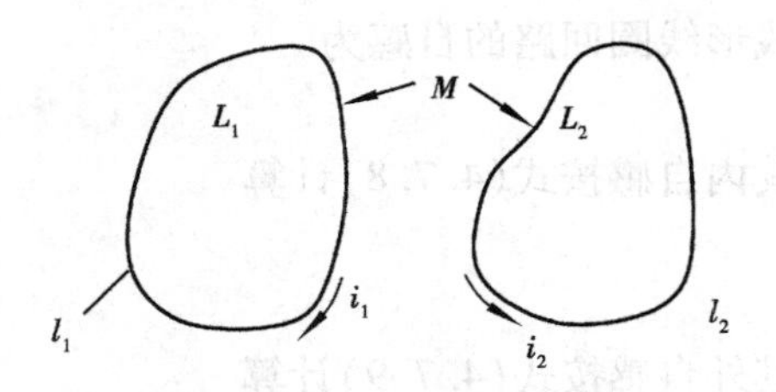

图 4.31　两个线形载流线圈系统

当 i_1 在 dt 时间内有增量 di_1，在 l_1 回路中有磁链增量 $d\psi_{11}$，将产生感应电动势 $\varepsilon_1=-\frac{d\psi_{11}}{dt}$，它会阻止 i_1 的增长。外源提供一电压 $du=-\varepsilon_1$，以维持 i_1 的不断增长，外源提供的能量为

$$dW_1=-\varepsilon_1 i_1 dt=i_1 d\psi_{11}=i_1 L_1 di_1$$

$$W_1=\int dW_1=\int_0^{I_1} i_1 L_1 di_1=\frac{1}{2}L_1 I_1^2=\frac{1}{2}I_1\psi_{11}$$

而 i_2 保持为零是这样来实现的：i_1 在 dt 时间内有增量 di_1，将在 l_2 中产生磁链增量 $d\psi_{21}$，出现感应电动势 $\varepsilon_2=-\frac{d\psi_{21}}{dt}$，为防止 l_2 中有电流产生，外源提供 $du=-\varepsilon_2$，使 $i_2=0$。

②维持 l_1 中 I_1 不变，使 l_2 中 i_2 由 0 增加到 I_2

设 l_2 中已有电流 i_2，在 dt 时间内，有一电流增量 di_2。一方面将在 l_2 中产生自感磁链增量 $d\psi_{22}$，使 l_2 出现感应电势 $\varepsilon_2=-\frac{d\psi_{22}}{dt}$。为保持 i_2 不断增加，外源将提供电压 $du=-\varepsilon_2$，以抵消感应电势 ε_2 的影响，由此而提供能量

$$dW_2=-\varepsilon_2 i_2 dt=i_2 d\psi_{22}=i_2 L_2 di_2$$

$$W_2=\int dW_2=\int_0^{I_2} i_2 L_2 di_2=\frac{1}{2}L_2 I_2^2=\frac{1}{2}I_2\psi_{22}$$

另外，l_2 中出现的电流增量 di_2 也将在 l_1 产生互感磁链 $d\psi_{12}$，引起感应电势 $\varepsilon_1=-\frac{d\psi_{12}}{dt}$，为保持 l_1 中的电流 I_1 不变，外源将提供电压 $du=-\varepsilon_1$，于是外源又提供能量

$$dW_{12}=-\varepsilon_1 I_1 dt=I_1 d\psi_{12}=I_1 M di_2$$

$$W_{12}=\int dW_{12}=\int_0^{I_2} MI_1 di_2=MI_1 I_2$$

③外源提供的所有能量全部转换为磁场能量

$$W_m=W_1+W_2+W_{12}=\frac{1}{2}L_1 I_1^2+\frac{1}{2}L_2 I_2^2+MI_1 I_2 \quad (4.8.2)$$

即为两线形电流回路构成的系统中储存的磁场能量,也可改写为

$$
\begin{aligned}
W_m &= \left(\frac{1}{2}L_1I_1^2 + \frac{1}{2}MI_1I_2\right) + \left(\frac{1}{2}L_2I_2^2 + \frac{1}{2}MI_1I_2\right) \\
&= \frac{1}{2}I_1(L_1I_1 + MI_2) + \frac{1}{2}I_2(L_2I_2 + MI_1) \\
&= \frac{1}{2}I_1(\psi_{11} + \psi_{12}) + \frac{1}{2}I_2(\psi_{22} + \psi_{21}) \\
&= \frac{1}{2}I_1\psi_1 + \frac{1}{2}I_2\psi_2
\end{aligned} \tag{4.8.3}
$$

式中,ψ_1,ψ_2 分别为线圈 l_1 和 l_2 中所交链的全部磁链。

3)有 n 个线形载流回路系统

在线性媒质中,设有回路 $l_1,l_2,\cdots,l_n$,电流为 $I_1,I_2,\cdots,I_n$,自感分别为 $L_1,L_2,\cdots,L_n$,两回路间的互感分别为 $M_{ij}(i=1,2,\cdots,n-1;j=i+1)$。由式(4.8.3),可以类比而推得

$$
\begin{aligned}
W_m &= \frac{1}{2}L_1I_1^2 + \frac{1}{2}L_2I_2^2 + \cdots + \frac{1}{2}L_nI_n^2 + M_{12}I_1I_2 + \\
&\quad M_{13}I_1I_3 + \cdots + M_{(n-1)n}I_{n-1}I_n \\
&= \frac{1}{2}\sum_{k=1}^{n}L_kI_k^2 + \sum_{i=1}^{n-1}\sum_{j=i+1}^{n}M_{ij}I_iI_j \\
&= \frac{1}{2}\sum_{k=1}^{n}I_k\psi_k
\end{aligned} \tag{4.8.4}
$$

称之为 n 个线形载流回路系统的磁场能量。式中,带自感 L_i 的项称为 i 号回路的自有能,带互感 $M_{ij}(i\neq j)$ 的项称为 i 和 j 号回路之间的相互作用能;L_k,M_{ij},ψ_k 分别为第 k 号回路的自感、i 和 j 回路之间的互感以及 k 号回路中所交链的磁链。

4.8.2 电磁能量的分布

对于 n 个线形载流回路系统,若每个回路都是一匝,则第 k 号回路的磁链可以表示为

$$
\psi_k = \int_{S_k}\boldsymbol{B}\cdot \mathrm{d}\boldsymbol{S} = \oint_{l_k}\boldsymbol{A}\cdot \mathrm{d}\boldsymbol{l}
$$

于是 n 个线形载流回路系统的磁场能量可表示为

$$
W_m = \frac{1}{2}\sum_{k=1}^{n}I_k\oint_{l_k}\boldsymbol{A}\cdot \mathrm{d}\boldsymbol{l} = \frac{1}{2}\sum_{k=1}^{n}\oint_{l_k}\boldsymbol{A}\cdot I_k\mathrm{d}\boldsymbol{l}
$$

如果在导电媒质中电流的分布是连续的,可将这种分布的体电流分解为大量线形电流回路,如同上式一样来表示该系统的磁场能量。此时 $I_k\mathrm{d}\boldsymbol{l}$ 为元电流段,按体电流考虑,$I_k\mathrm{d}\boldsymbol{l}$ 可表示为 $\mathrm{d}qV=\boldsymbol{J}_c\mathrm{d}V$,当 $n\to\infty$ 时改写 $\sum\limits_{k=1}^{n}\oint_{l_k}$ 成 $\int_V$ 体积分形式,有 $\boldsymbol{A}\cdot I_k\mathrm{d}\boldsymbol{l}\Rightarrow\boldsymbol{A}\cdot\boldsymbol{J}_c\mathrm{d}V$。这样上式可写为

$$
W_m = \frac{1}{2}\int_{V'}\boldsymbol{A}\cdot\boldsymbol{J}_c\mathrm{d}V'
$$

用一个半径为 R 的球面,将源区包围在其内,将上式写为球面包围体积 V 的积分

$$
W_m = \frac{1}{2}\int_{V}\boldsymbol{A}\cdot\boldsymbol{J}_c\mathrm{d}V
$$

由被积函数可知,积分有效区仍只是源区,以上两式等价。

在被积函数中 $\boldsymbol{J}_c=\nabla\times\boldsymbol{H}$,有如下矢量恒等式

$$\boldsymbol{A}\cdot\boldsymbol{J}_c=\boldsymbol{A}\cdot(\nabla\times\boldsymbol{H})=\nabla\cdot(\boldsymbol{H}\times\boldsymbol{A})+\boldsymbol{H}\cdot(\nabla\times\boldsymbol{A})$$

所以有

$$W_m=\frac{1}{2}\int_V\nabla\cdot(\boldsymbol{H}\times\boldsymbol{A})\mathrm{d}V+\frac{1}{2}\int_V\boldsymbol{H}\cdot\boldsymbol{B}\mathrm{d}V$$

运用高斯散度定律有

$$W_m=\frac{1}{2}\oint_S(\boldsymbol{H}\times\boldsymbol{A})\cdot\mathrm{d}\boldsymbol{S}+\frac{1}{2}\int_V\boldsymbol{H}\cdot\boldsymbol{B}\mathrm{d}V$$

当 R 很大,S 球面也很大,而电流区仅在该球体中部一有限区域。此时,$|\boldsymbol{A}|$ 正比于$\frac{1}{R}$,$|\boldsymbol{H}|$ 正比于$\frac{1}{R^2}$,$\oint_S\mathrm{d}S$ 正比于 R^2。即是说上式中的面积分项正比于$\frac{1}{R}$,当 $R\to\infty$,面积分项趋于零。最后得

$$W_m=\frac{1}{2}\int_V\boldsymbol{H}\cdot\boldsymbol{B}\mathrm{d}V \tag{4.8.5}$$

这是磁场能量计算的又一公式,它表明只要有磁场存在的地方就有磁场能量存在,描述了磁场的基本属性。其被积函数:$\frac{1}{2}\boldsymbol{H}\cdot\boldsymbol{B}$ 表示了单位体积中储存的磁场能量,其单位为焦[耳]/立方米($\mathrm{J/m^3}$),称之为能量密度,以 ω_m 表示,有

$$\omega_m=\frac{1}{2}\boldsymbol{H}\cdot\boldsymbol{B} \tag{4.8.6}$$

在各向同性线性媒质中,以性能方程代入上式,有

$$\omega_m=\frac{1}{2}\mu H^2=\frac{1}{2\mu}B^2 \tag{4.8.7}$$

可见磁场能量是以体密度为 $\omega_m=\frac{1}{2}\boldsymbol{H}\cdot\boldsymbol{B}=\frac{1}{2}\mu H^2$ 漫布于整个磁场存在的空间区域的。

至此,有了两个磁场能量的计算公式。

4.8.3 磁场能量计算举例

例 4.14 如图 4.32 所示同轴电缆的尺寸、媒质特性和载流情况,试求磁场能量和自感。

解 长直同轴电缆,其长度 $L\gg R_3$,可忽略边沿效应,视其磁场为平行平面场,又是轴对称,可以用一截面上场的分布反映其特征,建立圆柱坐标,有 $\boldsymbol{B}=\boldsymbol{B}(\rho)\boldsymbol{e}_\phi$。

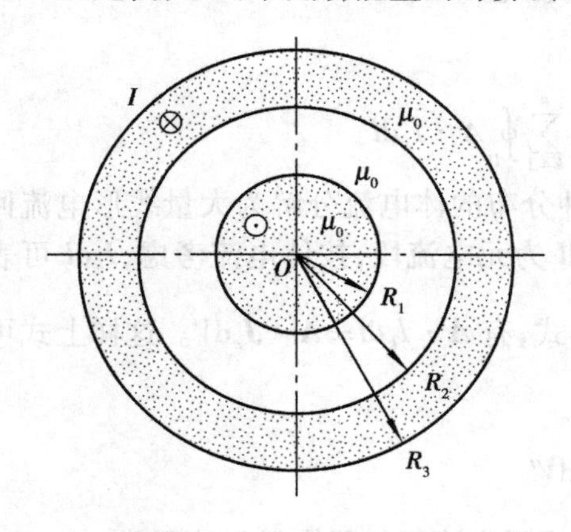

图 4.32 同轴电缆的磁场

计算能量和自感,都应首先计算磁场的分布。

1)磁感应强度的分布

取圆心在坐标圆点,半径 ρ 的圆 l(即 $\boldsymbol{B}$ 线)为积分回路,由安培环路定律

$$\oint_l \boldsymbol{H} \cdot \mathrm{d}\boldsymbol{l} = I'$$

$$2\pi\rho H = I'$$

$$\boldsymbol{H} = \frac{I'}{2\pi\rho}\boldsymbol{e}_\phi$$

$\rho < R_1$

$$\boldsymbol{H}_1 = \frac{1}{2\pi\rho} \cdot \frac{\pi\rho^2}{\pi R_1^2} I \boldsymbol{e}_\phi = \frac{I\rho}{2\pi R_1^2}\boldsymbol{e}_\phi$$

$$\omega_{m1} = \frac{1}{2}\mu_0 H_1^2 = \frac{\mu_0 I^2 \rho^2}{8\pi^2 R_1^4}$$

$R_1 < \rho < R_2$

$$\boldsymbol{H}_2 = \frac{I}{2\pi\rho}\boldsymbol{e}_\phi$$

$$\omega_{m2} = \frac{1}{2}\mu_0 H_2^2 = \frac{\mu_0 I^2}{8\pi^2 \rho^2}$$

$R_2 < \rho < R_3$

$$\boldsymbol{H}_3 = \frac{I}{2\pi\rho}\left[1 - \frac{\pi(\rho^2 - R_2^2)}{\pi(R_3^2 - R_2^2)} I\right]\boldsymbol{e}_\phi = \frac{I(R_3^2 - \rho^2)}{2\pi\rho(R_3^2 - R_2^2)}\boldsymbol{e}_\phi$$

$$\omega_{m3} = \frac{1}{2}\mu_0 H_3^2 = \frac{\mu_0 I^2 (R_3^2 - \rho^2)^2}{8\pi^2 (R_3^2 - R_2^2)^2 \rho^2}$$

$R_3 > \rho$

$$\boldsymbol{H}_4 = 0$$

2)磁场能量

$0 < \rho < R_1$

$$W_{m1} = \frac{\mu_0 I^2}{8\pi^2 R_1^4}\int_0^l\int_0^{2\pi}\int_0^{R_1} \rho^2 \cdot \rho \mathrm{d}\phi \mathrm{d}\rho \mathrm{d}l = \frac{\mu_0 I^2}{8\pi^2 R_1^4} \cdot 2\pi l \cdot \left.\frac{\rho^4}{4}\right|_0^{R_1} = \frac{\mu_0 l I^2}{16\pi}$$

$R_1 < \rho < R_2$

$$W_{m2} = \frac{\mu_0 I^2}{8\pi^2} \cdot 2\pi l \cdot \int_{R_1}^{R_2} \frac{\rho}{\rho^2}\mathrm{d}\rho = \frac{\mu_0 l I^2}{4\pi} \ln\frac{R_2}{R_1}$$

$R_2 < \rho < R_3$

$$W_{m3} = \frac{\mu_0 I^2}{8\pi^2 (R_3^2 - R_2^2)^2} \cdot 2\pi l \int_{R_2}^{R_3} \frac{(R_3^2 - \rho^2)^2}{\rho^2} \cdot \rho \mathrm{d}\rho$$

$$= \frac{\mu_0 l I^2}{4\pi^2 (R_3^2 - R_2^2)^2}\left[R_3^4 \ln\frac{R_3}{R_2} - R_3^2(R_3^2 - R_2^2) + \frac{1}{4}(R_3^4 - R_2^4)\right]$$

于是,同轴电缆的磁场能量为

$$W_m = W_{m1} + W_{m2} + W_{m3}$$

$$= \frac{\mu_0 l I^2}{16\pi} + \frac{\mu_0 l I^2}{4\pi}\ln\frac{R_2}{R_1} + \frac{\mu_0 l I^2}{4\pi(R_3^2 - R_2^2)}\left[R_3^4 \ln\frac{R_3}{R_2} - R_3^2(R_3^2 - R_2^2) + \frac{R_3^4 - R_2^4}{4}\right]$$

3)自感

$$L = \frac{2W_m}{I^2} = \frac{\mu_0}{8\pi} l + \frac{\mu_0 l}{2\pi}\ln\frac{R_2}{R_1} + \frac{\mu_0 l}{2\pi(R_3^2 - R_2^2)^2}\left[R_3^4 \ln\frac{R_3}{R_2} - R_3^2(R_3^2 - R_2^2) + \frac{R_3^4 - R_2^4}{4}\right]$$

将这一结果与例4.12计算的电感相比较,可以分析内自感和外自感。

4.8.4 磁场力

载流导体或运动电荷在磁场中受到的作用力叫磁场力或电磁力。在4.1节引出了的洛仑兹力 $\boldsymbol{f}=q\boldsymbol{v}\times\boldsymbol{B}$,从原则上来说已解决了磁场对运动电荷作用力的计算,按磁场作用于线、面、体元电流段的力,可按下面的公式计算所受磁场力

$$
\begin{aligned}
&\mathrm{d}\boldsymbol{F}=I\mathrm{d}\boldsymbol{l}\times\boldsymbol{B} && \boldsymbol{F}=\int_l I\mathrm{d}\boldsymbol{l}\times\boldsymbol{B}\\
&\mathrm{d}\boldsymbol{F}=\boldsymbol{K}\mathrm{d}S\times\boldsymbol{B} && \boldsymbol{F}=\int_S(\boldsymbol{K}\times\boldsymbol{B})\mathrm{d}S\\
&\mathrm{d}\boldsymbol{F}=\boldsymbol{J}\mathrm{d}V\times\boldsymbol{B} && \boldsymbol{F}=\int_V(\boldsymbol{J}\times\boldsymbol{B})\mathrm{d}V
\end{aligned}
\tag{4.8.8}
$$

上面几个算式都需要做矢量积分运算,十分繁杂,实际上除了十分特殊的情况外,能用上述计算式解析求解磁场力的情况是很少的。如能像静电场中一样,应用虚功原理求解磁场力,则在很多问题中都能简化计算。

1)虚功原理

确定电流回路、媒质等受力物体位置的一组独立的几何量称为广义坐标,企图改变广义坐标的力称为广义力。

广义坐标:	距离	面积	体积	角度	二者乘积为功,单位是焦[耳]
广 义 力:	普通力	表面张力	压强	转矩	

由 n 个载流回路组成的系统,各电流回路的电流分别为 $I_1,I_2,\cdots,I_n$,在磁场力的作用下,系统中仅有某一个载流回路在某一个广义坐标 g 的方向上发生了微小的位移 $\mathrm{d}g$,这就使得整个系统的磁场能量发生了变化,其功能平衡方程可表示为

$$\mathrm{d}W=\mathrm{d}W_m+f\mathrm{d}g \tag{4.8.9}$$

其中:$\mathrm{d}W$ 是外源提供的能量,$\mathrm{d}W_m$ 是磁场能量的增加量,$f\mathrm{d}g$ 是磁场力所做的功。

当系统中某载流回路在磁场力的作用下,在 $\mathrm{d}t$ 时间内在广义坐标 g 方向上产生了微小的位移 $\mathrm{d}g$,这一相对位置的变化使系统的磁场分布发生了变化,每一线圈回路中都产生了磁链的增量。下面以 k 号回路为例,按两种情况分析:

①设系统中各回路电流 I_k 不变

$\psi_k\rightarrow\psi_k+\mathrm{d}\psi_k\rightarrow$产生感应电势 $\varepsilon_k=-\dfrac{\mathrm{d}\psi_k}{\mathrm{d}t}\rightarrow$企图改变电流 $I_k\rightarrow$外源提供一电压 $\Delta u_k=-\varepsilon_k=\dfrac{\mathrm{d}\psi_k}{\mathrm{d}t}$以保持 I_k 不变$\rightarrow$外源向 k 号回路提供能量 $\mathrm{d}W_k=-\varepsilon_kI_k\mathrm{d}t=I_k\mathrm{d}\psi_k\rightarrow$外源提供总的能量 $\mathrm{d}W_m=\sum\mathrm{d}W_k=\sum I_k\mathrm{d}\psi_k\rightarrow$使系统磁场能量的增加 $\mathrm{d}W_m=\dfrac{1}{2}\sum I_k\mathrm{d}\psi_k\rightarrow$提供磁场力做功的能量 $f\mathrm{d}g=\mathrm{d}W-\mathrm{d}W_m=\dfrac{1}{2}\sum I_k\mathrm{d}\psi_k=\mathrm{d}W_m$,于是有

$$f=\left.\frac{\partial W_m}{\partial g}\right|_{I_k=\text{常量}} \tag{4.8.10}$$

②设系统中各回路的磁链 ψ_k 不变

在 dt 时间内系统中某载流回路有位移 dg，前提是保持 $\psi_k=$ 常数，于是，k 回路的感应电势 $\varepsilon_k=0$，$\Delta u=0$，外源提供的能量 $dW=0$。由功能平衡方程 $fdg+dW_m=0$，有 $fdg=-dW_m$，则

$$f=-\frac{\partial W_m}{\partial g}\bigg|_{\psi_k=\text{常量}} \tag{4.8.11}$$

前面的分析，是假设磁场力使某一电流回路在某一广义坐标方向上产生了微小位移 dg，由磁场力做功来求解磁场力。而实际上电流回路完全静止未动，磁场力并没有做功，或者说是做功是虚假的，这种用于在静止状态下求解磁场力的方法称为"虚位移法"，又称"虚功原理"。

上面的两个计算磁场力的公式，其前提条件不同，但计算的结果一样。

4.8.5　磁场力计算举例

例4.15　求平面线圈载流环在均匀磁场中所受磁场作用力。

解　载流环在均匀磁场中所受磁场作用力，左、右侧所受作用力大小相等，方向相反，出现有一力臂，前后侧所受作用力相抵消，总的应受力矩 $\boldsymbol{T}$ 的作用。如果用偶极子的概念分析，载流环的磁偶极矩 $\boldsymbol{m}=I\boldsymbol{S}$ 与均匀磁场 $\boldsymbol{B}$ 之间有夹角，它受磁场作用力，有使磁偶极矩向磁感应强度 $\boldsymbol{B}$ 方向转动的趋势。由此可以断定平面线圈载流环受的广义力是力矩。

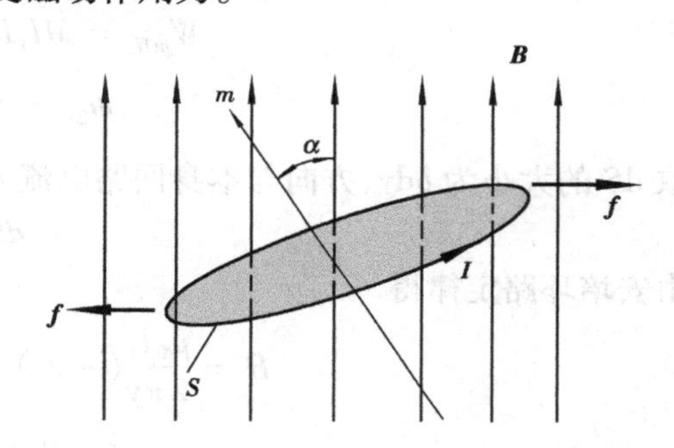

图4.33　外磁场中的平面线圈载流环

如果将均匀磁场 $\boldsymbol{B}$ 也看成是电流为 I_0 的某电流回路产生的，则本题可以看成两载流回路组成的系统，系统的磁场能量

$$W_m=\frac{1}{2}LI^2+\frac{1}{2}L_0I_0^2+MII_0=W_{m自}+W_{m互}$$

在本题中，可认为电流回路是刚性的，L，L_0 不变，且 I，I_0 保持不变，则 $W_{m自}$ 不变，载流环在磁场力作用下如果发生微小的偏转，将导致互感 M 发生变化，即只有 $W_{m互}$ 在变化。所以，可作如下计算

$$W_m=W_{m自}+W_{m互}$$

$$W_{m互}=MII_0=I(MI_0)=I\psi_{10}=I\Phi_{10}=ISB\cos\alpha=mB\cos\alpha$$

$$f=\frac{\partial W_m}{\partial g}\bigg|_{I_k=\text{常量}}=\frac{\partial W_{m自}}{\partial g}+\frac{\partial W_{m互}}{\partial g}=\frac{\partial W_{m互}}{\partial g}$$

广义坐标为 α，有

$$f=\frac{\partial W_{m互}}{\partial\alpha}=\frac{\partial}{\partial\alpha}(mB\cos\alpha)=-mB\sin\alpha$$

其中，"-"号之意是表明广义力企图使 α 角度减小，可知载流环的转动趋势是企图使载流环中交链的磁链增加。这样，载流环所受到的力矩为

$$\boldsymbol{T}=\boldsymbol{m}\times\boldsymbol{B}$$

此例可以分析分子电流在外磁场中受到的力矩作用。

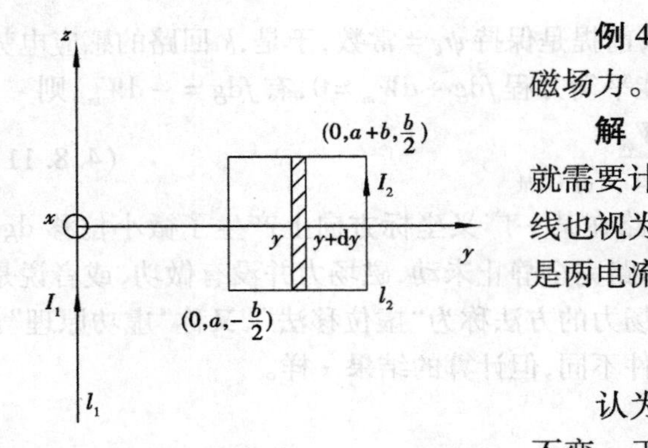

图 4.34　正方形载流回路所受磁场力

例 4.16　求图 4.34 所示正方形载流回路所受的磁场力。

解　要求计算正方形载流回路 l_2 所受到的磁场力，就需要计算系统的磁场能量。为此，应将长直流细导线也视为一个载流回路，它在无限远点闭合成为 l_1。于是两电流回路构成的系统，磁场能量为

$$W_m = \frac{1}{2}L_1I_1^2 + \frac{1}{2}L_2I_2^2 + MI_1I_2$$

认为载流回路为刚性，当 L_1, L_2, I_1, I_2 不变时，$W_{m自}$ 不变。于是，由两回路相对位置的可能变化而导致 $W_{m互} = MI_1I_2$ 有可能变化。进行以下计算

$$W_{m互} = MI_1I_2 = I_2(MI_1) = I_2\psi_{21}$$

$$\psi_{21} = \Phi_{21} = \int_S \boldsymbol{B} \cdot \mathrm{d}\boldsymbol{S}$$

取 $\mathrm{d}\boldsymbol{S}$ 的大小为 $b\mathrm{d}y$，方向与本身回路电流 I_2 产生的磁感应强度方向一致

$$d\boldsymbol{S} = b\mathrm{d}y\boldsymbol{e}_x$$

由安培环路定律得

$$\boldsymbol{B} = \frac{\mu_0 I_1}{2\pi y}(-\boldsymbol{e}_x)$$

$$\psi_{21} = \int_a^{a+b} -\frac{\mu_0 I_1}{2\pi y} \cdot b\mathrm{d}y = -\frac{\mu_0 I_1 b}{2\pi} \ln \frac{a+b}{a}$$

$$W_{m互} = I_2\psi_{21} = \frac{\mu_0 I_1 I_2 b}{2\pi} \ln \frac{a}{a+b}$$

$$f = \frac{\partial W_m}{\partial g}\bigg|_{I_k=常量} = \frac{\mu_0 b I_1 I_2}{2\pi}\frac{\partial}{\partial g}\left[\ln \frac{a}{a+b}\right]$$

$$= \frac{\mu_0 b I_1 I_2}{2\pi}\frac{\partial}{\partial a}\ln \frac{a}{a+b}$$

$$= \frac{\mu_0 I_1 I_2}{2\pi} b \frac{a+b}{a}\frac{a+b-a}{(a+b)^2}$$

$$= \frac{\mu_0 I_1 I_2 b^2}{2\pi a(a+b)}$$

受力方向有使 a 扩展的方向，即

$$\boldsymbol{f} = f\boldsymbol{e}_y$$

小　结

1）在磁场中，运动电荷受到磁场作用力（即洛仑兹力）

$$\boldsymbol{f} = q(\boldsymbol{v} \times \boldsymbol{B})$$

其中 $\boldsymbol{B}$ 为磁感应强度，是表征磁场基本性质的场矢量。

元电流段 $\mathrm{d}q\boldsymbol{v}$ 受到的磁场作用力 $\mathrm{d}\boldsymbol{F}$，有以下不同形式

$$I\mathrm{d}\boldsymbol{l} \times \boldsymbol{B} \qquad \boldsymbol{J}\mathrm{d}V \times \boldsymbol{B} \qquad \boldsymbol{K}\mathrm{d}S \times \boldsymbol{B}$$

2）由安培力定律可以推导得出由源电流产生磁场的毕奥-沙伐定律，其表达式为

$$\boldsymbol{B}(\boldsymbol{r}) = \frac{\mu_0}{4\pi}\int_{\Omega'} \frac{\mathrm{d}q\boldsymbol{v} \times (\boldsymbol{r} - \boldsymbol{r}')}{|\boldsymbol{r} - \boldsymbol{r}'|^3}\mathrm{d}\Omega'$$

其中真空中的磁导率 $\mu_0 = 4\pi \times 10^{-7}$ 亨［利］/米。

对于不同分布的电流所引起的磁感应强度分别为

$$\boldsymbol{B}(\boldsymbol{r}) = \frac{\mu_0}{4\pi}\oint_{l'} \frac{I\mathrm{d}\boldsymbol{l} \times \boldsymbol{e}_R}{R^2}$$

$$\boldsymbol{B}(\boldsymbol{r}) = \frac{\mu_0}{4\pi}\int_{S'} \frac{\boldsymbol{K} \times \boldsymbol{e}_R}{R^2}\mathrm{d}S'$$

$$\boldsymbol{B}(\boldsymbol{r}) = \frac{\mu_0}{4\pi}\int_{V'} \frac{\boldsymbol{J} \times \boldsymbol{e}_R}{R^2}\mathrm{d}V'$$

3）由磁通的连续性原理 $\nabla \cdot \boldsymbol{B} = 0$，可以引入矢量磁位

$$\nabla \times \boldsymbol{A} = \boldsymbol{B}$$

在恒定磁场中，有 $\nabla \cdot \boldsymbol{A} = 0$，称为库仑规范。

根据毕奥-沙伐定律，可导出矢量磁位的计算式

$$\boldsymbol{A} = \frac{\mu_0}{4\pi}\int_{\Omega'} \frac{\mathrm{d}q\boldsymbol{v}}{R} + \boldsymbol{C}$$

式中常矢量 $\boldsymbol{C}$ 由矢量磁位的参考点确定。不同形式的元电流段，分别有矢量磁位的计算式

$$\mathrm{d}q\boldsymbol{v} = \boldsymbol{J}\mathrm{d}V' \qquad \boldsymbol{A} = \frac{\mu_0}{4\pi}\int_{V'} \frac{\boldsymbol{J}\mathrm{d}V'}{R} + \boldsymbol{C}$$

$$\mathrm{d}q\boldsymbol{v} = \boldsymbol{K}\mathrm{d}S' \qquad \boldsymbol{A} = \frac{\mu_0}{4\pi}\int_{S'} \frac{\boldsymbol{K}\mathrm{d}S'}{R} + \boldsymbol{C}$$

$$\mathrm{d}q\boldsymbol{v} = I\mathrm{d}\boldsymbol{l}' \qquad \boldsymbol{A} = \frac{\mu_0}{4\pi}\int_{l'} \frac{I\mathrm{d}\boldsymbol{l}'}{R} + \boldsymbol{C}$$

4）媒质的磁化的程度，可以用磁化强度 $\boldsymbol{M}$ 来表示

$$\boldsymbol{M} = \lim_{\Delta V \to 0} \frac{\sum \boldsymbol{m}}{\Delta V}$$

体磁化电流密度和面磁化电流密度分别是

$$\boldsymbol{J}_m = \nabla \times \boldsymbol{M} \qquad \boldsymbol{K}_m = \boldsymbol{M} \times \boldsymbol{e}_n$$

媒质的磁化对磁场的作用，可以用磁化电流所产生的磁场来等效地描述。

5）安培环路定律在真空中的形式为

$$\oint_l \boldsymbol{B}\cdot \mathrm{d}\boldsymbol{l} = \mu_0 \sum_{k=1}^{n} I_k$$

式中 I_k 是穿过回路 l 所限定面积 S 中的电流。

引入磁场强度

$$\boldsymbol{H} = \frac{\boldsymbol{B}}{\mu_0} - \boldsymbol{M}$$

可以得到安培环路定律的一般形式

$$\oint_l \boldsymbol{H}\cdot \mathrm{d}\boldsymbol{l} = \sum_{k=1}^{n} I_k$$

上式右端的 I_k 仅是穿过回路 l 所限定面积 S 中的自由电流。

6）在各向同性媒质中，媒质的磁化的程度与磁场强度之间有关系式

$$\boldsymbol{M} = \chi_m \boldsymbol{H}$$

式中 χ_m 为媒质的磁化率。

媒质的性能方程为

$$\boldsymbol{B} = \mu \boldsymbol{H}$$

式中磁导率为

$$\mu = \mu_0 \mu_r = \mu_0(1 + \chi_m)$$

7）恒定磁场基本方程的积分形式和微分形式分别为

$$\oint_S \boldsymbol{B}\cdot \mathrm{d}\boldsymbol{S} = 0 \qquad \nabla\cdot\boldsymbol{B} = 0$$

$$\oint_l \boldsymbol{H}\cdot \mathrm{d}\boldsymbol{l} = \sum I \qquad \nabla\times\boldsymbol{H} = \boldsymbol{J}$$

在两种不同媒质分界面上的衔接条件为

$$\boldsymbol{e}_n\cdot(\boldsymbol{B}_2 - \boldsymbol{B}_1) = 0$$

$$\boldsymbol{e}_n\times(\boldsymbol{H}_2 - \boldsymbol{H}_1) = \boldsymbol{K}$$

8）在无电流区域，可以定义标量磁位 φ_m，使

$$\boldsymbol{H} = -\nabla\varphi_m$$

在应用中需特别注意保证磁标量位的单值性。标量磁位满足拉普拉斯方程

$$\nabla^2\varphi_m = 0$$

9）电感分为自感和互感，它们分别由下式定义

$$L = \psi_L / I \qquad M_{21} = \psi_{21}/I_1$$

按定义式计算电感应先求磁通，可以通过以下两关系求得

$$\Phi = \int_S \boldsymbol{B}\cdot \mathrm{d}\boldsymbol{S} \qquad \Phi = \oint_l \boldsymbol{A}\cdot \mathrm{d}\boldsymbol{l}$$

10）在线性媒质中，电流回路系统的磁场能量为

$$W_m = \frac{1}{2}\sum_{k=1}^{n} I_k \psi_k$$

对于连续的分布电流，系统的磁场能量又可以写成

$$W_m = \frac{1}{2}\int_V \boldsymbol{H}\cdot\boldsymbol{B}\,\mathrm{d}V$$

式中被积函数

$$\omega_m = \frac{1}{2}\boldsymbol{H} \cdot \boldsymbol{B}$$

为磁场能量的体密度。

11）按虚位移法计算磁场力

$$f = \left.\frac{\partial W_m}{\partial g}\right|_{I_k=\text{常量}}$$

$$f = -\left.\frac{\partial W_m}{\partial g}\right|_{\psi_k=\text{常量}}$$

习　题

4.1　设两条半无穷长直导线各通以电流 I，垂直交于 O 点，若竖直导线电流的流向为 y 轴正方向，水平导线电流的流向为 x 轴正方向，如题4.1图所示。在两导线所在 xOy 平面内，以 O 点为圆心作半径为 R 的圆。求圆周上 A,B,C,D,E,F 各点的磁感应强度。

4.2　xy 平面上有一正 n 边形导线回路。回路的中心在原点，n 边形顶点到原点的距离为 R，导线中电流为 I。

(1)求此载流回路在原点产生的磁感应强度；

(2)证明当 n 趋近于无穷大时，所得磁感应强度与半径为 R 的圆形载流导线回路产生的磁感应强度相同；

(3)计算 n 等于3时原点的磁感应强度。

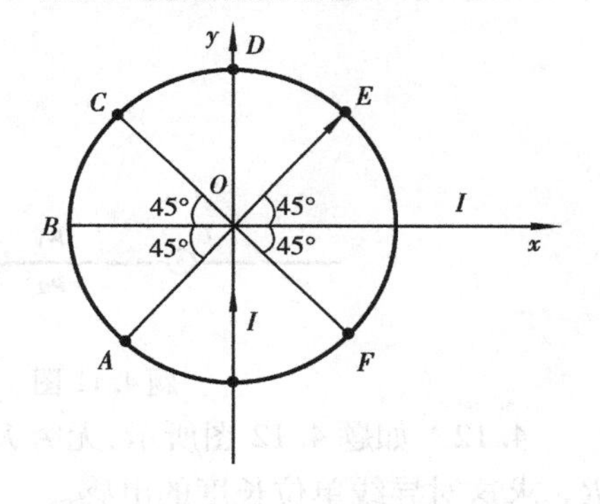

题4.1图

4.3　设矢量磁位的参考点为无穷远处，计算半径为 R 的圆形导线回路通以电流 I 时，在其轴线上产生的矢量磁位。

4.4　设矢量磁位的参考点为无穷远处，计算一段长为2 m的直线电流 I 在其中垂线上距线电流1 m处的矢量磁位值。

4.5　在自由空间中，下列矢量函数哪些可能是磁感应强度？哪些不是？回答并说明理由。

(1)$Ar\boldsymbol{e}_r$(球坐标系)；　(2)$A(x\boldsymbol{e}_y + y\boldsymbol{e}_x)$；　(3)$A(x\boldsymbol{e}_x - y\boldsymbol{e}_y)$；　(4)$Ar\boldsymbol{e}_\phi$(球坐标系)；

(5)$Ar\boldsymbol{e}_\phi$(圆柱坐标系)。

4.6　相距为 d 的平行无限大平面电流，两平面分别在 $z=-d/2$ 和 $z=d/2$ 平行于 xy 平面。相应的面电流密度分别为 $k\boldsymbol{e}_x$ 和 $k\boldsymbol{e}_y$，求由两无限大平面分割出的三个空间区域的磁感应强度。

4.7　求厚度为 d，中心在原点，沿 yz 平面平行放置，体电流密度为 $J_0\boldsymbol{e}_z$ 的无穷大导电板产生的磁感应强度。

4.8　如题4.8图所示，同轴电缆通以电流 I。求各处的磁感应强度。

4.9　如题4.9图所示，两无穷长平行圆柱面之间均匀分布着密度为的体电流 $\boldsymbol{J}=J\boldsymbol{e}_z$。求

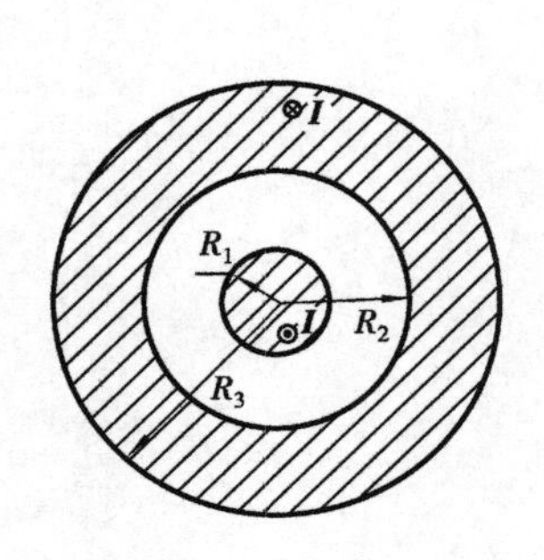

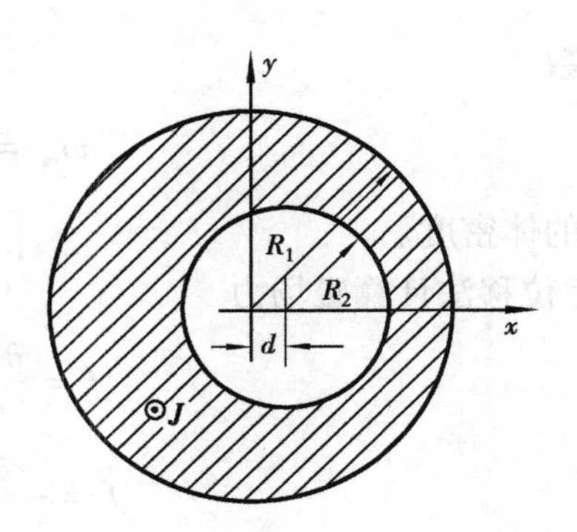

题 4.8 图　　　　　　　　　　题 4.9 图

小圆柱面内空洞中的磁感应强度。

4.10　内半径为 R_1，外半径为 R_2，厚度为 h，磁导率为 $\mu(\mu \gg \mu_0)$ 的圆环形铁芯，其上均匀紧密绕有 N 匝线圈，线圈中电流为 I。求铁芯中的磁感应强度和铁芯截面上的磁通以及线圈的磁链。

4.11　在无限大磁媒质分界面上，有一无穷长直线电流 I，如题 4.11 图所示。求两种媒质中的磁感应强度和磁场强度。

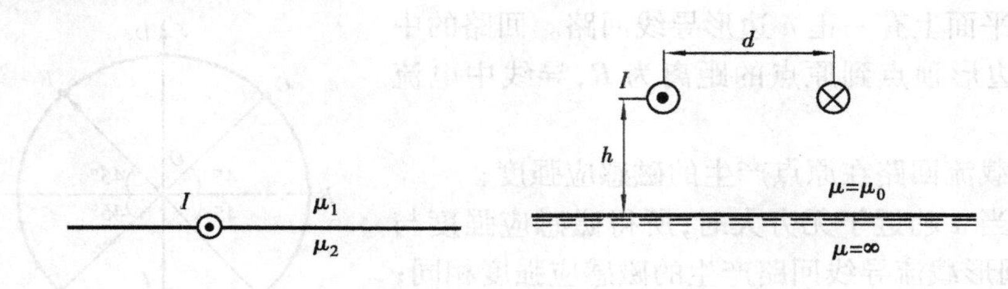

题 4.11 图　　　　　　　　　　题 4.12 图

4.12　如题 4.12 图所示，无穷大铁磁媒质表面上方有一对平行直导线，导线截面半径为 R。求这对导线单位长度的电感。

4.13　如题 4.13 图所示，若在圆环轴线上放置一无穷长单匝导线，求导线与圆环线圈之间的互感。若导线不是无穷长，而是沿轴线穿过圆环后，绕到圆环外闭合，互感有何变化？若导线不沿轴线而是从任意点处穿过圆环后绕到圆环外闭合，互感又有何变化？

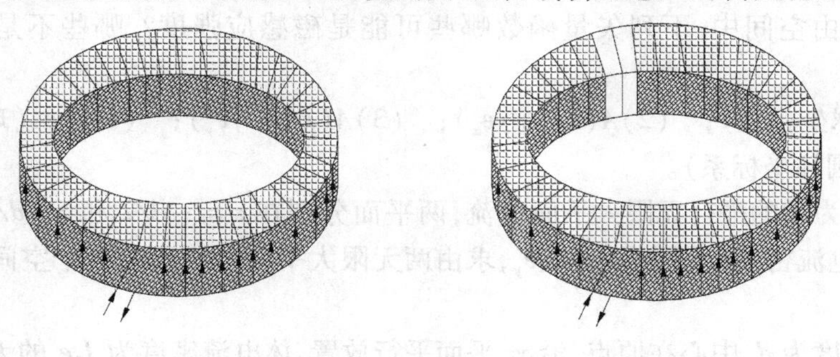

题 4.13 图　　　　　　　　　　题 4.14 图

4.14　如题 4.14 图所示，内半径为 R_1，外半径为 R_2，厚度为 h，磁导率为 $\mu(\mu \gg \mu_0)$ 的圆环形铁芯，其上均匀紧密绕有 N 匝线圈。求此线圈的自感。若将铁芯切割掉一小段，形成空气隙,空气隙对应的圆心角为 $\Delta\alpha$,求线圈的自感。

4.15　分别求如题4.15图所示,两种情况中两回路之间的互感。

4.16　试证明真空中以速度 $\boldsymbol{v}$ 运动的点电荷所产生的磁感应强度和电位移矢量之间的关系为 $\boldsymbol{H}=\boldsymbol{v}\times\boldsymbol{D}$。

4.17　试证明真空中以角速度 ω 作半径为 R 圆周运动的点电荷 q 在圆心处产生的磁场强度为 $\boldsymbol{H}=\frac{q\omega}{4\pi R}\boldsymbol{e}_n$,$\boldsymbol{e}_n$是与圆周运动方向成右手螺旋关系方向的单位矢量。

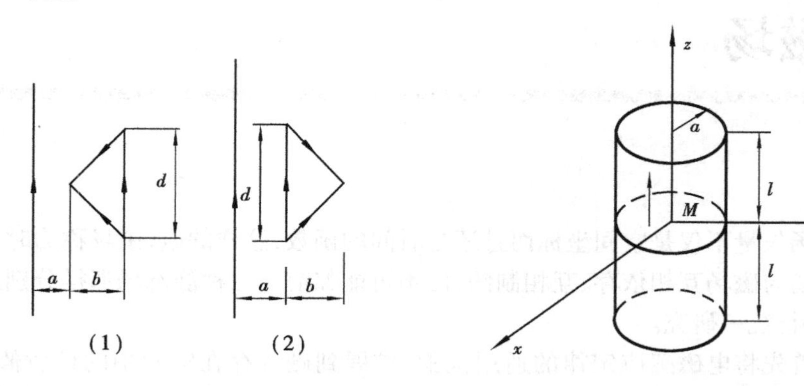

题4.15图　　题4.18图

4.18　如题4.18图所示,半径为 a,长度为 $2l$ 的永磁材料圆柱,被永久磁化到磁化强度为 $M_0\boldsymbol{e}_z$。求轴线上任一点的磁感应强度 $\boldsymbol{B}$ 和磁场强度 $\boldsymbol{H}$。

4.19　有两个相邻的线圈,设各线圈的磁链的参考方向与线圈自身电流的参考方向成右手螺旋关系,问:如何选取两线圈电流参考方向,才能使互感系数为正值?如何选取两线圈电流参考方向,才能使互感系数为负值。

4.20　半径为 a 的无穷长圆柱,表面载有密度为 $K_0\boldsymbol{e}_\alpha$的面电流。求空间的磁感应强度和矢量磁位。

4.21　在沿 z 轴放置的长直导线电流产生的磁场中,求点(0,1,0)与点(0,-1,0)之间的矢量磁位差和标量磁位差(积分路径不得环绕电流)。

第5章 时变电磁场

电、磁场的场矢量不仅是空间坐标而且还是时间的函数，这样的电、磁场称为时变电磁场。在时变场中，电场与磁场互相依存、互相制约，已不可能如前面三种静态场那样分别进行研究，而必须在一起进行统一研究。

在本章中，首先将电磁感应定律的适用范围，扩展到磁场存在空间中的任意假想回路情况，在引出位移电流概念的基础上，将安培环路定律推广到时变场中，导出普遍适用的全电流定律。从而得出了变化的磁场产生电场、变化的电场产生磁场，这种电场与磁场的普遍联系。

然后，总结电磁场的基本方程，媒质的构成方程，以及由基本方程导出的媒质分界面衔接条件。由基本方程出发推导出反映电磁场中能量守恒与能量转换的坡印廷定理和坡印廷矢量。再进一步介绍正旋时变场中的电磁场基本方程和坡印廷矢量。

最后，介绍动态位和达朗贝尔方程的解答，提出电磁场的波动性和电磁波概念。

5.1 电磁感应定律

5.1.1 电磁感应定律

1）定律的内容

1831 年法拉弟在大量实验基础上归纳总结，提出了电磁感应定律。定律表明：当一导体回路 l 所限定的面积 S 中的磁通发生变化时，在这个回路中就要产生感应电势，形成感应电流。感应电势的大小与磁通对时间的变化率成正比，感应电势的实际方向由楞次定律确定。

楞次定律指出：感应电动势及其所产生的感应电流总是企图阻止与导体回路相交链磁通的变化。于是，感应电动势可表示为

$$\boldsymbol{\varepsilon} = -\frac{\mathrm{d}\psi}{\mathrm{d}t} = -\frac{\mathrm{d}}{\mathrm{d}t}\left(\int_S \boldsymbol{B}\cdot\mathrm{d}\boldsymbol{S}\right) \tag{5.1.1}$$

式中，S 为回路 l 所限定的面积。“ - ”号体现楞次定律：当规定感应电势的参数方向与回路交链的磁链 ψ 的方向成右手螺旋关系，“ - ”号反映感应电势的真实方向。

实际上引起磁链变化的因素比较多，上式应写为偏导数形式

$$\varepsilon = -\frac{\partial \psi}{\partial t} = -\frac{\partial}{\partial t}\left(\int_S \boldsymbol{B} \cdot \mathrm{d}\boldsymbol{S}\right) \tag{5.1.2}$$

分析电磁感应现象，可以把感应电势的产生归结为在导体中存在有一种感应电场，感应电场的场强用$\boldsymbol{E}_{\text{ind}}$表示

$$\varepsilon = \oint_l \boldsymbol{E}_{\text{ind}} \cdot \mathrm{d}\boldsymbol{l}$$

式中，l即为导体线圈回路。于是可得电磁感应定律的又一表达形式

$$\oint_l \boldsymbol{E}_{\text{ind}} \cdot \mathrm{d}\boldsymbol{l} = -\frac{\partial}{\partial t}\left(\int_S \boldsymbol{B} \cdot \mathrm{d}\boldsymbol{S}\right) \tag{5.1.3}$$

式中l回路环行方向应与$\boldsymbol{B}$的方向符合右手螺旋关系。当$\dfrac{\partial \boldsymbol{B}}{\partial t}$不为零时，$\oint_l \boldsymbol{E}_{\text{ind}} \cdot \mathrm{d}\boldsymbol{l} \neq 0$，它说明感应电场是有旋场。

2）法拉第电磁感应定律的推广

法拉第电磁感应定律反映了感应电势在导体回路l所限定面积中的磁链对时间变化率的关系，它没有涉及导体的材料特性和周围的媒质特性。麦克斯韦在研究电磁场基本规律时将电磁感应定律推广到了任意假想回路。

当变化的磁场客观存在时，场中某一回路的磁链的变化情况也是客观存在的，在该处放置一导体回路，就可以测得感应电势和感应电流，从而反映出感应电场的客观存在。当然感应电流的大小与导体和电导率有关。假若在变化磁场中的某处设想有一假想回路存在，它所交链的磁链同样在变化，显然也应当有感应电场存在，也同样具有感应电势，只不过不能测量到而已。由此，可以认为感应电场不仅仅存在于导体内，而且存在于变化磁场所存在的场域空间。于是，对于感应电场的看法由一个导体回路扩展到了整个变化的磁场空间。

由上面的分析，可以得到这样一个结论：一个变化的磁场中总伴随着一个感应电场，总存在感应场强。这正是麦克斯韦的重大贡献。

5.1.2　感应电动势与感应场强的计算

按回路中磁链的变化可以分为以下三种情况：

1）导体回路（或其一部分）和恒定磁场之间有相对运动

图中画出导体回路之一部分，导体棒以速度$\boldsymbol{v}$运动切割磁力线，其上线元$\mathrm{d}l$中的电荷为$\mathrm{d}q$，随棒的运动而形成元电流段$\mathrm{d}q\boldsymbol{v}$，受到磁场作用力

$$\mathrm{d}\boldsymbol{f} = \mathrm{d}q\boldsymbol{v} \times \boldsymbol{B}$$

由此定义感应电场强度

$$\boldsymbol{E}_{\text{ind}} = \frac{\mathrm{d}\boldsymbol{f}}{\mathrm{d}q} = \boldsymbol{v} \times \boldsymbol{B} \tag{5.1.4}$$

感应电势为

$$\varepsilon = \int_l \boldsymbol{E}_{\text{ind}} \cdot \mathrm{d}\boldsymbol{l} = \int_l (\boldsymbol{v} \times \boldsymbol{B}) \cdot \mathrm{d}\boldsymbol{l} \tag{5.1.5}$$

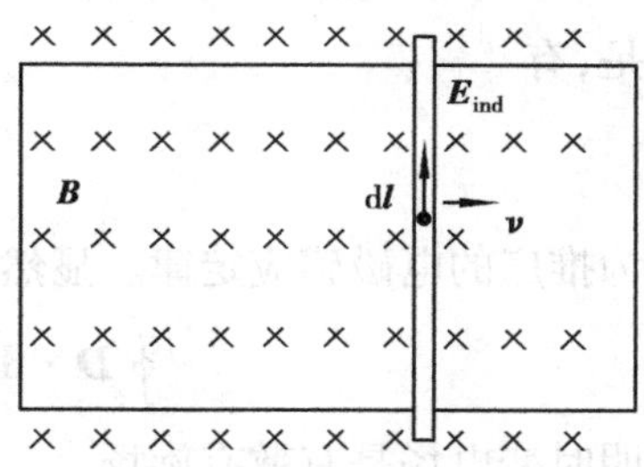

图5.1　导体与恒定磁场之间有相对运动

称为发电机电势。在图5.1所示均匀恒定磁场中有导体棒作匀速运动，其上的感应电势为

$$\varepsilon = Blv \tag{5.1.6}$$

2）导体回路不动，磁场随时间变化，考虑单匝情况，有

$$\varepsilon = \oint_l \boldsymbol{E}_{\text{ind}} \cdot \mathrm{d}\boldsymbol{l} = -\frac{\partial \psi}{\partial t} = -\int_S \frac{\partial \boldsymbol{B}}{\partial t} \cdot \mathrm{d}\boldsymbol{S} \tag{5.1.7}$$

这种感应电势称为变压器电势。若导体线圈匝数为 N，且每匝上通过相等的磁通，有

$$\varepsilon = \oint_l \boldsymbol{E}_{\text{ind}} \cdot \mathrm{d}\boldsymbol{l} = -\frac{\partial \psi}{\partial t} = -N\int_S \frac{\partial \boldsymbol{B}}{\partial t} \cdot \mathrm{d}\boldsymbol{S}$$

3）兼有上面两种情况时，导体线圈中的感应电势由两部分组成

$$\varepsilon = \oint_l \boldsymbol{E}_{\text{ind}} \cdot \mathrm{d}\boldsymbol{l} = -\frac{\partial \psi}{\partial t} = \oint (\boldsymbol{v} \times \boldsymbol{B}) \cdot \mathrm{d}\boldsymbol{l} - \int_S \frac{\partial \boldsymbol{B}}{\partial t} \cdot \mathrm{d}\boldsymbol{S} \tag{5.1.8}$$

5.1.3 时变电场的有散有旋性

对于式(5.1.3)所示的电磁感应定律，运用斯托克斯定理，得

$$\int_S \nabla \times \boldsymbol{E}_{\text{ind}} \cdot \mathrm{d}\boldsymbol{S} = -\int_S \frac{\partial \boldsymbol{B}}{\partial t} \cdot \mathrm{d}\boldsymbol{S}$$

考虑到回路 l 的任意性，致使它所界定面积 S 也是任意的，欲使上式成立，必有

$$\nabla \times \boldsymbol{E}_{\text{ind}} = -\frac{\partial \boldsymbol{B}}{\partial t} \tag{5.1.9}$$

即为电磁感应定律的微分形式。它表明感应电场是有旋场，$\boldsymbol{E}_{\text{ind}}$ 线与 $\boldsymbol{B}$ 线互相交链，是无头无尾的闭合矢量线。

在研究时变电场产生的场源时，麦克斯韦认为时变电荷仍然是产生时变电场的通量场源，高斯通量定理仍然成立。设时变电荷 $q(t)$ 产生的是时变电场的守恒分量 $\boldsymbol{E}_0$，考虑感应电场也存在，于是总的电场为

$$\boldsymbol{E} = \boldsymbol{E}_{\text{ind}} + \boldsymbol{E}_0$$

对上式求旋度，有

$$\nabla \times \boldsymbol{E} = \nabla \times \boldsymbol{E}_{\text{ind}} + \nabla \times \boldsymbol{E}_0 = \nabla \times \boldsymbol{E}_{\text{ind}} = -\frac{\partial \boldsymbol{B}}{\partial t}$$

将总的电场强度代入式(5.1.3)电磁感应定律中，得

$$\oint_l \boldsymbol{E} \cdot \mathrm{d}\boldsymbol{l} = \oint_l \boldsymbol{E}_{\text{ind}} \cdot \mathrm{d}\boldsymbol{l} + \oint_l \boldsymbol{E}_0 \cdot \mathrm{d}\boldsymbol{l} = \oint_l \boldsymbol{E}_{\text{ind}} \cdot \mathrm{d}\boldsymbol{l} = -\int_S \frac{\partial \boldsymbol{B}}{\partial t} \cdot \mathrm{d}\boldsymbol{S}$$

于是，有

$$\oint_l \boldsymbol{E} \cdot \mathrm{d}\boldsymbol{l} = -\int_S \frac{\partial \boldsymbol{B}}{\partial t} \cdot \mathrm{d}\boldsymbol{S} \tag{5.1.10}$$

称为推广的电磁感应定律。显然有

$$\oint_S \boldsymbol{D} \cdot \mathrm{d}\boldsymbol{S} = \oint_S \varepsilon \boldsymbol{E}_{\text{ind}} \cdot \mathrm{d}\boldsymbol{S} + \oint_S \varepsilon \boldsymbol{E}_0 \cdot \mathrm{d}\boldsymbol{S} = q$$

说明时变电场是有散有旋场。

5.2　全电流定律

在研究时变磁场时，就必然涉及到产生时变磁场的场源。反映恒定磁场场源关系的安培环路定律，在时变磁场中是否还能适用呢？这正是本节要研究的问题。

5.2.1　运流电流的影响

在真空或空气稀薄的区域中，运动电荷具有与传导电流相同的磁效应。设空间 V 中存在有体密度为 ρ 的运动电荷，在图5.2所示的元体积

$$\mathrm{d}V = \mathrm{d}S \cdot \mathrm{d}l$$

若在 $\mathrm{d}t$ 时间内，$\mathrm{d}V$ 中的电荷 dq 以 ν 速度全部流出 $\mathrm{d}S$ 面，应有

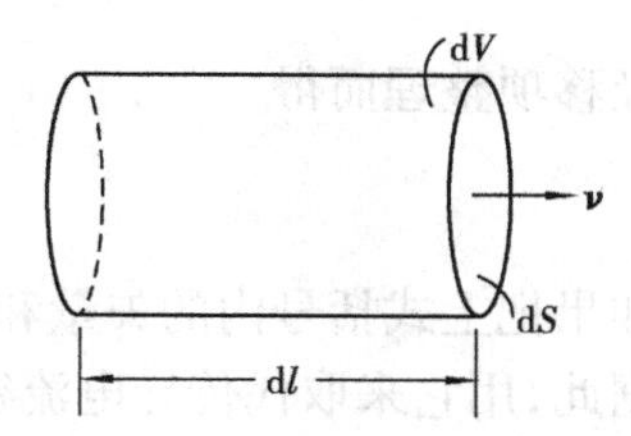

图5.2　含运动电荷的元体积

$$\mathrm{d}l = \nu \mathrm{d}t$$

$$\mathrm{d}q = \rho \mathrm{d}V = \rho \mathrm{d}S \mathrm{d}l = \rho \mathrm{d}S \cdot \nu \mathrm{d}t$$

则体电流密度为

$$J_\nu = \frac{\mathrm{d}}{\mathrm{d}S}\left(\frac{\mathrm{d}q}{\mathrm{d}t}\right) = \rho \nu$$

即可定义体电流密度

$$\boldsymbol{J}_\nu = \rho \boldsymbol{\nu} \tag{5.2.1}$$

于是在 V 空间中任一面积 S 上通过的电流为

$$i_\nu = \int_S \boldsymbol{J}_\nu \cdot \mathrm{d}\boldsymbol{S} = \int_S \rho \boldsymbol{\nu} \cdot \mathrm{d}\boldsymbol{S}$$

称之为运流电流，单位为安[培]（A）。它与传导电流一样，按相同的方式产生磁场。要将安培环路定律引入时变磁场中，显然应该考虑 i_ν 的影响

$$i = i_c + i_\nu = \int_S \boldsymbol{J}_c \cdot \mathrm{d}\boldsymbol{S} + \int_S \boldsymbol{J}_\nu \cdot \mathrm{d}\boldsymbol{S} \tag{5.2.2}$$

值得注意的是，传导电流 i_c 仅在导体中，运流电流 i_ν 仅在空气稀薄区域或真空中。

5.2.2　电流的连续性问题

在恒定磁场中，能应用安培环路定律

$$\oint_l \boldsymbol{H} \cdot \mathrm{d}\boldsymbol{l} = \int_S \boldsymbol{J}_c \cdot \mathrm{d}\boldsymbol{S}$$

是基于传导电流的连续性

$$\oint_S \boldsymbol{J}_c \cdot \mathrm{d}\boldsymbol{S} = 0$$

$$\nabla \cdot \boldsymbol{J}_c = 0$$

而在一般电磁场情况下，传导电流应满足电荷守恒定律

$$\oint_S \boldsymbol{J}_c \cdot \mathrm{d}\boldsymbol{S} = -\frac{\partial q}{\partial t} = -\int_V \frac{\partial \rho}{\partial t} \mathrm{d}V \neq 0 \tag{5.2.3}$$

它的微分形式为

$$\nabla \cdot \boldsymbol{J}_c = -\frac{\partial \rho}{\partial t} \tag{5.2.4}$$

显然,在一般情况下的传导电流并不连续,即是说,安培环路定律已不能直接用于时变磁场中。可见,必须对它进行认真分析,以解决电流连续性问题。

5.2.3 全电流定律

在5.1节中已谈到,麦克斯韦认为高斯通量定理可以直按用于时变电磁场中。若将高斯通量定理的微分形式 $\nabla \cdot \boldsymbol{D} = \rho$ 代入式(5.2.4)中,有

$$\nabla \cdot \boldsymbol{J}_c = -\frac{\partial \rho}{\partial t} = -\frac{\partial}{\partial t}(\nabla \cdot \boldsymbol{D}) = -\nabla \cdot \left(\frac{\partial \boldsymbol{D}}{\partial t}\right)$$

经移项整理而得

$$\nabla \cdot \left(\boldsymbol{J}_c + \frac{\partial \boldsymbol{D}}{\partial t}\right) = 0$$

如果把上式括号内的矢量和视为一种电流密度的话,那么在时变场中**这种电流密度是连续的**。据此,用它来取代传导电流密度 $\boldsymbol{J}_c$,有扩展的安培环路定律的微分形式

$$\nabla \times \boldsymbol{H} = \boldsymbol{J}_c + \frac{\partial \boldsymbol{D}}{\partial t} \tag{5.2.5}$$

其对应的积分形式为

$$\oint_l \boldsymbol{H} \cdot \mathrm{d}\boldsymbol{l} = \int_S \boldsymbol{J}_c \cdot \mathrm{d}\boldsymbol{S} + \int_S \frac{\partial \boldsymbol{D}}{\partial t} \cdot \mathrm{d}\boldsymbol{S}$$

如果研究的范围内有真空或空气稀薄区域存在,就可能还有运流电流存在,将它对时变磁场的影响也反映在上式中,而有方程

$$\oint_l \boldsymbol{H} \cdot \mathrm{d}\boldsymbol{l} = \int_S \boldsymbol{J}_c \cdot \mathrm{d}\boldsymbol{S} + \int_S \rho \boldsymbol{v} \cdot \mathrm{d}\boldsymbol{S} + \int_S \frac{\partial \boldsymbol{D}}{\partial t} \cdot \mathrm{d}\boldsymbol{S} \tag{5.2.6}$$

相应的微分形式为

$$\nabla \times \boldsymbol{H} = \boldsymbol{J}_c + \frac{\partial \boldsymbol{D}}{\partial t}\left(= \boldsymbol{J}_v + \frac{\partial \boldsymbol{D}}{\partial t}\right) \tag{5.2.7}$$

式中,称 $i_D = \int_S \frac{\partial \boldsymbol{D}}{\partial t} \cdot \mathrm{d}\boldsymbol{S}$ 为**位移电流**,$\frac{\partial \boldsymbol{D}}{\partial t}$ 为**位移电流密度**。称式(5.2.6)为**全电流定律**的积分形式,式(5.2.7)为该定律的微分形式。

必须指出:式(5.2.6)以积分形式反映大范围内时变场的情况,可能同时包含有传导电流和运流电流,全电流 $i = i_c + i_v + i_D$。而式(5.2.7)以微分形式反映时变场中某点处的场源关系,在该点处传导电流密度 $\boldsymbol{J}_c$ 和运流电流密度 $\boldsymbol{J}_v$ 不可能同时存在。

由上的推导也可知,当磁场不随时间变化时,也就是时变磁场蜕变为恒定磁场时,全电流定律就蜕变为安培环路定律,所以安培环路定律是全电流定律的特例。

位移电流是麦克斯韦为满足电荷守恒定律,体现电流的连续性而引入的一个假想概念,它没有通常电流的意义,也不便于测量。可以用这个概念来解释电容器中电流的连续性。电容器的外部电路为传导电流 i_c,在电容器内部(理想介质)已没有 i_c 存在,代之以 i_D,保持了电流的连续性。位移电流密度 $\boldsymbol{J}_D = \frac{\partial \boldsymbol{D}}{\partial t}$ 的单位为 $\mathrm{A/m^2}$。

位移电流这一假设的提出和引入，是麦克斯韦对经典电磁场理论的又一重大贡献，它揭示了变化的电场产生磁场这一基本关系。麦克斯韦将安培环路定律推广成全电流定律，用它和推广的电磁感应定律一道，说明了变化的电场产生磁场，变化的磁场又总是伴随有电场，这种相互依存、互相制约、不可分割的密切关系，就构成了统一的电磁现象中的两个主要方面。

5.2.4　关于时变电场和时变磁场的计算

电磁现象遵从的基本规律虽有扩展，但基本规律反映的场的基本性质不外乎是有散性和有旋性，作为计算的思路和计算的方法，可以运用在静态场中已学过的方法。按以下几个方面作归纳介绍。

1）仍然十分强调场分布的定性分析，分析其分布的对称性，确定必要的计算区域，确定使用的坐标系，画出对应的计算图形。

2）计算磁场 $\boldsymbol{H}$ 的计算。引用全电流定律，完全可以借鉴运用安培环路定律的经验和方法，确定适当的积分回路。

3）计算感应电场 $\boldsymbol{E}_{\text{ind}}$。由电磁感应定律

$$\oint_l \boldsymbol{E}_{\text{ind}} \cdot \mathrm{d}\boldsymbol{l} = -\int_S \frac{\partial \boldsymbol{B}}{\partial t} \cdot \mathrm{d}\boldsymbol{S}$$

其形同安培环路定律，可效仿应用安培环路定律的分析思路和计算方法。

4）计算电场的守恒分量 E_0。它遵从高斯通量定理

$$\oint_S \boldsymbol{D} \cdot \mathrm{d}\boldsymbol{S} = q(t)$$

应用方式同静电场。

5）计算中，常需要用到媒质的构成方程。对于各向同性线性媒质，可从静态场中引入

$$\boldsymbol{D} = \varepsilon \boldsymbol{E}$$

$$\boldsymbol{B} = \mu \boldsymbol{H}$$

6）在各向同性线性媒质中，可以应用叠加原理。

5.3　电磁场的基本方程　分界面边界条件

5.3.1　电磁场的基本方程组

总结前几章电磁场的基本规律，加上本章对电磁感应定律的推广和所提出的位移电流的假说，可以得到概括电磁现象的基本方程组，又称为麦克斯韦方程组，方程组的积分形式为

$$\oint_l \boldsymbol{H} \cdot \mathrm{d}\boldsymbol{l} = \int_S \gamma \boldsymbol{E} \cdot \mathrm{d}\boldsymbol{S} + \int_S \rho \boldsymbol{v} \cdot \mathrm{d}\boldsymbol{S} + \int_S \frac{\partial \boldsymbol{D}}{\partial t} \cdot \mathrm{d}\boldsymbol{S} \tag{5.3.1}$$

$$\oint_l \boldsymbol{E} \cdot \mathrm{d}\boldsymbol{l} = -\int_S \frac{\partial \boldsymbol{B}}{\partial t} \cdot \mathrm{d}\boldsymbol{S} \tag{5.3.2}$$

$$\oint_S \boldsymbol{B} \cdot \mathrm{d}\boldsymbol{S} = 0 \tag{5.3.3}$$

$$\oint_S \boldsymbol{D} \cdot \mathrm{d}\boldsymbol{S} = q \tag{5.3.4}$$

方程组的微分形式为

$$\nabla \times \boldsymbol{H} = \boldsymbol{J}_c + \frac{\partial \boldsymbol{D}}{\partial t}\left(= \boldsymbol{J}_v + \frac{\partial \boldsymbol{D}}{\partial t}\right) \tag{5.3.5}$$

$$\nabla \times \boldsymbol{E} = -\frac{\partial \boldsymbol{B}}{\partial t} \tag{5.3.6}$$

$$\nabla \cdot \boldsymbol{B} = 0 \tag{5.3.7}$$

$$\nabla \cdot \boldsymbol{D} = \rho \tag{5.3.8}$$

基本方程组中第一方程全电流定律说明除运动电荷之外，变化的电场也产生磁场，$\frac{\partial \boldsymbol{D}}{\partial t}$为其矢量场源密度，时变磁场是有旋场，$\boldsymbol{H}$线可以闭合。第二方程电磁感应定律指出变化的磁场产生电场，$-\frac{\partial \boldsymbol{B}}{\partial t}$为其矢量场源密度，时变电场是有旋场，$\boldsymbol{E}$线也可以闭合。第三方程磁通连续性原理说明时变磁场是无散场，这一结论符合迄今为止尚未发现有单独的磁荷存在这一基本事实。第四方程高斯通量定理显示时变电荷仍然是时变电场的通量场源，时变电场是有散场。

以上四个方程不包含媒质的特性，没有反映媒质对场量分布的影响和场矢量之间的关系。所以，上述电磁场方程并不完备，又称之为未限定形式（或称泛定形式）。

在各向同性线性媒质中，场矢量$\boldsymbol{E}$，$\boldsymbol{B}$都和媒质的电磁特性相关，还需要有描述媒质特性的构成方程

$$\boldsymbol{D} = \varepsilon_0 \boldsymbol{E} + \boldsymbol{P} = \varepsilon \boldsymbol{E} \tag{5.3.9}$$

$$\boldsymbol{B} = \mu_0(\boldsymbol{H} + \boldsymbol{M}) = \mu \boldsymbol{H} \tag{5.3.10}$$

$$\boldsymbol{J}_c = \boldsymbol{J}_c(E) = \gamma \boldsymbol{E} \tag{5.3.11}$$

构成方程的表达形式随着媒质的特性不同而不同，它们不是基本方程，但它们的加入反映媒质对场的影响，使基本方程成为限定方程，从而可以对具体的电磁场问题进行分析和解算。

有几点应说明：

1）麦克斯韦方程组适用于相对所选坐标系为静止媒质的宏观电磁现象。此时，媒质的性能参数ε，μ，γ与时间无关。

2）电荷守恒定律是电磁场理论中的一个基本公理，在推导出电磁场基本方程的过程中，它起了重要作用。考虑电磁场基本方程已反映出时变电场和时变磁场的全部场量与场源之间的关系，充分反映了变化的磁场伴随一个变化电场，变化的电场伴随有变化磁场，这种相互依存、相互制约、不可分割的关系。而电荷守恒定律的基本精神已融入到了基本方程之中，所以不需要再将电荷守恒定律列为基本方程。

3）掌握基本方程应全面理解，不能偏重某一方程。注意完整理解基本方程组及每一方程的物理意义和准确的表达形式。作为电磁场基本方程的一般形式，静态场的基本方程可由它们导出。

4）时变场基本方程的积分形式是从大范围上反映场源关系，它们在任何媒质区域都是适用的。而基本方程的微分形式则可以分析计算电磁场的分布情况，反映场的点分布特性，但只能用于同一种媒质中，不能跨过媒质分界面。

5.3.2 媒质分界面衔接条件

要求解场的分布，就必须研究媒质分界面上场量的变化情况。此时需要运用电磁场的积分形式来进行分析推导。

1）用基本方程的积分形式推导场量分界面衔接条件

在两种媒质分界面上某点 P 处，作分界面法向单位矢量 $\boldsymbol{e}_n$，使得 $\boldsymbol{e}_n$ 的方向由第一种媒质指向第二种媒质。在分界面上有可能存在自由面电流（线密度为 $\boldsymbol{K}$）或自由面电荷（密度为 σ），而位移电流只能按体密度分布。运用基本方程中4个方程的积分形式，效仿静态场中的推导方式，可以得出如下四个场矢量在媒质分界面上的衔接条件

$$\boldsymbol{e}_n \times (\boldsymbol{E}_2 - \boldsymbol{E}_1) = 0 \qquad (5.3.12)$$

$$\boldsymbol{e}_n \times (\boldsymbol{H}_2 - \boldsymbol{H}_1) = \boldsymbol{K} \qquad (5.3.13)$$

$$\boldsymbol{e}_n \cdot (\boldsymbol{D}_2 - \boldsymbol{D}_1) = \sigma \qquad (5.3.14)$$

$$\boldsymbol{e}_n \cdot (\boldsymbol{B}_2 - \boldsymbol{B}_1) = 0 \qquad (5.3.15)$$

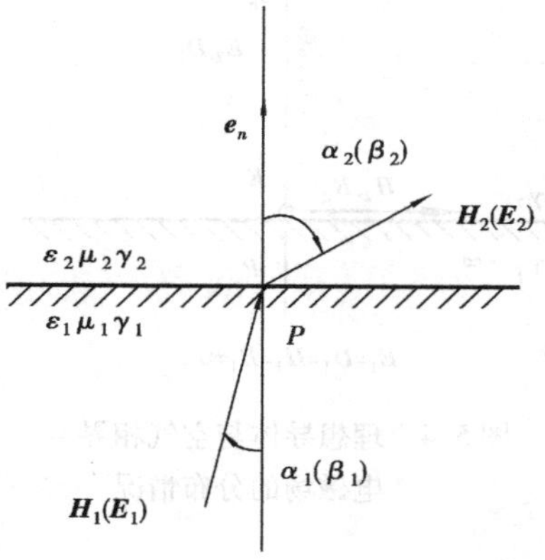

图5.3 媒质分界面上的场矢量

上述分界面衔接条件说明：电场强度的切向分量和磁感应强度的法向分量总是连续的；分界面上 $\boldsymbol{K}$ 不为零、σ 不为零时，电位移矢量的法向分量或磁场强度的切向分量都是不连续的。

2）折射定律

在各向同性线性媒质的分界面上，电场的入射角为 α_1，折射角为 α_2，磁场入射角为 β_1，折射角为 β_2。如果 $\boldsymbol{K}=0, \sigma=0$，则由分界面衔接条件的模值为

$$E_1 \sin\alpha_1 = E_2 \sin\alpha_2$$

$$\varepsilon_1 E_1 \cos\alpha_1 = \varepsilon_2 E_2 \cos\alpha_2$$

$$H_1 \sin\beta_1 = H_2 \sin\beta_2$$

$$\mu_1 H_1 \cos\beta_1 = \mu_2 H_2 \cos\beta_2$$

可以导出

$$\frac{\tan\alpha_1}{\tan\alpha_2} = \frac{\varepsilon_1}{\varepsilon_2} \qquad (5.3.16)$$

$$\frac{\tan\beta_1}{\tan\beta_2} = \frac{\mu_1}{\mu_2} \qquad (5.3.17)$$

上面两式称为电磁场的折射定律。

3）理想导体表面的分界面边界条件

视良导体中的电导率 $\gamma\to\infty$，得到理想化的导体称为理想导体。这种理想化做法是为简化所研究的问题。当电导率 $\gamma\to\infty$，导体中的电流密度 $\boldsymbol{J}_c$ 不可能无限大，即是说导体中的电场强度 $\boldsymbol{E}=\dfrac{\boldsymbol{J}_c}{\gamma}\to 0$。所以，理想导体中没有电场，于是其上的电流只可能在导体表面流动，自由电荷也只可能分布在其表面。

又根据电磁感应定律 $\nabla \times \boldsymbol{E} = -\dfrac{\partial \boldsymbol{B}}{\partial t}$，这意味着导体内不存在变化的磁场(若有恒定磁场存在，它与电场无关)，于是可认为导体中也没有磁场。

由上分析可见，在理想导体中：$\boldsymbol{E}=0,\boldsymbol{D}=0,\boldsymbol{B}=0,\boldsymbol{H}=0$。

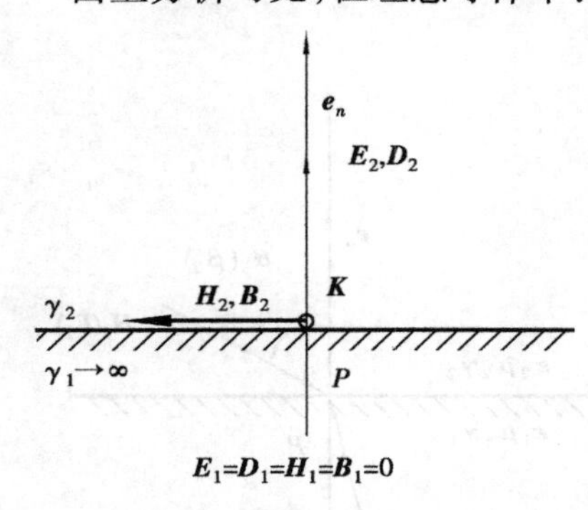

图 5.4　理想导体与空气相界电磁场的分布情况

假设理想导体与空气相界，如图 5.4 所示。按照式(5.3.12)～式(5.3.15)两媒质分界面衔接条件，考虑到在媒质分界面的导体侧 $\boldsymbol{E}_1=\boldsymbol{D}_1=0$，$\boldsymbol{H}_1=\boldsymbol{B}_1=0$，媒质分界面衔接条件成为

$$E_{2t} = E_{1t} = 0$$

$$\boldsymbol{e}_n \times (\boldsymbol{H}_2 - 0) = \boldsymbol{K}$$

$$\boldsymbol{e}_n \cdot (\boldsymbol{D}_2 - 0) = \boldsymbol{\sigma}$$

$$B_{2n} = B_{1n} = 0$$

于是，在紧靠媒质分界面的空气侧，有分界面边界条件

$$\left.\begin{aligned} \boldsymbol{E}_2 &= E_{2n}\,\boldsymbol{e}_n \\ \boldsymbol{e}_n \times \boldsymbol{H}_2 &= \boldsymbol{K} \\ \boldsymbol{e}_n \cdot \boldsymbol{D}_2 &= \boldsymbol{\sigma} \\ \boldsymbol{B}_2 &= B_{2t}\boldsymbol{t} \end{aligned}\right\} \tag{5.3.18}$$

可见将良导体理想化为理想导体后，分界面边界条件将大为简化。

5.4　坡印廷定理和坡印廷矢量

5.4.1　电磁场的能量密度

在自然界中能量是守恒的。电磁场作为物质的特殊形式，它必然存在电磁能量。在静电场中，能量密度为 $W_e=\dfrac{1}{2}\boldsymbol{E}\cdot\boldsymbol{D}$，在恒定磁场中，能量密度为 $W_m=\dfrac{1}{2}\boldsymbol{H}\cdot\boldsymbol{B}$。电场、磁场能量以其能量密度存在于整个场域空间。

在时变场中，电场和磁场相互依存，相互制约，不可分割，同时存在。于是依照逻辑推理，在任一瞬间，场中某点处的电磁场能量密度为

$$W = W_e + W_m = \frac{1}{2}\boldsymbol{E}\cdot\boldsymbol{D} + \frac{1}{2}\boldsymbol{H}\cdot\boldsymbol{B} \tag{5.4.1}$$

在该瞬时，电磁场的能量以其能量密度 W 分布于电磁场存在的整个空间。

电磁场能量密度是麦克斯韦关于电磁场理论的又一假说。至今尚未为实验所验证，但建立在此假设基础上的许多理论都为客观实际和实验所印证。电磁能量密度假设和电磁场基本方程组一起，成为完整的电磁场理论的基础。

5.4.2　坡印廷定理和坡印廷矢量

在有限空间 V 中，媒质参数为 ε,μ,γ，取麦克斯韦方程组第一、第二方程的微分形式

$$\nabla \times \boldsymbol{H} = \boldsymbol{J}_c + \frac{\partial \boldsymbol{D}}{\partial t} \tag{1}$$

$$\nabla \times \boldsymbol{E} = -\frac{\partial \boldsymbol{B}}{\partial t} \tag{2}$$

以 $\boldsymbol{H}$ 点乘式(2),再减去用 $\boldsymbol{E}$ 点乘式(1)得

$$\boldsymbol{H} \cdot (\nabla \times \boldsymbol{E}) - \boldsymbol{E} \cdot (\nabla \times \boldsymbol{H}) = -\boldsymbol{H} \cdot \frac{\partial \boldsymbol{B}}{\partial t} - \boldsymbol{E} \cdot \boldsymbol{J}_c - \boldsymbol{E} \cdot \frac{\partial \boldsymbol{D}}{\partial t} \tag{3}$$

由矢量恒等式

$$\nabla \cdot (\boldsymbol{E} \times \boldsymbol{H}) = \boldsymbol{H} \cdot (\nabla \times \boldsymbol{E}) - \boldsymbol{E} \cdot (\nabla \times \boldsymbol{H})$$

又

$$\boldsymbol{H} \cdot \frac{\partial \boldsymbol{B}}{\partial t} = \boldsymbol{H} \cdot \frac{\partial}{\partial t}(\mu \boldsymbol{H}) = \frac{\partial}{\partial t}\left(\frac{1}{2}\mu H^2\right) = \frac{\partial W_m}{\partial t}$$

$$\boldsymbol{E} \cdot \frac{\partial \boldsymbol{D}}{\partial t} = \boldsymbol{E} \cdot \frac{\partial}{\partial t}(\varepsilon \boldsymbol{E}) = \frac{\partial}{\partial t}\left(\frac{1}{2}\varepsilon E^2\right) = \frac{\partial W_e}{\partial t}$$

均代入(3)有

$$\nabla \cdot (\boldsymbol{E} \times \boldsymbol{H}) = -\frac{\partial W_m}{\partial t} - \frac{\partial W_e}{\partial t} - \boldsymbol{E} \cdot \boldsymbol{J}_c = -\frac{\partial W}{\partial t} - \boldsymbol{E} \cdot \boldsymbol{J}_c$$

以 V 区域对上式两端作体积分

$$\int_V \nabla \cdot (\boldsymbol{E} \times \boldsymbol{H}) \mathrm{d}V = -\int_V \frac{\partial W}{\partial t} \mathrm{d}V - \int_V \boldsymbol{E} \cdot \boldsymbol{J}_c \mathrm{d}V$$

$$\oint_S (\boldsymbol{E} \times \boldsymbol{H}) \cdot \mathrm{d}\boldsymbol{S} = -\frac{\partial W}{\partial t} - \int_V \boldsymbol{E} \cdot \boldsymbol{J}_c \mathrm{d}V$$

如果 V 中包含有外电源,存在局外场强 $\boldsymbol{E}_e$

$$\boldsymbol{J}_c = \gamma \boldsymbol{E}_o = \gamma(\boldsymbol{E} + \boldsymbol{E}_e)$$

$$\boldsymbol{E} = \frac{\boldsymbol{J}_c}{\gamma} - \boldsymbol{E}_e$$

代入上式体积分项中有

$$\oint_S (\boldsymbol{E} \times \boldsymbol{H}) \cdot \mathrm{d}\boldsymbol{S} = -\frac{\partial W}{\partial t} - \int_V \frac{J_c^{\ 2}}{\gamma} \mathrm{d}V + \int_V \boldsymbol{J}_c \cdot \boldsymbol{E}_e \mathrm{d}V$$

若 V 空间中还存在有运流电流 $\boldsymbol{J}_v = \rho \boldsymbol{v}$,应再加上一项 $\int_V \boldsymbol{J}_v \cdot \boldsymbol{E} \mathrm{d}V$,得

$$\oint_S (\boldsymbol{E} \times \boldsymbol{H}) \cdot \mathrm{d}\boldsymbol{S} = -\frac{\partial W}{\partial t} - \int_V \frac{J_c^2}{\gamma} \mathrm{d}V - \int_V \boldsymbol{J}_v \cdot \boldsymbol{E} \mathrm{d}V + \int_V \boldsymbol{J}_c \cdot \boldsymbol{E}_e \mathrm{d}V \tag{5.4.2}$$

分析上式中各项的意义:

$\int_V \boldsymbol{J}_c \cdot \boldsymbol{E}_e \mathrm{d}V$:外部电源向区域 V 中提供的电功率;

$\frac{\partial W}{\partial t}$:区域 V 中电磁场能量的增加率;

$\int_V \frac{J_c^{\ 2}}{\gamma} \mathrm{d}V$:区域 V 中传导电流在导体中引起的热损耗功率;

$\int_V \boldsymbol{J}_v \cdot \boldsymbol{E} \mathrm{d}V$:区域 V 中电荷运动所需要的机械功率。

于是，等式右端反映出外部电源对 V 区域提供的电功率，除去 V 中电磁能量的增加率、热损耗和电荷运动所消耗的功率外，剩余部分就应等于等式的左端项，即通过包围 V 区域的闭合面 S 向外区域输送的功率 $\oint_S (\boldsymbol{E}\times\boldsymbol{H})\cdot \mathrm{d}\boldsymbol{S}$，即此项表示向外区域输送的电磁功率。

很显然，上式反映的是电磁场的功率平衡方程，它的每一项都有其明确的物理意义，通常称之为坡印廷定理，可作如下表述："空间中由于媒质的热耗和电荷运动导致的功率损耗，以及由该空间向外输送的功率，由单位时间内场能的减少以及外源所输入的功率来补偿。"

功率平衡方程左端项 $\oint_S (\boldsymbol{E}\times\boldsymbol{H})\cdot \mathrm{d}\boldsymbol{S}$ 表示单位时间内流出 S 面的电磁能量，其被积函数 $\boldsymbol{E}\times\boldsymbol{H}$ 是一个矢量，在方向上表示 S 面上某点处电磁能量的流动方向，在数量上表示与电磁能量流动方向相垂直的单位面积上流出的电磁功率，令

$$\boldsymbol{S} = \boldsymbol{E}\times\boldsymbol{H} \tag{5.4.3}$$

称它为坡印廷矢量，从它的方向和数值来看，反映空间任一点处电磁功率流动的特性，单位为瓦[特]/每平方米(W/m²)，所以又称坡印廷矢量 $\boldsymbol{S}$ 为电磁能量流动密度矢量，称 $\oint_S (\boldsymbol{E}\times\boldsymbol{H})\cdot \mathrm{d}\boldsymbol{S}$ 为电磁功率流。

5.4.3 恒定电磁场中的坡印廷定理

在恒定电磁场中，场量不是时间的函数，于是功率平衡方程为

$$\oint_S (\boldsymbol{E}\times\boldsymbol{H})\cdot \mathrm{d}\boldsymbol{S} = \int_V \boldsymbol{J}_c\cdot\boldsymbol{E}_e \mathrm{d}V - \int_V \frac{J_c^2}{\gamma}\mathrm{d}V$$

若 V 中没有外电源，$\boldsymbol{E}_e = 0$，则上式为

$$\int_V \frac{J_c^2}{\gamma}\mathrm{d}V = -\oint_S (\boldsymbol{E}\times\boldsymbol{H})\cdot \mathrm{d}\boldsymbol{S}$$

表示导体中的热耗是由导体外部进入导体的电磁能量所补偿的。若为理想导体，有 $\gamma\to\infty$，没有热耗，则方程为

$$\oint_S (\boldsymbol{E}\times\boldsymbol{H})\cdot \mathrm{d}\boldsymbol{S} = 0$$

意味着流入 S 面的电磁功率等于流出 S 面的电磁功率，没有功率损耗。

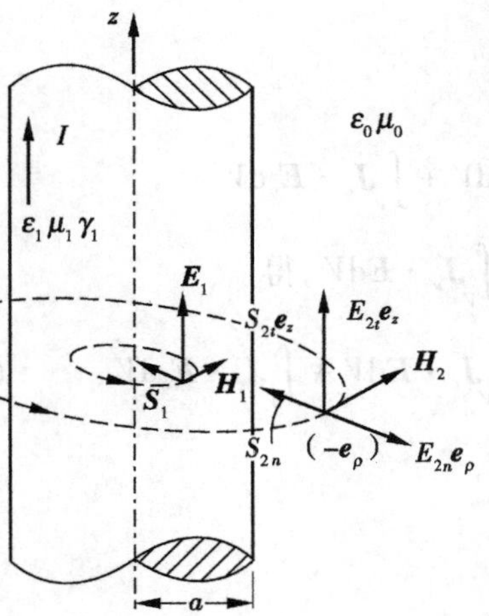

分析一长直圆柱载流导体中的功率损耗和功率传输问题。

如图 5.5 所示，几何尺寸，圆柱导体中有电流 I 均匀分布。

图 5.5　长直载流导线内外的恒定磁场

① $\rho < a$：

$$\boldsymbol{J}_{c1} = \frac{I}{\pi a^2}\boldsymbol{e}_z$$

$$\boldsymbol{E}_1 = \frac{\boldsymbol{J}_{c1}}{\gamma_1} = \frac{I}{\pi a^2 \gamma_1}\boldsymbol{e}_z$$

由安培环路定理

$$\oint_l \boldsymbol{H}_1 \cdot \mathrm{d}\boldsymbol{l} = 2\pi\rho H_1 = \pi\rho^2 \cdot \frac{I}{\pi a^2}$$

$$\boldsymbol{H}_1 = \frac{I\rho}{2\pi a^2}\boldsymbol{e}_\phi$$

$$\boldsymbol{S}_1 = (\boldsymbol{E}_1 \times \boldsymbol{H}_1) = \frac{I^2\rho}{2\pi^2 a^4 \gamma_1}(-\boldsymbol{e}_\rho)$$

可见$\boldsymbol{S}_1$由外向里传输，其中

$$\boldsymbol{S}_1\Big|_{\rho=a} = \frac{I^2}{2\pi^2 a^3 \gamma_1}(-\boldsymbol{e}_\rho)$$

$$\boldsymbol{S}_1\Big|_{\rho=0} = 0$$

设导线长为l，由公式计算

$$-\oint_S \boldsymbol{S}_1 \cdot \mathrm{d}\boldsymbol{S} = -\left[\int_{S上底} \boldsymbol{S}_1 \cdot \mathrm{d}\boldsymbol{S} + \int_{S下底} \boldsymbol{S}_1 \cdot \mathrm{d}\boldsymbol{S} + \int_{S侧} \boldsymbol{S}_1 \cdot \mathrm{d}\boldsymbol{S}\right]$$

$$= 0 - 0 - \frac{I^2}{2\pi^2 a^3 \gamma_1}\int_{S侧} -\boldsymbol{e}_\rho \cdot \boldsymbol{e}_\rho \mathrm{d}S$$

$$= \frac{I^2}{2\pi^2 a^3 \gamma_1} \cdot 2\pi a l = \frac{l}{\pi a^2 \gamma_1} I^2 = I^2 R = P$$

由计算可知：(a)坡印廷矢量$\boldsymbol{S}_1$由导体表面向里传输，随$\boldsymbol{S}_1$的穿入加深而衰减，直到0；

(b)传输到导体内的电功率全部成为了导体中的热损耗。

②$\rho > a$

在导体与空气分界面上，有$\rho = a$处

$$\begin{cases} \boldsymbol{e}_n \times (\boldsymbol{H}_2 - \boldsymbol{H}_1) = 0 \Rightarrow H_{1t} = H_{2t} \Rightarrow H_{1\phi} = H_{2\phi} \\ \boldsymbol{e}_n \times (\boldsymbol{E}_2 - \boldsymbol{E}_1) = 0 \Rightarrow E_{1t} = E_{2t} \Rightarrow E_{1z} = E_{2z} \\ \boldsymbol{e}_n \cdot (\boldsymbol{B}_2 - \boldsymbol{B}_1) = 0 \Rightarrow B_{1n} = B_{2n} = 0 \Rightarrow H_{1\rho} = H_{2\rho} = 0 \\ \boldsymbol{e}_n \cdot (\boldsymbol{D}_2 - \boldsymbol{D}_1) = \sigma \Rightarrow \boldsymbol{D}_1 \cdot \boldsymbol{e}_n = 0 \Rightarrow \boldsymbol{e}_n \cdot \boldsymbol{D}_2 = D_{2n} = D_{2\rho} = \sigma,\ E_{2\rho} \neq 0 \end{cases}$$

$$\boldsymbol{E}_2 = E_{2t}\boldsymbol{e}_z + E_{2n}\boldsymbol{e}_\rho$$

$$\boldsymbol{H}_2 = H_{2t}\boldsymbol{e}_\phi$$

$$\boldsymbol{S}_2 = \boldsymbol{E}_2 \times \boldsymbol{H}_2 = (E_{2t}\boldsymbol{e}_z + E_{2n}\boldsymbol{e}_\rho) \times H_{2t}\boldsymbol{e}_\phi$$

$$= E_{2t}H_{1t}(-\boldsymbol{e}_\rho) + E_{2n}H_{2t}\boldsymbol{e}_z = S_{2n}(-\boldsymbol{e}_\rho) + S_{2t}\boldsymbol{e}_z$$

可知：$\boldsymbol{S}_2$有两个分量，其法向分量进入导体内，它将提供热耗功率；其切向分量将沿导体轴向在导体周围空间传输。

③若视导体为理想导体，则$\gamma_1 \to \infty$，$E_1 = D_1 = H_1 = B_1 = 0$，导体表面存在面电流和面电荷，其面电流密度为$\boldsymbol{K} = K\boldsymbol{e}_z$，面电荷密度为$\sigma$，此时：

$$E_{1t} = E_{2t} = 0, B_{1n} = B_{2n} = 0$$

$$\boldsymbol{e}_\rho \cdot \boldsymbol{D}_2 = \sigma, \boldsymbol{E}_2 = E_{2n}\boldsymbol{e}_\rho$$

$$\boldsymbol{e}_\rho \times \boldsymbol{H}_2 = K\boldsymbol{e}_\phi, \boldsymbol{H}_2 = H_{2t}\boldsymbol{e}_\phi$$

$$r<0 \qquad \boldsymbol{S}_1=\boldsymbol{E}_1\times\boldsymbol{H}_1=0$$

$$r>0 \qquad \boldsymbol{S}_2=\boldsymbol{E}_1\times\boldsymbol{H}_2=E_{2n}H_{2n}(\boldsymbol{e}_\rho\times\boldsymbol{e}_\phi)=S_2\boldsymbol{e}_z$$

④结论

导体内不能传输电磁能量，电磁能量只能沿导体表面附近的空间传输，导线本身起到引导电磁能量定向传输的作用。

5.5 正弦电磁场

时变场中应用最多、最为重要的一类场是随时间作正弦规律变化的电磁场，当电荷和电流按正弦规律变化时，场域空间任一点的电场和磁场的各个分量也都是时间的正弦函数，当场按正弦稳态变化时，对场量的分析可以将时域问题转换为相量形式来研究。

5.5.1 电磁场基本方程的相量形式

1）正弦时变场量的相量形式

以直角坐标系来表示正弦稳态时变电场

$$\begin{aligned}\boldsymbol{E}(x,y,z,t)&=E_x(x,y,z,t)\boldsymbol{e}_x+E_y(x,y,z,t)\boldsymbol{e}_y+E_z(x,y,z,t)\boldsymbol{e}_z\\&=E_{xm}(x,y,z)\sin(\omega t+\psi_x)\boldsymbol{e}_x+E_{ym}(x,y,z)\sin(\omega t+\psi_y)\boldsymbol{e}_y+\\&\quad E_{zm}(x,y,z)\sin(\omega t+\psi_z)\boldsymbol{e}_z\end{aligned}$$

各分量的振幅值是空间坐标的函数，它们又是时间的正弦函数，ω 为角频率，ψ_x，ψ_y 和 ψ_z 分别为各坐标分量的初相位角。用位置矢量 $\boldsymbol{r}$ 反映空间位置，又将它简捷表示为

$$\boldsymbol{E}(\boldsymbol{r},t)=E_x(\boldsymbol{r},t)\boldsymbol{e}_x+E_y(\boldsymbol{r},t)\boldsymbol{e}_y+E_z(\boldsymbol{r},t)\boldsymbol{e}_z$$

对上式任意一分量，比如 $E_x(\boldsymbol{r},t)$，可用复数取虚部表示

$$E_x(\boldsymbol{r},t)=\mathrm{I_m}[\sqrt{2}(E_x(\boldsymbol{r})\mathrm{e}^{\mathrm{j}\psi_x})\mathrm{e}^{\mathrm{j}\omega t}]=\mathrm{I_m}[\sqrt{2}\dot{E}_x(\boldsymbol{r})\mathrm{e}^{\mathrm{j}\omega t}]=\mathrm{I_m}[\dot{E}_{xm}(\boldsymbol{r})\mathrm{e}^{\mathrm{j}\omega t}]$$

式中，$E_x=E_x(\boldsymbol{r})$ 为有效值，$\dot{E}_x=E_x(\boldsymbol{r})\mathrm{e}^{\mathrm{j}\psi_x}$ 为有效值相量，它带有初相角；

$\dot{E}_{xm}=E_{xm}(\boldsymbol{r})\mathrm{e}^{\mathrm{j}\psi_x}=\sqrt{2}\dot{E}_x(\boldsymbol{r})$ 为振幅值相量。

于是有

$$\boldsymbol{E}(\boldsymbol{r},t)=\mathrm{I_m}\left[\sqrt{2}(\dot{E}_x(\boldsymbol{r})\boldsymbol{e}_x+\dot{E}_y(\boldsymbol{r})\boldsymbol{e}_y+\dot{E}_z(\boldsymbol{r})\boldsymbol{e}_z)\mathrm{e}^{\mathrm{j}\omega t}\right]=\mathrm{I_m}\left[\sqrt{2}\dot{\boldsymbol{E}}(\boldsymbol{r})\mathrm{e}^{\mathrm{j}\omega t}\right] \quad (5.5.1)$$

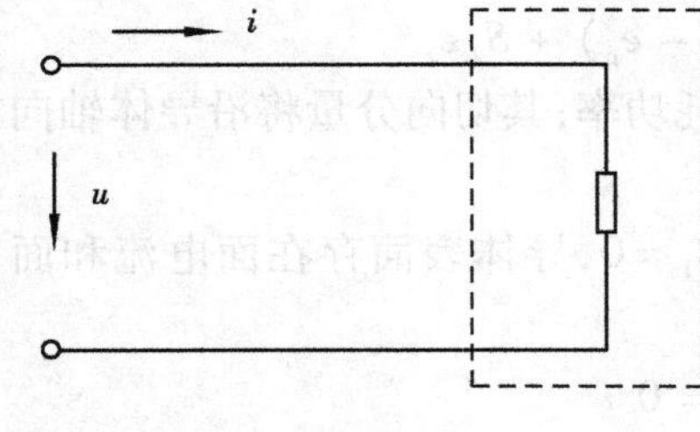

图 5.6 二端口网络

式中，$\dot{\boldsymbol{E}}(\boldsymbol{r})=\dot{E}_x(\boldsymbol{r})\boldsymbol{e}_x+\dot{E}_y(\boldsymbol{r})\boldsymbol{e}_y+\dot{E}_z(\boldsymbol{r})\boldsymbol{e}_z$，可简写为 $\dot{\boldsymbol{E}}=\dot{E}_x\boldsymbol{e}_x+\dot{E}_y\boldsymbol{e}_y+\dot{E}_z\boldsymbol{e}_z$，是电场强度矢量的有效值相量，也即是正弦电场矢量的相量形式。

2）基本方程的相量形式

对于麦克斯韦方程（5.3.5）

$$\nabla\times\boldsymbol{H}=\boldsymbol{J}_c+\frac{\partial\boldsymbol{D}}{\partial t}$$

按式(5.5.1)改写为复数取虚部形式：

$$\nabla\times\left[\mathrm{I_m}(\sqrt{2}\dot{\boldsymbol{H}}e^{j\omega t})\right]=\mathrm{I_m}\left[\sqrt{2}\dot{\boldsymbol{J}}_c\,e^{j\omega t}\right]+\frac{\partial}{\partial t}\left[\mathrm{I_m}(\sqrt{2}\dot{\boldsymbol{D}}e^{j\omega t})\right]$$

$$=\mathrm{I_m}\left[\sqrt{2}\dot{\boldsymbol{J}}_c e^{j\omega t}\right]+\mathrm{I_m}\left[\sqrt{2}\,j\omega\dot{\boldsymbol{D}}e^{j\omega t}\right]$$

即

$$\mathrm{I_m}[\sqrt{2}(\nabla\times\dot{\boldsymbol{H}})e^{j\omega t}]=\mathrm{I_m}[\sqrt{2}(\dot{\boldsymbol{J}}_C+j\omega\dot{\boldsymbol{D}})e^{j\omega t}]$$

由此式可知，对时间的一次求导，相当于相应相量乘以因子 $j\omega$ 。由此式(5.3.5)～式(5.3.8)可写成

$$\nabla\times\dot{\boldsymbol{H}}=\dot{\boldsymbol{J}}_c+j\omega\dot{\boldsymbol{D}} \tag{5.5.2}$$

$$\nabla\times\dot{\boldsymbol{E}}=-j\omega\dot{\boldsymbol{B}} \tag{5.5.3}$$

$$\nabla\cdot\dot{\boldsymbol{B}}=0 \tag{5.5.4}$$

$$\nabla\cdot\dot{\boldsymbol{D}}=\dot{\rho} \tag{5.5.5}$$

同理可得，各向同性线性媒质的构成方程的相量形式为

$$\begin{aligned}\dot{\boldsymbol{D}}&=\varepsilon\dot{\boldsymbol{E}}\\ \dot{\boldsymbol{B}}&=\mu\dot{\boldsymbol{H}}\\ \dot{\boldsymbol{J}}_c&=\gamma\dot{\boldsymbol{E}}\end{aligned} \tag{5.5.6}$$

以上各式中的场量均为有效值相量，ε,μ,γ 均为实数。

在高频情况下，媒质的损耗已不能忽略，ε,μ,γ 将为复数，而场矢量 $\dot{\boldsymbol{D}}$ 与 $\dot{\boldsymbol{E}}$，$\dot{\boldsymbol{B}}$ 与 $\dot{\boldsymbol{H}}$，$\dot{\boldsymbol{J}}_c$ 与 $\dot{\boldsymbol{E}}$ 将不再同相。

5.5.2 坡印廷定理的相量形式

$\boldsymbol{s}(\boldsymbol{r},t)$ 坡印廷矢量表示电磁场中任意一点的电磁功率流密度，当场量为正弦稳态时变时，$\boldsymbol{s}(\boldsymbol{r},t)$ 也必将随时间按一定规律变化。在任一瞬时，它可为正也可能为负值。当 $\boldsymbol{s}(\boldsymbol{r},t)$ 为正值时，表示有瞬时功率沿 $\boldsymbol{s}(\boldsymbol{r},t)$ 方向流出，当 $\boldsymbol{s}(\boldsymbol{r},t)$ 为负值时，表示有瞬时功率沿 $\boldsymbol{s}(\boldsymbol{r},t)$ 的反方向流进，可见，$\boldsymbol{s}(\boldsymbol{r},t)$ 在量值上相当于正弦二端网络中的瞬时功率 $p=ui$。于是，可以按分析 $p=ui$ 的方式来开展对 $\boldsymbol{s}(\boldsymbol{r},t)$ 的研究。

1）若 $\boldsymbol{s}(\boldsymbol{r},t)$ 在一个周期内的平均值为零。表示场中只有电、磁能量的交换，而没有平均功率向外输送。

2）若 $\boldsymbol{s}(\boldsymbol{r},t)$ 在一周期内平均值不为零，表示除电场与磁场能量的相互转换外，还有平均功率向外传输。

在正弦稳态二端网络中，复功率定义式为

$$\dot{S}=\dot{U}\dot{I}=P+jQ$$

式中：$\dot{S}$ 为视在功率，P 为有功功率，Q 为无功功率。

现在来推求相量形式的电磁场功率平衡方程：

以 $\dot{\boldsymbol{H}}^*$ 点乘式(5.5.3)减去 $\dot{\boldsymbol{E}}$ 点乘式(5.5.2)的共轭复数

$$\dot{\boldsymbol{H}}^* \cdot (\nabla \times \dot{\boldsymbol{E}}) - \dot{\boldsymbol{E}} \cdot (\nabla \times \dot{\boldsymbol{H}})^* = -j\omega \dot{\boldsymbol{H}}^* \cdot \dot{\boldsymbol{B}} - \dot{\boldsymbol{E}} \cdot \dot{\boldsymbol{J}}_c^* + j\omega \dot{\boldsymbol{E}} \cdot \dot{\boldsymbol{D}}^*$$

注意到共轭复数的运算

$$(\nabla \times \dot{\boldsymbol{H}})^* = \nabla \times \dot{\boldsymbol{H}}^*$$

$$(\dot{\boldsymbol{J}}_c + j\omega \dot{\boldsymbol{D}})^* = \dot{\boldsymbol{J}}_c^* - j\omega \dot{\boldsymbol{D}}^*$$

$$\dot{\boldsymbol{H}}^* \cdot (\nabla \times \dot{\boldsymbol{E}}) - \dot{\boldsymbol{E}} \cdot (\nabla \times \dot{\boldsymbol{H}}^*) = \nabla \cdot (\dot{\boldsymbol{E}} \times \dot{\boldsymbol{H}}^*)$$

$$\dot{\boldsymbol{H}}^* \cdot \dot{\boldsymbol{B}} = \dot{\boldsymbol{H}}^* \cdot \mu \dot{\boldsymbol{H}} = \mu H^2$$

$$\dot{\boldsymbol{E}} \cdot \dot{\boldsymbol{D}}^* = \dot{\boldsymbol{E}} \cdot \varepsilon \dot{\boldsymbol{E}}^* = \varepsilon E^2$$

$$\dot{\boldsymbol{E}} \cdot \dot{\boldsymbol{J}}_c^* = \dot{\boldsymbol{J}}_c \frac{1}{\gamma} \cdot \dot{\boldsymbol{J}}_c^* = \frac{1}{\gamma} J_c^{\ 2}$$

$$\nabla \cdot (\dot{\boldsymbol{E}} \times \dot{\boldsymbol{H}}^*) = -j\omega\mu H^2 - \frac{J_c^{\ 2}}{\gamma} + j\omega\varepsilon E^2$$

于是有

$$-\nabla \cdot (\dot{\boldsymbol{E}} \times \dot{\boldsymbol{H}}^*) = \frac{J_c^{\ 2}}{\gamma} + j\omega(\mu H^2 - \varepsilon E^2)$$

在 V 空间内对上式两端作体积分,并应用高斯散度定理,得

$$-\oint_S (\dot{\boldsymbol{E}} \times \dot{\boldsymbol{H}}^*) \cdot \mathrm{d}\boldsymbol{S} = \int_V \frac{J_c^{\ 2}}{r} \mathrm{d}V + j\omega \int_V (\mu H^2 - \varepsilon E^2) \mathrm{d}V \tag{5.5.7}$$

分析上式中各项的意义:

1) $\int_V \frac{J_c^{\ 2}}{\gamma} \mathrm{d}V$：$J_c$为电流密度有效值,即电流密度瞬时值的方均根值,有

$$\int_V \frac{J_c^{\ 2}}{\gamma} \mathrm{d}V = \int_V \frac{1}{\gamma}\left(\sqrt{\frac{1}{T}\int_0^T J_c^{\ 2}(t)\,\mathrm{d}t}\right)^2 \mathrm{d}V$$

$$= \frac{1}{T}\int_0^T \left(\int_V \frac{1}{\gamma} J_c^{\ 2}(t)\,\mathrm{d}V\right)\mathrm{d}t$$

它表示传导电流所致的瞬时功率密度 $p = \frac{1}{\gamma} J_c^{\ 2}(t)$ 的体积分,即导电媒质中的瞬时功率,再在一个周期内的平均值,得到平均功率,即导电媒质中的热损耗功率,相当于有功功率。

2) $\omega \int_V (\mu H^2 - \varepsilon E^2) \mathrm{d}V$：表示 V 体积内电场和磁场能量的转换率,它并没有消耗,它应当是对应于复功率 $\dot{S}$ 的虚部 Q,即无功功率。

3) $-\oint_S (\dot{\boldsymbol{E}} \times \dot{\boldsymbol{H}}^*) \cdot \mathrm{d}\boldsymbol{S}$：很显然它相当于复功率 $\dot{\boldsymbol{S}}$,表示穿入 S 面进入 V 空间内的复功率

$$\dot{\boldsymbol{S}} = -\oint_S (\dot{\boldsymbol{E}} \times \dot{\boldsymbol{H}}^*) \cdot \mathrm{d}\boldsymbol{S} = P + jQ$$

式中:

$$P = \mathrm{Re}\left[-\oint_S (\dot{\boldsymbol{E}} \times \dot{\boldsymbol{H}}^*) \cdot \mathrm{d}\boldsymbol{S}\right] = \int_V \frac{J_c^{\ 2}}{r} \mathrm{d}V$$

$$Q = \mathrm{Im}\left[-\oint_S (\dot{\boldsymbol{E}} \times \dot{\boldsymbol{H}}^*) \cdot \mathrm{d}\boldsymbol{S}\right] = \omega \int_V (\mu H^2 - \varepsilon E^2) \mathrm{d}V$$

所以,称式(5.5.7)为功率平衡方程,即坡印廷定理的相量形式。而式中的被积函数 $\dot{\boldsymbol{E}} \times \dot{\boldsymbol{H}}^*$ 表示场中某点处与能流方向相垂直的单位面积上穿过的复功率,用 $\dot{\boldsymbol{S}}$ 表示,即 $\dot{\boldsymbol{S}} = \dot{\boldsymbol{E}} \times \dot{\boldsymbol{H}}^*$ 为坡印廷矢量的相量形式。

设自由空间有正弦时变电磁场,其电场强度和磁场强度瞬时值分别为

$$\boldsymbol{E}(t) = \boldsymbol{E}_m \cos(\omega t + \phi_H)$$

$$\boldsymbol{H}(t) = \boldsymbol{H}_m \cos(\omega t + \phi_H)$$

则坡印廷矢量的瞬时值为

$$\boldsymbol{S}(t) = \boldsymbol{E}(t) \times \boldsymbol{H}(t) = \boldsymbol{E}_m \times \boldsymbol{H}_m \cos(\omega t + \phi_E)\cos(\omega t + \phi_H)$$

$$= (\boldsymbol{E}_m \times \boldsymbol{H}_m)\frac{1}{2}\left[\cos(\phi_E - \phi_H) + \cos(2\omega t + \phi_E + \phi_H)\right]$$

它在一个周期内的平均值为

$$\boldsymbol{S}_{av} = \frac{1}{T}\int_0^T \boldsymbol{S}(t)\,\mathrm{d}t = \frac{1}{2}(\boldsymbol{E}_m \times \boldsymbol{H}_m)\cos(\phi_E - \phi_H)$$

$\boldsymbol{S}_{av}$表示在一个周期内沿 $\boldsymbol{S}(t)$ 的方向通过单位面积的平均功率,称它为坡印廷矢量的平均值。根据前面的分析,也应有如下的 $\boldsymbol{S}_{av}$表示式

$$\boldsymbol{S}_{av} = \mathrm{Re}\,\dot{\boldsymbol{S}} = \mathrm{Re}[\dot{\boldsymbol{E}} \times \dot{\boldsymbol{H}}^*]$$

例 5.1　在无源自由空间中,已知电磁场的电场强度矢量的相量值

$$\dot{\boldsymbol{E}}(z) = E\mathrm{e}^{-j\beta z}\boldsymbol{e}_y$$

其中 β, E 为常数。试求坡印廷矢量的平均值。

解　由式 $\nabla \times \dot{\boldsymbol{E}} = -j\omega\mu_0\dot{\boldsymbol{H}}$,得

$$\dot{\boldsymbol{H}}(z) = -\frac{1}{j\omega\mu_0}\nabla \times \dot{\boldsymbol{E}}(z)$$

$$= -\frac{1}{j\omega\mu_0}\frac{\partial}{\partial z}(-E\mathrm{e}^{-j\beta z})\boldsymbol{e}_x = -\frac{\beta E}{\omega\mu_0}\mathrm{e}^{-j\beta z}\boldsymbol{e}_x$$

则电场强度和磁场强度的瞬时值为

$$\boldsymbol{E}(z,t) = \sqrt{2}E\cos(\omega t - \beta z)\boldsymbol{e}_y$$

$$\boldsymbol{H}(z,t) = -\sqrt{2}\frac{\beta E}{\omega\mu_0}\cos(\omega t - \beta z)\boldsymbol{e}_x$$

于是,坡印廷矢量的瞬时值为

$$\boldsymbol{S}(z,t) = \boldsymbol{E}(z,t) \times \boldsymbol{H}(z,t) = \frac{2\beta E^2}{\omega\mu_0}\cos^2(\omega t - \beta z)\boldsymbol{e}_z$$

所以,坡印廷矢量的平均值为

$$\boldsymbol{S}_{av} = \frac{1}{T}\int_0^T \boldsymbol{S}(t)\,\mathrm{d}t = \frac{1}{2}(\boldsymbol{E}_m \times \boldsymbol{H}_m) = \frac{\beta E}{\omega\mu_0}\boldsymbol{e}_z$$

或者为

$$\boldsymbol{S}_{av} = \mathrm{Re}[\dot{\boldsymbol{E}} \times \dot{\boldsymbol{H}}^*]$$

$$= \mathrm{Re}\left[E\mathrm{e}^{-j\beta z}\boldsymbol{e}_y \times \left(-\frac{\beta E}{\omega\mu_0}\mathrm{e}^{-j\beta z}\boldsymbol{e}_x\right)^*\right] = \frac{\beta E^2}{\omega\mu_0}\boldsymbol{e}_z$$

5.6 动 态 位

为了计算上的方便,在时变场中也需要引入标量位和矢量位,因为它们既是空间坐标的函数,更重要的是它们又是时间的函数,所以称之为动态位。

5.6.1 动态位的引入

由电磁场基本方程的微分形式(5.3.7)$\nabla\cdot\boldsymbol{B}=0$ 令

$$\boldsymbol{B} = \nabla\times\boldsymbol{A} \tag{5.6.1}$$

由矢量恒等式$\nabla\cdot(\nabla\times\boldsymbol{A})=0$,使上式得以满足,称 $\boldsymbol{A}$ 为动态矢量位。

由(5.3.6)方程

$$\nabla\times\boldsymbol{E} = -\frac{\partial\boldsymbol{B}}{\partial t}$$

代入 $\boldsymbol{B}=\nabla\times\boldsymbol{A}$,有

$$\nabla\times\boldsymbol{E} = -\frac{\partial}{\partial t}(\nabla\times\boldsymbol{A}) = -\nabla\times\frac{\partial\boldsymbol{A}}{\partial t}$$

可得

$$\nabla\times\left(\boldsymbol{E}+\frac{\partial\boldsymbol{A}}{\partial t}\right) = 0$$

上式括号内的合成矢量函数可视为一无旋场,由此可定义标量函数 φ

$$\boldsymbol{E}+\frac{\partial\boldsymbol{A}}{\partial t} = -\nabla\varphi$$

使这一无旋场得以满足

$$\nabla\times\left(\boldsymbol{E}+\frac{\partial\boldsymbol{A}}{\partial t}\right) = -\nabla\times\nabla\varphi = 0$$

称这个标量函数 φ 为动态标量位,有

$$\boldsymbol{E} = -\left(\nabla\varphi+\frac{\partial\boldsymbol{A}}{\partial t}\right) \tag{5.6.2}$$

也可认为上式将 $\boldsymbol{E}$ 分为了两个分量

$$\boldsymbol{E} = \boldsymbol{E}_0 + \boldsymbol{E}_{\mathrm{ind}}$$

式中:$\boldsymbol{E}_0=-\nabla\varphi$ 是由时变电荷产生的电场守恒分量(有散分量),$\boldsymbol{E}_{\mathrm{ind}}=-\dfrac{\partial\boldsymbol{A}}{\partial t}$是由时变磁场产生的感应电场分量(有旋分量)。

5.6.2 达朗贝尔方程

在各向同性线性均匀媒质中,将构成方程 $\boldsymbol{B}=\mu\boldsymbol{H}$,$\boldsymbol{D}=\varepsilon\boldsymbol{E}$ 代入式(5.3.5),有

$$\nabla\times\left(\frac{\boldsymbol{B}}{\mu}\right) = \boldsymbol{J}_c + \varepsilon\frac{\partial\boldsymbol{E}}{\partial t}$$

再代入动态位，得

$$\nabla \times \nabla \times \boldsymbol{A} = \mu \boldsymbol{J}_c + \mu\varepsilon \frac{\partial}{\partial t}\left(-\nabla\varphi - \frac{\partial \boldsymbol{A}}{\partial t}\right)$$

$$\nabla(\nabla \cdot \boldsymbol{A}) - \nabla^2 \boldsymbol{A} = \mu \boldsymbol{J}_c - \mu\varepsilon \nabla\left(\frac{\partial \varphi}{\partial t}\right) - \mu\varepsilon \frac{\partial^2 \boldsymbol{A}}{\partial t^2}$$

整理后得

$$\nabla^2 \boldsymbol{A} - \mu\varepsilon \frac{\partial^2 \boldsymbol{A}}{\partial t^2} = -\mu \boldsymbol{J}_c + \nabla\left(\nabla \cdot \boldsymbol{A} + \mu\varepsilon \frac{\partial \varphi}{\partial t}\right) \tag{5.6.3}$$

同理，将构成方程 $\boldsymbol{B} = \mu\boldsymbol{H}, \boldsymbol{D} = \varepsilon\boldsymbol{E}$ 和式(5.6.1)、(5.6.2)代入式(5.3.8)

$$\varepsilon \nabla \cdot \boldsymbol{E} = \varepsilon \nabla \cdot \left(-\nabla\varphi - \frac{\partial \boldsymbol{A}}{\partial t}\right) = \rho$$

$$\nabla^2 \varphi + \frac{\partial}{\partial t}(\nabla \cdot \boldsymbol{A}) = -\frac{\rho}{\varepsilon} \tag{5.6.4}$$

式(5.6.4)和式(5.6.3)两式是由基本方程的4个微分形式进行推导得出的，又包含了构成方程，得到的是关于动态位的两个微分方程。但这两个表达式中，$\boldsymbol{A}, \varphi$ 两动态位交织在一起，不便于分析和求解。如果适当的选择 $\nabla \cdot \boldsymbol{A}$，就会使这两个表达式简化。若令

$$\nabla \cdot \boldsymbol{A} + \mu\varepsilon \frac{\partial \varphi}{\partial t} = 0$$

代入式(5.6.4)和式(5.6.3)中，有

$$\nabla^2 \boldsymbol{A} - \mu\varepsilon \frac{\partial^2 \boldsymbol{A}}{\partial t^2} = -\mu \boldsymbol{J}_c \tag{5.6.5}$$

$$\nabla^2 \varphi - \mu\varepsilon \frac{\partial^2 \varphi}{\partial t^2} = -\frac{\rho}{\varepsilon} \tag{5.6.6}$$

成为只含独立求解量的形式相同的两个方程，彼此相对独立、十分简捷而又对应，称之为动态位的达朗贝尔方程(是二阶微分方程，又称之为非齐次波动方程)。

两方程彼此相对独立，而又互相联系的条件是

$$\nabla \cdot \boldsymbol{A} = -\mu\varepsilon \frac{\partial \varphi}{\partial t} \tag{5.6.7}$$

称之为洛仑兹条件。

达朗贝尔方程中的对偶量为 $\boldsymbol{A}-\varphi, \boldsymbol{J}_c-\rho, \mu-\frac{1}{\varepsilon}$，相互对应，以便记忆。

应当说明的是：

1)洛仑兹条件 $\nabla \cdot \boldsymbol{A} = -\mu\varepsilon \frac{\partial \varphi}{\partial t}$ 是一个十分重要的条件，可以严格证明，它体现了电荷守恒定律。在静态场中，它将蜕变为 $\nabla \cdot \boldsymbol{A} = 0$(库仑规范)。

2)达朗贝尔方程是在形式上相对独立，经洛仑兹条件相联系而使之成立的。所以达朗贝尔方程的独立是有条件的。因此，要求解 $\boldsymbol{A}, \varphi$，必须将达朗贝尔方程和洛仑兹条件联立才能求得。

3)达朗贝尔方程就是时变场中的动态位方程，是在各向同性线性均匀媒质条件下，由四个基本方程加媒质的构成方程导出的，所以，它反映了时变场的所有场—源关系和媒质的特

性,可由它求解时变场。

已知动态位$\boldsymbol{A}$,由洛仑兹条件$\nabla\cdot\boldsymbol{A}=-\mu\varepsilon\frac{\partial\varphi}{\partial t}$,可求动态位$\varphi$,再由$\boldsymbol{A},\varphi$通过$\boldsymbol{B}=\nabla\times\boldsymbol{A}$,$\boldsymbol{E}=-\nabla\varphi-\frac{\partial\boldsymbol{A}}{\partial t}$可以求$\boldsymbol{B},\boldsymbol{E}$。

5.7 达朗贝尔方程的解答

分析动态位的达朗贝尔方程

$$\nabla^2\boldsymbol{A}-\mu\varepsilon\frac{\partial^2\boldsymbol{A}}{\partial t^2}=-\mu\boldsymbol{J}_c$$

$$\nabla^2\varphi-\mu\varepsilon\frac{\partial^2\varphi}{\partial t^2}=-\frac{\rho}{\varepsilon}$$

1)在$\boldsymbol{J}_c=0,\rho=0$的区域,有

$$\nabla^2\boldsymbol{A}-\mu\varepsilon\frac{\partial^2\boldsymbol{A}}{\partial t^2}=0$$

$$\nabla^2\varphi-\mu\varepsilon\frac{\partial^2\varphi}{\partial t^2}=0$$

这正好是动态位的波动方程。

2)当场源$\boldsymbol{J}_c$恒定、ρ静止不变时,必有$\frac{\partial}{\partial t}(\cdot)=0$,于是

$$\nabla^2\boldsymbol{A}=-\mu\boldsymbol{J}c$$
$$\nabla^2\varphi=-\rho/\varepsilon$$

正好是静态场中位函数的泊松方程。

由上可见,泊松方程和波动方程均是达朗贝尔方程的特例,从解微分方程可知,达朗贝尔方程的解应具有泊松方程解答的形式,而又具有波动特性。

5.7.1 点源动态位的解答

由达朗贝尔方程的基本特点,考虑以下的求解思路:

首先,仍从点场源产生的场入手研究,这同静态场求解的思路。分析点场源在源区以外产生时变场的波动性以及其形式解,再对比静态场位函数的解答,得出点场源产生动态位的解答。

将解答推广到分布场源情况,得到达朗贝尔方程的解答。

在无限大同种媒质空间中,分析直角坐标下动态标量位的达朗贝尔方程可分解成三个分量的标量方程,其形式同动态标量位方程相同。由此可见,只要求得动态标量位方程的解,即可类比得出动态矢量位方程的解。

1)点源动态标量位波动方程的形式解

在无限大媒质空间中,有点电荷$q(t)$,如图5.7,它产生的电场具有球对称分布特点。现

令 $v=\dfrac{1}{\sqrt{\mu\varepsilon}}$,除点源外的场域空间,动态标量位满足动态位的波动方程为

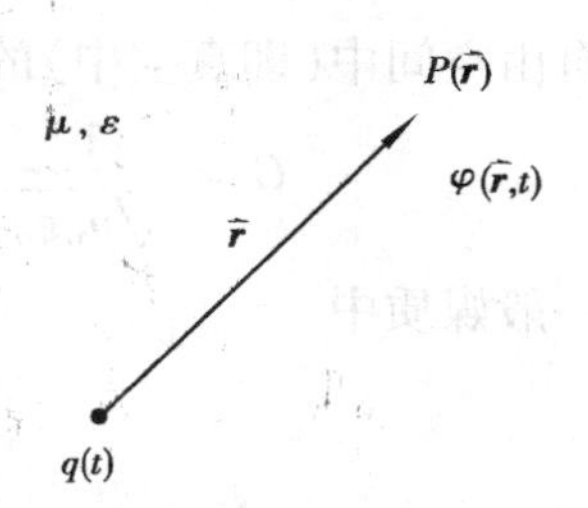

图 5.7　点电荷产生的时变电场

$$\nabla^2\varphi-\frac{1}{v^2}\frac{\partial^2\varphi}{\partial t^2}=0$$

取点电荷 $q(t)$ 处为坐标原点,建立球坐标系,应有 $\varphi=\varphi(r,t)$,有

$$\nabla^2\varphi=\frac{1}{r^2}\frac{\partial}{\partial r}\left(r^2\frac{\partial\varphi}{\partial r}\right)\xlongequal{\text{改写为}}\frac{1}{r}\frac{\partial^2(\varphi r)}{\partial r^2}$$

于是

$$\frac{1}{r}\frac{\partial^2(\varphi r)}{\partial r^2}=\frac{1}{v^2}\frac{\partial^2\varphi}{\partial t^2}\Rightarrow\frac{\mathrm{d}^2(\varphi r)}{\mathrm{d}r^2}=\frac{1}{v^2}\frac{\mathrm{d}(\varphi r)}{\mathrm{d}t^2}$$

即得到以(φr)为应变量的一维波动方程。它的通解应具有如下形式

$$\begin{aligned}r\varphi&=F_1(r-\nu t)+F_2(r+\nu t)\\&=F_1\left[-\nu\left(t-\frac{r}{v}\right)\right]+F_2\left[v\left(t+\frac{r}{v}\right)\right]\end{aligned}$$

$$r\varphi=f_1(t-\frac{r}{v})+f_2(t+\frac{r}{v})\tag{5.7.1}$$

2)解答和波动特性

①分析形式解答中第一项$f_1(t-\frac{r}{v})$,它是 r,t 的函数。若要使$f_1\left(t-\frac{r}{v}\right)$为定值,就应使组合变量$\left(t-\frac{r}{v}\right)$在 r 和 t 变化时为一定值,也就是说当时间 $t\to t+\Delta t$、距离 $r\to r+\Delta r$,应有$t-\frac{r}{v}=t+\Delta t-\frac{r+\Delta r}{v}$,即 $\Delta t=\frac{\Delta r}{v}$,$\Delta r=v\Delta t$。这说明,当 $\Delta t>0$ 时,$\Delta r>0$。

由此可见,使f_1 保持定值的点 r,将随着 t 的增加,出现在离点场源越来越远的地方,也就是说,随着时间的增加,使f_1 保持定值的点将由近及远背离点场源传播,f_1 表示一个波动,称为入射波或正向行波。

②第二项$f_2\left(t+\frac{r}{v}\right)$,它也是以$(t,r)$为变量,当组合变量$\left(t+\frac{r}{v}\right)$在 r,t 变化时保持定值时,f_2 也将为一定值。于是,$t+\frac{r}{v}=t+\Delta t+\frac{r+\Delta r}{v}$时,有 $\Delta r=-v\Delta t$,$\Delta t>0$ 时,$\Delta r<0$ 可见使$f_2\left(t+\frac{r}{v}\right)$保持定值的点,将随 t 的增加,由远及近地传播,f_2 也表示一个波动,但传播方向与f_1 相反。称f_2 为沿 $-r$ 方向传播的反射波(或称回波或反向行波)。

上面所指的波动,就是指电磁波,其传播速度

$$v=\lim_{\Delta t\to 0}\frac{\Delta r}{\Delta t}=\frac{\mathrm{d}r}{\mathrm{d}t}$$

不论是入射波或反射波,均以速度 v 传播

$$v=\frac{1}{\sqrt{\mu\varepsilon}}=\frac{1}{\sqrt{\mu_0\mu_r\varepsilon_0\varepsilon_r}}=\frac{1}{\sqrt{\mu_0\varepsilon_0}\sqrt{\mu_r\varepsilon_r}}\tag{5.7.2}$$

在自由空间中(即真空中)的传播速度

$$C = \frac{1}{\sqrt{\mu_0 \varepsilon_0}} = \frac{1}{\sqrt{4\pi \times 10^{-7} \times 8.85 \times 10^{-12}}} = 3 \times 10^8 \quad (\text{m/s}) \tag{5.7.3}$$

在一般媒质中

$$v = \frac{C}{\sqrt{\mu_r \varepsilon_r}} \tag{5.7.4}$$

由上分析可知:**电磁波是以有限速度传播的,波速决定于媒质特性。**

3)点场源的达朗贝尔方程的解答

设在无限大各向同性、线性、均匀媒质中,不会发生反射现象,于是点源的达朗贝尔方程的形式解为:

$$r\varphi = f_1\left(t - \frac{r}{v}\right)$$

$$\varphi = \frac{1}{r} f_1\left(t - \frac{r}{v}\right)$$

即

$$\varphi(\boldsymbol{r},t) = \frac{f_1\left(t - \frac{r}{v}\right)}{r} \tag{5.7.5}$$

这是由点源波动方程分析导出的解答结果。

在静电场中,以点电荷处为坐标原点,电位参考点在无限远点,点电荷产生的电位

$$\varphi(\boldsymbol{r}) = \frac{q}{4\pi\varepsilon r}$$

将它与式(5.7.5)对比可知,$f_1\left(t - \frac{r}{v}\right)$应有如下形式

$$f_1\left(t - \frac{r}{v}\right) = \frac{1}{4\pi\varepsilon} q\left(t - \frac{r}{v}\right)$$

$$\varphi(\boldsymbol{r},t) = \frac{q\left(t - \frac{r}{v}\right)}{4\pi\varepsilon r} \tag{5.7.6}$$

这就是时变点电荷产生的动态标量位。应注意:

①组合变量$\left(t - \frac{r}{v}\right)$反映了动态位的波动性,它具有时间量纲。

②t时刻场中$\boldsymbol{r}$点的动态位并不是决定于该时刻源的激励,而是决定于在此之前的$t_1 = t - \frac{r}{v}$时刻激励的情况。反过来说,t时刻波源点电荷$q(t)$的变化,要经过一段时间$\Delta t = \frac{r}{v}$,才能传播到观察点$\boldsymbol{r}$,引起响应。

5.7.2 达朗贝尔方程的解答和推迟位

在无限大均匀媒质空间V中,有电荷密度为$\rho(\boldsymbol{r}',t)$的体电荷分布在区域V'中,如图5.8所示。取元电荷$\mathrm{d}q = \rho(\boldsymbol{r}',t)\mathrm{d}V'$,其位置矢量为$\boldsymbol{r}'$,在$P$点产生的动态标量为

$$d\varphi(\boldsymbol{r},t) = \frac{\rho\left(\boldsymbol{r}',t-\frac{R}{v}\right)}{4\pi\varepsilon R}dV'$$

V'区域中的电荷在 P 点产生的动态标量为

$$\varphi(\boldsymbol{r},t) = \frac{1}{4\pi\varepsilon}\int_{V'}\frac{\rho\left(\boldsymbol{r}',t-\frac{R}{v}\right)}{R}dV' \quad (5.7.7)$$

按对偶量置换的方法，可以直接推得分布时变电流所产生的动态矢量位：

$$\boldsymbol{A}(\boldsymbol{r},t) = \frac{\mu}{4\pi}\int_{V'}\frac{\boldsymbol{J}_c\left(\boldsymbol{r}',t-\frac{R}{v}\right)}{R}dV' \quad (5.7.8)$$

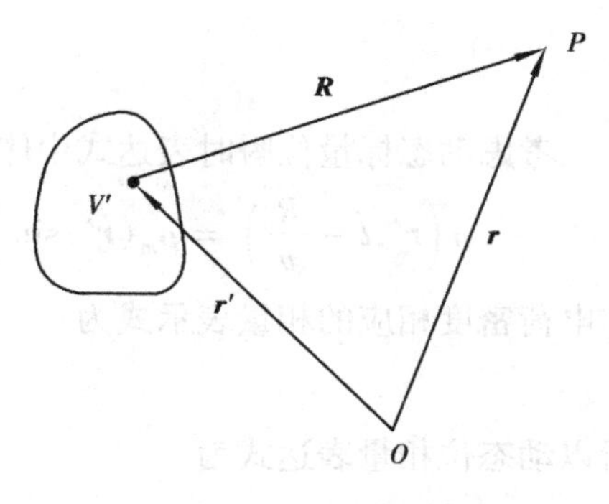

图 5.8　分布电荷产生的电场

$$\boldsymbol{A}(\boldsymbol{r},t) = \frac{\mu}{4\pi}\int_{l'}\frac{i\left(\boldsymbol{r}',t-\frac{R}{v}\right)}{R}dl' \quad (5.7.9)$$

上面 3 个计算动态位的公式即为达朗贝尔方程的解答，由它们可以反映动态位沿 $\boldsymbol{R}$ 方向传播的特性：

1）t 时刻 P 点的动态位值，并不决定于该时刻场源的激励，而是决定于 t 时刻前的 $t_1 = t-\frac{R}{v}$时刻激励源的情况。反过来说，场源在 t 时刻的激励，要经过一段时间 $\Delta t = \frac{R}{v}$，即要花一段时间 Δt 后才能到达距源区 R 远处的观察点 P，引起动态位的响应。这段推迟的时间也就是传递电磁作用所需要的时间。动态位的解答表示了这种推迟作用，所以又称动态位为推迟位。

2）组合变量 $\left(t-\frac{R}{v}\right)$ 具有时间量纲，它反映动态位的波动性，凡是以 $\left(t-\frac{R}{v}\right)$ 为变量的函数都表示一个以 v 为波速、沿 $\boldsymbol{R}$ 方向推进的波动。

3）达朗贝尔方程解答的波动性，说明电磁作用的传播不是瞬时完成的，而是以有限速度逐点传递的。

5.7.3　达朗贝尔方程解答的相量形式

设空间媒质参数为 μ,ε，激励源以角频率 $\omega = 2\pi f$ 随时间作正弦规律变化，在正弦稳态情况下，场域中各点的场量、动态位都是同频率的正弦量，由式（5.6.5）、式（5.6.6）可得出达朗贝尔方程的相量形式：

$$\nabla^2\dot{\boldsymbol{A}} + \frac{\omega^2}{v^2}\dot{\boldsymbol{A}} = -\mu\dot{\boldsymbol{J}}_c \quad (5.7.10)$$

$$\nabla^2\dot{\varphi} + \left(\frac{\omega}{v}\right)^2\dot{\varphi} = -\frac{\dot{\rho}}{\varepsilon} \quad (5.7.11)$$

式中：$\dot{\boldsymbol{A}}$，$\dot{\varphi}$，$\dot{\boldsymbol{J}}$，$\dot{\rho}$ 为空间坐标的相量函数。令 $\beta = \frac{\omega}{v}$，称之为相位系数，单位为弧度/米（rad/m），表示波传播单位距离所对应的相位角度。则上式为

$$\nabla^2\dot{\boldsymbol{A}} + \beta^2\dot{\boldsymbol{A}} = -\mu\dot{\boldsymbol{J}}_c \quad (5.7.12)$$

$$\nabla^2\dot{\varphi}+\beta^2\dot{\varphi}=-\frac{\dot{\rho}}{\varepsilon} \tag{5.7.13}$$

考虑动态标量位瞬时表达式中体电荷密度为

$$\rho\left(\boldsymbol{r}',t-\frac{R}{v}\right)=\rho_m(\boldsymbol{r}')\sin\left[\omega\left(t-\frac{R}{v}\right)-\psi\right]=I_m\left[\sqrt{2}\rho(\boldsymbol{r}')\mathrm{e}^{-\mathrm{j}\psi}\mathrm{e}^{-\mathrm{j}\frac{\omega}{v}R}\mathrm{e}^{\mathrm{j}\omega t}\right]$$

体电荷密度相应的相量表示式为

$$\dot{\rho}(\boldsymbol{r}')=\rho(\boldsymbol{r}')\mathrm{e}^{-\mathrm{j}\psi}$$

所以动态位相量表达式为

$$\dot{\varphi}(\boldsymbol{r})=\frac{1}{4\pi\varepsilon}\int_{V'}\frac{\dot{\rho}(\boldsymbol{r}')\mathrm{e}^{-\mathrm{j}\beta R}}{R}\mathrm{d}V' \tag{5.7.14}$$

$$\dot{\boldsymbol{A}}(\boldsymbol{r})=\frac{\mu}{4\pi}\int_{V'}\frac{\dot{\boldsymbol{J}}_C(\boldsymbol{r}')\mathrm{e}^{-\mathrm{j}\beta R}}{R}\mathrm{d}V' \tag{5.7.15}$$

$$\dot{\boldsymbol{A}}(\boldsymbol{r})=\frac{\mu}{4\pi}\int_{V'}\frac{\dot{I}(\boldsymbol{r}')\mathrm{e}^{-\mathrm{j}\beta R}}{R}\mathrm{d}\boldsymbol{l}' \tag{5.7.16}$$

由上面三式与动态位解答的瞬时表达式相比较可知，在正弦稳态电磁场中，动态位在时间上的滞后 R/v 相当于相量在空间上有 βR 相角的滞后。

在正弦稳态电磁场中，若已求得 $\dot{\boldsymbol{A}}$，要求场量 $\dot{\boldsymbol{B}}$ 和 $\dot{\boldsymbol{E}}$。由洛仑兹条件

$$\nabla\cdot\dot{\boldsymbol{A}}=-\mathrm{j}\omega\mu\varepsilon\dot{\varphi} \tag{5.7.17}$$

$$\dot{\varphi}=\frac{\nabla\cdot\dot{\boldsymbol{A}}}{-\mathrm{j}\omega\mu\varepsilon}$$

$$\nabla\dot{\varphi}=\frac{1}{-\mathrm{j}\omega\mu\varepsilon}\nabla(\nabla\cdot\dot{\boldsymbol{A}})$$

所以

$$\dot{\boldsymbol{E}}=-\nabla\dot{\varphi}-\mathrm{j}\omega\dot{\boldsymbol{A}}=\frac{\nabla(\nabla\cdot\dot{\boldsymbol{A}})}{\mathrm{j}\omega\mu\varepsilon}-\mathrm{j}\omega\dot{\boldsymbol{A}}$$

$$\dot{\boldsymbol{B}}=\nabla\times\dot{\boldsymbol{A}}$$

5.8 准静态电磁场

在许多工程应用问题中，如电气设备、电力系统、生命科学等领域，电场或磁场随时间作缓慢的变化，此时麦克斯韦方程组中的$\frac{\partial\boldsymbol{D}}{\partial t}$或$\frac{\partial\boldsymbol{B}}{\partial t}$可以忽略，这种电场或磁场随时间缓慢变化的电磁场称作准静态电磁场。在一定条件下准静态电磁场可应用静态电磁场的求解方法，分别解电场或磁场，从而使复杂的电磁问题得以简化。

5.8.1　电准静态电磁场

时变电场由时变电荷 $q(t)$ 和时变磁场$\frac{\partial \boldsymbol{B}}{\partial t}$产生，分别建立对应的库仑电场 $\boldsymbol{E}_0$ 和感应电场 $\boldsymbol{E}_{\text{ind}}$。当感应电场远小于库仑电场时，有

$$\nabla \times \boldsymbol{E} = \nabla \times (\boldsymbol{E}_0 + \boldsymbol{E}_{\text{ind}}) \approx \nabla \times \boldsymbol{E}_0 = 0 \tag{5.8.1}$$

电场近似呈无旋性，其性质同静态电场，称此时的电磁场为电准静态电磁场。忽略电磁感应项$\frac{\partial \boldsymbol{B}}{\partial t}$的作用后，电准静态电磁场有如下微分形式的基本方程

$$\nabla \times \boldsymbol{H} = \boldsymbol{J}_c + \frac{\partial \boldsymbol{D}}{\partial t} \tag{5.8.2}$$

$$\nabla \times \boldsymbol{E} \approx 0 \tag{5.8.3}$$

$$\nabla \cdot \boldsymbol{B} = 0 \tag{5.8.4}$$

$$\nabla \cdot \boldsymbol{D} = \rho \tag{5.8.5}$$

同静电场相比，电场的基本方程没有改变，所不同的是 $\boldsymbol{E}$ 和 $\boldsymbol{D}$ 是时间的函数，它们和源 ρ 之间具有瞬时对应关系，即每一时刻，场和源的关系类似于静电场中场和源的关系。这样只要知道电荷分布，就完全可以利用静电场的公式，确定出 $\boldsymbol{E}$ 和 $\boldsymbol{D}$。

基于式(5.8.3)，电准静态场中的 $\boldsymbol{E}$ 也可以用随时间变化的标量位 $\varphi(t)$ 表示

$$\boldsymbol{E} - \nabla \varphi \tag{5.8.6}$$

从媒质构成方程 $\boldsymbol{D} = \varepsilon \boldsymbol{E}$ 和式(6.1.3)可导出 $\varphi(t)$ 满足泊松方程

$$\nabla^2 \varphi = -\frac{\rho}{\varepsilon} \tag{5.8.7}$$

当平板电容器工作在低频情况下时，电容器中的电磁场属电准静态场。应该指出，有时虽然感应电场 $\boldsymbol{E}_i$ 不小，但其旋度 $\nabla \times \boldsymbol{E}_i$ 很小时，式(5.8.1)成立，亦可按电准静态场考虑。例如，低频交流电感线圈导线中的电场可按恒定电场考虑，感应电场并不影响线圈中电流 $\boldsymbol{J}$ 的均匀分布。电准静态场的典型例子为工频正弦时变场。下面介绍一个电准静态场的算例。

例5.2　有一圆形平行板电容器，极板半径 $R = 10$ cm，边缘效应可以忽略。现设有频率为 50 Hz、有效值为 0.1 A 的正弦电流通过该电容器。求电容器中的磁场强度。

解　设圆柱坐标系的 z 轴与电容器的轴线重合，z 坐标的正方向与电容器中位移电流密度的方向相同，则

$$\boldsymbol{J}_0 = \frac{i}{\pi R^2} \boldsymbol{e}_z$$

式中电流 $i = 0.1\sqrt{2}\cos 314t$ 安[培]。由全电流定律有

$$\oint_l \boldsymbol{H} \cdot \mathrm{d}\boldsymbol{l} = J_0 \pi \rho^2$$

式中 ρ 为观察点与 z 轴的距离，于是

$$2\pi\rho H = \frac{\pi\rho^2}{\pi R^2} i \quad \boldsymbol{H} = \frac{\rho}{2\pi R^2} i \boldsymbol{e}_z \times \boldsymbol{e}_\rho = 2.25\rho\cos 314t \boldsymbol{e}_\phi \quad (\text{A/m})$$

5.8.2　磁准静态电磁场

当位移电流密度$\frac{\partial \boldsymbol{D}}{\partial t}$远小于传导电流密度$\boldsymbol{J}_c$时，有

$$\nabla \times \boldsymbol{H} = \boldsymbol{J}_c + \frac{\partial \boldsymbol{D}}{\partial t} \approx \boldsymbol{J}_c \tag{5.8.8}$$

此时的时变场为磁准静态场，其磁场可按恒定磁场处理。依据麦克斯韦方程，磁准静态场基本方程的微分形式是

$$\nabla \times \boldsymbol{H} = \boldsymbol{J}_c \tag{5.8.9}$$

$$\nabla \times \boldsymbol{E} = -\frac{\partial \boldsymbol{B}}{\partial t} \tag{5.8.10}$$

$$\nabla \cdot \boldsymbol{B} = 0 \tag{5.8.11}$$

$$\nabla \cdot \boldsymbol{D} = \rho \tag{5.8.12}$$

由以上基本方程可知，磁准静态场的磁场方程完全同恒定磁场。

与恒定磁场一样，磁准静态场中的$\boldsymbol{B}$也可用矢量位函数$\boldsymbol{A}$的旋度表示，当然$\boldsymbol{A}$是随时间变化的，即

$$\boldsymbol{B} = \nabla \times \boldsymbol{A} \tag{5.8.13}$$

磁准静态场可定义动态标量位

$$\boldsymbol{E} = -\frac{\partial \boldsymbol{A}}{\partial t} - \nabla \varphi$$

当$\boldsymbol{A}$满足库仑规范$\nabla \cdot \boldsymbol{A} = 0$时，动态位$\boldsymbol{A}$和$\varphi$分别满足如下偏微分方程

$$\nabla^2 \varphi = -\frac{\rho}{\varepsilon}$$

$$\nabla^2 \boldsymbol{A} = -\mu \boldsymbol{J}_c$$

磁准静态场忽略了位移电流对磁场的影响，也就意味着不考虑电磁场的波动性，场强$\boldsymbol{H}$和场源$\boldsymbol{J}$之间具有类似于静态场中场和源之间的瞬时对应关系，所以又称这种场为似稳场。

在正弦时变场中，位移电流是否可以忽略？或者说场的响应（场矢量或动态位）和引起它的激励（时变电荷或时变电流）在时间上有滞后，显示了推迟作用，这一推迟效果如何衡量呢？除考虑位移电流与传导电流的相对大小外，还可以根据其他条件来方便地判断。

1）对于导体内的时变电磁场来说，忽略位移电流的条件是

$$\frac{\omega\varepsilon}{\gamma} \ll 1 \qquad 或 \qquad \omega\varepsilon \ll \gamma \tag{5.8.14}$$

此时导体中的时变场可按磁准静态场处理，存在于导体中的磁准静态场通常也称为涡流场。电工技术中的涡流问题是这类磁准静态场的典型应用实例，它广泛存在于电机、变压器、感应加热装置、磁悬浮系统等工程问题中。

满足条件式（5.8.14）的导体称为良导体，对于纯金属来说$\gamma \approx 10^7$ S/m，$\varepsilon \approx \varepsilon_0$，便得$\omega \ll 10^{17}$ 1/S，可见，在导体中一直到紫外波长都允许将位移电流略去。

2）对于理想电介质中的时变电磁场而言，因无传导电流，位移电流是否可忽略则由场点与源点之间的距离所满足的条件决定。假定在场源处产生了随时间作正弦变化的电场$E = \mathrm{Re}[E_0 e^{j\omega t}]$，那么在与场源相距$R = |\boldsymbol{r} - \boldsymbol{r}'|$处的电场对时间的相依关系如下

$$E \approx \mathrm{Re}\left[E_0 e^{j\omega\left(t-\frac{R}{v}\right)} \right]$$

式中，$e^{-j\omega\frac{R}{v}}$为推迟因子，表示场相对于源的变化上的滞后。如果忽略推迟效应，则要求

$$e^{-j\omega\frac{R}{v}} \approx 1$$

即

$$\frac{\omega R}{v} = \frac{2\pi R}{\lambda} \ll 1$$

或

$$R \ll \lambda \tag{5.8.15}$$

上式表明，当观察点到场源的距离远小于波长 λ 时，位移电流是可略去的，时变电磁场可按磁准静态场处理。把满足式(5.8.15)的区域称为似稳区或近区，不满足 $R \ll \lambda$ 条件的区域称为迅速区，其内的电磁场矢量必须考虑波动性。在似稳区（或近区）中，可以按下面两式计算动态位

$$\dot{\varphi}(\boldsymbol{r}) = \frac{1}{4\pi\varepsilon}\int_{V'} \frac{\dot{\rho}(\boldsymbol{r}')}{R} \mathrm{d}V'$$

$$\dot{\boldsymbol{A}}(\boldsymbol{r}) = \frac{\mu}{4\pi}\int_{V'} \frac{\dot{\boldsymbol{J}}_C(\boldsymbol{r}')}{R} \mathrm{d}V'$$

此时，相量 $\dot{\varphi}(\boldsymbol{r})$与 $\dot{\rho}(\boldsymbol{r}')$，$\dot{\boldsymbol{A}}(\boldsymbol{r})$与 $\dot{\boldsymbol{J}}_C(\boldsymbol{r}')$之间没有相位差，动态位解答与静态场的计算公式形式完全一样，已无推迟效应。这说明完全可以按静态场的算式计算动态位解答。

式(5.8.14)和式(5.8.15)都叫做 *MQS* 近似条件或似稳条件。应当注意，似稳区是一个相对概念。

5.8.3　磁准静态电磁场和电路

电磁场理论和电路理论都是研究电磁现象的，它们必然有其内在联系。下面将由麦克斯韦方程导出电路的基本定理，反映电磁场理论是交流电路的理论基础。

经典电路理论的基础是基尔霍夫定律，它包括节点电流定律和回路电压定律，这两个定律可以由磁准静态场方程推导出来，下面分别对它们进行说明。

1）基尔霍夫电流定律

如图 5.9 所示，以流入节点的电流为正，从节点流出的电流为负，那么基尔霍夫电流定律可表述为：任一瞬时在任一节点处电流的代数和恒等于零。即流入该节点的电流必然等于流出的电流，其数学表达式为

$$\sum_{j=1}^{N} \boldsymbol{i}_j = 0 \tag{5.8.16}$$

这一定律的物理意义表明电荷是守恒的，电荷不会在节点处积累或消失，换句话说，传导电流在节点处连续。

下面从磁准静态场的方程(5.8.9)出发，推导出基尔霍夫电流定律。对$\nabla \times \boldsymbol{H} = \boldsymbol{J}$两边取散度，可得传导电流连续性原理的微分形式

$$\nabla \cdot \boldsymbol{J}_c = 0 \tag{5.8.17}$$

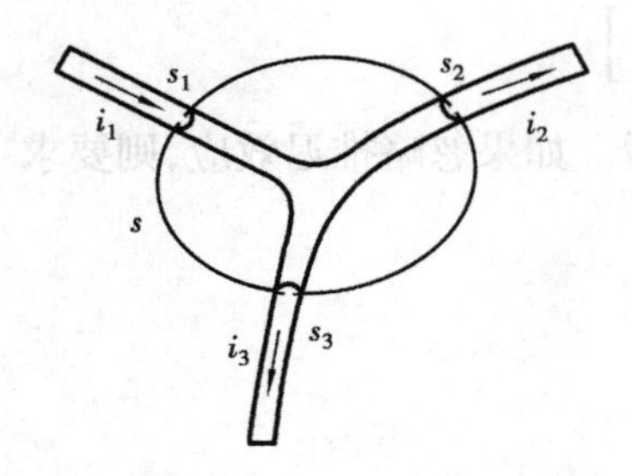

图 5.9　磁准静态场中电流连续性与基尔霍夫电流定律的关系

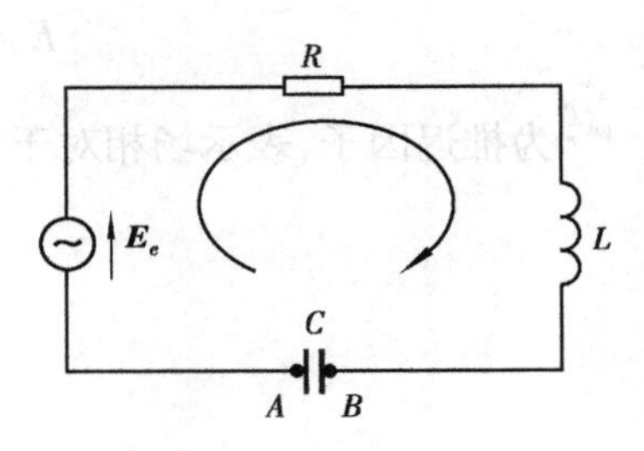

图 5.10　磁准静态场方程与基尔霍夫电压定律的关系

它的积分形式是

$$\oint_S \boldsymbol{J}_c \cdot \mathrm{d}\boldsymbol{S} = 0 \tag{5.8.18}$$

其中 S 是围绕一节点的任意闭合曲面。在图 5.9 中，i_1, i_2, i_3 是由三条导线流经节点的电流。在包围该节点的任意闭合曲面 S 上应用式(5.8.18)，有

$$\oint_S \boldsymbol{J}_c \cdot \mathrm{d}\boldsymbol{S} = \int_{S_1} \boldsymbol{J}_c \cdot \mathrm{d}\boldsymbol{S} + \int_{S_2} \boldsymbol{J}_c \cdot \mathrm{d}\boldsymbol{S} + \int_{S_3} \boldsymbol{J}_c \cdot \mathrm{d}\boldsymbol{S} = 0$$

即

$$\sum_{j=1}^{3} \boldsymbol{i}_j = 0 \tag{5.8.19}$$

这就证明了基尔霍夫电流定律。

2）基尔霍夫电压定律

基尔霍夫电压定律指出：任一瞬时在网络中任一回路内电压降的代数和恒等于零，即

$$\sum_{j=1}^{N} \boldsymbol{u}_j = 0 \tag{5.8.20}$$

式中 u_j 包括电流在流过电路元件，如电阻、电感、电容等时产生的压降，也包括回路中电源的电动势。如图 5.10 所示的集总参数电路。

基尔霍夫电压定律体现了能量守恒原理，它的理论基础是电磁感应定律。从式(5.8.10)电磁感应定律$\nabla \times \boldsymbol{E} = -\dfrac{\partial \boldsymbol{B}}{\partial t}$出发，将式(5.8.13)代入，得到$\nabla \times \left(\boldsymbol{E} + \dfrac{\partial \boldsymbol{A}}{\partial t}\right) = 0$，由此引入动态标量位 φ，电场强度 $\boldsymbol{E}$ 与动态位 $\boldsymbol{A}$ 和 φ 之间的关系为

$$\boldsymbol{E} = -\frac{\partial \boldsymbol{A}}{\partial t} - \nabla \varphi \tag{5.8.21}$$

考虑电源产生的局外电场 $\boldsymbol{E}_e$ 后，电路中任一点的传导电流密度为

$$\boldsymbol{J}_c = \gamma(\boldsymbol{E} + \boldsymbol{E}_e) \tag{5.8.22}$$

所以

$$\boldsymbol{E}_e = \frac{\partial \boldsymbol{A}}{\partial t} + \nabla \varphi + \frac{\boldsymbol{J}_c}{\gamma} \tag{5.8.23}$$

上式就是用场量表示的基尔霍夫电压定律。对于图 5.10 的电路，等号右边三项分别为电阻、电感和电容元件中的电场强度。为了更清楚地认识路与场之间的关系，将式(5.8.23)写成积分形式，积分路径沿图 5.10 中的传导电流的路径进行。

$$\int_A^B \boldsymbol{E}_e \cdot d\boldsymbol{l} = \int_A^B \frac{\partial \boldsymbol{A}}{\partial t} \cdot d\boldsymbol{l} + \int_A^B \nabla \varphi \cdot d\boldsymbol{l} + \int_A^B \frac{\boldsymbol{J}_c}{\gamma} \cdot d\boldsymbol{l} \tag{5.8.24}$$

由于局外场强只存在于电源中,因此式(5.8.24)左边一项是电源电动势,即

$$\varepsilon(t) = \int_A^B \boldsymbol{E}_e \cdot d\boldsymbol{l} \tag{5.8.25}$$

式(5.8.24)右边第一项为感应电动势,代表回路电感上的压降 u_L。因为 $\boldsymbol{A}$ 的闭合线积分是磁链,并假设磁链只存在于电感中,因此

$$u_L = \int_A^B \frac{\partial \boldsymbol{A}}{\partial t} \cdot d\boldsymbol{l} = \frac{\partial}{\partial t}\int_A^B \boldsymbol{A} \cdot d\boldsymbol{l} = \frac{\partial (Li)}{\partial t} = L\frac{di}{dt} \tag{5.8.26}$$

右边第二项代表回路电容器上的压降,由于标量位梯度的线积分与路径无关,因此积分路径可选在电容器内进行,即

$$u_c = \int_A^B \nabla \varphi \cdot d\boldsymbol{l} = \int_B^A \boldsymbol{E} \cdot d\boldsymbol{l} \tag{5.8.27}$$

式中 $\boldsymbol{E}$ 表示电容器中的电场强度。根据电容的定义,上式也可写成

$$u_c = \frac{Q}{C} = \frac{1}{C}\int i dt \tag{5.8.28}$$

式(5.8.24)右边最后一项代表回路电阻上的压降,由于考虑的是集总参数电路,故该项也可表示为

$$u_R = \int_A^B \frac{i}{\gamma S} dl = iR \tag{5.8.29}$$

式中 S 为电阻 R 的横截面面积,电阻 $R = \int_A^B \frac{dl}{\gamma S}$。

将式(5.8.25)、(5.8.26)、(5.8.27)和(5.8.28)代回式(5.8.24)得

$$\varepsilon(t) = L\frac{di}{dt} + \frac{1}{C}\int i dt + iR \tag{5.8.30}$$

或

$$\varepsilon(t) - L\frac{di}{dt} - \frac{1}{C}\int i dt - iR = 0 \tag{5.8.31}$$

这就是电路理论中的基尔霍夫电压定律。

由上述可见,交流电路中的基尔霍夫电流、电压定律等效于磁准静态场的方程式(5.8.24)和式(5.8.25)。也就是说,电路理论不过是特殊条件下的麦克斯韦电磁理论的近似。研究实际电磁场问题时,究竟采用场的方法,还是采用路的方法,要看具体问题的条件而定。

当系统的尺寸远小于波长时,推迟效应可以略去,这时就可以应用磁准静态场定律来研究,可以将所研究的问题转化为电路问题来解决。必须注意,这里是以尺寸与波长之比为判据而不是以绝对尺寸大小和频率的高低为判据。例如工频 50 Hz 时空间波长为 6 000 km,因此只有跨越数百公里的长距离输电才需要考虑波动过程。而到了微波阶段,例如频率为 3 GHz,空间波长为 10 cm,则手掌大小的一个系统就需要考虑波动过程,而不能当作电路过程来处理了。再如,电偶极子的辐射问题等,则要求用场的方法进行分析。

5.9 集肤效应、涡流、邻近效应及电磁屏蔽

5.9.1 集肤效应

当时变电流通过导线时,其产生的交变磁场会产生感应电场,使得沿导线截面的电流分布不均匀。靠近导体表面处电流密度大,越深入导体内部,电流密度越小。当频率较高时,电流几乎只在导体表面附近一层流动,这就是所谓的集肤效应。集肤效应使导线在高频时电阻增大,损耗增大。

导体中的位移电流密度远小于传导电流密度,在忽略位移电流的作用后,可在磁准静态电磁场近似条件下讨论集肤效应。这时电磁场满足的方程组为式(5.8.9)至式(5.8.12),对式(5.8.9)的两边取旋度,并应用恒等式$\nabla\times\nabla\times\boldsymbol{F}=\nabla(\nabla\cdot\boldsymbol{F})-\nabla^2\boldsymbol{F}$将左边展开,得

$$\nabla\times\nabla\times\boldsymbol{H}=\nabla(\nabla\cdot\boldsymbol{H})-\nabla^2\boldsymbol{H}=\nabla\times\boldsymbol{J}_c$$

带入$\boldsymbol{J}_c=\gamma\boldsymbol{E},\boldsymbol{B}=\mu\boldsymbol{H},\nabla\cdot\boldsymbol{B}=0$和$\nabla\times\boldsymbol{E}=\dfrac{\partial\boldsymbol{B}}{\partial t}$,消去$\boldsymbol{J}_c$,得

$$\nabla^2\boldsymbol{H}=\mu\gamma\frac{\partial\boldsymbol{H}}{\partial t}\tag{5.9.1}$$

同理,可推得

$$\nabla^2\boldsymbol{E}=\mu\gamma\frac{\partial\boldsymbol{E}}{\partial t}\tag{5.9.2}$$

这就是导体中任一点电场$\boldsymbol{E}$和磁场$\boldsymbol{H}$满足的微分方程,也称为电磁场的扩散方程。

下面以一个例子,从电磁场的角度来研究产生集肤效应的原因,以加深对其本质的认识,并可进行定量分析和计算。

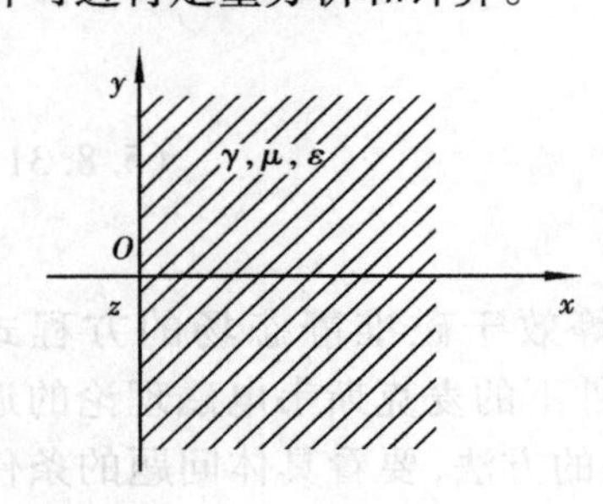

图5.11 半无限大导体中的电磁场

设在yOz平面右方为导体(称为半无限大导体),其中有正弦交变电流i沿y方向流过,电流密度$\boldsymbol{J}_c$仅是的x坐标的函数,在与yOz坐标面相平行的平面上处处相等,如图5.11所示。因为电流密度$\boldsymbol{J}_c$只有y分量,电场和电流方向相同,即$\dot{\boldsymbol{E}}=\dot{E}_y(x)\boldsymbol{e}_y$,代入方程式(5.9.2)可导得简化后的相量形式

$$\frac{\mathrm{d}^2\dot{E}_y}{\mathrm{d}x^2}=\mathrm{j}\omega\mu\gamma\dot{E}_y\tag{5.9.3}$$

令

$$k^2=\mathrm{j}\omega\mu\gamma\tag{5.9.4}$$

则上述二阶常微分方程的一般解为

$$\dot{E}_y=C_1\mathrm{e}^{-kx}+C_2\mathrm{e}^{kx}$$

当$x\to\infty$时,$\dot{E}_y$应为有限值,所以上式中$C_2=0$。设$x=0$处,$\dot{E}_y=\dot{E}_0$,则

$$\dot{E}_y = \dot{E}_0 e^{-\alpha x} e^{-j\beta x} \tag{5.9.5}$$

式中

$$\alpha + j\beta = k = \sqrt{\frac{\omega\mu\gamma}{2}}(1 + j) \tag{5.9.6}$$

由$\nabla \times \boldsymbol{E} = -\frac{\partial \boldsymbol{B}}{\partial t}$求得磁场强度

$$\dot{H}_z = -\frac{jk}{\omega\mu}\dot{E}_0 e^{-\alpha x} e^{-j\beta x} \tag{5.9.7}$$

电流密度在导体中的分布为

$$\dot{J}_y = \gamma \dot{E}_y = \gamma \dot{E}_0 e^{-\alpha x} e^{-j\beta x} \tag{5.9.8}$$

从以上各式可知,电磁场以及电流密度的振幅沿导体的纵深 x 方向均按指数规律 $e^{-\alpha x}$ 衰减,相位也随之改变。它说明,靠近导体表面处电磁场和电流密度大,越深入导体内部,电磁场和电流密度越小。

工程上常用透入深度 d 表示导体中的集肤效应程度。它等于电磁场量振幅衰减到其表面值的 $1/e$ 时所经过的距离

$$e^{-\alpha d} = e^{-1} \tag{5.9.9}$$

得

$$d = \frac{1}{\alpha} = \sqrt{\frac{2}{\omega\mu\gamma}} \tag{5.9.10}$$

这个结果表明,频率越高,导电性能越好的导体,集肤效应越显著。例如,$f = 50$ Hz 时,铜的透入深度为 9.4 mm;当频率 $f = 5 \times 10^{10}$ Hz 时,透入深度为 0.66 μm。这时电流和电磁场几乎只在导体表面附近一薄层中存在。

以上分析,也适用于一定厚度的平板导体的电流分布,只要板的厚度远远大于 d 就可以了。对于交变电流沿圆柱导体分布的问题,如果电磁场的透入深度远较导体的曲率半径小时,上述分析仍然适用。值得注意的是,在大于 d 的区域,电磁场仍然存在,且继续衰减,并不等于零。

导体中集肤效应的存在,使电流流过的有效面积减少,导体的电阻比直流时大为增加,从而使功率损失增大。为了减小集肤效应的不利影响,在工程上常采取下列措施:用多股绝缘线代替单股导线,以增加有效表面积;或者用空芯线代替实心线,可节约有色金属;也可以在导体表面涂上一层高导电物质,例如银,从而使电阻减少。集肤效应也有可利用的一面。在工业上,利用高频电流集中在导体表面的特点,对金属构件进行表面淬火处理,以减小金属内部的脆性,增加金属表面的硬度等。

5.9.2　涡流及其损耗

处于交变磁场中的导体内,会产生与磁场交链的感应电场,形成自成闭合回路的感应电流,呈旋涡状流动,称之为涡流。与传导电流一样,在导体内流动的涡流,会产生损耗,引起导体发热,即它具有热效应。同时涡流还会产生磁场,以削弱原磁场,即涡流又具有去磁效应。涡流的这两个效应既有有利的一面,也有有害的一面。如高频加热、电磁灶、涡流检测等是涡

流的有效利用。而在许多情况下则需要减少涡流。可见,对涡流问题的研究具有重要的实际意义。

1)涡流

导体中的涡流远大于位移电流,即是说可在磁准静态电磁场近似条件下讨论涡流问题。下面以变压器中的涡流为例,对其进行分析研究。

一般工频、音频(30 Hz ~ 3 kHz)变压器和交流电器的铁芯由彼此绝缘的薄钢片叠成,以减少损耗,如图5.12(a)所示。分析过程可考虑在一薄钢片中,如图5.12(b)所示。为了便于分析薄钢片内部的电磁场分布,如下假设:

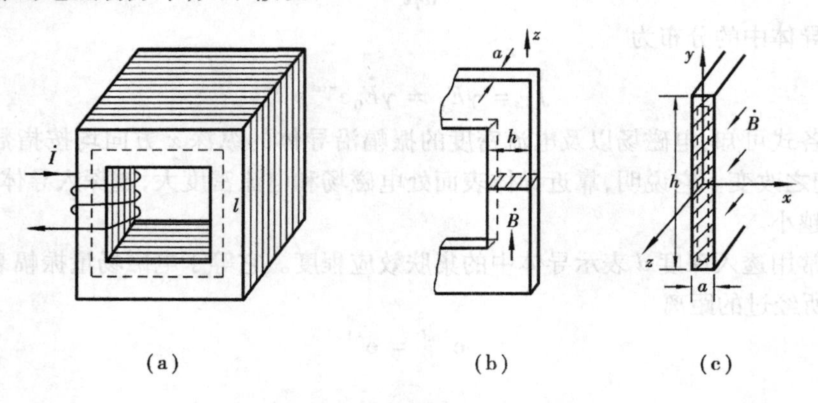

图5.12　变压器铁芯叠片

① 因 l 和 $h \gg a$,场量 $\boldsymbol{H}$,$\boldsymbol{E}$ 和 $\boldsymbol{J}_c$ 近似为 x 的函数,与 y,z 无关;

② 磁场 $\boldsymbol{B}$ 沿 z 方向,故薄钢片中的涡流无 z 分量,在 xOy 平面内呈闭合路径,如图5.12(c)所示。再考虑 $h \gg a$,忽略 y 方向两端的边缘效应,可认为 $\boldsymbol{E}$ 和 $\boldsymbol{J}_c$ 仅有 y 分量 E_y 和 J_y,显然,$\boldsymbol{H}$ 也只有 z 分量 H_z。

根据以上假设,可得扩散方程式(5.9.1)简化后的相量形式

$$\frac{\mathrm{d}^2 \dot{H}_z}{\mathrm{d}x^2} = \mathrm{j}\omega\mu\gamma \dot{H}_z = k^2 \dot{H}_z \tag{5.9.11}$$

方程的通解为

$$\dot{H}_z = C_1 \mathrm{e}^{-kx} + C_2 \mathrm{e}^{kx} \tag{5.9.12}$$

分析磁场的对称性

$$\dot{H}_z\left(\frac{a}{2}\right) = \dot{H}_z\left(-\frac{a}{2}\right)$$

有 $C_1 = C_2 = \dfrac{C}{2}$。可得呈双曲函数形式的解

$$\dot{H}_z = C \operatorname{ch} kx \tag{5.9.13}$$

如果设 $x=0$ 处,$\dot{B}_z(0) = \dot{B}_0$,则 $C\mu = \dot{B}_0$。可得薄钢片中的磁场强度和磁感应强度分别为

$$\dot{H}_z = \frac{\dot{B}_0}{\mu} \operatorname{ch} kx \tag{5.9.14}$$

$$\dot{B}_z = \dot{B}_0 \text{ch } kx \tag{5.9.15}$$

由$\nabla \times \dot{\boldsymbol{H}} = \dot{\boldsymbol{J}}_c$和$\dot{\boldsymbol{J}}_c = \gamma \dot{\boldsymbol{E}}$，有

$$\dot{E}_y = -\frac{k\dot{B}_0}{\mu\gamma}\text{sh } kx \tag{5.9.16}$$

$$\dot{J}_y = -\frac{k\dot{B}_0}{\mu}\text{sh } kx \tag{5.9.17}$$

薄钢片中的磁场和涡流分布如图 5.13 所示。磁场分布不均匀，在薄钢片中心处取最小值。涡流密度$\boldsymbol{J}_y$分布关于y轴呈奇对称，中心处为零，在表面取最大值。涡流的附加磁场，削弱了外磁场的变化，所以磁场的分布不均匀，可以理解为涡流的去磁效应的结果。

从图中还可看出，在薄钢片表面附近电磁场比较强，由表及里逐渐衰减，呈现出集肤效应现象。分析表明，对于厚度$a = 0.5$ mm的电工钢片，一般$\mu \approx 1\ 000\mu_0$，$\gamma = 10^7$ S/m。当工作频率$f = 50$ Hz 时，$d = \sqrt{\dfrac{2}{\omega\mu\gamma}} = 0.715 \times 10^{-3}$ m，$\dfrac{a}{d} = 0.7$，集肤效应并不显著，可以近似为$\boldsymbol{B}$沿截面均匀分布；但当工作频率$f = 1\ 000$ Hz 时，$\dfrac{a}{d} = 4.4$，钢片中间的$\boldsymbol{B}$差不多比表面处要小 4.5 倍。此时用 0.5 mm 厚度的钢片已不合适，需要用更薄的钢片。由此可见，在设计工作于音频、超音频等较高频率的变压器时，必须考虑集肤效应的影响。

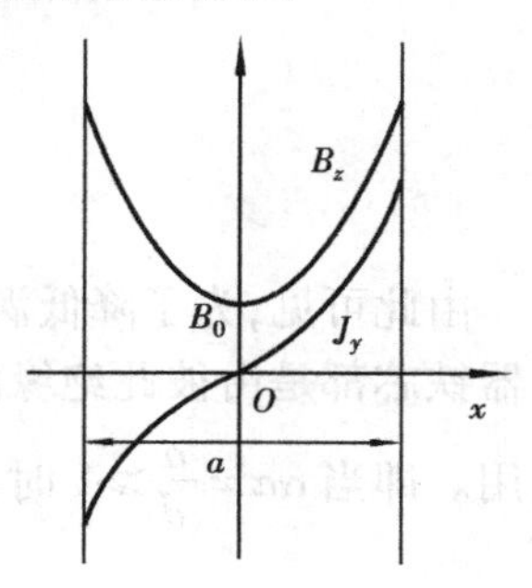

图 5.13　$\dot{B}_z$和$\dot{J}_y$的模值分布曲线

2）涡流损耗

涡流在导体中引起损耗称为涡流损耗。它在体积V内消耗的平均功率可由焦尔定律$P = \int_V \gamma |\dot{E}|^2 \mathrm{d}V$计算。以图 5.12（c）中的薄钢片为例，计算厚度为a，宽为h，高为l的体积V中的涡流损耗。将式（5.9.16）代入焦耳定律，得

$$\begin{aligned} P &= \int_V \gamma \left| \frac{\dot{B}_0 k}{\mu\gamma}\text{sh } kx \right|^2 \mathrm{d}V = \int_V \frac{B_0^2\omega}{\mu}|\text{sh } kx|^2 \mathrm{d}V \\ &= hl\int_0^{\frac{a}{2}} \frac{B_0^2\omega}{\mu}(\text{ch } 2\alpha x - \cos 2\alpha x)\mathrm{d}x \\ &= \frac{hlB_0^2\omega}{2\alpha\mu}(\text{sh } \alpha a - \sin \alpha a) \end{aligned}$$

若引入磁感应强度沿截面的平均值

$$\begin{aligned} \dot{B}_{\text{zav}} &= \frac{1}{a}\int_{-a/2}^{a/2} \dot{B}_z \mathrm{d}x = \frac{1}{a}\int_{-a/2}^{a/2} \dot{B}_0 \text{ch } kx\ \mathrm{d}x \\ &= \frac{2\dot{B}_0}{ak}\text{sh } k\frac{a}{2} \end{aligned}$$

则可得涡流损耗

$$P = \frac{hl\omega B_{zav}^2}{2\alpha\mu}(\text{sh }\alpha a - \sin\alpha a)\left|\frac{\frac{ka}{2}}{\text{sh }\frac{ka}{2}}\right|^2$$

$$= \frac{hl\omega B_{zav}^2}{2\alpha\mu}(\text{sh }\alpha a - \sin\alpha a)\times\left(\frac{\omega\mu\gamma a^2}{4}\right)\Big/\left(\frac{\text{ch }\alpha a - \cos\alpha a}{2}\right) \tag{5.9.18}$$

$$= \frac{hl\gamma\omega^2 a^2 B_{zav}^2}{4\alpha}\cdot\frac{(\text{sh }\alpha a - \sin\alpha a)}{(\text{ch }\alpha a - \cos\alpha a)}$$

当$\alpha a = \frac{a}{d} \ll 1$，即低频时，可将$\text{sh }\alpha a$，$\sin\alpha a$，$\text{ch }\alpha a$和$\cos\alpha a$各项用幂级数表示，并略去高阶无穷小项，可得

$$P \approx \frac{hl\gamma\omega^2 a^2 B_{zav}^2}{4\alpha}\cdot\frac{(\alpha a)^3/3}{(\alpha a)^2} = \frac{hl\gamma\omega^2 a^3 B_{zav}^2}{12}$$

$$= \frac{\gamma\omega^2 a^2 B_{zav}^2}{12}V \tag{5.9.19}$$

由此可见，为了降低涡流损耗，应减少薄板厚度，而且材料的导电率应尽量小。因此，交流电器铁芯都是由彼此绝缘的硅钢片叠装而成的。但当频率高到一定程度后，式(5.9.19)不再适用。即当$\alpha a = \frac{a}{d} \gg 1$时，$\frac{(\text{sh }\alpha a - \sin\alpha a)}{(\text{ch }\alpha a - \cos\alpha a)} \approx 1$，得

$$P = \frac{hl\gamma\omega\alpha a}{2\mu}B_{zav}^2 = \frac{1}{2}\sqrt{\frac{\gamma\omega^3}{2\mu}}B_{zav}^2 V \tag{5.9.20}$$

这时薄板形式也不适宜了，而应该用粉状材料压制而成的铁芯。从上式可知，提高材料的导磁率、减小导电率是降低涡流损耗的有效办法。

5.9.3 邻近效应

相互彼此靠近且有交变电流通过的导体，不仅处于自身的电磁场中，还处于其他载流导体的电磁场中，所以每一个导体内的电流分布与单独存在时不同，这种效应称为邻近效应。频率越高，导体靠得越近，邻近效应越显著。

邻近效应与集肤效应是共存的。集肤效应使电流主要集中在导体表面附近，但沿着导体圆周的电流分布还是均匀的。如果另一根载有反向交变电流的圆柱导体与其相邻，其结果使电流不再对称地分布在导体中，而是比较集中在两导体相对的内侧，如图5.14所示的二线传输线。形成这种分布的原因可以从电磁场的观点来理解。电源能量主要通过两线之间的空间以电磁波的形式传送给负载，导线内部的电流密度分布与空间的电磁波分布密切相关，两线相对内侧处电磁波能量密度大，传入导线的功率大，故电流密度也较大。如果两导线载有相同方向的交变电流，则情况相反，在两线相对外侧处的电流密度大。

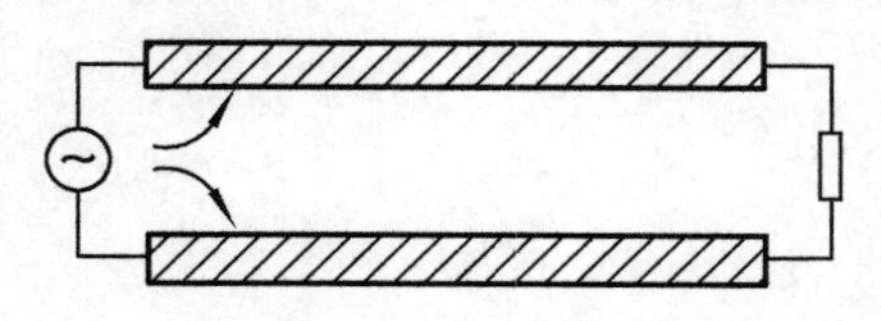

图5.14 二线传输线中的邻近效应

以一对通以交流电流的汇流排为例，如图5.15(a)所示。已知汇流排的电导率γ和磁导率μ_0，两汇流排的厚度、宽度和长度分别是a,b,l，且$a \ll b \ll l$，板间距离为d。分析电流密度的

分布。

在磁准静态电磁场近似下，与涡流问题类似，导体区域内有微分方程

$$\frac{\mathrm{d}\dot{H}_z}{\mathrm{d}x^2} = k^2 \dot{H}_z$$

通解为

$$\dot{H}_y = C_1 \mathrm{e}^{-kx} + C_2 \mathrm{e}^{kx}$$

有近似边界条件：

$\dot{H}_y\left(\frac{d}{2}+a\right)=0$ 和 $\dot{H}_y\left(\frac{d}{2}\right)=\frac{\dot{I}}{b}$。

代入通解，得

$$\begin{cases} 0 = C_1 \mathrm{e}^{-k\left(\frac{d}{2}+a\right)} + C_2 \mathrm{e}^{k\left(\frac{d}{2}+a\right)} \\ \frac{\dot{I}}{b} = C_1 \mathrm{e}^{-k\frac{d}{2}} + C_2 \mathrm{e}^{k\frac{d}{2}} \end{cases}$$

解出

$$C_1 = \frac{\dot{I}\mathrm{e}^{k\left(\frac{d}{2}+a\right)}}{2b\mathrm{sh}(ka)}, C_2 = \frac{-\dot{I}\mathrm{e}^{-k\left(\frac{d}{2}+a\right)}}{2b\mathrm{sh}(ka)}$$

故

$$\begin{aligned} \dot{H}_y &= \frac{\dot{I}}{2b\mathrm{sh}(ka)}\left[\mathrm{e}^{k\left(\frac{d}{2}+a-x\right)} - \mathrm{e}^{-k\left(\frac{d}{2}+a-x\right)}\right] \\ &= \frac{\dot{I}}{b\mathrm{sh}(ka)}\mathrm{sh}\, k\left(\frac{d}{2}+a-x\right) \\ \dot{J}_z &= (\nabla \times \dot{\boldsymbol{H}})_z \\ &= -\frac{\dot{I}k}{b\mathrm{sh}(ka)}\mathrm{ch}\, k\left(\frac{d}{2}+a-x\right) \end{aligned}$$

电流密度的模 $|\dot{J}_z|$ 的分布如图 5.15(b)所示。可以看出，靠近两板相对的内侧面，电流

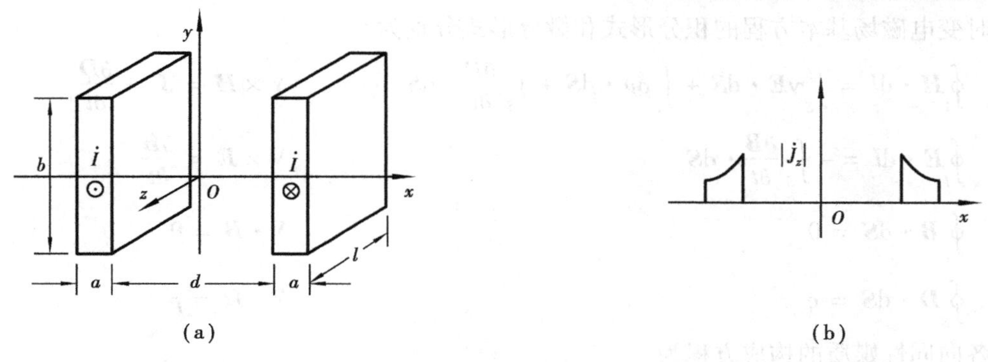

图 5.15　交流汇流排的电流分布

密度最大,呈现出较强的邻近效应。

5.9.4 电磁屏蔽

在工程电磁场中,为了使某一区域不受外来的杂散电磁场的影响,或使该区域中的电磁场不致成为影响其他电磁设备的干扰源,通常利用良导体中涡流能阻止电磁波透入这一特性,制成一个金属屏蔽罩把这一区域屏蔽起来,这种方法称为电磁屏蔽。

为了得到有效的屏蔽作用,屏蔽罩的厚度 h 相对于屏蔽材料的透入深度应有

$$h \approx 2\pi d \tag{5.9.21}$$

这样,电磁场不能透过,从而有效地抑制了电磁干扰。由表 5.1 可见,当 $f=1$ MHz 时,铝的透入深度为 84 μm,只需一薄铝片便可有效地把电磁场隔离。所以,通常电子设备中各个高频元件或部件差不多都是放在铜(或铝)制的屏蔽罩内。但在低频时,例如屏蔽电源变压器产生的 50 Hz 的低频电磁场,如果用铜,则透入深度达 9.33 mm,屏蔽材料厚度过大,这时采用铁皮效果较好,因为低频时,电磁场在铁磁物质中衰减率比铜中大得多。

表 5.1 屏蔽材料的透入深度

	μ	$\gamma/(\mathrm{S \cdot m^{-1}})$	d/mm			
			$f=50$ Hz	10^3 Hz	10^6 Hz	10^8 Hz
铜	μ_0	5.8×10^7	9.35	2.09	0.066	0.006 6
铝	μ_0	3.54×10^7	11.96	2.68	0.084	0.008 4
铁	$1\ 000\mu_0$	1.62×10^7	0.559	0.125	—	—

小　结

1)相对所选坐标系为静止媒质中的时变电磁场基本方程(麦克斯韦方程组)说明:变化的电场产生磁场,变化的磁场也产生电场。这种相互依存、相互制约、不可分割的关系构成了宏观电磁现象中的两个主要方面。

时变电磁场基本方程的积分形式和微分形式分别为

$$\oint_l \boldsymbol{H}\cdot \mathrm{d}\boldsymbol{l} = \int_S \gamma \boldsymbol{E}\cdot \mathrm{d}\boldsymbol{S} + \int_S \rho \nu \cdot \mathrm{d}\boldsymbol{S} + \int_S \frac{\partial D}{\partial t}\cdot \mathrm{d}\boldsymbol{S} \qquad \nabla\times\boldsymbol{H} = \boldsymbol{J}_c + \frac{\partial \boldsymbol{D}}{\partial t}$$

$$\oint_l \boldsymbol{E}\cdot \mathrm{d}\boldsymbol{l} = -\int_S \frac{\partial \boldsymbol{B}}{\partial t}\cdot \mathrm{d}\boldsymbol{S} \qquad \nabla\times\boldsymbol{E} = \frac{\partial \boldsymbol{B}}{\partial t}$$

$$\oint_S \boldsymbol{B}\cdot \mathrm{d}\boldsymbol{S} = 0 \qquad \nabla\cdot\boldsymbol{B} = 0$$

$$\oint_S \boldsymbol{D}\cdot \mathrm{d}\boldsymbol{S} = q \qquad \nabla\cdot\boldsymbol{D} = \rho$$

各向同性媒质的构成方程为

$$\boldsymbol{D} = \varepsilon_0 \boldsymbol{E} + \boldsymbol{P} = \varepsilon \boldsymbol{E}$$

$$\boldsymbol{B} = \mu_0(\boldsymbol{H} + \boldsymbol{M}) = \mu \boldsymbol{H}$$

$$\boldsymbol{J}_c = \boldsymbol{J}_c(\boldsymbol{E}) = \gamma \boldsymbol{E}$$

2)不同媒质分界面上的衔接条件为

$$\boldsymbol{e}_n \times (\boldsymbol{E}_2 - \boldsymbol{E}_1) = 0$$

$$\boldsymbol{e}_n \cdot (\boldsymbol{D}_2 - \boldsymbol{D}_1) = \sigma$$

$$\boldsymbol{e}_n \times (\boldsymbol{H}_2 - \boldsymbol{H}_1) = \boldsymbol{K}$$

$$\boldsymbol{e}_n \cdot (\boldsymbol{B}_2 - \boldsymbol{B}_1) = 0$$

3)正弦时变电磁场基本方程的相量形式为

$$\nabla \times \dot{\boldsymbol{H}} = \dot{\boldsymbol{J}}_c + \mathrm{j}\omega \dot{\boldsymbol{D}}$$

$$\nabla \times \dot{\boldsymbol{E}} = -j\omega \dot{\boldsymbol{B}}$$

$$\nabla \cdot \dot{\boldsymbol{B}} = 0$$

$$\nabla \cdot \dot{\boldsymbol{D}} = \dot{\rho}$$

各向同性、线性媒质构成方程的相量形式为

$$\dot{\boldsymbol{D}} = \varepsilon \dot{\boldsymbol{E}}$$

$$\dot{\boldsymbol{B}} = \mu \dot{\boldsymbol{H}}$$

$$\dot{\boldsymbol{J}}_c = \gamma \dot{\boldsymbol{E}}$$

4)反映电磁场能量守恒与能量转换规律的坡印廷定理

$$\oint_S (\boldsymbol{E} \times \boldsymbol{H}) \cdot \mathrm{d}\boldsymbol{S} = -\frac{\partial W}{\partial t} - \int_V \frac{J_c^2}{\gamma} \mathrm{d}V - \int_V \boldsymbol{J}_V \cdot \boldsymbol{E} \mathrm{d}V + \int_V \boldsymbol{J}_c \cdot \boldsymbol{E}_e \mathrm{d}V$$

式中

$$\boldsymbol{S} = \boldsymbol{E} \times \boldsymbol{H}$$

称为坡印廷矢量,它反映空间任一点处的电磁功率流,其相量形式为

$$\boldsymbol{S} = \dot{\boldsymbol{E}} \times \dot{\boldsymbol{H}}^*$$

5)由电磁场基本方程的微分形式可以定义动态标量位 φ 和动态矢量位 $\boldsymbol{A}$

$$\boldsymbol{E} = -\left(\nabla \varphi + \frac{\partial \boldsymbol{A}}{\partial t}\right)$$

$$\boldsymbol{B} = \nabla \times \boldsymbol{A}$$

当 $\boldsymbol{A}$ 和 φ 满足洛仑兹条件

$$\nabla \cdot \boldsymbol{A} = -\mu\varepsilon \frac{\partial \varphi}{\partial t}$$

时,它们分别满足如下达朗贝尔方程

$$\nabla^2 \boldsymbol{A} - \mu\varepsilon \frac{\partial^2 \boldsymbol{A}}{\partial t^2} = -\mu \boldsymbol{J}_c$$

$$\nabla^2 \varphi - \mu\varepsilon \frac{\partial^2 \varphi}{\partial t^2} = -\frac{\rho}{\varepsilon}$$

在 J_c 和 ρ 为零的区域，A 和 φ 分别满足波动方程。

6）以动态矢量为例分析达朗贝尔方程的特解

$$\boldsymbol{A}(\boldsymbol{r},t)=\frac{\mu}{4\pi}\int_{V'}\frac{\boldsymbol{J}_c\left(\boldsymbol{r},t-\dfrac{R}{v}\right)}{R}\mathrm{d}V'$$

当激励源以正弦规律变化时，有

$$\dot{\boldsymbol{A}}(\boldsymbol{r})=\frac{\mu}{4\pi}\int_{V'}\frac{\dot{\boldsymbol{J}}_c(\boldsymbol{r}')\mathrm{e}^{-\mathrm{j}\beta R}}{R}\mathrm{d}V'$$

又称 $\boldsymbol{A}$ 和 $\dot{\boldsymbol{A}}$ 为推迟位。可以看出在时间上推迟 $\frac{R}{v}$ 相应于正弦函数的相位滞后 $\beta R(\beta=2\pi/\lambda)$。

7）电准静态电磁场中，在时变电磁场中忽略了变化的磁场 $\frac{\partial \boldsymbol{B}}{\partial t}$ 对电场的影响，它的基本方程组（微分形式）为

$$\nabla\times\boldsymbol{H}=\boldsymbol{J}_c+\frac{\partial \boldsymbol{D}}{\partial t}$$
$$\nabla\times\boldsymbol{E}\approx 0$$
$$\nabla\cdot\boldsymbol{B}=0$$
$$\nabla\cdot\boldsymbol{D}=\rho$$

8）磁准静态电磁场中，在时变电磁场中忽略了变化的电场 $\frac{\partial \boldsymbol{D}}{\partial t}$ 对磁场的影响，它的基本方程组（微分形式）为

$$\nabla\times\boldsymbol{H}=\boldsymbol{J}_c$$
$$\nabla\times\boldsymbol{E}=-\frac{\partial \boldsymbol{B}}{\partial t}$$
$$\nabla\cdot\boldsymbol{B}=0$$
$$\nabla\cdot\boldsymbol{D}=\rho$$

9）电磁场理论和电路理论是分析物理系统中电磁过程的两种方法。场的方法比较严谨，但求解比较复杂；路的方法比较简单，但有局限性。电路理论是可以由麦克斯韦方程导出的近似理论，学习场的理论可加深对电路物理过程的理解。

10）当交变电流流过导体时，沿导体横截面的电流和电磁场不是均匀分布的，表现出集肤效应现象，频率越高，集肤效应越严重。对于良导体，集肤效应程度可用透入深度 d 衡量，

$$d=\sqrt{\frac{2}{\omega\mu\gamma}}$$

11）位于时变电磁场中的导体内会出现涡流，涡流具有热效应和去磁效应。当位移电流产生的磁场远小于外加磁场时，涡流问题可按磁准静态电磁场处理。

12）邻近效应是指相互靠近的通有交变电流导体间的相互作用和影响。邻近效应使导体沿横截面的电流和电磁场分布更不均匀。电磁屏蔽是抑制电磁干扰的一种常用措施。屏蔽层的厚度 h 必须接近屏蔽材料透入深度的 3 ~6 倍，即 $h\approx 2\pi d$。

习　题

5.1　设题5.1图中不随时间变化的磁场只有 z 轴方向的分量,沿 y 轴按 $B=B_z(y)=B_m\cos(ky)$ 的规律分布。现有一匝数为 N 的线圈平行于 xOy 平面,以速度 v 沿 y 轴方向移动(假定 $t=0$ 时刻,线圈几何中心处 $y=0$。)求线圈中的感应电动势。

5.2　如题5.2图所示,一半径为 a 的金属圆盘,在垂直方向的均匀磁场 B 中以等角速度 ω 旋转,其轴线与磁场平行。在轴与圆盘边缘上分别接有一对电刷。这一装置称为法拉第发电机。试证明两电刷之间的电压为 $\frac{\omega\alpha^2 B}{2}$。

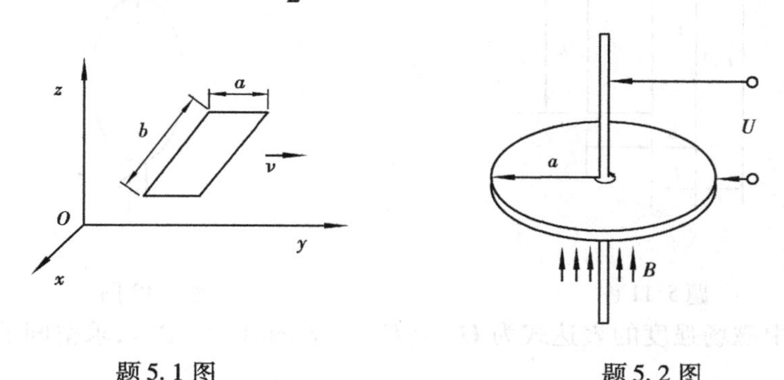

题5.1图　　　　　　题5.2图

5.3　设平板电容器极板间的距离为 d,介质的介电常数为 ε_0,极板间接交流电源,电压为 $u=U_m\sin\omega t$。求极板间任意点的位移电流密度。

5.4　一同轴圆柱形电容器,其内、外半径分别为 $r_1=1$ cm,$r_2=4$ cm,长度 $l=0.5$ cm,极板间介质的介电常数为 $4\varepsilon_0$,极板间接交流电源,电压为 $u=6\ 000\sqrt{2}\sin 100\pi t$V。求 $t=1.0$ s 时极板间任意点的位移电流密度。

5.5　由圆形极板构成的平板电容器($R\gg d$)见题5.5图,其中损耗介质有电导率 γ、介电系数 ε、磁导率 μ,外接直流电源并忽略连接线的电阻。试求损耗介质中的电场强度、磁场强度和坡印廷矢量,并根据坡印廷矢量求出平板电容器所消耗的功率。

5.6　当一个点电荷 q 以角速度作半径为 R 的圆周运动时,求圆心处位移电流密度的表达式。

5.7　一个球形电容器的内、外半径分别为 a 和 b,内、外导体间材料的介电常数为 ε、电导率为 γ,在内、外导体间加低频电压 $u=U_m\cos\omega t$。求内、外导体间的全电流。

5.8　在一个圆形平行平板电容器的极间加上低频电压 $u=U_m\sin\omega t$,设极间距离为 d,极间绝缘材料的介电常数为 ε,试求极板间的磁场强度。

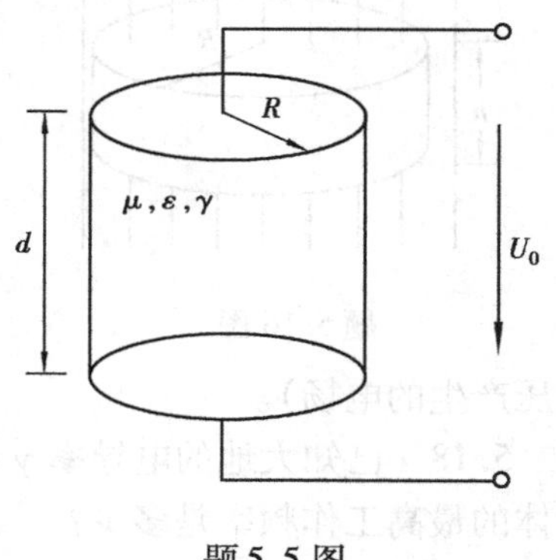

题5.5图

5.9　在交变电磁场中,某材料的相对介电常数为 $\varepsilon_r=81$,电导率为 $\gamma=4.2$ S/m。分别求频率 $f_1=1$ kHz,

$f_2 = 1$ MHz 以及 $f_3 = 1$ GHz 时位移电流密度和传导电流密度的比值。

5.10　一矩形线圈在均匀磁场中转动，转轴与磁场方向垂直，转速 $n = 3\ 000$ r/min。线圈的匝数 $N = 100$，线圈的边长 $a = 2$ cm，$b = 2.5$ cm。磁感应强度 $B = 0.1$ T。计算线圈中的感应电动势。

5.11　题5.11图所示的一对平行长线中有电流 $i(t) = I_m \sin \omega t$。求矩形线框中的感应电动势。

5.12　一根导线密绕成一个圆环，共100匝，圆环的半径为5 cm，如题5.12图所示。当圆环绕其垂直于地面的直径以500 r/min 的转速旋转时，测得导线的端电压为1.5 mV（有效值），求地磁场感应强度的水平分量。

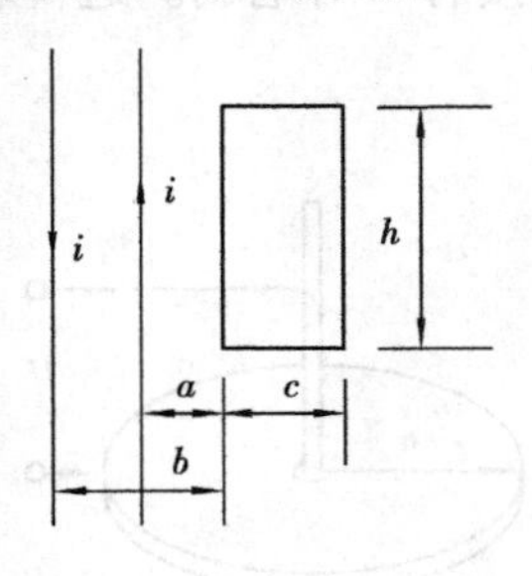

题5.11图

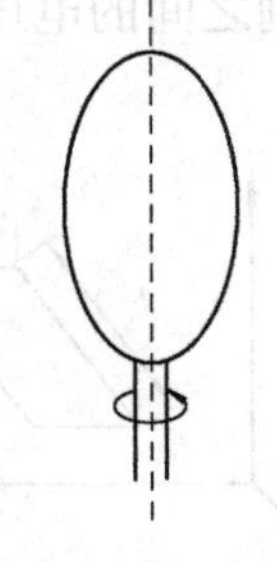

题5.12图

5.13　真空中磁场强度的表达式为 $\boldsymbol{H} = \boldsymbol{e}_z H_z = \boldsymbol{e}_z H_0 \sin(\omega t - \beta x)$，求空间的位移电流密度和电场强度。

5.14　已知在某一理想介质中的位移电流密度为 $\boldsymbol{J}_D = 2\sin(\omega t - 5z)\boldsymbol{e}_x\ \mu\text{A/m}^2$，介质的介电常数为 ε_0，磁导率为 μ_0。求介质中的电场强度 $\boldsymbol{E}$ 和磁场强度 $\boldsymbol{H}$。

5.15　由两个大平行平板组成电极，极间介质为空气，两极之间电压恒定。当两极板以恒定速度 v 沿极板所在平面的法线方向相互靠近时，求极板间的位移电流密度。

5.16　半径为 R、厚度为 h、电导率为 γ 的导体圆盘，盘面与均匀正弦磁场 $\boldsymbol{B}$ 正交，如题5.16图所示。已知 $\boldsymbol{B} = B_0 \sin \omega t\ \boldsymbol{e}_z$，忽略圆盘中感应电流对均匀磁场的影响，试求：

①圆盘中的涡电流密度 $\boldsymbol{J}_c$；

②涡流损耗 P_e。

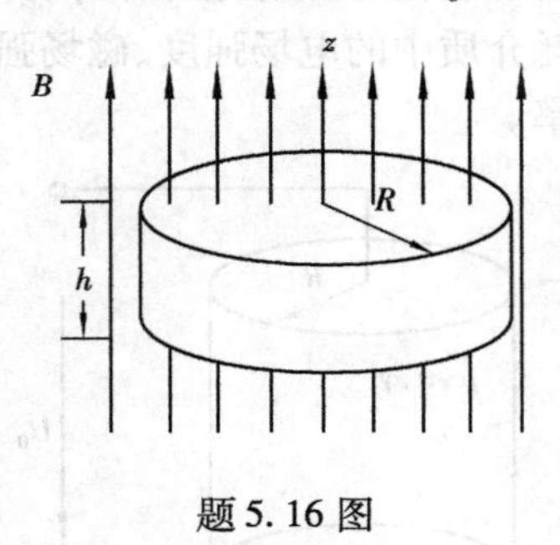

题5.16图

5.17　由圆形极板构成的平行板电容器，间距为 d，其间介质是非理想的，电导率为 γ，介电常数为 ε，磁导率为 μ_0，当外加电压为

$$u = U_m \sin \omega t\ \text{V}$$

时，忽略电容器的边缘效应。试求电容器中任意点的位移电流密度和磁场强度（假设变化的磁场产生的电场远小于外加电压产生的电场）。

5.18　已知大地的电导率 $\gamma = 5 \times 10^{-3}$ S/m，相对介电常数 $\varepsilon_r = 10$，试问可把大地视为良导体的最高工作频率是多少？

5.19　（1）长直螺线管中载有随时间变化相当慢的电流 $i = I_0 \sin \omega t$。先由安培环路定律求半径为 a 的线圈内产生的磁准静态场的磁感应强度，然后利用法拉第定律求线圈里面和外面的感应电场强度；

(2)试论证上述磁准静态场的解只在 $\omega \to 0$ 的静态场极限情况下，才精确地满足麦克斯韦方程组。

5.20　同题5.17，假如圆形极板的面积是 A，在频率不很高时，用坡印廷定理证明电容器内由于介质的损耗所吸收的平均功率是

$$P = \frac{U^2}{R}$$

式中 R 是极板间介质的漏电阻。

5.21　同轴电缆接至正弦电源 u，负载为一 RC 串联电路。电缆长度远小于波长，电缆本身电阻可忽略不计。试用坡印廷向量计算电缆传输的功率。

5.22　一块金属在均匀恒定磁场中平移，金属中是否会有涡流？若金属块在均匀恒定磁场中旋转，金属中是否会有涡流？

5.23　当有 $f_1 = 4 \times 10^3$ Hz 和 $f_2 = 4 \times 10^5$ Hz 的两种频率的信号，同时通过厚度为1 mm 铜板时，试问在铜板的另一侧能接收到哪些频率的信号（注 $\gamma_{Cu} = 5.8 \times 10^7$ S/m，$\mu_{Cu} = 4\pi \times 10^{-7}$ H/m）。

5.24　某高灵敏度仪器必须高度地屏蔽外界电磁场，使外界磁场强度降低到0.01 A/m。但根据实测结果，该处可能受到的最大干扰磁场强度达12 A/m。试计算用铝板屏蔽以及 $\mu_r = 2\,000$ 的铁板所需的厚度（$\gamma_{Al} = 35.7 \times 10^6$ S/m，$\gamma_{Fe} = 8.3 \times 10^6$ S/m）。

第6章

平面电磁波的传播

电磁场基本方程组的微分形式包含了宏观电磁场场与源的关系,空间中只要有电磁场存在,那么空间中变化的电场就产生变化的磁场,反过来,变化的磁场又产生变化的电场,从而形成电磁波,伴随着电场和磁场的交变是能量的传输。

本章首先导出电磁波动方程,然后介绍了均匀平面电磁波在理想介质和导电媒质中的情况,接着对平面电磁波极化的概念也做了必要的介绍。

6.1 电磁波动方程与平面电磁波

光波、无线电波等都是电磁波,它们在空间不需借助任何媒质就能传播。这是因为变化的电场和变化的磁场之间存在着耦合,即:变化的电场产生变化的磁场;同时,变化的磁场又产生变化的电场,这种耦合是以波动的形式存在于空间中。这种波动形式存在的电磁场通常称为电磁波。电磁波的存在,意味着在空间中有电磁场的变化和电磁能量的传播。

6.1.1 电磁波动方程

在各向同性、线性、均匀媒质空间中,设媒质的介电常数为 ε,磁导率为 μ,电导率为 γ,考虑不存在一次场源:$\rho_f=0$,$J_f=0$,由电磁场基本方程组和媒质的构成方程,麦克斯韦电磁场基本方程组可写为

$$\nabla\times\boldsymbol{H}=\gamma\boldsymbol{E}+\varepsilon\frac{\partial\boldsymbol{E}}{\partial t}\tag{6.1.1}$$

$$\nabla\times\boldsymbol{E}=-\mu\frac{\partial\boldsymbol{H}}{\partial t}\tag{6.1.2}$$

$$\nabla\cdot\boldsymbol{H}=0\tag{6.1.3}$$

$$\nabla\cdot\boldsymbol{E}=0\tag{6.1.4}$$

对式(6.1.1)左边取旋度,以式(6.1.3)代入,得

$$\nabla\times\nabla\times\boldsymbol{H}=\nabla(\nabla\cdot H)-\nabla^2\boldsymbol{H}=-\nabla^2\boldsymbol{H}$$

再对式(6.1.1)右边取旋度,以式(6.1.2)代入,得

$$\nabla \times \left(\gamma \boldsymbol{E} + \varepsilon \frac{\partial \boldsymbol{E}}{\partial t}\right) = \gamma \nabla \times \boldsymbol{E} + \varepsilon \frac{\partial}{\partial t}(\nabla \times \boldsymbol{E}) = -\gamma\mu \frac{\partial \boldsymbol{H}}{\partial t} - \mu\varepsilon \frac{\partial^2 \boldsymbol{H}}{\partial t^2}$$

整上式得

$$\nabla^2 \boldsymbol{H} - \gamma\mu \frac{\partial \boldsymbol{H}}{\partial t} - \mu\varepsilon \frac{\partial^2 \boldsymbol{H}}{\partial t^2} = 0 \tag{6.1.5}$$

对式(6.1.2)两边取旋度,采取相似的推导方式可得

$$\nabla^2 \boldsymbol{E} - \gamma\mu \frac{\partial \boldsymbol{E}}{\partial t} - \mu\varepsilon \frac{\partial^2 \boldsymbol{E}}{\partial^2} = 0 \tag{6.1.6}$$

式(6.1.5)和式(6.1.6)称为电磁波动方程,它们是波动方程的一般形式,它们支配着无源、线性、均匀各向同性导电媒质中电磁场的行为,是研究电磁波问题的基础。

从数学上来看,$\boldsymbol{H}$ 和 $\boldsymbol{E}$ 满足相同形式的方程,在直角坐标系下,若用 $\psi(r,t)$ 来表示电场 $\boldsymbol{E}$ 或磁场 $\boldsymbol{H}$ 的一个分量,有方程

$$\nabla^2 \psi - \gamma\mu \frac{\partial \psi}{\partial t} - \gamma\varepsilon \frac{\partial^2 \psi}{\partial t^2} = 0 \tag{6.1.7}$$

这时原问题简化为求解以上标量波动方程。

6.1.2　平面电磁波及基本性质

对于电磁波传播过程中的某一时刻 t,电磁场中 $\boldsymbol{E}$ 或 $\boldsymbol{H}$ 具有相同相位的点构成的空间曲面称为等相面,又称为波阵面。如果电磁波的等相面或波阵面为平面,则这种电磁波称为平面电磁波。如果在平面电磁波波阵面上的每一点处,电场 $\boldsymbol{E}$ 均相同,磁场 $\boldsymbol{H}$ 也均相同,则这样的平面电磁波称为均匀平面电磁波。

均匀平面电磁波是最基本的电磁波,虽然在很多情况下实际电磁波并非均匀平面电磁波,但它们都可看成均匀平面电磁波的叠加,因此着重分析、研究均匀平面电磁波十分必要。

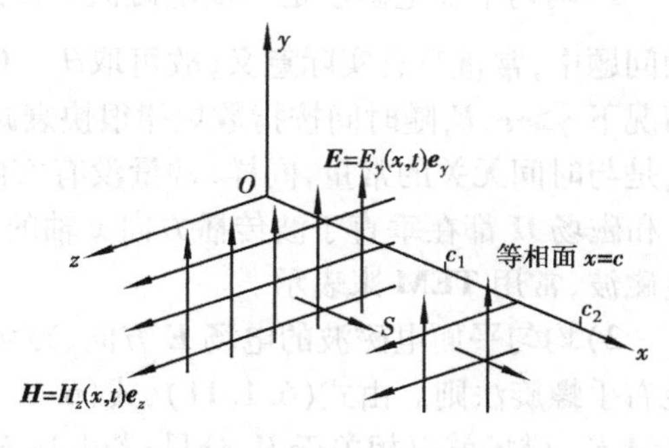

图6.1　向 x 方向传播的均匀平面波

假设在直角坐标系 $O-xyz$ 中,均匀平面电磁波的波阵面平行于 yOz 平面,如图6.1所示。由均匀平面电磁波的定义可知:在其波阵面上,场强 $\boldsymbol{E}$(或 $\boldsymbol{H}$)值处处相等,与坐标 y 和 z 无关。因此,场强 $\boldsymbol{E}$(或 $\boldsymbol{H}$)除了与时间 t 有关外,只与坐标 x 有关,即有

$$\boldsymbol{E} = \boldsymbol{E}(x,\ t)$$

和

$$\boldsymbol{H} = \boldsymbol{H}(x,\ t)$$

将场强 $\boldsymbol{E}$ 和 $\boldsymbol{H}$ 分别代入波动方程式(6.1.5)和式(6.1.6),便可得简化的波动方程

$$\frac{\partial^2 \boldsymbol{H}(x,t)}{\partial x^2} - \gamma\mu \frac{\partial \boldsymbol{H}(x,t)}{\partial t} - \mu\varepsilon \frac{\partial^2 \boldsymbol{H}(x,t)}{\partial t^2} = 0 \tag{6.1.8}$$

$$\frac{\partial^2 \boldsymbol{E}(x,t)}{\partial x^2} - \gamma\mu \frac{\partial \boldsymbol{E}(x,t)}{\partial t} - \mu\varepsilon \frac{\partial^2 \boldsymbol{E}(x,t)}{\partial t^2} = 0 \tag{6.1.9}$$

在直角坐标系中,由

$$\nabla \times \boldsymbol{H} = \gamma \boldsymbol{E} + \varepsilon \frac{\partial \boldsymbol{E}}{\partial t}$$

可得

$$\gamma E_x + \varepsilon \frac{\partial E_x}{\partial t} = 0 \tag{6.1.10}$$

$$\frac{\partial H_z}{\partial x} = -\gamma E_y - \varepsilon \frac{\partial E_y}{\partial t} \tag{6.1.11}$$

$$\frac{\partial H_y}{\partial x} = \gamma E_z + \varepsilon \frac{\partial E_z}{\partial t} \tag{6.1.12}$$

由

$$\nabla \times \boldsymbol{E} = -\mu \frac{\partial \boldsymbol{H}}{\partial t}$$

可得

$$\mu \frac{\partial H_x}{\partial t} = 0 \tag{6.1.13}$$

$$\frac{\partial E_x}{\partial x} = \mu \frac{\partial H_y}{\partial t} \tag{6.1.14}$$

$$\frac{\partial E_y}{\partial x} = -\mu \frac{\partial H_z}{\partial t} \tag{6.1.15}$$

分析上面的6个标量微分方程,可知均匀平面电磁波有如下的特点:

1)均匀平面电磁波是一横电磁波。由式(6.1.13)知,H_x是与时间无关的常量,在电磁波动问题中,常量没有实际意义,故可取$H_x=0$。若$\gamma\neq0$,由式(6.1.10)得$E_x=E_{x0}\mathrm{e}^{-\frac{\gamma}{\varepsilon}t}$,在一般情况下$\gamma\gg\varepsilon$,$E_x$随时间按指数规律很快衰减。这样,便可认为$E_x$为零,即$E_x=0$。若$\gamma=0$,则$E_x$是与时间无关的常量,同样,常量没有实际意义,也可取$E_x=0$。即均匀平面电磁波中电场$\boldsymbol{E}$和磁场$\boldsymbol{H}$都在垂直于波传播方向x轴的平面内,没有x方向的分量。这样的电磁波称为横电磁波,常用**TEM**来表示。

2)均匀平面电磁波的电场$\boldsymbol{E}$方向、磁场$\boldsymbol{H}$方向和波的传播方向三者两两相互垂直,并满足右手螺旋法则。由式(6.1.11),式(6.1.12),式(6.1.14),式(6.1.15)可知,若电场E只有分量E_y,磁场就仅相关于H_z分量;若电场E只有分量E_z,磁场就仅相关于H_y分量。这说明均匀平面电磁波的电场和磁场相互垂直,且都与波传播方向垂直。

用$\boldsymbol{e}_E$,$\boldsymbol{e}_H$和$\boldsymbol{e}_{传播}$分别表示$\boldsymbol{E}$,$\boldsymbol{H}$的方向和电磁波的传播方向上的单位矢量,它们满足右手螺旋轮换法则

$$\boldsymbol{e}_{传播} = \boldsymbol{e}_E \times \boldsymbol{e}_H$$
$$\boldsymbol{e}_E = \boldsymbol{e}_H \times \boldsymbol{e}_{传播}$$
$$\boldsymbol{e}_H = \boldsymbol{e}_{传播} \times \boldsymbol{e}_E$$

3)分量E_y和H_z构成一组平面波,分量E_z和H_y构成另一组平面波。这两组分量彼此独立,且关系对等,虽然电磁波中的合成场强E和H分别由这两组分量的有关场强构成,但分量电磁波的求解过程几乎相同。因此,在以后的讨论中,便可只分析E_y和H_z构成的一组平面波,以揭示均匀平面电磁波的传播特性。

对于由分量 E_y 和 H_z 构成的平面电磁波，$\boldsymbol{E}=E_y(x,t)\boldsymbol{e}_y$，$\boldsymbol{H}=H_z(x,t)\boldsymbol{e}_z$，则一维波动方程式(6.1.8)和式(6.1.9)变为

$$\frac{\partial^2 H_z}{\partial x^2}-\gamma\mu\frac{\partial H_z}{\partial t}-\mu\varepsilon\frac{\partial^2 H_z}{\partial t^2}=0 \tag{6.1.16}$$

$$\frac{\partial^2 E_y}{\partial x^2}-\gamma\mu\frac{\partial E_y}{\partial t}-\mu\varepsilon\frac{\partial^2 E_y}{\partial t^2}=0 \tag{6.1.17}$$

6.2　理想介质中的均匀平面电磁波

6.2.1　理想介质中均匀平面电磁波的性质

在理想介质中，电导率 $\gamma=0$，波动方程式(6.1.16)和式(6.1.17)可简化为

$$\frac{\partial^2 H_z}{\partial x^2}-\mu\varepsilon\frac{\partial^2 H_z}{\partial t^2}=0 \tag{6.2.1}$$

$$\frac{\partial^2 E_y}{\partial x^2}-\mu\varepsilon\frac{\partial^2 E_y}{\partial t^2}=0 \tag{6.2.2}$$

其形式解分别为

$$E_y=E_y^+(x,t)+E_y^-(x,t)=f_1\left(t-\frac{x}{v}\right)+f_2\left(t+\frac{x}{v}\right) \tag{6.2.3}$$

$$H_z=H_z^+(x,t)+H_z^-(x,t)=g_1\left(t-\frac{x}{v}\right)+g_2\left(t+\frac{x}{v}\right) \tag{6.2.4}$$

其中 $v=\dfrac{1}{\sqrt{\mu\varepsilon}}$。

进一步分析可得理想介质中均匀平面电磁波的传播特征：

1）由达朗贝尔方程形式解的分析可知，$E_y^+(x,t)$ 和 $H_z^+(x,t)$ 分别是沿 x 轴正方向行进的波的电场分量和磁场分量，称为入射波；而 $E_y^-(x,t)$ 和 $H_z^-(x,t)$ 则分别是沿 x 轴负方向行进的波的电场分量和磁场分量，称为反射波。波的具体形式与产生该波的激励方式有关。

2）波的传播速率

$$v=\frac{1}{\sqrt{\mu\varepsilon}}=\frac{c}{\sqrt{\mu_r\varepsilon_r}}=\frac{c}{n}\text{（}n\text{ 为介质的折射率）}$$

是一常数，它仅与媒质参数有关。在自由空间中，$v=c=3\times10^8$ m/s。由于 n 大于1，可见电磁波在理想介质中的传播速率小于其在自由空间中的传播速率。

3）将 $E_y^+(x,t)=f_1\left(t-\dfrac{x}{v}\right)$ 和 $H_z^+(x,t)=g_1\left(t-\dfrac{x}{v}\right)$ 代入式(6.1.15)得

$$\frac{\partial H_z^+}{\partial t}=-\frac{1}{\mu}\frac{\partial E_y^+}{\partial x}=\sqrt{\frac{\varepsilon}{\mu}}f_1'\left(t-\frac{x}{v}\right)$$

将上式对时间积分，并略去积分常数，得

$$H_z^+(x,t)=\sqrt{\frac{\varepsilon}{\mu}}f_1\left(t-\frac{x}{v}\right)=\sqrt{\frac{\varepsilon}{\mu}}E_y^+(x,t) \tag{6.2.5}$$

同理可得

$$H_z^-(x,t) = -\sqrt{\frac{\varepsilon}{\mu}}f_1\left(t+\frac{x}{v}\right) = -\sqrt{\frac{\varepsilon}{\mu}}E_y^-(x,t) \tag{6.2.6}$$

(6.2.5)和(6.2.6)分别表示了入射波和反射波中电场和磁场之间的关系。令

$$\frac{E_y^+(x,t)}{H_z^+(x,t)} = \sqrt{\frac{\mu}{\varepsilon}} = Z_0 \tag{6.2.7}$$

$$\frac{E_y^-(x,t)}{H_z^-(x,t)} = -\sqrt{\frac{\mu}{\varepsilon}} = -Z_0 \tag{6.2.8}$$

其中 $Z_0=\sqrt{\dfrac{\mu}{\varepsilon}}$ 称为理想介质的波阻抗，单位为欧姆，上两式均称为波的欧姆定律。

4）对于入射波，根据空间任意点在某一时刻的电磁波电磁场能量密度的假设，再考虑波的欧姆定律，有

$$\omega' = \omega'_e + \omega'_m = \varepsilon[E_y^+]^2 = \mu[H_z^+]^2 \tag{6.2.9}$$

相应的坡印延矢量为

$$\boldsymbol{S}^+(x,t) = E_y^+(x,t)\boldsymbol{e}_y \times H_z^+(x,t)\boldsymbol{e}_z = \sqrt{\frac{\mu}{\varepsilon}}[H_z^+]^2\boldsymbol{e}_x = v\omega'\boldsymbol{e}_x \tag{6.2.10}$$

上式表明，在理想介质中电磁波能量流动的方向与波传播的方向一致。又坡印延矢量的值表示单位时间内穿过与波传播方向相垂直的单位面积内的电磁能量，即等于电磁能量密度 ω' 和能流速率 v_e 的乘积

$$\boldsymbol{S}^+(x,t) = v_e\omega'\boldsymbol{e}_x \tag{6.2.11}$$

比较(6.2.10)和(6.2.11)，便得

$$v_e = v \tag{6.2.12}$$

因此，在理想介质中，入射波中电磁能量的传播方向与波行进的方向相同，且移动速率也相同。

对于反射波，也有与此类似的结论。

6.2.2 理想介质中的正弦均匀平面电磁波

对于最简单的时变电磁场——正弦时变电磁场，电磁波的电场强度和磁场强度都可用相量形式表示。这时，波动方程的表示形式变为

$$\frac{\mathrm{d}^2\dot{H}_z}{\mathrm{d}x^2} - (\mathrm{j}\omega)^2\mu\varepsilon\dot{H}_z = 0$$

$$\frac{\mathrm{d}^2\dot{E}_y}{\mathrm{d}x^2} - (\mathrm{j}\omega)^2\mu\varepsilon\dot{E}_y = 0$$

令 $k=\mathrm{j}\beta=\mathrm{j}\omega\sqrt{\mu\varepsilon}$，称 k 为波的传播系数，β 为相位系数。则上面两方程变为

$$\frac{\mathrm{d}^2\dot{H}_z}{\mathrm{d}x^2} - k^2\dot{H}_z = 0 \tag{6.2.13}$$

$$\frac{\mathrm{d}^2\dot{E}_y}{\mathrm{d}x^2} - k^2\dot{E}_y = 0 \tag{6.2.14}$$

上述两式为二阶常系数微分方程，它们的通解分别为

$$\dot{E}_y(x) = \dot{E}_y^+ \mathrm{e}^{-kx} + \dot{E}_y^- \mathrm{e}^{kx} \tag{6.2.15}$$

$$\dot{H}_z(x) = \dot{H}_z^+ \mathrm{e}^{-kx} + \dot{H}_z^- \mathrm{e}^{kx} \tag{6.2.16}$$

$\dot{E}_y^+$，$\dot{E}_y^-$，$\dot{H}_z^+$ 和 $\dot{H}_z^-$ 都是复常数，它们的大小和相位由场源及边界条件决定。上两式中等号右侧第一项表示入射波，第二项表示反射波。考虑在无限大的均匀理想介质中不存在反射波，有

$$\dot{E}_y(x) = \dot{E}_y^+ \mathrm{e}^{-kx} = \dot{E}_y^+ \mathrm{e}^{-\mathrm{j}\beta x} \tag{6.2.17}$$

$$\dot{H}_z(x) = \dot{H}_z^+ \mathrm{e}^{-kx} = \dot{H}_z^+ \mathrm{e}^{-\mathrm{j}\beta x} \tag{6.2.18}$$

根据(6.2.7)式，知波阻抗

$$Z_0 = \frac{E_y(x,t)}{H_z(x,t)} = \sqrt{\frac{\mu}{\varepsilon}}$$

为常数，表明电场强度和磁场强度同相。设它们的初相角都为 ϕ，其对应的瞬时表示式分别为

$$E_y(x,t) = \sqrt{2}E_y^+ \sin(\omega t - \beta x + \phi) \tag{6.2.19}$$

$$H_z(x,t) = \sqrt{2}H_z^+ \sin(\omega t - \beta x + \phi) \tag{6.2.20}$$

上两式就是无限大理想介质中电磁场随时间作正弦变化时的稳态解。此时的电场和磁场既是时间的周期函数，又是空间坐标的周期函数。见图 6.2。在某时刻 x 等于确定值的等相面上，场量的幅值都相等，也即在理想介质中，电磁波无衰减地传播。均匀平面电磁波是等幅波。

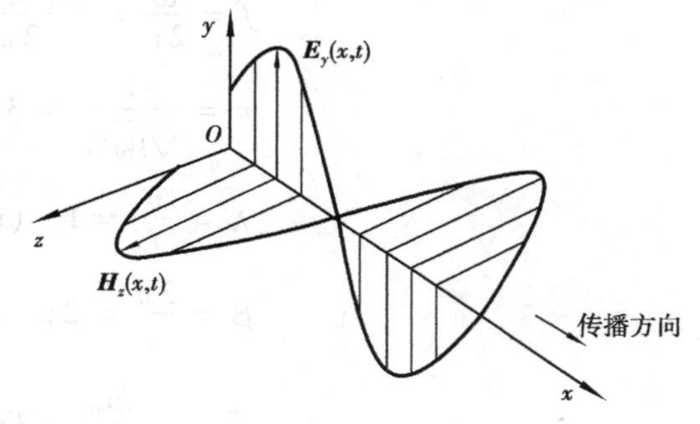

图 6.2　在理想介质中沿 x 正方向传播的正弦均匀平面波

相位因子 $(\omega t - \beta x + \phi)$ 的物理意义（为方便计，取 $\phi = 0$）：

1) $t = 0$ 时，相位因子为 $-\beta x$，$x = 0$ 处的相位为零，这时电场和磁场都处在零值。

2) 在 t 时刻，波的零值点移到 $\omega t - \beta x = 0$ 处，即

$$x_0 = \frac{\omega}{\beta}t$$

因此 $\sin(\omega t - \beta x)$ 代表一沿 x 正方向传播的平面波，其移动速率为

$$v = \frac{\mathrm{d}x}{\mathrm{d}t} = \frac{\omega}{\beta} = \frac{1}{\sqrt{\mu\varepsilon}} \tag{6.2.21}$$

称为电磁波的相位传播速度，简称相速。根据前面波速的讨论可知，在无限大理想介质中，相速和波速相同，且都与频率无关。

根据波长定义，知正弦电磁波的波长为

$$\lambda = vT = v/f$$

或

$$\lambda = \frac{2\pi}{\beta} \tag{6.2.22}$$

即波长又表示在波传播方向上相位改变 2π 时两点的间距。

同理可知，$\sin(\omega t+\beta x)$ 代表一沿 x 负方向传播的平面电磁波，其传播速率也为式(6.2.21)。

6.2.3 计算举例

例 6.1 已知自由空间中电磁波的电场强度为 $\boldsymbol{E}=50\sin(6\pi\times10^8t-\beta x)\boldsymbol{e}_y$ V/m。

1)试问此波是否是均匀平面电磁波？求出该波的频率 f、波长 λ、波速 v、相位常数 β 和波传播方向。

2)写出该电磁波的磁场强度表达式 $\boldsymbol{H}$。

3)若在 $x=x_0$ 的坐标面上放置一半径 $R=2.5$ m 的圆环，求垂直穿过它的平均电磁功率。

解 1)从电磁波的电场强度表达式可看出，该波的传播方向为正 x 方向，电场方向在 y 方向，垂直于波的传播方向，在与 x 轴垂直的平面上各点 $\boldsymbol{E}$ 的大小相等，故此波是均匀平面电磁波。

电磁波的各参数为

$$\omega=6\pi\times10^8\quad(\text{rad/s})$$

$$f=\frac{\omega}{2\pi}=\frac{6\pi\times10^8}{2\pi}=3\times10^8\quad(\text{Hz})$$

$$v=\frac{1}{\sqrt{\mu_0\varepsilon_0}}=3\times10^8\quad(\text{m/s})$$

$$\lambda=\frac{v}{f}=1\quad(\text{m})$$

$$\beta=\frac{2\pi}{\lambda}=2\pi=6.28\quad(\text{rad/m})$$

$$Z_0=\sqrt{\frac{\mu_0}{\varepsilon_0}}=377\quad(\Omega)$$

2)因为均匀平面电磁波的传播方向，电场强度方向以及磁场强度方向之间满足右手螺旋轮换关系，所以

$$\boldsymbol{H}=\frac{50}{Z_0}\sin(6\pi\times10^8-\beta x)\boldsymbol{e}_z=\frac{50}{377}\sin(6\pi\times10^8-\beta x)\boldsymbol{e}_z\quad(\text{A/m})$$

3)坡印廷矢量的平均值为

$$\bar{\boldsymbol{s}}_{av}=Re[\dot{\boldsymbol{E}}\times\dot{\boldsymbol{H}}^*]=EH\boldsymbol{e}_x=\frac{1\,250}{377}\boldsymbol{e}_x\quad(\text{W/m}^2)$$

垂直穿过圆环的平均电磁功率为

$$P=\int_A\boldsymbol{s}_{av}\cdot\mathrm{d}\boldsymbol{S}=\frac{1\,250}{377}\times\pi R^2=65.1\quad(\text{W})$$

例 6.2 一频率为 100 MHz 的正弦均匀平面波，其 $\boldsymbol{E}=E_y\boldsymbol{e}_y$，在 $\varepsilon_r=4,\mu_r=1$ 的理想介质中朝 $+x$ 方向传播。当 $t=0,x=1/8$ m 时，电场 $\boldsymbol{E}$ 的最大值为 10^{-4} V/m。

1)求波长、相速和相位常数；

2)写出 $\boldsymbol{E}$ 和 $\boldsymbol{H}$ 的瞬时表达式。

解 1) $v=\frac{1}{\sqrt{\mu\varepsilon}}=\frac{c}{\sqrt{\varepsilon_r\mu_r}}=\frac{c}{2}=1.5\times10^8 \quad (\text{m/s})$

$$\beta=\omega\sqrt{\mu\varepsilon}=\frac{\omega}{c}\sqrt{\varepsilon_r\mu_r}=\frac{2\pi\times10^8}{3\times10^8}\sqrt{4}=\frac{4\pi}{3} \quad (\text{rad/m})$$

$$\lambda=\frac{2\pi}{\beta}=\frac{3}{2} \quad (\text{m})$$

2) 设 $\boldsymbol{E}(x,t)=E_m\sin(\omega t-\beta x+\phi)\boldsymbol{e}_y$

在 $t=0, x=1/8$ m 时，$E_{\max}=10^{-4}$，有

$$-\beta x+\phi=\frac{\pi}{2}$$

$$\phi=\frac{\pi}{2}+\beta x=\frac{\pi}{2}+\frac{4\pi}{3}\cdot\frac{1}{8}=\frac{2\pi}{3}$$

故

$$\boldsymbol{E}(x,t)=10^{-4}\sin\left(2\pi\times10^8t-\frac{4\pi}{3}x+\frac{2\pi}{3}\right)\boldsymbol{e}_y$$

又

$$z_0=\sqrt{\frac{\mu}{\varepsilon}}=\frac{377}{\sqrt{\varepsilon_r}}=188.5(\Omega)$$

利用均匀平面电磁波的性质，可得

$$\boldsymbol{H}(x,t)=\boldsymbol{e}_x\times\frac{E(x,t)}{Z_0}=5.305\times10^{-7}\sin\left(2\pi\times10^8t-\frac{4\pi}{3}x+\frac{2\pi}{3}\right)\boldsymbol{e}_z \quad (\text{A/m})$$

例 6.3 在微波炉外面附近的自由空间某点测得泄漏电场等于 1.0 V/m，试问该点的平均电磁功率密度是多少？该电磁辐射对于一个站在此处的人的健康有危险吗？

解 将微波炉泄漏的电磁辐射近似看成是正弦平面电磁波，其携带的平均电磁功率密度为

$$|\bar{s}_{av}|=EH=\frac{1}{377}=2.65\times10^{-3} \quad (\text{W/m}^2)=0.265 \quad (\mu\text{W/cm}^2)$$

不超过我国《环境电磁波卫生标准》（国标 GB 9175—88）的 10 μW/cm^2 限值，所以，该微波炉的泄漏电磁场对人的健康是安全的。

6.3 导电媒质中的均匀平面电磁波

本节将讨论导电媒质中的均匀平面电磁波。媒质的电导率不为零，在导电媒质中只要有电磁波存在，就将出现传导电流。因此，在导电媒质中的电磁波传播特性必然与理想介质中的电磁波传播特性不同。本节就研究某一频率的正弦均匀平面电磁波在导电媒质中的传播规律。

6.3.1 导电媒质中正弦均匀平面波的传播

在各向同性、线性、均匀导电媒质中，$\boldsymbol{D}=\varepsilon\boldsymbol{E}$，$\boldsymbol{B}=\mu\boldsymbol{H}$ 及 $\boldsymbol{J}=\gamma\boldsymbol{E}$，对于正弦均匀平面电磁

波，由式(6.1.16)和式(6.1.17)分别可得波动方程的相量形式

$$\frac{d^2\dot{H}_z}{dx^2}-j\omega\mu\gamma\dot{H}_z-(j\omega)^2\mu\varepsilon\dot{H}_z=0$$

$$\frac{d^2\dot{E}_y}{dx^2}-j\omega\mu\gamma\dot{E}_y-(j\omega)^2\mu\varepsilon\dot{E}_y=0$$

取 $k=j\omega\sqrt{\mu\left(\varepsilon+\frac{\gamma}{j\omega}\right)}$，称 k 为导电媒质中的波传播系数，则上两个方程变为

$$\frac{d^2\dot{H}_z}{dx^2}-k^2\dot{H}_z=0 \tag{6.3.1}$$

$$\frac{d^2\dot{E}_y}{dx^2}-k^2\dot{E}_y=0 \tag{6.3.2}$$

令

$$\varepsilon'=\varepsilon-j\frac{\gamma}{\omega} \tag{6.3.3}$$

称为等效介电常数。则

$$k=j\omega\sqrt{\mu\varepsilon'}=\alpha+j\beta \tag{6.3.4}$$

式中，α,β 为实数。

这样，导电媒质中的波动方程的复数表达式与理想介质中的表达式一样，导电媒质中的波传播常数与理想介质中的波传播常数也具有一样的形式，只是在导电媒质中是等效介电系数。那么，只需将导电媒质的等效介电系数代替理想介质中的介电系数，便可用与理想介质中均匀平面电磁波一样的相应表达式来表示导电媒质中均匀平面电磁波的行为。即

$$\dot{E}_y(x)=\dot{E}_y^+e^{-kx}=\dot{E}_y^+e^{-\alpha x}e^{-j\beta x} \tag{6.3.5}$$

$$\dot{H}_z(x)=\dot{H}_z^+e^{-kx}=\dot{H}_z^+e^{-\alpha x}e^{-j\beta x} \tag{6.3.6}$$

相应的波阻抗

$$Z_0=\frac{E_y(x,t)}{H_z(x,t)}=\sqrt{\frac{\mu}{\varepsilon'}} \tag{6.3.7}$$

不再为常数。这表明电场强度和磁场强度不再同相。

设导电媒质中电场强度和磁场强度的初相角分别为 ϕ_E,ϕ_H，对应的瞬态表示式分别为

$$E_y(x,t)=\sqrt{2}E_y^+e^{-\alpha x}\sin(\omega t-\beta x+\phi_E) \tag{6.3.8}$$

$$H_z(x,t)=\sqrt{2}H_z^+e^{-\alpha x}\sin(\omega t-\beta x+\phi_H) \tag{6.3.9}$$

分析正弦均匀平面电磁波在导电媒质中的传播特点：

1)由式(6.3.8)、式(6.3.9)可知，在某一时刻，电场和磁场的振幅沿 $+x$ 方向按指数规律衰减，相位依次落后。这说明在导电媒质中，均匀平面电磁波沿传播方向不断衰减，如图 6.3 所示。

式(6.3.8)、式(6.3.9)中的 α 称为衰减系数，单位为奈伯/米(Np/m)，它决定着导电媒质中电磁波衰减的快慢。而 β 称为相位系数，它决定着传播过程中波相位的改变。

2)由波传播系数的定义可求得衰减系数 α 和相位系数 β 分别为

$$\alpha = \omega\sqrt{\frac{\mu\varepsilon}{2}\left(\sqrt{1+\frac{\gamma^2}{\omega^2\varepsilon^2}}-1\right)} \quad (6.3.10)$$

$$\beta = \omega\sqrt{\frac{\mu\varepsilon}{2}\left(\sqrt{1+\frac{\gamma^2}{\omega^2\varepsilon^2}}+1\right)} \quad (6.3.11)$$

这样,导电媒质中波的相速为

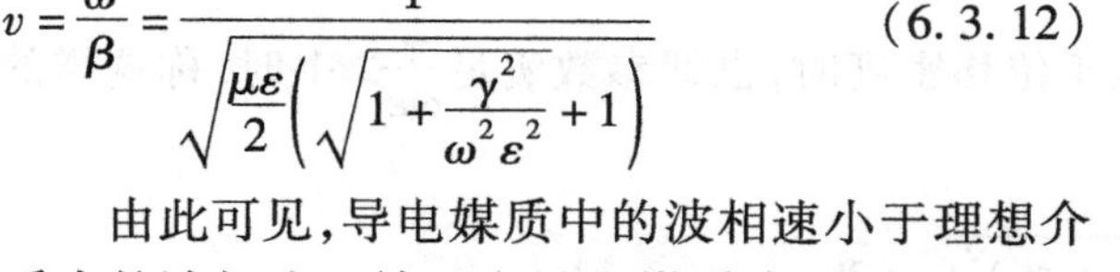

$$v=\frac{\omega}{\beta}=\frac{1}{\sqrt{\frac{\mu\varepsilon}{2}\left(\sqrt{1+\frac{\gamma^2}{\omega^2\varepsilon^2}}+1\right)}} \quad (6.3.12)$$

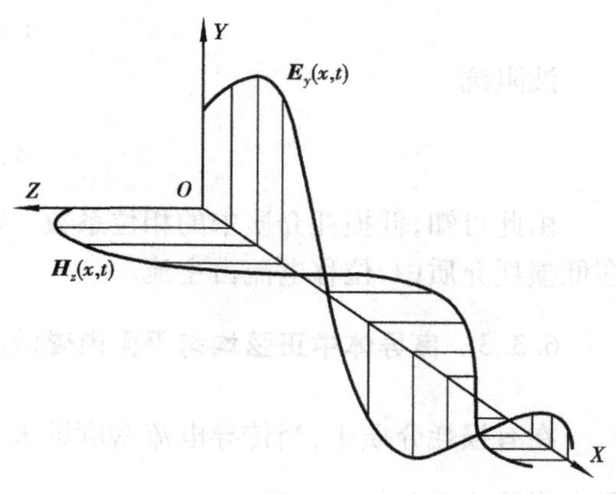

图6.3　导电媒质中正弦均匀平面电磁波在某时刻沿传播方向 x 的分布

由此可见,导电媒质中的波相速小于理想介质中的波相速。并且在导电媒质中,波相速不仅与媒质的特性有关,还与波的频率有关,所以在同一导电媒质中,不同频率的波的传播速度及波长是不相同的。这种波传播速度与频率有关的现象称为色散,对应的媒质称为色散媒质。显然,导电媒质是色散媒质,而在理想介质中,波速及波长与频率无关,是非色散媒质。

3)导电媒质中的波阻抗

$$Z_0=\sqrt{\frac{\mu}{\varepsilon'}}=\sqrt{\frac{\mu}{\varepsilon-\mathrm{j}\frac{\gamma}{\omega}}}=|Z_0|\mathrm{e}^{\mathrm{j}\varphi} \quad (6.3.13)$$

为一复数,表明在空间同一位置电场和磁场存在着相位差。在同一时间和空间,电场比磁场超前的相位为 $\varphi_E-\varphi_H=\varphi$。

4)坡印廷矢量的平均值为

$$\bar{\boldsymbol{S}}_{av}=\mathrm{Re}[\dot{\boldsymbol{E}}\times\dot{\boldsymbol{H}}^*]=E_y^+H_z^+\mathrm{e}^{-2\alpha x}\cos\varphi\boldsymbol{e}_x=\frac{1}{Z_0}(E_y^+)^2\mathrm{e}^{-2\alpha x}\cos\varphi\boldsymbol{e}_x \quad (6.3.14)$$

$\alpha\neq0$,致使波在导电媒质中的传播,伴随着能量的消耗,即导电媒质中存在传导电流而消耗了焦耳热。

6.3.2　低损耗介质中正弦均匀平面电磁波的传播

实际介质都具有一定的电导率,也即实际媒质都是有损耗的介质。例如土壤、海水等,都是常见的有损耗介电质。

在有损耗介质中,当传导电流密度远小于位移密度时,也即参数满足 $\frac{\gamma}{\omega\varepsilon}\ll1$ 时,称其为低损耗介质。低损耗介质比较接近很多实际介质,有时也称之为实际介质。

这时,利用泰勒展开,略去二阶及以上的小量,得到近似

$$\sqrt{1+\left(\frac{\gamma}{\omega\varepsilon}\right)^2}\approx1+\frac{1}{2}\left(\frac{\gamma}{\omega\varepsilon}\right)^2$$

代入式(6.3.10)、式(6.3.11)便可得到低损耗介质的衰减常数 α 和相位常数 β

$$\alpha\approx\frac{\gamma}{2}\sqrt{\frac{\mu}{\varepsilon}} \quad (6.3.15)$$

$$\beta \approx \omega\sqrt{\mu\varepsilon} \tag{6.3.16}$$

波阻抗

$$Z_0 \approx \sqrt{\frac{\mu}{\varepsilon}} \tag{6.3.17}$$

由此可知,低损耗介质中的相位系数、波阻抗与理想介质中的情况一样,但波振幅有衰减。在低损耗介质中,位移电流占主流。

6.3.3　良导体中正弦均匀平面电磁波的传播

在有损耗介质中,当传导电流密度远大于位移密度时,也即参数满足$\frac{\gamma}{\omega\varepsilon} \gg 1$时,称这样的导电媒质为良导体。这时

$$\sqrt{1+\left(\frac{\gamma}{\omega\varepsilon}\right)^2} \approx \frac{\gamma}{\omega\varepsilon}$$

代入式(6.3.10)、式(6.3.11)便可得到良导体中衰减系数α和相位系数β为

$$\alpha = \beta = \sqrt{\frac{\omega\mu\gamma}{2}}$$

这时,波传播系数和波阻抗分别为

$$k \approx \alpha + \mathrm{j}\beta = (1+\mathrm{j})\sqrt{\frac{\omega\mu\gamma}{2}} \tag{6.3.18}$$

$$Z_0 \approx \sqrt{\frac{\omega\mu}{2\gamma}}(1+\mathrm{j}) = \sqrt{\frac{\omega\mu}{\gamma}}\angle 45^\circ \tag{6.3.19}$$

相速及波长分别为

$$v \approx \frac{\omega}{\beta} = \sqrt{\frac{2\omega}{\mu\gamma}} \tag{6.3.20}$$

$$\lambda \approx \frac{2\pi}{\beta} = 2\pi\sqrt{\frac{2}{\omega\mu\gamma}} \tag{6.3.21}$$

由以上各式可见:

1)当频率很高时,电磁波在良导体中衰减很快,无法进入良导体深处,而仅存在于其表面薄层中,呈现显著的集肤效应,其透入深度为$d = \frac{1}{\alpha} = \sqrt{\frac{2}{\omega\mu\gamma}}$。

2)波阻抗的相角近似为$\pi/4$,即磁场的相位滞后电场$\pi/4$。

3)$\frac{\omega_e'}{\omega_m'} = \frac{\omega\varepsilon}{\gamma} \ll 1$,这意味着磁场能量密度远大于电场能量密度。说明良导体中的电磁波以磁场为主,传导电流是电流的主要成分。

4)良导体中电磁波的相速和波长与理想介质相比而言,都较小。

当$\gamma \to \infty$时,良导体便为我们所常说的理想导体。这时,它的透入深度为零。在实际问题中,当频率较高时,对于普通的金属如铜、铝、金、银等,可以将它们看成理想导体。

例 6.4　一均匀平面电磁波从海水表面($x=0$)向海水中($+x$方向)传播,已知海水表面的电场强度$\boldsymbol{E} = 100\sin(10^7\pi t)\boldsymbol{e}_y$,海水的电磁参数:$\varepsilon_r = 80$,$\mu_r = 1$,$\gamma = 4\ \mathrm{S/m}$。试求:

1）衰减系数、相位系数、波阻抗、相位速度、波长、透入深度；

2）当$\boldsymbol{E}$的振幅衰减至表面值的1%时，波传播的距离；

3）$x=0.8$ m时，$\boldsymbol{E}(x,t)$和$\boldsymbol{H}(x,t)$的表达式。

解　依题意有

$$\omega=10^7\pi \text{ rad/s}$$

$$f=\frac{\omega}{2\pi}=5\times10^6 \text{ Hz}$$

$$\frac{\gamma}{\omega\varepsilon}=\frac{4}{10^7\pi\times\left(\frac{1}{36\pi}\times10^{-9}\right)\times80}=180\gg1$$

故海水可视为良导体。

1）衰减常数：$\alpha=\sqrt{\pi f\mu\gamma}=\sqrt{5\pi\times10^6\times4\pi\times10^{-7}\times4}=8.89$ Np/m

相位常数：$\beta=\alpha=8.89$ rad/s

波阻抗：$Z_0=\sqrt{\frac{\omega\mu}{\gamma}}\angle45°=\sqrt{\frac{10^7\pi\times4\pi\times10^{-7}}{4}}=\pi\angle45°$ Ω

相位速度：$v=\frac{\omega}{\beta}=\frac{10^7\pi}{8.89}=3.53\times10^6$ m/s

波长：$\lambda=\frac{2\pi}{\beta}=\frac{2\pi}{8.89}=0.707$ m

透入深度：$d=\frac{1}{\alpha}=\frac{1}{8.89}=0.112$ m

2）当电场的振幅衰减至表面值的1%时，有

$$e^{-\alpha x_1}=0.01$$

波的传播距离

$$x_1=\frac{1}{\alpha}\ln 100=\frac{4.605}{8.89}=0.518 \text{ m}$$

3）电场的瞬时表示式为

$$\boldsymbol{E}(x,t)=100e^{-\alpha x}\sin(\omega t-\beta x)\boldsymbol{e}_y$$

在$x=0.8$ m时，

$$\boldsymbol{E}(0.8,t)=100e^{-0.8\alpha}\sin(\omega t-0.8\beta)\boldsymbol{e}_y=0.082\sin(10^7\pi-7.11)\boldsymbol{e}_y \text{V/m}$$

磁场的瞬时表示式为

$$\boldsymbol{H}(0.8,t)=\frac{100e^{-0.8\alpha}}{|Z_0|}\sin\left(\omega t-0.8\beta-\frac{\pi}{4}\right)\boldsymbol{e}_z=0.026\sin(10^7\pi t-1.61)\boldsymbol{e}_z \text{A/m}$$

可见5 MHz平面电磁波在海水中衰减得很快，在离开波源很短距离（0.52 m）处，波的强度就变得十分弱（为原来的百分之一）。因此，海水中的无线电通讯就无法利用高频波。但即使在低频情况下海水中的远距离无线电通讯仍很困难。例如当$f=50$ Hz时，其透入深度约为35.6 m。因此，海水中的潜水艇之间的通讯，不能直接利用无线电通讯，必须将它们的收发天线升到海面附近，通过接收沿海水表面传播的表面波，来进行通讯。

6.4 平面电磁波的极化

在讨论沿 x 方向传播的均匀平面电磁波时，电场只考虑了 y 方向分量 E_y 的情况。实际上，均匀平面电磁波的电场在与传播方向垂直的平面内，不但可以有 y 方向的分量 E_y，也可以有 z 方向的分量 E_z，而且合成的电场方向也不一定是固定不变的。对于波的电场方向的状况，用波的极化来进行描述。

波的极化是电磁波理论中的一个重要概念，它体现了在空间给定点上电场强度矢量的取向随时间变化的特性。波的极化是用波的电场强度矢量的端点在空间随时间变化时描绘出的轨迹来表示。若轨迹是直线，就称其为直线极化波；若轨迹是圆，就称其为圆极化波；若轨迹是椭圆，就称其为椭圆极化波。它们分别反映的是同频率、沿相同方向传播的若干个正弦平面电磁波中电场强度的相位和量值之间的不同关系。下面分别加以讨论。

前面讨论的均匀平面电磁波就是 y 方向的直线极化波，因为电场的方向始终为 y 方向。

假设一般情况下，沿 x 方向传播的正弦均匀平面电磁波的电场由下式给出，

$$\boldsymbol{E} = E_{1m}\sin(\omega t - \beta x + \varphi_1)\boldsymbol{e}_y + E_{2m}\sin(\omega t - \beta x + \varphi_2)\boldsymbol{e}_z \tag{6.4.1}$$

其中 E_{1m}，E_{2m} 为幅值，φ_1，φ_2 为初相。

即电场存在 y 分量，也存在 z 分量，并且这两个分量的振幅和相位不一定相等。电场沿 y 轴和 z 轴的两个场矢量分别为

$$E_y = E_{1m}\sin(\omega t - \beta x + \varphi_1)$$
$$E_z = E_{2m}\sin(\omega t - \beta x + \varphi_2)$$

6.4.1 直线极化波

为简单起见，取 $x=0$ 的平面来讨论。若式(6.4.1)中的 $\varphi_1=\varphi_2=\varphi$，即 E_y 和 E_z 同相，则合成电场的量值为

$$E = \sqrt{E_{1m}^2 + E_{2m}^2}\sin(\omega t + \varphi) \tag{6.4.2}$$

它与 y 的夹角为

$$\alpha = \arctan\left(\frac{E_{2m}}{E_{1m}}\right) \tag{6.4.3a}$$

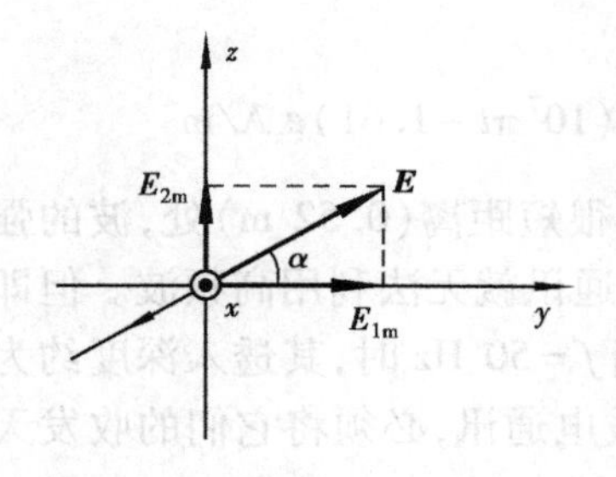

图 6.4　直线极化的平面电磁波

鉴于 E_{1m}，E_{2m} 为常数，α 不随时间变化，合成电场矢量的端点轨迹为一条与 y 轴成 α 角的直线，称其为直线极化波，如图 6.6 所示。

若式(6.4.1)中的 φ_1 与 φ_2 不相等，而是相差 π，即 E_y 和 E_z 反相，此时合成的电场矢量的端点轨迹仍为一条直线，也即直线极化波，只是合成电场矢量 $\boldsymbol{E}$ 与 y 轴的夹角为

$$\alpha = \arctan\left(-\frac{E_{2m}}{E_{1m}}\right) \tag{6.4.3b}$$

一般在无线电工程中，常将垂直于地面的直线极化波称为垂直极化波；将平行于地面的直

线极化波称为水平极化波。

6.4.2　圆极化波

在 $x=0$ 的平面上，若式(6.4.1)中的两个分量 E_y 和 E_z 幅值相等，而初相位相差 $\pi/2$，即

$$E_{1m} = E_{2m} = E_m$$

$$\varphi_1 - \varphi_2 = \pm \frac{\pi}{2}$$

则合成电场的量值为

$$E = \sqrt{E_y^2 + E_z^2} = E_m \tag{6.4.4}$$

上式表明，这时的合成电场的大小不随时间的变化而改变。合成电场与 y 轴的夹角 α 为

$$\tan\alpha = \frac{E_z}{E_y} = \pm\tan(\omega t + \varphi_1) \tag{6.4.5}$$

所以

$$\alpha = \pm(\omega t + \varphi_1) \tag{6.4.6}$$

上式表明，合成电场的方向随时间的增加以角速度 ω 改变。这时合成的电场矢量端点轨迹为一以角速度 ω 旋转的圆周，故称之为圆极化波，如图6.5所示。

若 E_y 超前 E_z 的相位为90°，此时合成电场矢量的旋转方向为逆时针方向，与波的传播方向（$+x$）构成右手螺旋关系，称之为右旋圆极化波。

若 E_y 落后 E_z 90°相位，此时合成电场矢量的旋转方向为顺时针方向，与波的传播方向（$+x$）构成左手螺旋关系，称为左旋圆极化波。

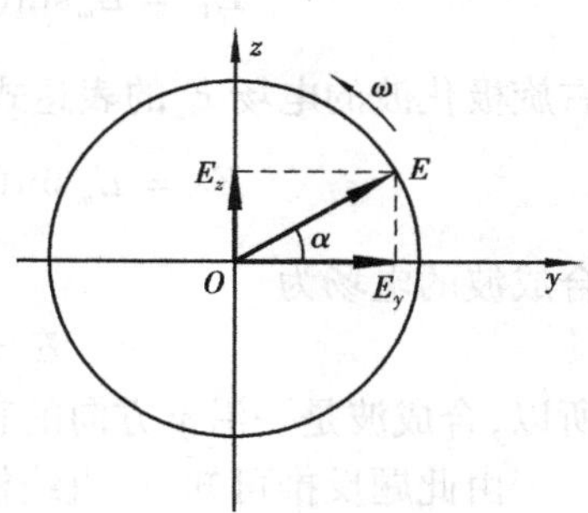

图6.5　圆极化的平面电磁波

6.4.3　椭圆极化波

对于一般情况，若式(6.4.1)中的两个分量 E_y 和 E_z 幅值不相等，且初相位相差为任意值，那么这时构成的极化波为椭圆极化波。显然，直线极化波和圆极化波分别是椭圆极化波的特例。

为简单计，设 E_y 超前 E_z 的相位为90°，则在 $x=0$ 平面上有

$$E_y = E_{1m}\cos(\omega t + \varphi_1)$$

$$E_z = -E_{2m}\sin(\omega t + \varphi_1)$$

消去参数 t，得

$$\left(\frac{E_y}{E_{1m}}\right)^2 + \left(\frac{E_z}{E_{2m}}\right)^2 = 1$$

这是一个两半轴分别为 E_{1m} 和 E_{2m} 的椭圆方程，如图6.6所示。合成电场矢量的端点在这个椭圆上旋转，形成椭圆极化波。

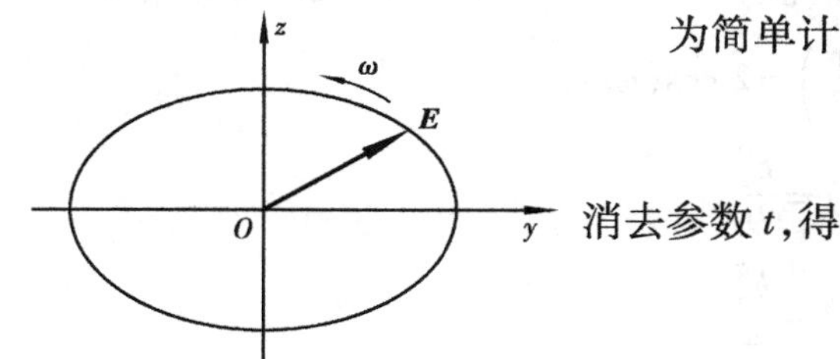

图6.6　椭圆极化的平面电磁波

根据电场的两个分量相位差的正负，椭圆极化波也分为左、右旋椭圆极化波。若合成的电场矢量旋转方向与波传播方向构成右手螺旋关系，就为右旋椭圆极化波；若合成的电场矢量旋转方向与波传播方向构成左手螺旋关系，就为左旋椭圆极化波图。图6.6所示为一右旋椭圆极化波。

总之，极化是用来描述电磁波中电场的组成情况，是可以此来了解整个电磁波的行为。在分析电磁波在自由空间或有限区域内的传播特性或分析天线的有关问题时，波的极化有着极大的价值。在工程上，波的极化有着广泛的应用。例如，调幅电台发射出的电波中的电场是与大地垂直的，所以收听者要想得到最佳的收音效果，就应将收音机的天线调整到与电场平行的位置，即与大地垂直。而电视台发射出的电波中的电场是与大地平行的，所以收看者要想得到最佳的收视效果，就应将电视接收机的天线调整到与电场平行的位置，即与大地平行，过去我们看到的户外天线都是水平放置的。再如，在有些情况下，收发系统必须利用圆极化波才能正常工作。典型的例子如，当火箭等飞行器在飞行过程中其状态和位置在不断地变化，因此火箭上的天线方位也在不断地改变，此时如果用直线极化的发射信号来遥控火箭，在某些时候就会出现火箭上的天线收不到地面遥控信号的情况，而造成失控，如改用圆极化的发射和接收系统，就不会出现这种情况。因而在卫星系统通讯和电子对抗系统中，大多数都是采用圆极化波来进行工作的。

例 6.5 证明两个振幅相同，旋转方向相反的圆极化波可合成一直线极化波。

证明 考虑沿$(+x)$方向传播的两个旋向不同的圆极化波，设其振幅为E_m，则左旋极化波的电场E_1的表达式为

$$\boldsymbol{E}_1 = E_m\sin(\omega t - \beta x + \varphi)\boldsymbol{e}_y + E_m\sin\left(\omega t - \beta x + \varphi + \frac{\pi}{2}\right)\boldsymbol{e}_z$$

右旋极化波的电场E_2的表达式为

$$\boldsymbol{E}_2 = E_m\sin(\omega t - \beta x + \varphi)\boldsymbol{e}_y + E_m\sin\left(\omega t - \beta x + \varphi - \frac{\pi}{2}\right)\boldsymbol{e}_z$$

合成波的电场为

$$\boldsymbol{E} = \boldsymbol{E}_1 + \boldsymbol{E}_2 = 2E_m\sin(\omega t - \beta x - \varphi)\boldsymbol{e}_y$$

所以，合成波是一沿y方向的直线极化波，问题得证。

由此题反推可知，一直线极化波可分解为两个振幅相同，旋向相反的圆极化波的迭加。

例 6.6 有一垂直穿出纸面$(x=0)$的平面电磁波，由两个直线极化波$E_z=3\sin(\omega t)$和$E_y=2\sin(\omega t+\pi/2)$组成，试问合成波是否为椭圆极化波？如果是椭圆极化波，那么是右旋波还是左旋波？

解

$$E_z = 3\sin(\omega t)$$

$$E_y = 2\sin\left(\omega t + \frac{\pi}{2}\right) = 2\cos(\omega t)$$

$$\sin^2(\omega t) = \frac{E_z^2}{9}$$

$$\cos^2(\omega t) = \frac{E_y^2}{4}$$

将上两式相加得

$$\frac{E_z^2}{9} + \frac{E_y^2}{4} = \sin^2(\omega t) + \cos^2(\omega t) = 1$$

这是一个椭圆方程，长轴为3，短轴为2，所以该合成电磁波是椭圆电磁波。

由于E_y超前E_z的相位为90°，随着时间的变化，合成电场矢量末端旋转方向与波的传播方向构成右手螺旋关系，因此该波是右旋椭圆极化波。

6.5　平面电磁波在平面分界面的垂直入射

前面主要讨论了均匀平面波在无穷大媒质中的传播特性。本节开始讨论均匀平面波入射到两种不同媒质分界面时的特性。

6.5.1　均匀平面电磁波对理想导体的垂直入射

在图6.7中，yOz 平面是理想导体与理想介质的分界面。设均匀平面电场波沿 x 方向是从理想介质正入射到理想导体上，入射波的电场强度方向为 y 轴的正方向，则磁场强度在 z 方向。

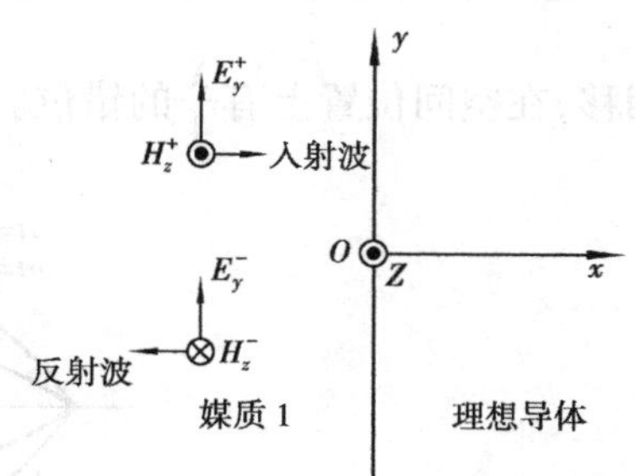

图6.7　均匀平面电磁波对理想导体的正入射

设入射波的电场和磁场分别以相量表示为

$$\dot{E}_y^+ = E_m^+ e^{-j\beta x} \tag{6.5.1}$$

$$\dot{H}_z^+ = \frac{E_m^+ e^{-j\beta x}}{Z_0} = \frac{E_m^+}{Z_0} e^{-j\beta x} \tag{6.5.2}$$

入射波到达理想导体表面($x=0$)时将被反射回来。反射波的电场表示为

$$\dot{E}_y^- = E_m^- e^{j\beta x} \tag{6.5.3}$$

于是，在分界面的理想介质侧的合成电场为

$$\dot{E}_y = \dot{E}_y^+ + \dot{E}_y^- = E_m^+ e^{-j\beta x} + E_m^- e^{j\beta x} \tag{6.5.4}$$

运用 $x=0$ 处电场强度切向分量连续的边界条件，可得

$$\dot{E}_y|_{x=0} = (E_m^+ e^{-j\beta x} + E_m^- e^{j\beta x})|_{x=0} = 0$$

$$E_m^- = -E_m^+ \tag{6.5.5}$$

上式代入式(6.5.4)得

$$\dot{E}_y = E_m^+(e^{-j\beta x} - e^{j\beta x}) = -j2E_m^+ \sin\beta x \tag{6.5.6}$$

反射波的磁场为

$$\dot{H}_z^- = -\frac{E_y^-}{Z_0} = -\frac{E_m^-}{Z_0}e^{j\beta x} = \frac{E_m^+}{Z_0}e^{j\beta x} \tag{6.5.7}$$

式中的负号是考虑到电磁波的电场、磁场以及波的传播方向满足右手螺旋关系而确定的。所以分界面理想媒质侧的总磁场为

$$\dot{H}_z = \dot{H}_z^+ + \dot{H}_z^- = \frac{E_m^+}{Z_0}(e^{-j\beta x} + e^{j\beta x}) = \frac{2E_m^+}{Z_0}\cos\beta x \tag{6.5.8}$$

综合以上，理想介质中的合成电场和磁场瞬时表达式为

$$E_y(x,t) = \mathrm{Im}[E_y e^{j\omega t}] = \mathrm{Im}[-j2E_m^+ \sin(\beta x)e^{j\omega t}] = -2E_m^+ \sin(\beta x)\cos(\omega t) \tag{6.5.9}$$

$$H_z(x,t) = \mathrm{Im}[H_z e^{j\omega t}] = \mathrm{Im}\left[\frac{2E_m^+}{Z_0}\cos(\beta x)e^{j\omega t}\right] = \frac{2E_m^+}{Z_0}\cos(\beta x)\sin(\omega t) \tag{6.5.10}$$

可见,对于任意时刻 t,在 $x=-n\frac{\lambda}{2}$,$(n=0,1,2,\cdots)$各点处,电场都为零,磁场都为最大值;而在 $x=-(2n+1)\frac{\lambda}{4}$,$(n=0,1,2,\cdots)$各点处,电场都为最大值,磁场都为零。说明在理想介质中,两个传播方向相反的行波合成的结果构成了驻波。在某个时刻 t,电场 E_y 和磁场 H_z 都随离开理想介质与理想导体分界面的距离作正弦变化。在相位上电场 E_y 和磁场 H_z 的驻波有 $\frac{\pi}{2}$ 的相移,在空间位置上有 $\frac{\lambda}{4}$ 的错位。图 6.8 显示了不同 ωt 值时电场 E_y 和磁场 H_z 的驻波图形。

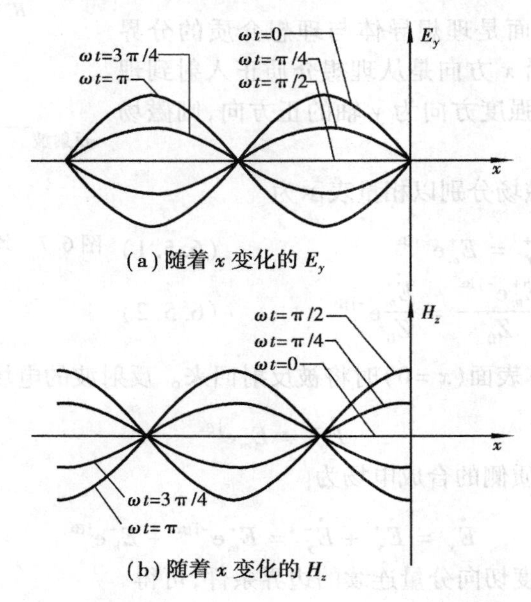

图 6.8　合成电场、磁场的驻波

在分界面左边的理想介质中,平均坡印廷矢量为

$$S_{av}=\frac{1}{2}\mathrm{Re}[\dot{E}\times\dot{H}^*]=\frac{1}{2}\mathrm{Re}\left[-e_y\mathrm{j}2E_m^+\sin(\beta x)\times e_z\frac{2E_m^+}{Z_0}\cos(\beta x)\right]=0 \quad (6.5.11)$$

可见驻波不能传输电磁能量,只可能有电场能量和磁场能量的相互转化。

6.5.2　均匀平面电磁波在两种导电媒质分界面上的垂直入射

如图 6.9 所示两媒质分界面,左边为 1 区,媒质参数为 μ_1,ε_1 和 γ_1,右边为 2 区,媒质参数为 μ_2,ε_2 和 γ_2。当均匀电磁波从媒质 1 垂直入射到分界面时,由于两个媒质的波阻抗不同,入射波中的一部分被反射,另一部分则透过分界面进入到媒质 2 区继续传播。

令媒质 1 中入射波的场量为

$$\dot{E}_{y1}^+=e_y\dot{E}_{y1}^+=e_yE_{m1}^+\mathrm{e}^{-k_1x} \quad (6.5.12)$$

$$\dot{H}_{z1}^+=e_z\dot{E}_{z1}^+=e_z\frac{E_{m1}^+}{Z_{01}}\mathrm{e}^{-k_1x} \quad (6.5.13)$$

式中 k_1 为 1 区中波的传播系数,Z_{01} 为 1 区的波阻抗。

反射波的场量为

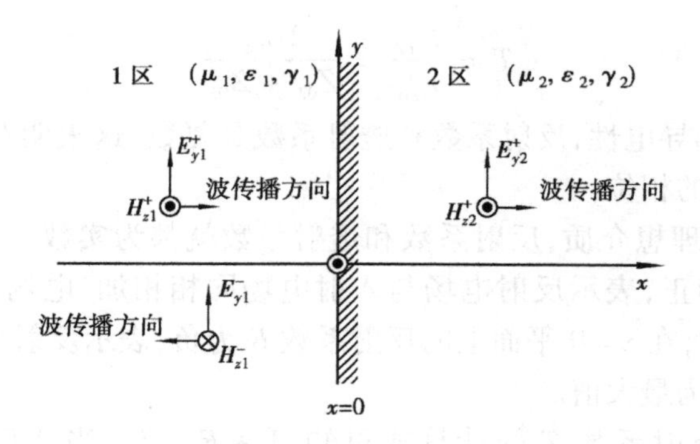

图6.9　平面波入射到两种导电媒质分界面上

$$\dot{E}_{y1}^- = \boldsymbol{e}_y E_{m1}^- \mathrm{e}^{k_1 x} \tag{6.5.14}$$

$$\dot{H}_{z1}^- = -\boldsymbol{e}_z \frac{E_{m1}^-}{Z_{01}} \mathrm{e}^{k_1 x} \tag{6.5.15}$$

透射波的场量为

$$\dot{E}_{y2}^+ = \boldsymbol{e}_y \dot{E}_{y2}^+ = \boldsymbol{e}_y E_{m2}^+ \mathrm{e}^{-k_2 x} \tag{6.5.16}$$

$$\dot{H}_{z2}^+ = \boldsymbol{e}_z \dot{E}_{z2}^+ = \boldsymbol{e}_z \frac{E_{m2}^+}{Z_{02}} \mathrm{e}^{-k_2 x} \tag{6.5.17}$$

区域1中的合成场量为

$$\dot{E}_{y1} = \dot{E}_{y1}^+ + \dot{E}_{y1}^- = e_y (E_{m1}^+ \mathrm{e}^{-k_1 x} + E_{m1}^- \mathrm{e}^{k_1 x}) \tag{6.5.18}$$

$$\dot{H}_{z1} = \dot{H}_{z1}^+ + \dot{H}_{z1}^- = e_z \left(\frac{E_{m1}^+}{Z_{01}} \mathrm{e}^{-k_1 x} - \frac{E_{m1}^-}{Z_{01}} \mathrm{e}^{k_1 x} \right) \tag{6.5.19}$$

在分界面($x=0$)处电场强度切向分量连续

$$\dot{E}_{y2}^+ = \dot{E}_{y1}$$

有

$$E_{m1}^+ + E_{m1}^- = E_{m2}^+ \tag{6.5.20}$$

用磁场强度切向分量连续

$$\frac{E_{m1}^+}{Z_{01}} - \frac{E_{m1}^-}{Z_{01}} = \frac{E_{m2}^+}{Z_{02}} \tag{6.5.21}$$

如果入射波的电场振幅已知,联立求解式(6.5.20)和式(6.5.21)可得

$$E_{m1}^- = E_{m1}^+ \frac{Z_{02} - Z_{01}}{Z_{02} + Z_{01}} \tag{6.5.22}$$

$$E_{m2}^+ = E_{m1}^+ \frac{2Z_{02}}{Z_{02} + Z_{01}} \tag{6.5.23}$$

定义反射系数

$$R = \frac{E_{m1}^-}{E_{m1}^+} = \frac{Z_{02} - Z_{01}}{Z_{02} + Z_{01}} \tag{6.5.24}$$

透射系数

$$T = \frac{E_{m2}^{+}}{E_{m1}^{+}} = \frac{2Z_{02}}{Z_{02} + Z_{01}} \tag{6.5.25}$$

一般情况下,由于媒质的导电性,反射系数和透射系数是复数,这表明在分界面上的反射和透射将需要引入一个附加的相位。

若1和2两区都为理想介质,反射系数和透射系数就都为实数。当 $Z_{02} > Z_{01}$ 时,在 $x=0$ 平面上的反射系数 R 为正,表示反射电场与入射电场同相相加,电场为最大值,磁场为最小值。反之,当 $Z_{01} > Z_{02}$ 时,在 $x=0$ 平面上的反射系数 R 为负,表示反射电场与入射电场反相相减,电场为最小值,磁场为最大值。

由反射系数 R 和透射系数 T 的计算式可知,$1+R=T$。当2区为理想导体时,则知 $R=-1, T=0$。这时

$$E_{m1}^{-} = -E_{m1}^{+}, E_{m2}^{+} = 0$$

入射波全部反射,并在1区形成驻波。

若1区为理想介质,2区为良导体,可知电磁波在2区衰减很快,电磁波只存在于良导体表面,即前面介绍过的集肤效应。

例6.7 频率为 $f=300$ MHz 的线性极化均匀平面电磁波,其电场强度振幅值为2 V/m,从空气垂直入射到 $\varepsilon_r=4, \mu_r=1$ 的理想介质平面上,求:

1)反射系数,透射系数。

2)入射波,反射波和透射波的电场和磁场。

解 1)空气中和给定的理想介质($\varepsilon_r=4, \mu_r=1$)中的波阻抗分别为

$$Z_{01} = \sqrt{\frac{\mu_0}{\varepsilon_0}} = 120\pi, Z_{02} = \sqrt{\frac{\mu_r \mu_0}{\varepsilon_r \varepsilon_0}} = \sqrt{\frac{\mu_0}{4\varepsilon_0}} = 60\pi$$

所以反射系数,透射系数分别为

$$R = \frac{Z_{02} - Z_{01}}{Z_{02} + Z_{01}} = -\frac{1}{3}, \quad T = \frac{2Z_{02}}{Z_{02} + Z_{01}} = \frac{2}{3}$$

2)$f=300$ MHz,则

$$\lambda_1 = \frac{c}{f} = \frac{3 \times 10^8}{300 \times 10^6} = 1 \text{ m}, \quad \beta_1 = \frac{2\pi}{\lambda_1} = 2\pi,$$

$$\lambda_2 = \frac{v}{f} = \frac{c}{\sqrt{\varepsilon_r} \cdot f} = 0.5 \text{ m}, \quad \beta_2 = \frac{2\pi}{\lambda_2} = 4\pi。$$

设电场强度方向为 y 方向,沿 x 方向传播,即

$$\boldsymbol{E}_i(x,t) = E_0 \sin(\omega t - \beta_1 x)\boldsymbol{e}_y = 2\sin(\omega t - \beta_1 x)\boldsymbol{e}_y \text{ V/m}$$

$$\boldsymbol{H}_i(x,t) = \frac{E_0}{Z_{01}} \sin(\omega t - \beta_1 x)\boldsymbol{e}_z = \frac{1}{60\pi} \sin(\omega t - \beta_1 x)\boldsymbol{e}_z \text{ A/m}$$

所以

$$\boldsymbol{E}_r(x,t) = RE_0 \sin(\omega t - \beta_1 x)\boldsymbol{e}_y = \frac{2}{3} \sin(\omega t + \beta_1 x)\boldsymbol{e}_y \text{ V/m}$$

$$\boldsymbol{H}_r(x,t) = -R\frac{E_0}{Z_{01}} \sin(\omega t - \beta_1 x)\boldsymbol{e}_z = -\frac{1}{180\pi} \sin(\omega t + \beta_1 x)\boldsymbol{e}_z \text{ A/m}$$

$$\boldsymbol{E}_t(x,t) = TE_0 \sin(\omega t - \beta_2 x)\boldsymbol{e}_y = \frac{4}{3} \sin(\omega t - \beta_2 x)\boldsymbol{e}_y \text{ V/m}$$

$$H_t(x,t) = T\frac{E_0}{Z_{02}}\sin(\omega t - \beta_2 x)e_z = \frac{1}{45\pi}\sin(\omega t - \beta_2 x)e_Z \text{ A/m}$$

小　结

1）在电磁场中，电场和磁场之间存在着耦合，这种耦合以波动的形式存在于空间中，变化的电磁场在空间的传播称为电磁波。在各向同性、线性、均匀媒质中，电磁波的电场强度 $\boldsymbol{E}$ 和磁场强度 $\boldsymbol{H}$ 的波动方程分别为

$$\frac{\partial^2 \boldsymbol{E}(x,t)}{\partial x^2} - \gamma\mu\frac{\partial \boldsymbol{E}(x,t)}{\partial t} - \mu\varepsilon\frac{\partial^2 \boldsymbol{E}(x,t)}{\partial t^2} = 0$$

$$\frac{\partial^2 \boldsymbol{H}(x,t)}{\partial x^2} - \gamma\mu\frac{\partial \boldsymbol{H}(x,t)}{\partial t} - \mu\varepsilon\frac{\partial^2 \boldsymbol{H}(x,t)}{\partial t^2} = 0$$

2）平面电磁波是指等相面为平面的电磁波。如果平面波等相面上各点场强都相等，则为均匀平面电磁波。

在均匀平面电磁波中，电场 $\boldsymbol{E}$ 和磁场 $\boldsymbol{H}$ 除了与时间 t 有关外，仅与传播方向的坐标变量有关，沿传播方向没有电场 $\boldsymbol{E}$ 和磁场 $\boldsymbol{H}$ 的分量，它是横电磁波（简写为 *TEM*），并且，电场 $\boldsymbol{E}$ 和磁场 $\boldsymbol{H}$ 到处互相垂直，$\boldsymbol{E}\times\boldsymbol{H}$ 的方向即为波传播的方向。

在理想介质中，均匀平面电磁波的电场 $\boldsymbol{E}$ 和磁场 $\boldsymbol{H}$ 的量值之比等于波阻抗 $Z_0 = \left(\sqrt{\frac{\mu}{\varepsilon}}\right)$，电场能量密度和磁场能量密度相等，且 $\boldsymbol{E}\times\boldsymbol{H}$ 的值等于能量密度与相速的乘积。

在导电媒质中，均匀平面电磁波的振幅随着传播距离的增加而呈指数规律衰减，衰减快慢由衰减常数 α 决定，并且电场 $\boldsymbol{E}$ 和磁场 $\boldsymbol{H}$ 相位不同。

一般地，沿 $+x$ 方向传播的正弦均匀平面电磁波的表达式可写成

$$E_y^+(x,t) = \sqrt{2}E_y^+ \mathrm{e}^{-\alpha x}\sin(\omega t - \beta x + \varphi)$$

3）当合成电磁波由具有相同传播方向的平面电磁波组成时，那么波的极化就是用来描述它们合成场强 $\boldsymbol{E}$ 的取向，波的极化分为直线极化、圆极化和椭圆极化。对于圆极化和椭圆极化波，又分为左旋极化波和右旋极化波。

4）电磁波从一种媒质入射到与另一媒质的分界面时，在分界面上会有反射和透射现象，一部分能量被反射回来，另一部分能量进入另一媒质。

习　题

6.1　在空气中，一沿 $+x$ 方向传播的均匀平面电磁波的电场强度为 $E = 800\cos(\omega t - \beta x)\boldsymbol{e}_y$，波长为 0.61 米，求（1）电磁波的频率；（2）相位常数；（3）磁场强度的振幅和方向。

6.2　自由空间中传播的电磁波的电场强度 E 的复数形式为

$$\dot{\boldsymbol{E}} = \mathrm{e}^{-\mathrm{j}20\pi x}\boldsymbol{e}_y \text{ V/m}$$

（1）求频率 f 及电场 $\boldsymbol{E}$ 和磁场 $\boldsymbol{H}$ 的瞬时表达式；

（2）当 $x=0.025$ m 时，场在何时达到最大值和零值；

（3）若在 $t=t_0$，$x=x_0$ 处场强达到最大值，现从这点向前走 100 m，问在该处要过多少时间，场强才达到最大值。

6.3　一信号发生器在自由空间产生一均匀平面波，波长为 12 cm，通过理想介质后波长减为 8 cm，在介质中电场振幅为 50 V/m，磁场振幅为 0.1 A/m。求发生器的频率、介质的 ε_r 及 μ_r。

6.4　假设太阳光为一单色平面电磁波，再假设晴天时太阳辐射到地球的入射功率为 1.34 kW/m^2，求这时的入射波中的电场强度 $E_{\max}$ 和磁感应强度 $B_{\max}$。

6.5　一频率为 3 GHz 的均匀平面电磁波，在 $\varepsilon_r=2.5$，$\gamma=1.67\times10^{-3}$ S/m 的非磁性材料媒质中，沿 $+x$ 方向传播，求：

（1）波的振幅衰减为原来的一半时，传播了多少距离；

（2）媒质的波阻抗、波长和相速；

（3）设在 $x=0$ 处，$\boldsymbol{E}=50\sin(6\pi\times10^9 t+\pi/3)\boldsymbol{e}_y$，写出磁场 $\boldsymbol{H}$ 在任何时刻 t 和 x 值时的瞬时表达式。

6.6　有一非磁性良导体，电磁波在其内的传播速率是自由空间光速的 0.1%，波长为 0.3 mm，求材料的电导率及波的频率。

6.7　在导电媒质（物理参数为 μ_0，ε_0 和 γ）中有一向 x 轴传播的均匀平面电磁波，

（1）试决定单位体积中热功率损耗的瞬时值和平均值；

（2）决定横截面为单位面积，长度为 $0\to\infty$ 的体积中耗散的平均功率；

（3）决定坡印廷矢量的平均值，并计算横截面积为单位面积，长度为 $0\to\infty$ 的体积中耗散的平均功率；

（4）试将（2）和（3）的结果相比较，以良导体为例说明两者是否相等。

6.8　已知一平面电磁波在空间某点的电场表达式为 $\boldsymbol{E}=(E_y\boldsymbol{e}_y+E_z\boldsymbol{e}_z)$ V/m，其中

$$E_y=(\alpha_1\sin\omega t+\alpha_2\cos\omega t)\ \text{V/m}$$

$$E_z=(3\sin\omega t+4\cos\omega t)\ \text{V/m}$$

若此波为圆极化波，求 α_1，α_2 为何值。

6.9　在真空中有一均匀平面电磁波，其电场强度的相量表示式为

$$\dot{\boldsymbol{E}}=(\boldsymbol{e}_y-\mathrm{j}\boldsymbol{e}_z)10^{-4}\mathrm{e}^{-\mathrm{j}20\pi x}\ (\text{V/m})$$

求：（1）电磁波的频率；

（2）磁场强度的相量表示式；

（3）此电磁波是何种极化。

6.10　一右旋圆极化波 $\dot{\boldsymbol{E}}=E_0(\boldsymbol{e}_y-\mathrm{j}\boldsymbol{e}_z)\mathrm{e}^{-\mathrm{j}\beta_1 x}$ 由空气向一理想介质平面（$x=0$）垂直入射，媒质的电磁参数为 $\varepsilon_2=9\varepsilon_0$，$\varepsilon_1=\varepsilon_0$，$\mu_1=\mu_2=\mu_0$。

试求：（1）反射系数、透射系数；

（2）反射波、透射波的电场强度；

（3）反射波、透射波各是何种极化波。

第7章 导行电磁波

平面电磁波的传播，认识了电磁波在无界空间或半无界空间中的传播规律，本章将讨论电磁波沿导波装置传播的问题，即导行电磁波。不同的导波装置可以传播不同的电磁波，在此仅讨论直行的均匀导波装置。

本章首先讨论电磁波沿均匀导波装置传播的性质和分析方法，然后具体分析研究常见的典型导波装置（矩形波导），得出其中的电场和磁场表达式。另外还将介绍传输线方程以及谐振腔。

7.1 导行电磁波的基本性质

7.1.1 导行电磁波的分类

导行电磁波就是在导行系统（统称传输线，有时指波导）中传输的电磁波，简称导波。在一个实际射频、微波系统里，传输线是最基本的构成成份，它不仅起连接信号作用，而且传输线本身也可以成为某些元件，如电容、电感、变压器、谐振电路、滤波器、天线等等。

在均匀导波装置中传播的电磁波可以分为以下三种传播模式：

1）在电磁波传播方向上没有电场和磁场分量，电场和磁场完全在垂直传播方向的横平面内，这种模式的电磁波称为横电磁波，常用符号 *TEM* 表示。

2）在电磁波传播方向上有电场但没有磁场分量，磁场完全在垂直传播方向的横平面内，这种模式的电磁波称为横磁波，有时又称 *E* 波，常用符号 *TM* 表示。

3）在电磁波传播方向上没有电场但有磁场分量，电场完全在垂直传播方向的横平面内，这种模式的电磁波称为横电波，有时又称 *H* 波，常用符号 *TE* 表示。

实际的电磁波场型分布是一个或多个上述三种模式的组合。

下面从麦克斯韦方程及波动方程出发，推导导波装置中的电磁场量表达式。

7.1.2 导行电磁波场量表达式

设电磁波在无损耗的媒质空间沿直角坐标系的 x 轴正方向传播，传输线横截面保持不变，

对于角频率为 ω 的正弦平面电磁波,其电磁表达式可表示为

$$\dot{\boldsymbol{E}} = \dot{\boldsymbol{E}}_0(y,z)\mathrm{e}^{-kx} \tag{7.1.1}$$

$$\dot{\boldsymbol{H}} = \dot{\boldsymbol{H}}_0(y,z)\mathrm{e}^{-kx} \tag{7.1.2}$$

式中 k 是导波沿传播方向(x 方向)的传播系数,将式(7.1.1)和式(7.1.2)代入麦克斯韦方程组中的两个旋度方程,得相量表示式

$$\nabla \times \dot{\boldsymbol{H}} = \mathrm{j}\omega\varepsilon \dot{\boldsymbol{E}} \tag{7.1.3}$$

$$\nabla \times \dot{\boldsymbol{E}} = -\mathrm{j}\omega\mu \dot{\boldsymbol{H}} \tag{7.1.4}$$

在直角坐标系中展开得

$$\frac{\partial \dot{H}_z}{\partial y} - \frac{\partial \dot{H}_y}{\partial z} = \mathrm{j}\omega\varepsilon \dot{E}_x \tag{7.1.5a}$$

$$\frac{\partial \dot{H}_x}{\partial z} + k\dot{H}_z = \mathrm{j}\omega\varepsilon \dot{E}_y \tag{7.1.5b}$$

$$-k\dot{H}_y - \frac{\partial \dot{H}_x}{\partial y} = \mathrm{j}\omega\varepsilon \dot{E}_z \tag{7.1.5c}$$

$$\frac{\partial \dot{E}_z}{\partial y} - \frac{\partial \dot{E}_y}{\partial z} = -\mathrm{j}\omega\mu \dot{H}_x \tag{7.1.5d}$$

$$\frac{\partial \dot{E}_x}{\partial z} + k\dot{E}_z = -\mathrm{j}\omega\mu \dot{H}_y \tag{7.1.5e}$$

$$-k\dot{E}_y - \frac{\partial \dot{E}_x}{\partial y} = -\mathrm{j}\omega\mu \dot{H}_z \tag{7.1.5f}$$

在式(7.1.5)中,所有的场量都是只与坐标 y,z 相关的复数形式,而与坐标 x 相关的公共因子 e^{-kx} 已消去,因此空间中的场量就可用两个纵向场量 E_x 和 H_x 来表示,即

$$\dot{E}_y = -\frac{1}{k^2+\beta^2}\left(k\frac{\partial \dot{E}_x}{\partial y} + \mathrm{j}\omega\mu\frac{\partial \dot{H}_x}{\partial z}\right) \tag{7.1.6}$$

$$\dot{E}_z = -\frac{1}{k^2+\beta^2}\left(k\frac{\partial \dot{E}_x}{\partial z} - \mathrm{j}\omega\mu\frac{\partial \dot{H}_x}{\partial y}\right) \tag{7.1.7}$$

$$\dot{H}_y = -\frac{1}{k^2+\beta^2}\left(k\frac{\partial \dot{H}_x}{\partial y} - \mathrm{j}\omega\varepsilon\frac{\partial \dot{E}_x}{\partial z}\right) \tag{7.1.8}$$

$$\dot{H}_z = -\frac{1}{k^2+\beta^2}\left(k\frac{\partial \dot{H}_x}{\partial z} + \mathrm{j}\omega\varepsilon\frac{\partial \dot{E}_x}{\partial y}\right) \tag{7.1.9}$$

式中

$$\beta^2 = \omega^2\varepsilon\mu \tag{7.1.10}$$

对于正弦电磁波,赫姆霍兹波动方程为

$$\nabla^2\dot{\boldsymbol{E}} + \beta^2\dot{\boldsymbol{E}} = 0 \qquad (7.1.11)$$

$$\nabla^2\dot{\boldsymbol{H}} + \beta^2\dot{\boldsymbol{H}} = 0 \qquad (7.1.12)$$

将拉普拉斯算符∇^2在直角坐标系中分解为两部分:与传播方向坐标相应的拉普拉斯算符∇_x^2和与传播方向垂直平面坐标相应的拉普拉斯算符∇_{yz}^2。
因为

$$\frac{\partial^2\dot{\boldsymbol{E}}}{\partial x^2} = \frac{\partial^2\dot{\boldsymbol{E}}_0(y,z)\mathrm{e}^{-kx}}{\partial x^2} = k^2\dot{\boldsymbol{E}} \qquad (7.1.13)$$

所以

$$\nabla^2\dot{\boldsymbol{E}} = \left(\frac{\partial^2}{\partial x^2} + \frac{\partial^2}{\partial y^2} + \frac{\partial^2}{\partial z^2}\right)\dot{\boldsymbol{E}} = \left(\nabla_{yz}^2 + \frac{\partial^2}{\partial x^2}\right)\dot{\boldsymbol{E}} = \nabla_{yz}^2\dot{\boldsymbol{E}} + k^2\dot{\boldsymbol{E}} \qquad (7.1.14)$$

把式(7.1.14)代入式(7.1.11),得

$$\nabla_{yz}^2\dot{\boldsymbol{E}} + (k^2 + \beta^2)\dot{\boldsymbol{E}} = 0 \qquad (7.1.15)$$

同理可得

$$\nabla_{yz}^2\dot{\boldsymbol{H}} + (k^2 + \beta^2)\dot{\boldsymbol{H}} = 0 \qquad (7.1.16)$$

式(7.1.15)和式(7.1.16)是导波装置中电场和磁场应满足的微分方程。分析导波装置中的电磁波传播特性,即是在给定的边界条件下求解这两个方程,得出纵向场分量E_x和H_x,再求得其他的场分量。

7.1.3　横电磁波(*TEM* 波)

对于横电磁波,由于在传播方向上不存在电场和磁场分量,即$E_x = 0, H_x = 0$,由式(7.1.6)~式(7.1.9)可知

$$k^2 + \beta^2 = 0$$

即得到与式6.2.2中一致的结果

$$k_{TEM} = \mathrm{j}\beta = \mathrm{j}\omega\sqrt{\mu\varepsilon} \qquad (7.1.17)$$

相应的*TEM*波的传播速度(相速)为

$$v_p = \frac{\omega}{\beta} = \frac{1}{\sqrt{\mu\varepsilon}} \qquad (7.1.18)$$

它仅与媒质参数有关,而与导波装置的几何形状无关。

将式(7.1.5b)和式(7.1.5c)代入式(7.1.6)和式(7.1.9),得到波阻抗

$$Z_{TEM} = \frac{\dot{E}_y}{\dot{H}_z} = -\frac{\dot{E}_z}{\dot{H}_y} = \sqrt{\frac{\mu}{\varepsilon}} = Z_0 \qquad (7.1.19)$$

此结果与媒质的本征阻抗相同。

综合以上各式关系,可得沿$(+x)$方向传播的*TEM*波的场量间关系式为

$$\boldsymbol{H} = \frac{1}{Z_{TEM}}(\boldsymbol{e}_x \times \boldsymbol{E}) \qquad (7.1.20)$$

另外，由于 $k^2+\beta^2=0$ 时，由式(7.1.15)，式(7.1.16)知

$$\nabla_{yz}^2\dot{\boldsymbol{E}}=0$$

$$\nabla_{yz}^2\dot{\boldsymbol{H}}=0$$

这两式与无源区域的静态场所满足的关系一致。由此可见，*TEM* 波电场所满足的微分方程也是同一装置在静态场所满足的微分方程，如果它们的边界条件相同，那么场结构就会完全一样。于是可得结论：任何能确立静态场的均匀导波装置，也能维持 *TEM* 波。例如同轴线系列，但空心金属导波管内不可能存在 *TEM* 波，这点后面还有论述。

7.1.4 横磁波(*TM* 波)

对于横磁波，由于在传播方向上不存在磁场分量，即 $H_x=0$，故由式(7.1.6)～式(7.1.9)可得

$$\dot{E}_y=-\frac{k}{k^2+\beta^2}\frac{\partial\dot{E}_x}{\partial y}\tag{7.1.21}$$

$$\dot{E}_z=-\frac{k}{k^2+\beta^2}\frac{\partial\dot{E}_x}{\partial z}\tag{7.1.22}$$

$$\dot{H}_y=\frac{\mathrm{j}\omega\varepsilon}{k^2+\beta^2}\frac{\partial\dot{E}_x}{\partial z}\tag{7.1.23}$$

$$\dot{H}_z=-\frac{\mathrm{j}\omega\varepsilon}{k^2+\beta^2}\frac{\partial\dot{E}_x}{\partial y}\tag{7.1.24}$$

同样可以定义 *TM* 波的波阻抗

$$Z_{TM}=\frac{\dot{E}_y}{\dot{H}_z}=-\frac{\dot{E}_z}{\dot{H}_y}=\sqrt{\frac{\mu}{\varepsilon}}=Z_0$$

同理，可得 *TM* 波的场量间关系为

$$\boldsymbol{H}=\frac{1}{Z_{TM}}(\boldsymbol{e}_x\times\boldsymbol{E})\tag{7.1.25}$$

7.1.5 横电波(*TE* 波)

对于横电波，由于在传播方向上不存在电场分量，即 $E_x=0$，故由式(7.1.6)～式(7.1.9)可知

$$\dot{E}_y=-\frac{\mathrm{j}\omega\mu}{k^2+\beta^2}\frac{\partial\dot{H}_x}{\partial z}\tag{7.1.26}$$

$$\dot{E}_z=\frac{\mathrm{j}\omega\mu}{k^2+\beta^2}\frac{\partial\dot{H}_x}{\partial y}\tag{7.1.27}$$

$$\dot{H}_y = -\frac{k}{k^2+\beta^2}\frac{\partial \dot{H}_x}{\partial y} \tag{7.1.28}$$

$$\dot{H}_z = -\frac{k}{k^2+\beta^2}\frac{\partial \dot{H}_x}{\partial z} \tag{7.1.29}$$

波阻抗为

$$Z_{TE} = \frac{\dot{E}_y}{\dot{H}_z} = -\frac{\dot{E}_z}{\dot{H}_y} = \sqrt{\frac{\mu}{\varepsilon}} = Z_0$$

TE 波的场量间关系为

$$\boldsymbol{H} = \frac{1}{Z_{TE}}(\boldsymbol{e}_x \times \boldsymbol{E}) \tag{7.1.30}$$

金属空心导波管内可以存在 *TM* 波或 *TE* 波，它们的传输特性在后面的波导内容中作介绍。

7.2　矩形波导

在微波范围，为了减少传输损耗及防止电磁波的辐射泄漏，往往采用空心的金属管传输电磁能量。这种空心金属导波装置通常称作波导，电磁能量在波导管内部被导引传送。最常用的波导装置是矩形波导和圆柱形波导，本书仅讨论矩形波导。

我们知道，空间中传输的电磁波可划分为 *TEM* 波、*TM* 波和 *TE* 波，但在波导管内不可能传送 *TEM* 波。因为，假如波导管内有 *TEM* 波存在，那么磁场就在波传输的横截面内形成闭合线。这时，根据电磁场基本规律，在闭合线的磁场环路积分就不为零，这就会产生与闭合线交链的轴向电流，这种轴向电流可以是传导电流也可以是位移电流。而在空心波导内不可能有轴向传导电流，而按 *TEM* 波的性质，也不会有轴向电场，也即不可能有轴向位移电流。因此，就在波导横截面内不可能存在闭合磁场线，也就可以断定空心波导管内不可能存在 *TEM* 波。在波导管内只有 *TM* 波或 *TE* 波，下面分别进行介绍。

7.2.1　*TM* 波

设矩形波导的宽边尺寸为 a，窄边尺寸为 b，其横截面如图 7.1 所示。

波导内沿 x 方向传播 *TM* 波时，$H_x = 0$，下面来计算其他的场量 E_x, E_y, E_z, H_y, H_z。

根据上节的知识，如果知道了 E_x，那么利用式(7.1.21)～式(7.1.24)便可求得其他场量。

对图 7.1 所示的矩形波导，由式(7.1.15)得

$$\nabla_{yz}^2 \boldsymbol{E} + (k^2+\beta^2)\boldsymbol{E} = 0$$

令

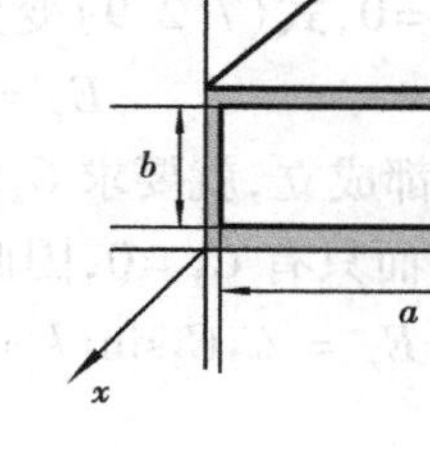

图 7.1　矩形波导

$$h^2 = k^2 + \beta^2 \tag{7.2.0}$$

则

$$\frac{\partial^2 E_x}{\partial y^2} + \frac{\partial^2 E_x}{\partial z^2} + h^2 E_x = 0 \tag{7.2.1}$$

假设 E_x 的解为

$$E_x = YZ \tag{7.2.2}$$

Y 表示为只含变量 y 的函数,Z 表示为只含变量 z 的函数。所有场量随时间和沿 x 轴变化的因子均被省略。将式(7.2.2)代入式(7.2.1),得

$$Z\frac{\mathrm{d}^2 Y}{\mathrm{d}y^2} + Y\frac{\mathrm{d}^2 Z}{\mathrm{d}z^2} = -h^2 YZ \tag{7.2.3}$$

两边除以 YZ,得

$$\frac{1}{Y}\frac{\mathrm{d}^2 Y}{\mathrm{d}y^2} + \frac{1}{Z}\frac{\mathrm{d}^2 Z}{\mathrm{d}z^2} = -h^2 \tag{7.2.4}$$

由于 y 和 z 是互不相关的独立变量,因此使式(7.2.4)对所有 y 和 z 都成立的前提是等式左边的两项分别等于常数。故

$$\frac{1}{Y}\frac{\mathrm{d}^2 Y}{\mathrm{d}y^2} = -k_y^2 \tag{7.2.5}$$

$$\frac{1}{Z}\frac{\mathrm{d}^2 Z}{\mathrm{d}z^2} = -k_z^2 \tag{7.2.6}$$

且

$$h^2 = k_y^2 + k_z^2 \tag{7.2.7}$$

式(7.2.5)的通解为

$$Y = C_1\cos(k_y y) + C_2\sin(k_y y)$$

式(7.2.6)的通解为

$$Z = C_3\cos(k_z z) + C_4\sin(k_z z)$$

这里的 C_1, C_2, C_3, C_4 均为待定系数,与上面的 k_y, k_z 一起都由边界条件确定。于是

$$\begin{aligned} E_x = YZ = {} & C_1C_3\cos(k_y y)\cos(k_z z) + C_1C_4\cos(k_y y)\sin(k_z z) + \\ & C_2C_3\sin(k_y y)\cos(k_z z) + C_2C_4\sin(k_y y)\sin(k_z z) \end{aligned} \tag{7.2.8}$$

1)当 $y=0$ 时,$E_x=0$,式(7.2.8)变为

$$E_x = C_1C_3\cos(k_z z) + C_1C_4\sin(k_z z) = 0$$

若要对于任意的 z 值都成立,就要求 $C_1=0$,于是

$$E_x = C_2C_3\sin(k_y y)\cos(k_z z) + C_2C_4\sin(k_y y)\sin(k_z z) \tag{7.2.9}$$

2)当 $z=0$ 时,$E_x=0$,式(7.2.9)变为

$$E_x = C_2C_3\sin(k_y y) = 0$$

若要对于任意的 y 值都成立,就要求 $C_2=0$ 或 $C_3=0$(假定 $k_y\neq0$,否则 E_x 将恒等于零),但根据式(7.2.9)知,$C_2\neq0$,而只有 $C_3=0$,因此式(7.2.9)变为

$$E_x = C_2C_4\sin(k_y y)\sin(k_z z) = E_0\sin(k_y y)\sin(k_z z) \tag{7.2.10}$$

其中 $E_0 = C_2C_4$。

3)当 $y=a$ 时,$E_x=0$,式(7.2.10)变为

$$E_x = E_0\sin(k_y a)\sin(k_z z) = 0$$

若要对于任意的 z 值上式都成立，就要求 k_y 满足下面的关系（$k_z \neq 0$），

$$k_y = \frac{m\pi}{a} \quad m = 1,2,3,\cdots$$

于是式(7.2.10)变为

$$E_x = E_0\sin\left(\frac{m\pi}{a}y\right)\sin(k_z z) \quad m = 1,2,3,\cdots \tag{7.2.11}$$

4）当 $z=b$ 时，$E_x=0$，式(7.2.11)变为

$$E_x = E_0\sin\left(\frac{m\pi}{a}y\right)\sin(k_z b) = 0$$

若要对于任意的 y 值上式都成立，就要求 k_z 满足下面的关系

$$k_z = \frac{n\pi}{b} \quad n = 1,2,3,\cdots$$

这样，E_x 的解为

$$E_x = E_0\sin\left(\frac{m\pi}{a}y\right)\sin\left(\frac{n\pi}{b}z\right) \tag{7.2.12}$$

式中 E_0 的大小由波的激励源决定。

将式(7.2.12)所决定的 E_x 代入式(7.1.21)～式(7.1.24)，并以 $k=jk_x$ 代入，即可得到矩形波导中 TM 波的各型场分量

$$E_y = -j\frac{k_y k_x}{h^2}E_0\cos(k_y y)\sin(k_z z) \tag{7.2.13}$$

$$E_z = -j\frac{k_z k_x}{h^2}E_0\sin(k_y y)\cos(k_z z) \tag{7.2.14}$$

$$H_y = j\frac{\omega\varepsilon k_z}{h^2}E_0\sin(k_y y)\cos(k_z z) \tag{7.2.15}$$

$$H_z = -j\frac{\omega\varepsilon k_y}{h^2}E_0\cos(k_y y)\sin(k_z z) \tag{7.2.16}$$

$$h^2 = k_y^2 + k_z^2 = \left(\frac{m\pi}{a}\right)^2 + \left(\frac{n\pi}{b}\right)^2 \tag{7.2.17}$$

这些式子表示了 TM 波的电场和磁场分量沿 y 和 z 方向的变化规律，亦可变换为瞬时表示式。

式(7.2.12)～式(7.2.16)表示的场量决定了矩形波导中 TM 波的场结构。取不同的 m，n 值，代表不同的 TM 波场结构模式，常用 TM_{mn} 来表示。m 表示在矩形截面长边方向上场量的半周期变化数，n 表示在矩形截面短边方向上场量的半周期变化数，由于 m，n 的取值不限，因此波导中可以有无穷多个 TM 模式。从式(7.2.12)可知，m 和 n 都不能为零，否则全部的场量都将为零，因此，矩形波导中最低阶的 TM 模式是 TM_{11} 模。

由式(7.2.0)、式(7.2.7)和式(7.2.17)可得

$$k = \sqrt{h^2 - \beta^2} = \sqrt{k_y^2 + k_z^2 - \omega^2\mu\varepsilon} = \sqrt{\left(\frac{m\pi}{a}\right)^2 + \left(\frac{n\pi}{b}\right)^2 - \omega^2\mu\varepsilon} \tag{7.2.18}$$

这是 TM 波在波导中的传播系数。

如果频率高,k 为虚数,电磁波在波导中传播无衰减。反之,如果频率低,使 k 为实数,则由于矩形波导中的电磁波沿传播方向的分布规律是 e^{-kx},电磁波沿波导衰减,就不再是波了,这种现象称为截止。两者情况之间的临界状态下的波长称为截止波长 λ_c,对应的频率称为截止频率 f_c,下面分别介绍其计算表达式。

令 $k=0$,可得

$$h^2 = \beta^2 = \omega^2\mu\varepsilon$$

$$\omega = \frac{h}{\sqrt{\mu\varepsilon}} = \frac{1}{\sqrt{\mu\varepsilon}}\sqrt{\left(\frac{m\pi}{a}\right)^2 + \left(\frac{n\pi}{b}\right)^2} \tag{7.2.19}$$

则临界频率或截止频率为

$$f_c = \frac{\omega}{2\pi} = \frac{h}{2\pi\sqrt{\mu\varepsilon}} = \frac{1}{2\pi\sqrt{\mu\varepsilon}}\sqrt{\left(\frac{m\pi}{a}\right)^2 + \left(\frac{n\pi}{b}\right)^2} \tag{7.2.20}$$

它不但与矩形波导尺寸和模式参数有关,而且与介质参数也有关。m 或 n 的值越大,也即 *TM* 波的模式阶数越高,截止频率也越高。

由于波导的工作频率高于截止频率时电磁波才能通过,因此波导呈现出高通特性。这一点和 *TEM* 波不一样,因为 *TEM* 波没有截止频率的限制。

相应的截止波长为

$$\lambda_c = \frac{v}{f_c} = \frac{2\pi}{\sqrt{\left(\frac{m\pi}{a}\right)^2 + \left(\frac{n\pi}{b}\right)^2}} \tag{7.2.21}$$

波导中波的相速

$$v_p = \frac{\omega}{k_x} = \frac{v}{\sqrt{1 - \left(\frac{f_c}{f}\right)^2}} \tag{7.2.22}$$

式中 $v = \frac{1}{\sqrt{\mu\varepsilon}}$为电磁波在无界空间中的波速。

波导中传播的波的波长为

$$\lambda_p = \frac{v_p}{f} = \frac{\lambda}{\sqrt{1 - \left(\frac{f_c}{f}\right)^2}} = \frac{\lambda}{\sqrt{1 - \left(\frac{\lambda}{\lambda_c}\right)^2}} \tag{7.2.23}$$

式中 λ 为电磁波在无界空间中的波长。

由式(7.2.22)和式(7.2.23)可知,当 $f > f_c$ 时,$v_p > v$,$\lambda_p > \lambda$,即电磁波在波导中传播的相速大于它在无界空间中传播的相速,波导中的波长大于它在无界空间中的波长,表明波的传播不是直线传播。另外,这种相速还与频率有关,出现色散现象,在波导中的这种色散不是由于波导的填充媒质的色散引起的,而是由波导的结构引起的,故称为波导色散。当 $f \gg f_c$,即频率很高时,波导中传播的波的相速趋近于无界空间中的传播波速,波长也趋近于无界空间中的波长。

例 7.1 在截面尺寸为 $a \times b$ 的矩形波导中传播 TM_{11} 波,求该波的场量瞬时表示值。

解 因为 $m=1$,$n=1$

所以

$$E_x = E_0\sin\left(\frac{\pi}{a}y\right)\sin\left(\frac{\pi}{b}z\right)$$

其余的场分量为

$$E_y = -\mathrm{j}\frac{k_x}{h^2}\frac{\pi}{a}E_0\cos\left(\frac{\pi}{a}y\right)\sin\left(\frac{\pi}{b}z\right)$$

$$E_z = -\mathrm{j}\frac{k_x}{h^2}\frac{\pi}{b}E_0\sin\left(\frac{\pi}{a}y\right)\cos\left(\frac{\pi}{b}z\right)$$

$$H_y = \mathrm{j}\frac{\omega\varepsilon}{h^2}\frac{\pi}{b}E_0\sin\left(\frac{\pi}{a}y\right)\cos\left(\frac{\pi}{b}z\right)$$

$$H_z = -\mathrm{j}\frac{\omega\varepsilon}{h^2}\frac{\pi}{a}E_0\cos\left(\frac{\pi}{a}y\right)\sin\left(\frac{\pi}{b}z\right)$$

$$h^2 = k_y^2 + k_z^2 = \left(\frac{\pi}{a}\right)^2 + \left(\frac{\pi}{b}\right)^2$$

$$k = \sqrt{h^2 - \beta^2} = \sqrt{\left(\frac{\pi}{a}\right)^2 + \left(\frac{\pi}{b}\right)^2 - \omega^2\mu\varepsilon}$$

各场量的瞬时表示式为

$$E_x(x,y,z,t) = \mathrm{Im}\left[E_0\sin\left(\frac{\pi}{a}y\right)\sin\left(\frac{\pi}{b}z\right)\mathrm{e}^{\mathrm{j}(\omega t - k_x x)}\right]$$

$$= E_0\sin\left(\frac{\pi}{a}y\right)\sin\left(\frac{\pi}{b}z\right)\sin(\omega t - k_x x)$$

$$E_y(x,y,z,t) = -\frac{k_x}{h^2}\frac{\pi}{a}E_0\cos\left(\frac{\pi}{a}y\right)\sin\left(\frac{\pi}{b}z\right)\cos(\omega t - k_x x)$$

$$E_z = -\frac{k_x}{h^2}\frac{\pi}{b}E_0\sin\left(\frac{\pi}{a}y\right)\cos\left(\frac{\pi}{b}z\right)\cos(\omega t - k_x x)$$

$$H_y = \frac{\omega\varepsilon}{h^2}\frac{\pi}{b}E_0\sin\left(\frac{\pi}{a}y\right)\cos\left(\frac{\pi}{b}z\right)\cos(\omega t - k_x x)$$

$$H_z = -\frac{\omega\varepsilon}{h^2}\frac{\pi}{a}E_0\cos\left(\frac{\pi}{a}y\right)\sin\left(\frac{\pi}{b}z\right)\cos(\omega t - k_x x)$$

7.2.2　*TE* 波

同样假设 $E_x = 0$，则

$$\frac{\partial^2 H_x}{\partial y^2} + \frac{\partial^2 H_x}{\partial z^2} + h^2 H_x = 0$$

其对应的边界条件为

$$\left.\frac{\partial H_x}{\partial z}\right|_{y=0} = \left.\frac{\partial H_x}{\partial z}\right|_{y=a} = 0$$

$$\left.\frac{\partial H_x}{\partial y}\right|_{z=0} = \left.\frac{\partial H_x}{\partial y}\right|_{z=b} = 0$$

仿照与 *TM* 波中相同的求解方法，可以求得波导中传播 *TE* 波时场量的表示式

$$H_x = H_0\cos(k_y y)\cos(k_z z) \tag{7.2.24}$$

$$H_y = \mathrm{j}\frac{k_y k_x}{h^2}H_0\sin(k_y y)\cos(k_z z) \tag{7.2.25}$$

$$H_z = \mathrm{j}\frac{k_z k_x}{h^2}H_0\cos(k_y y)\sin(k_z z) \tag{7.2.26}$$

$$E_y = \mathrm{j}\frac{\omega\mu k_z}{h^2}H_0\cos(k_y y)\sin(k_z z) \tag{7.2.27}$$

$$E_z = -\mathrm{j}\frac{\omega\mu k_y}{h^2}H_0\sin(k_y y)\cos(k_z z) \tag{7.2.28}$$

式中的 k_x,k_y,h,以及 k_z,f_c,v_p,λ_p 等量都与 TM 模式中相同。

和 TM 波一样,在矩形波导中也可以有无限多个 TE 波模式,这些模式用 TE_{mn} 表示。m 和 n 的取值范围分别为 0,1,2,3,…,但 m 和 n 不能同时取零。否则,由式(7.2.25)~式(7.2.28)可知场量都为零,所以 TE 波的最低模式是 TE_{01} 波或 TE_{10} 波。如果 $a>b$,那么 TE_{10} 波的截止频率比 TE_{01} 波的截止频率还要低。这时,TE_{10} 波是最低模式,具有最低的截止频率,此时的 TE_{10} 波为矩形波导的主模,其场分布见图 7.2。

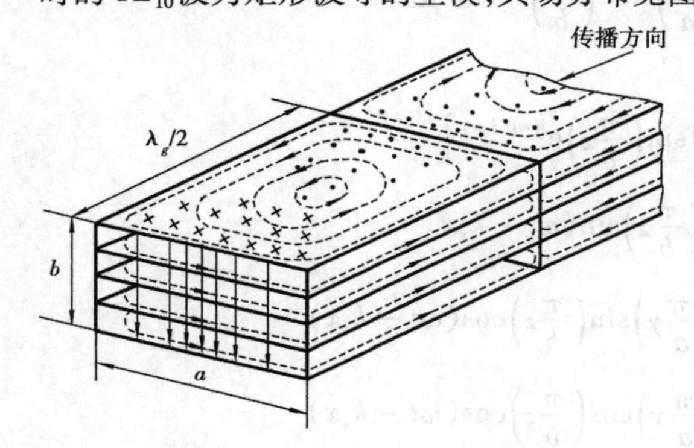

图 7.2 TE_{10} 波的电磁场分布

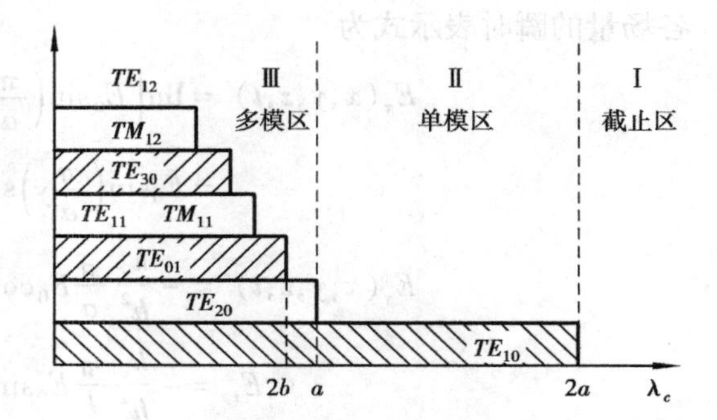

图 7.3 矩形波导中各种模式的截止波长分布图

如果波导横截面的尺寸 $a>2b$,那么图 7.3 表示矩形波导中各种模式的截止波长分布。图 7.3 中划分了三个区域:截止区Ⅰ,单模区Ⅱ,多模区Ⅲ。

区域Ⅰ为从 $(\lambda_c)_{TE_{10}}$ 至无穷大。因为 $(\lambda_c)_{TE_{10}}=2a$,它是矩形波导中能够出现的最长的截止波长,所以当工作波长 $\lambda\geqslant 2a$ 时,电磁波就不能在波导中传播了,因此区域Ⅰ称为截止区。

区域Ⅱ为从 $(\lambda_c)_{TE_{20}}=a$ 至 $(\lambda_c)_{TE_{10}}=2a$。在这个区域内,只有 TE_{10} 波出现,也即工作波长满足 $(\lambda_c)_{TE_{20}}<\lambda<(\lambda_c)_{TE_{10}}$ 时,只有 TE_{10} 能传播,其他模式都处于截止状态。因此区域Ⅱ称为单模区。

区域Ⅲ为从零到 $(\lambda_c)_{TE_{20}}=a$。若工作波长满足 $\lambda<a$,则至少会出现两种以上的模式,因此,区域Ⅲ称为多模区。

波导中电磁波的模式可以是各种 TE_{mn} 和 TM_{mn} 模式的线性组合,但在实际应用中很多时候采用单模,因为多模工作会激发模式和提取能量困难。单模传输可以通过选择波导的尺寸来实现。因此,要工作在单模区,就应使波导的尺寸满足 $a<\lambda<2a$,也即 $0.5\lambda<a<\lambda$,一般情况下常取 $a=0.7\lambda$。

TE_{mn} 和 TM_{mn} 模截止波长、相速等传播特性完全一样,但两者的场分布不一样。这种现象称为模式简并,应尽量避免这种现象发生。

7.2.3　波阻抗

把波导中相对于波的传播方向成右手螺旋关系的横向电场分量对于横向磁场分量的比值定义为波阻抗，因此对于矩形波导中的 TM 波有

$$Z_{TM}=\frac{E_y}{H_z}=-\frac{E_z}{H_y}=\frac{k}{\mathrm{j}\omega\varepsilon}=\frac{k_x}{\omega\varepsilon}=Z_0\sqrt{1-\left(\frac{f_c}{f}\right)^2}\tag{7.2.29}$$

式中的 $Z_0=\sqrt{\dfrac{\mu}{\varepsilon}}$ 称为媒质的本征阻抗。

对于矩形波导中的 TE 波有

$$Z_{TE}=\frac{E_y}{H_z}=-\frac{E_z}{H_y}=\frac{\mathrm{j}\omega\mu}{k}=\frac{\omega\mu}{k_x}=\frac{Z_0}{\sqrt{1-\left(\frac{f_c}{f}\right)^2}}\tag{7.2.30}$$

由以上波阻抗的计算表示式可知，当 $f=f_c$ 时，Z_{TM} 为零，而 Z_{TE} 为无限大。当 $f>f_c$ 时，Z_{TM} 与 Z_{TE} 都为实数，并且当 $f\gg f_c$ 时，Z_{TM} 与 Z_{TE} 都趋近于媒质的本征阻抗。当 $f<f_c$ 时，Z_{TM} 与 Z_{TE} 都为虚数，呈纯电抗性，这时电磁波只有衰减（电抗衰减），没有传播。但这种衰减与媒质引起的损耗衰减不同，是一种没有能量损耗的衰减，电磁能量在波源与波导间来回反射。

7.2.4　矩形波导中的 TE_{10} 波

矩形波导中，TE_{10} 波模式占有重要的地位，因为这种模式的波具有如下优点：

1）这种波模式可以实现单模传输（见图7.3）。

2）在同一截止波长下，传输 TE_{10} 模式波所要求的 a 边尺寸最小。

3）由于 TE_{10} 模式波的截止波长与 b 边尺寸无关，因此可以缩小 b 边的尺寸。但尺寸的减小需考虑波导的击穿和衰减问题。

4）从 TE_{10} 模式到次一高模 TE_{20} 模式之间的间距比其他高阶模之间的间距大（见图7.3），所以可使 TE_{10} 模式波在大于 1.5∶1 的波段上传播。

5）由于 $m=1,n=0$ 时，$k_y=\dfrac{m\pi}{a}=\dfrac{\pi}{a}$，$k_z=\dfrac{n\pi}{b}=0$，根据式（7.2.27）知，$E_y=0$，电场只剩下 E_z 分量，因此可以获得单方向的极化波。

将 $m=1,n=0$ 代入式（7.2.24）~式（7.2.28），得到 TE_{10} 模式波的各场量

$$H_x=H_0\cos\left(\frac{\pi}{a}y\right)\tag{7.2.31}$$

$$H_y=\mathrm{j}k_x\frac{a}{\pi}H_0\sin\left(\frac{\pi}{a}y\right)\tag{7.2.32}$$

$$E_z=-\mathrm{j}\omega\mu\frac{a}{\pi}H_0\sin\left(\frac{\pi}{a}y\right)\tag{7.2.33}$$

$$H_z=E_y=0\tag{7.2.34}$$

式中

$$k_x=\sqrt{\omega^2\mu\varepsilon-\left(\frac{\pi}{a}\right)^2}=\omega\sqrt{\mu\varepsilon}\sqrt{1-\left(\frac{\lambda}{2a}\right)^2}\tag{7.2.35}$$

由式(7.2.33)可知,在 $y=0$ 和 $y=a$ 处,电场 $E_z=0$,在 $x=\frac{a}{2}$处 E_z 有最大值。

TE_{10}模式下波导壁面上的电荷和电流分布情况,可以分别根据下列边界条件求得。见图 7.4。

$$\sigma = \boldsymbol{e}_n \cdot \boldsymbol{D}$$

$$\boldsymbol{J}_s = \boldsymbol{e}_n \times \boldsymbol{H}$$

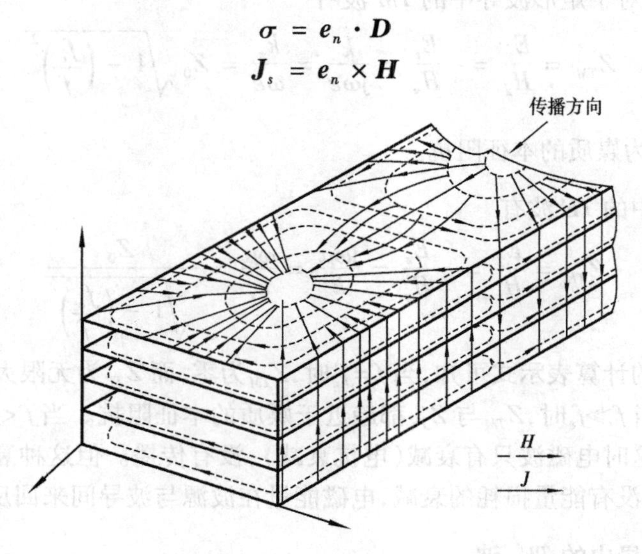

图 7.4　矩形波导中 TE_{10}模的管壁电流

由式(7.2.23)知,传播 TE_{10}模式波时波导内的波长为

$$\lambda_p = \frac{\lambda}{\sqrt{1-\left(\frac{\lambda}{\lambda_c}\right)^2}} = \frac{\lambda}{\sqrt{1-\left(\frac{\lambda}{2a}\right)^2}}$$

由式(7.2.30),TE_{10}模式波时波导内的波阻抗为

$$Z_{TE} = \frac{Z_0}{\sqrt{1-\left(\frac{\lambda}{2a}\right)^2}}$$

7.3　传输线方程

在波导中不能传输 TEM 波,在本节中,将讨论用来传播 TEM 波的双导体传输线,例如平行双线、同轴线等。为简单起见,我们采用“电路”的方法,把传输线作为分布参数电路来处理,得到相应的等效电路,再根据基尔霍夫定律得到传输线方程,进而分析波沿给定传输线传输的特性。

7.3.1　分布参数的概念

当电流流过导线,导线会发热,表明导线有电阻,这种电阻沿线分布存在于导线各处,称其为分布电阻。导线之间有电压,导线间便有电场,就有所谓的分布电容。导线中通过电流时,周围产生磁场，表明导线有分布电感。传输线传输信号时，如果信号的波长远大于传输线的尺寸时，在有限长的传输线上各点的电流及电位差的大小和相位可以近似认为相等，不显现分布电阻、分布电容或分布电感这些分布参数特点，可当作集总参数电路来处理。但是，如果传输的信号波长与传输线尺寸可比拟时，就不能不考虑电路参数的分布特性，这时的信号传输问题就必须以分布参数电路来处理。

为简单起见，我们研究均匀传输线传输问题。所谓均匀传输线即是传输线的电路参数沿传输线是均匀分布的。用单位长度的电阻 R（单位：Ω/m），单位长度的电感 L（单位：H/m），单位长度的电导 G（单位：S/m）和单位长度的电容 C（单位：F/m）来描述电路参数，而研究方法可以用稳态场来处理。

7.3.2　传输线方程及解

设有一始端接信号源 u_s、终端接负载 Z_L 的平行双线均匀传输线，如图7.5所示。现在线上任一点 x 处取线元 dx，由于线元 dx 远小于波长，这样，可将线元上的电参数看成集总参数，用集总电路来处理。

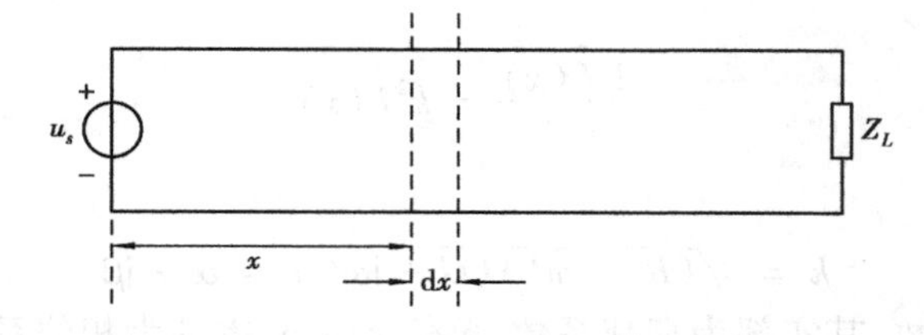

图7.5　均匀平行双线传输线

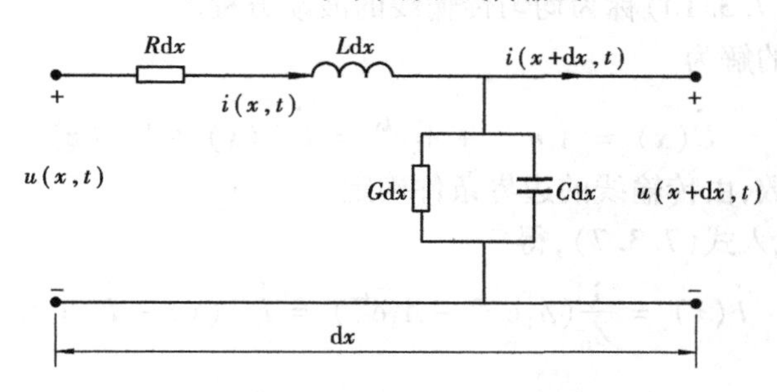

图7.6　线元 dx 的等效电路

将线元 dx 构成的集总等效电路示于图7.6。对这个等效电路应用基尔霍夫定律，得

$$u(x,t) - Ri(x,t)\mathrm{d}x - L\frac{\partial i(x,t)}{\partial t}\mathrm{d}x - u(x+\mathrm{d}x,t) = 0 \tag{7.3.1}$$

$$i(x,t) - Gu(x+\mathrm{d}x,t) - C\frac{\partial u(x+\mathrm{d}x,t)}{\partial t}\mathrm{d}x - i(x+\mathrm{d}x,t) = 0 \tag{7.3.2}$$

而

$$\frac{\partial u(x+\mathrm{d}x,t)}{\partial x}\mathrm{d}x = u(x+\mathrm{d}x,t) - u(x,t) \tag{7.3.3}$$

$$\frac{\partial i(x+\mathrm{d}x,t)}{\partial x}\mathrm{d}x = i(x+\mathrm{d}x,t) - i(x,t) \tag{7.3.4}$$

因此，由式(7.3.1)～式(7.3.4)，可得

$$-\frac{\partial u(x,t)}{\partial x}=Ri(x,t)+L\frac{\partial i(x,t)}{\partial t} \tag{7.3.5}$$

$$-\frac{\partial i(x,t)}{\partial x}=Gi(x,t)+C\frac{\partial u(x,t)}{\partial t} \tag{7.3.6}$$

这就是均匀传输线方程的一般形式,也称电报方程。

若信号源是角频率为 ω 的正弦波,那么可以得到以下的相量形式

$$-\frac{\mathrm{d}\dot{U}(x)}{\mathrm{d}x}=(R+\mathrm{j}\omega L)\dot{I}(x) \tag{7.3.7}$$

$$-\frac{\mathrm{d}\dot{I}(x)}{\mathrm{d}x}=(G+\mathrm{j}\omega C)\dot{U}(x) \tag{7.3.8}$$

将式(7.3.7)对 x 求导,再代入式(7.3.8),经过推导,可得

$$\frac{\mathrm{d}^2\dot{U}(x)}{\mathrm{d}x^2}=k^2\dot{U}(x) \tag{7.3.9}$$

同理可得

$$\frac{\mathrm{d}^2\dot{I}(x)}{\mathrm{d}x^2}=k^2\dot{I}(x) \tag{7.3.10}$$

式中

$$k=\sqrt{(R+\mathrm{j}\omega L)(G+\mathrm{j}\omega C)}=\alpha+\mathrm{j}\beta \tag{7.3.11}$$

称为传播系数,是一复数,其实部为衰减系数,单位 Np/m,虚部为相位系数,单位 rad/m。

式(7.3.9)和式(7.3.10)称为均匀传输线的波动方程。

方程式(7.3.9)的解为

$$\dot{U}(x)=A_1\mathrm{e}^{-kx}+A_2\mathrm{e}^{kx}=\dot{U}^+(x)+\dot{U}^-(x) \tag{7.3.12}$$

其中 A_1,A_2 为积分常数,由传输线的边界条件确定。

将式(7.3.12)代入式(7.3.7),得

$$\dot{I}(x)=\frac{1}{Z_0}(A_1\mathrm{e}^{-kx}-A_2\mathrm{e}^{kx})=\dot{I}^+(x)-\dot{I}^-(x) \tag{7.3.13}$$

其中

$$Z_0=\sqrt{\frac{R+\mathrm{j}\omega L}{G+\mathrm{j}\omega C}}$$

下面讨论两种传输线的边界条件。

1)已知始端电压和电流

设始端电压 $\dot{U}(0)=\dot{U}_1$,$\dot{I}(0)=\dot{I}_1$ 电流为已知,如图 7.7,代入式(7.3.12)和式(7.3.13)得

$$\dot{U}_1=A_1+A_2$$

$$\dot{I}_1=\frac{1}{Z_0}(A_1-A_2)$$

解得

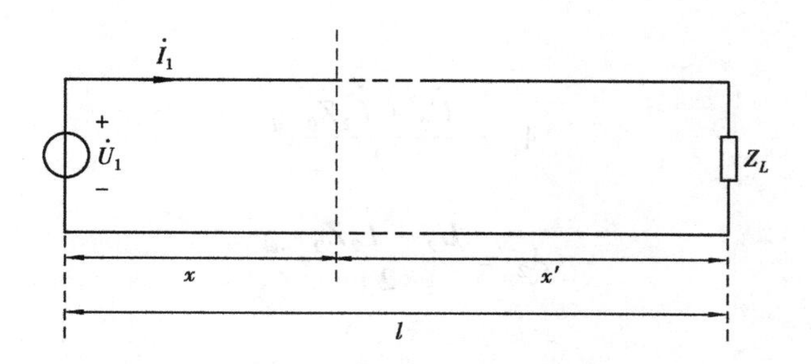

图7.7　由初始端电压、电流确定积分系数

$$A_1 = \frac{\dot{U}_1 + \dot{I}_1 Z_0}{2}$$

$$A_2 = \frac{\dot{U}_1 - \dot{I}_1 Z_0}{2}$$

所以

$$\dot{U}(x) = \frac{\dot{U}_1 + \dot{I}_1 Z_0}{2} e^{-kx} + \frac{\dot{U}_1 - \dot{I}_1 Z_0}{2} e^{kx} \tag{7.3.14}$$

$$\dot{I}(x) = \frac{\dot{U}_1 + \dot{I}_1 Z_0}{2Z_0} e^{-kx} - \frac{\dot{U}_1 - \dot{I}_1 Z_0}{2Z_0} e^{kx} \tag{7.3.15}$$

上两式也可表示为

$$\dot{U}(x) = \dot{U}_1 \cosh(kx) - \dot{I}_1 Z_0 \sinh(kx) \tag{7.3.16}$$

$$\dot{I}(x) = \dot{I}_1 \cosh(kx) - \frac{\dot{U}_1}{Z_0} \sinh(kx) \tag{7.3.17}$$

2)已知终端电压和电流

设始端电压 $\dot{U}(l) = \dot{U}_2, \dot{I}(l) = \dot{I}_2$ 电流为已知，如图7.8，代入式(7.3.12)和式(7.3.13)得

$$\dot{U}_2 = A_1 e^{-kl} + A_2 e^{kl}$$

$$\dot{I}_2 = \frac{1}{Z_0}(A_1 e^{-kl} - A_2 e^{kl})$$

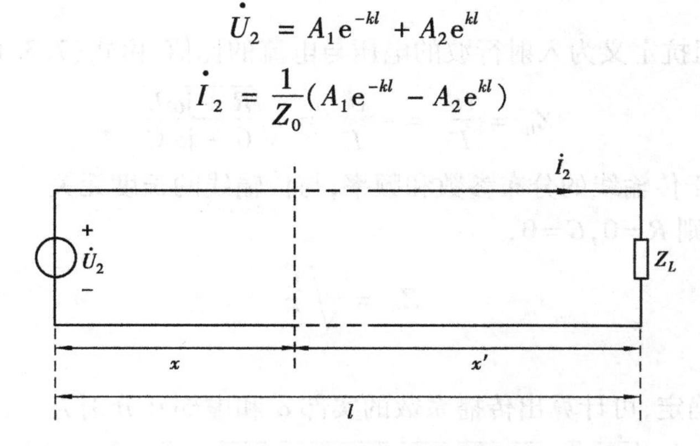

图7.8　由终始端电压、电流确定积分系数

解得

$$A_1 = \frac{\dot{U}_2 + \dot{I}_2 Z_0}{2} e^{kl}$$

$$A_2 = \frac{\dot{U}_2 - \dot{I}_2 Z_0}{2} e^{-kl}$$

所以

$$\dot{U}(x) = \frac{\dot{U}_2 + \dot{I}_2 Z_0}{2} e^{k(l-x)} + \frac{\dot{U}_2 - \dot{I}_2 Z_0}{2} e^{-k(l-x)}$$

$$\dot{I}(x) = \frac{\dot{U}_2 + \dot{I}_2 Z_0}{2Z_0} e^{k(l-x)} - \frac{\dot{U}_2 - \dot{I}_2 Z_0}{2Z_0} e^{-k(l-x)}$$

若由终端为始点取坐标，即 $x' = l - x$，则上两式变为

$$\dot{U}(x') = \frac{\dot{U}_2 + \dot{I}_2 Z_0}{2} e^{kx'} + \frac{\dot{U}_2 - \dot{I}_2 Z_0}{2} e^{-kx'} \tag{7.3.18}$$

$$\dot{I}(x') = \frac{\dot{U}_2 + \dot{I}_2 Z_0}{2Z_0} e^{kx'} - \frac{\dot{U}_2 - \dot{I}_2 Z_0}{2Z_0} e^{-kx'} \tag{7.3.19}$$

上两式也可表示为

$$\dot{U}(x') = \dot{U}_2 \cosh(kx') + \dot{I}_2 Z_0 \sinh(kx') \tag{7.3.20}$$

$$\dot{I}(x') = \frac{\dot{U}_2}{Z_0} \sinh(kx') + \dot{I}_2 \cosh(kx') \tag{7.3.21}$$

7.3.3 传输线上的波传输特性参数

分析式(7.3.12)和式(7.3.13)可知，传输线上的信号波由两部分组成，其中一部分表示沿着($+x$)方向传播的行波，称之为入射波。另一部分表示沿着($-x$)方向传播的行波，称之为反射波。由此可根据这样的分析来研究传输线上的波传输特性参数。

1)特性阻抗

传输线的特性阻抗定义为入射行波的电压与电流的比值，由式(7.3.12)和式(7.3.13)得

$$Z_0 = \frac{U^+}{I^+} = -\frac{U^-}{I^-} = \sqrt{\frac{R + j\omega L}{G + j\omega C}}$$

特性阻抗 Z_0 只决定于传输线的分布参数和频率，与传输线的长度无关。

若是无损耗线，则 $R = 0, G = 0$，

$$Z_0 = \sqrt{\frac{L}{C}}$$

2)传播系数

由式(7.3.11)确定，可计算出传播系数的实部 α 和虚部 β 分别为

$$\alpha = \sqrt{\frac{1}{2}\left[\sqrt{(R^2 + \omega^2 L^2)(G^2 + \omega^2 C^2)} - (\omega^2 LC - RG)\right]} \tag{7.3.22}$$

$$\beta = \sqrt{\frac{1}{2}\left[\sqrt{(R^2+\omega^2L^2)(G^2+\omega^2C^2)}+(\omega^2LC-RG)\right]} \tag{7.3.23}$$

实部(衰减系数)表示传输线上单位长度行波电压(或电流)幅值的变化情况,虚部(相位系数)表示传输线上单位长度行波电压(或电流)相位的变化情况。

若是无损耗线,则 $R=0$,$G=0$,

$$\alpha = 0$$

$$\beta = \omega\sqrt{LC}$$

3)输入阻抗

从传输线上任意对点看负载时,该对点的电压和对应点电流的比值定义为该点的输入阻抗,由式(7.3.20)和式(7.3.21)得

$$Z_{in}(x') = \frac{\dot{U}(x')}{\dot{I}(x')} = \frac{\dot{U}_2\cosh(kx') + \dot{I}_2Z_0\sinh(kx')}{\dot{I}_2\cosh(kx') + \frac{\dot{U}_2}{Z_0}\sinh(kx')}$$

$$= Z_0\frac{Z_L + Z_0\tanh(kx')}{Z_0 + Z_L\tanh(kx')} \tag{7.3.24}$$

其中

$$Z_L = \frac{\dot{U}_2}{\dot{I}_2}$$

为终端负载阻抗。

若是无损耗线,则 $k=\mathrm{j}\beta$,

$$Z_{in}(x') = Z_0\frac{Z_L + \mathrm{j}Z_0\tanh(\beta x')}{Z_0 + \mathrm{j}Z_L\tanh(\beta x')}$$

4)反射系数

传输线上某点的反射系数定义为反射波电压与入射波电压之比,即

$$\Gamma(x') = \frac{\dot{U}^-(x')}{\dot{U}^+(x')} \tag{7.3.25}$$

由式(7.3.18)

$$\dot{U}(x') = \frac{\dot{U}_2 + \dot{I}_2Z_0}{2}\mathrm{e}^{kx'} + \frac{\dot{U}_2 - \dot{I}_2Z_0}{2}\mathrm{e}^{-kx'}$$

可知

$$\dot{U}^+(x') = \frac{\dot{U}_2 + \dot{I}_2Z_0}{2}\mathrm{e}^{kx'}$$

$$\dot{U}^-(x') = \frac{\dot{U}_2 - \dot{I}_2Z_0}{2}\mathrm{e}^{-kx'}$$

所以

$$\Gamma(x') = \frac{\dot{U}^{-}(x')}{\dot{U}^{+}(x')} = \frac{(\dot{U}_2 - \dot{I}_2 Z_0)\mathrm{e}^{-kx'}}{(\dot{U}_2 + \dot{I}_2 Z_0)\mathrm{e}^{kx'}} = \frac{Z_L - Z_0}{Z_L + Z_0}\mathrm{e}^{-2kx'}$$

$$\dot{U}_2 = \dot{I}_2 Z_L \tag{7.3.26}$$

令

$$\Gamma_2 = \frac{Z_L - Z_0}{Z_L + Z_0} = \left|\frac{Z_L - Z_0}{Z_L + Z_0}\right| \mathrm{e}^{\mathrm{j}\varphi_2} \tag{7.3.27}$$

为传输线的终端反射系数,则

$$\Gamma(x') = \Gamma_2 \mathrm{e}^{-2kx'} = |\Gamma_2| \mathrm{e}^{-2\alpha x'} \mathrm{e}^{-\mathrm{j}2\beta x'} \mathrm{e}^{\mathrm{j}\varphi_2} \tag{7.3.28}$$

对于无损耗传输线,则 $\alpha = 0$

$$\Gamma(x') = |\Gamma_2| \mathrm{e}^{-\mathrm{j}2\beta x'} \mathrm{e}^{\mathrm{j}\varphi_2}$$

类似地,可定义电流反射系数

$$\Gamma_I(x') = \frac{\dot{I}^{-}(x')}{\dot{I}^{+}(x')} = -\frac{(\dot{U}_2 - \dot{I}_2 Z_0)}{(\dot{U}_2 + \dot{I}_2 Z_0)}\mathrm{e}^{-2kx'} = -\Gamma_2 \mathrm{e}^{-2kx'}$$

可见电流反射系数与电压反射系数只相差一负号,因此,通常采用电压反射系数。

7.4 谐 振 腔

在低频电路中,采用电容器和电感线圈组成的回路产生电磁振荡。随着频率升高,特别是频率到了几千兆赫以上的微波波段时,这种由集总参数电容器和电感线圈所组成的谐振回路将发生许多问题,首先因为此时谐振频率所对应的电容和电感值很小,元件结构加工困难。其次,这种振荡回路有强烈的辐射损耗和焦耳损耗,不能有效地产生高频振荡。因此,在微波波段一般不再采用集总参数元件的形式,而是用封闭的金属空腔——谐振腔来实现谐振电路的功能。谐振腔是一种适用于高频的谐振元件,它是用理想导体围成的空腔。

谐振腔是微波波段的一种常用器件,它可以将电磁振荡全部约束在空腔内,电磁场没有辐射,也没有介质损耗,金属导体的焦耳损耗很小,因此具有较高的品质因数。它在微波频段中广泛用于波长计、滤波器等器件。

谐振腔的形状有矩形、圆柱形和环形等多种形式,也可以由一段两端封闭的同轴线构成,在腔壁上开有小孔,或者将探针、圆环伸入腔内实现能量的耦合输入和输出。当耦合进去的电磁波频率与腔的尺寸满足一定条件时,电磁波就可以在腔内产生谐振,实现谐振回路的作用。

这一节将以矩形谐振腔为例,讨论谐振腔的性质。

7.4.1 谐振腔中的场结构

一段长为 l 的矩形波导,两端用金属板将它封闭起来就构成了矩形谐振腔,如图 7.9 所示。由于这两个导体端面对电磁导波的反射作用,波将在其间来回反射,而形成驻波。驻波不能传输电磁能量,它只能进行电磁能的相互转换,在能量转换过程中表现出振荡现象。所以封闭的导体空腔可用来做电磁振荡的谐振器。

对于矩形谐振腔，可不按普遍方法来解，而是从矩形波导管的解出发，利用波的反射定律来讨论，现在选择 x 轴为参考的“传播方向”，首先按相对于 x 轴的 *TM* 模来讨论。

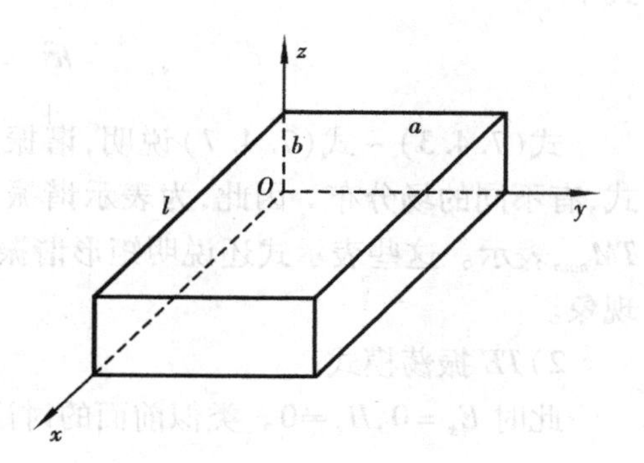

图 7.9　矩形谐振腔

1) *TM* 振荡模式

此时 $H_x=0, E_x\neq 0$。由前面的讨论知道，无限长矩形波导中的电磁波沿 y,z 方向都是驻波，沿 x 方向为行波。但在谐振腔内，由于位于 $x=l$ 处的导体端面的反射，就出现沿 $(-x)$ 方向的反射波。因此，由矩形波导的解式(7.2.12)，不难得矩形谐振腔内 *TM* 振荡模式的表示式

$$\dot{E}_x = (E_0^+ e^{-jk_x x} + E_0^- e^{jk_x x})\sin\left(\frac{m\pi}{a}y\right)\sin\left(\frac{n\pi}{b}z\right) \tag{7.4.1}$$

式中 E_0^+ 和 E_0^- 分别为沿正 x 和负 x 方向传播的 *TM* 波的振幅常数。

在 $x=0$ 处，由于 $\left.\frac{\partial \dot{E}_x}{\partial x}\right|_{x=0}=0$，因而

$$-jk_xE_0^+ + jk_xE_0^- = 0$$

$$E_0^- = E_0^+$$

由于在 $x=l$ 处，$\left.\frac{\partial \dot{E}_x}{\partial x}\right|_{x=l}=0$，因而

$$\sin(k_x l) = 0$$

必须取

$$k_x l = p\pi$$

即

$$k_x = \frac{p\pi}{l} \quad (p = 1,2,3,\cdots) \tag{7.4.2}$$

于是，

$$\dot{E}_x = 2E_0^+\cos\left(\frac{p\pi}{l}x\right)\sin\left(\frac{m\pi}{a}y\right)\sin\left(\frac{n\pi}{b}z\right) \tag{7.4.3}$$

因而得 *TM* 振荡模式的场分量各表示式为

$$\dot{E}_y = -\frac{2}{h^2}\left(\frac{m\pi}{a}\right)\left(\frac{p\pi}{l}\right)E_0^+\sin\left(\frac{p\pi}{l}x\right)\cos\left(\frac{m\pi}{a}y\right)\sin\left(\frac{n\pi}{b}z\right) \tag{7.4.4}$$

$$\dot{E}_z = -\frac{2}{h^2}\left(\frac{n\pi}{b}\right)\left(\frac{p\pi}{l}\right)E_0^+\sin\left(\frac{p\pi}{l}x\right)\sin\left(\frac{m\pi}{a}y\right)\cos\left(\frac{n\pi}{b}z\right) \tag{7.4.5}$$

$$\dot{H}_y = j\frac{2\omega\varepsilon}{h^2}\left(\frac{n\pi}{b}\right)E_0^+\cos\left(\frac{p\pi}{l}x\right)\sin\left(\frac{m\pi}{a}y\right)\cos\left(\frac{n\pi}{b}z\right) \tag{7.4.6}$$

$$\dot{H}_z = -j\frac{2\omega\varepsilon}{h^2}\left(\frac{m\pi}{a}\right)E_0^+\cos\left(\frac{p\pi}{l}x\right)\cos\left(\frac{m\pi}{a}y\right)\sin\left(\frac{n\pi}{b}z\right) \tag{7.4.7}$$

式中

$$h^2 = \left(\frac{m\pi}{a}\right)^2 + \left(\frac{n\pi}{b}\right)^2$$

式(7.4.3)~式(7.4.7)说明,谐振腔中存在着无穷多个 TM 振荡模式。对于不同的模式,有不同的场分布。因此,为表示谐振腔内的 TM 振荡模式,需要用三个下标 m,n,p,并以 TM_{mnp} 表示。这些表示式还说明矩形谐振腔中的电磁波沿 x,y 和 z 方向都是驻波,表现出振荡现象。

2) TE 振荡模式

此时 $E_x=0,H_x\neq 0$。类似前面的讨论知道,在谐振腔内的场分布为

$$\dot{H}_x = -2\mathrm{j}E_0^+\sin\left(\frac{p\pi}{l}x\right)\cos\left(\frac{m\pi}{a}y\right)\cos\left(\frac{n\pi}{b}z\right) \tag{7.4.8}$$

$$\dot{E}_y = \frac{2\omega\mu}{h^2}\left(\frac{n\pi}{b}\right)E_0^+\sin\left(\frac{p\pi}{l}x\right)\cos\left(\frac{m\pi}{a}y\right)\sin\left(\frac{n\pi}{b}z\right) \tag{7.4.9}$$

$$\dot{E}_z = -\frac{2\omega\mu}{h^2}\left(\frac{m\pi}{a}\right)E_0^+\sin\left(\frac{p\pi}{l}x\right)\sin\left(\frac{m\pi}{a}y\right)\cos\left(\frac{n\pi}{b}z\right) \tag{7.4.10}$$

$$\dot{H}_y = \frac{2\mathrm{j}}{h^2}\left(\frac{m\pi}{a}\right)\left(\frac{p\pi}{l}\right)E_0^+\cos\left(\frac{p\pi}{l}x\right)\sin\left(\frac{m\pi}{a}y\right)\cos\left(\frac{n\pi}{b}z\right) \tag{7.4.11}$$

$$\dot{H}_z = \frac{2\mathrm{j}}{h^2}\left(\frac{n\pi}{b}\right)\left(\frac{p\pi}{l}\right)E_0^+\cos\left(\frac{p\pi}{l}x\right)\cos\left(\frac{m\pi}{a}y\right)\sin\left(\frac{n\pi}{b}z\right) \tag{7.4.12}$$

同样,谐振腔中也存在着无穷多个 TE 振荡模式。也需要用三个下标 m,n,p,即 TE_{mnp} 表示。

7.4.2 谐振腔的谐振频率

当谐振腔中的电场和磁场沿 x,y,z 三个方向都形成驻波时,就达到谐振状态。这时可用谐振频率来表述。谐振频率是谐振腔最重要的一个参数。

根据波动方程

$$\frac{\partial^2\dot{\boldsymbol{E}}}{\partial x^2} + \frac{\partial^2\dot{\boldsymbol{E}}}{\partial y^2} + \frac{\partial^2\dot{\boldsymbol{E}}}{\partial z^2} + \omega^2\varepsilon\mu\dot{\boldsymbol{E}} = 0$$

将前面得到的谐振腔中任一场分量表示式代入上式,得

$$\left(\frac{m\pi}{a}\right)^2 + \left(\frac{n\pi}{b}\right)^2 + \left(\frac{p\pi}{l}\right)^2 = \omega^2\varepsilon\mu \tag{7.4.13}$$

式(7.4.13)就是谐振腔中能够存在电磁振荡时角频率必须满足的条件。

由此便可得到谐振腔中的谐振角频率为

$$(\omega_0)_{m,n,p} = \frac{1}{\sqrt{\varepsilon\mu}}\sqrt{\left(\frac{m\pi}{a}\right)^2 + \left(\frac{n\pi}{b}\right)^2 + \left(\frac{p\pi}{l}\right)^2} \tag{7.4.14}$$

相应的谐振频率和波长分别为

$$(f_0)_{m,n,p} = \frac{1}{2\sqrt{\varepsilon\mu}}\sqrt{\left(\frac{m}{a}\right)^2 + \left(\frac{n}{b}\right)^2 + \left(\frac{p}{l}\right)^2} \tag{7.4.15}$$

$$(\lambda_0)_{m,n,p} = \frac{2}{\sqrt{\left(\frac{m}{a}\right)^2 + \left(\frac{n}{b}\right)^2 + \left(\frac{p}{l}\right)^2}} \tag{7.4.16}$$

以上得到的结果对 TM_{mnp} 或 TE_{mnp} 都是适合的。

以上结果表明，当金属腔的尺寸 a，b 和 l 给定时，随着 m，n 和 p 取一系列不同的整数，即得到腔内一系列不连续的谐振频率 f_0。这种频率的不连续性表现出封闭的金属空腔中电磁场的一个重要特性。这是由于边界条件的要求，腔内电磁场的频率只能取一系列特定的、不连续的数值，这一点与无限空间中的电磁波不同。无限空间中波的频率由激发它的源的频率决定，因而可以连续变化。

这里需要注意的是，在腔尺寸一定的情况下，由于 m，n 和 p 的不同组合，可构成具有相同的谐振频率的不同模式。这种具有相同的谐振频率的不同模式情况称做简并模式。对于给定的谐振腔尺寸，谐振频率最低的模式称为主模。当腔的尺寸 $a > b > l$ 时，最低频率的谐振模式为(1,1,0)，其谐振频率为

$$f_0 = (f_0)_{1,1,0} = \frac{1}{2\sqrt{\varepsilon\mu}}\sqrt{\frac{1}{a^2} + \frac{1}{b^2}} \tag{7.4.17}$$

$$\lambda_0 = (\lambda_0)_{1,1,0} = \frac{2}{\sqrt{\frac{1}{a^2} + \frac{1}{b^2}}} \tag{7.4.18}$$

此波长与谐振腔的几何尺寸同数量级。在微波技术中通常用谐振腔的最低模式来产生特定频率的电磁振荡。

例 7.2　有一填充空气的矩形谐振腔，沿 x，y，z 方向的尺寸分别为 l，a，b。若 1) $a > b > l$；2) $a > l > b$；3) $a = b = l$。试确定相应的主模和谐振频率。

解　选取 x 轴作为参考的"传播方向"。首先，对 TM_{mnp} 模式，由式(7.4.3)可知，m 和 n 均不能为零，而 p 可为零。其次，对于 TE_{mnp} 模式，由式(7.4.8) ~ 式(7.4.12)可知，m 和 n 均可为零，但不能同时为零，而 p 不能为零。因此，最低阶的模式为

$$TM_{110}, TE_{011}, TE_{101}$$

TM 和 TE 模式的谐振频率由式(7.4.15)给出。

1) 当 $a > b > l$ 时。最低谐振频率为

$$(f_0)_{110} = \frac{1}{2\sqrt{\varepsilon_0\mu_0}}\sqrt{\frac{1}{a^2} + \frac{1}{b^2}}$$

于是得 TM_{110} 为主模。

2) 当 $a > l > b$ 时。最低谐振频率为

$$(f_0)_{101} = \frac{1}{2\sqrt{\varepsilon_0\mu_0}}\sqrt{\frac{1}{a^2} + \frac{1}{l^2}}$$

于是得 TE_{101} 为主模。

3) 当 $a = b = l$ 时。TM_{110}，TE_{011}，TE_{101} 的谐振频率相同，都为

$$(f_0)_{110} = (f_0)_{101} = (f_0)_{011} = \frac{1}{\sqrt{2}a\sqrt{\varepsilon_0\mu_0}}$$

是简并状态。

7.4.3 谐振腔的品质因素

谐振腔的另一重要参量是品质因素 Q。

谐振腔可以储存电场和磁场能量。在实际的谐振腔中,由于腔壁的电导率是有限值,这样将导致能量的损耗。和其他谐振回路一样,谐振腔的品质因素 Q 定义为

$$Q = 2\pi \frac{W}{W_T} \tag{7.4.19}$$

式中的 W 为腔中存储的能量,W_T 为一周期内腔中损耗的能量。设 P_L 为谐振腔内的时间平均功率损耗,则一个周期 $T=2\pi/\omega$ 内腔中损耗的能量

$$W_T = P_L \frac{2\pi}{\omega}$$

故式(7.4.19)可表示为

$$Q = \omega \frac{W}{P_T} \tag{7.4.20}$$

确定谐振腔在谐振时的 Q 值时,通常是假设损耗足够少,从而可以应用无损耗时的场分布来计算。

小　结

1)不同的导波装置可以传播不同模式的电磁波。

2)依据电场和磁场沿波传播方向的纵向分量的存在情况,可将导波装置中传播的电磁波分为横电磁波(TEM),横电波(TE)及横磁波(TM)三种波型。

3)凡能确立静态场的均匀导波装置,都能传输 TEM 波。传输 TEM 波必须要有两个以上的导体,如二线传输线、同轴线等。

4)波导内不可能存在 TEM 波,只能传播 TE 波或 TM 波。波导还具有高通滤波器的特性,即只有当工作频率高于某一截止频率时,波才能传播。

5)设正弦导行波沿 x 轴正方向传播,那么其中的电磁场表达式表示为

$$\dot{\boldsymbol{E}} = \boldsymbol{E}_0(x,y)\mathrm{e}^{-kx}$$

$$\dot{\boldsymbol{H}} = \boldsymbol{H}_0(x,y)\mathrm{e}^{-kx}$$

满足方程

$$\nabla_{yz}^2 \boldsymbol{E} + (k^2 + \beta^2)\boldsymbol{E} = 0$$

$$\nabla_{yz}^2 \boldsymbol{H} + (k^2 + \beta^2)\boldsymbol{H} = 0$$

$$\beta^2 = \omega^2 \varepsilon\mu$$

导行波的场量关系为

$$E_y = -\frac{1}{k^2+\beta^2}\left(k\frac{\partial E_x}{\partial y} + \mathrm{j}\omega\mu\frac{\partial H_x}{\partial z}\right)$$

$$E_z = -\frac{1}{k^2+\beta^2}\left(k\frac{\partial E_x}{\partial z} - \mathrm{j}\omega\mu\frac{\partial H_x}{\partial y}\right)$$

$$H_y = -\frac{1}{k^2+\beta^2}\left(k\frac{\partial H_x}{\partial y} - \mathrm{j}\omega\varepsilon\frac{\partial E_x}{\partial z}\right)$$

$$H_z = -\frac{1}{k^2+\beta^2}\left(k\frac{\partial H_x}{\partial z} + \mathrm{j}\omega\varepsilon\frac{\partial E_x}{\partial y}\right)$$

6)波导中 *TE* 波或 *TM* 波的截止频率和相应的截止波长分别为

$$f_c = \frac{\omega}{2\pi} = \frac{h}{2\pi\sqrt{\mu\omega}} = \frac{1}{2\pi\sqrt{\mu\omega}}\sqrt{\left(\frac{m\pi}{a}\right)^2+\left(\frac{n\pi}{b}\right)^2}$$

$$\lambda_c = \frac{v}{f_c} = \frac{2\pi}{\sqrt{\left(\frac{m\pi}{a}\right)^2+\left(\frac{n\pi}{b}\right)^2}}$$

波导中波传播的相速度为

$$v_p = \frac{\omega}{\beta} = \frac{v}{\sqrt{1-\left(\frac{f_c}{f}\right)^2}}$$

其中 $v=\frac{1}{\sqrt{\mu\omega}}$为电磁波在无界空间中的波速。

波导波长为

$$\lambda_p = \frac{v_p}{f} = \frac{\lambda}{\sqrt{1-\left(\frac{f_c}{f}\right)^2}} = \frac{\lambda}{\sqrt{1-\left(\frac{\lambda}{\lambda_c}\right)^2}}$$

$\lambda = v/f$ 为电磁波在无界空间中的波长。

7)矩形波导中传播的 *TM* 波的各分量为

$$\dot{E}_x = E_0\sin\left(\frac{m\pi}{a}y\right)\sin\left(\frac{n\pi}{b}z\right)$$

$$\dot{E}_y = -\mathrm{j}\frac{k_yk_x}{h^2}E_0\cos(k_yy)\sin(k_zz)$$

$$\dot{E}_z = -\mathrm{j}\frac{k_zk_x}{h^2}E_0\sin(k_yy)\cos(k_zz)$$

$$\dot{H}_y = \mathrm{j}\frac{\omega\varepsilon k_z}{h^2}E_0\sin(k_yy)\cos(k_zz)$$

$$\dot{H}_z = -\mathrm{j}\frac{\omega\varepsilon k_y}{h^2}E_0\cos(k_yy)\sin(k_zz)$$

$$k_y = \frac{m\pi}{a}, k_z = \frac{n\pi}{b}$$

$$h^2 = k_y^2 + k_z^2 = \left(\frac{m\pi}{a}\right)^2+\left(\frac{n\pi}{b}\right)^2$$

$m(\geqslant 1)$,$n(\geqslant 1)$取不同的值称为不同的模式,用 TM_{mn} 表示。

矩形波导中传播的 *TE* 波的各分量为

$$\dot{H}_x = H_0\cos(k_yy)\cos(k_zz)$$

$$\dot{H}_y = \mathrm{j}\frac{k_y k_x}{h^2}H_0\sin(k_y y)\cos(k_z z)$$

$$\dot{H}_z = \mathrm{j}\frac{k_z k_x}{h^2}H_0\cos(k_y y)\sin(k_z z)$$

$$\dot{E}_y = \mathrm{j}\frac{\omega\mu k_z}{h^2}H_0\cos(k_y y)\sin(k_z z)$$

$$\dot{E}_z = -\mathrm{j}\frac{\omega\mu k_y}{h^2}H_0\sin(k_y y)\cos(k_z z)$$

$m(\geqslant 0)$,$n(\geqslant 0)$取不同的值称为不同的模式(但 m 和 n 不能同时取0),用 TE_{mn}表示。

8)矩形波导的截止频率和相应的截止波长分别为

$$f_c = \frac{\omega}{2\pi} = \frac{h}{2\pi\sqrt{\mu\omega}} = \frac{1}{2\pi\sqrt{\mu\omega}}\sqrt{\left(\frac{m\pi}{a}\right)^2 + \left(\frac{n\pi}{b}\right)^2}$$

$$\lambda_c = \frac{v}{f_c} = \frac{2\pi}{\sqrt{\left(\frac{m\pi}{a}\right)^2 + \left(\frac{n\pi}{b}\right)^2}}$$

如果 $a>b$,那么 TE_{10}为矩形波导的主模。

9)描述均匀传输线方程的电波方程为

$$-\frac{\partial u(x,t)}{\partial x} = Ri(x,t) + L\frac{\partial i(x,t)}{\partial t}$$

$$-\frac{\partial i(x,t)}{\partial x} = Gi(x,t) + C\frac{\partial u(x,t)}{\partial t}$$

传输线上的特性阻抗为

$$Z_0 = \sqrt{\frac{R+\mathrm{j}\omega L}{G+\mathrm{j}\omega C}}$$

传播系数为

$$\alpha = \sqrt{\frac{1}{2}\left[\sqrt{(R^2+\omega^2L^2)(G^2+\omega^2C^2)} - (\omega^2LC - RG)\right]}$$

$$\beta = \sqrt{\frac{1}{2}\left[\sqrt{(R^2+\omega^2L^2)(G^2+\omega^2C^2)} - (\omega^2LC - RG)\right]}$$

输入阻抗

$$Z_{in}(x') = \frac{\dot{U}(x')}{\dot{I}(x')} = Z_0\frac{Z_L + Z_0\tan\mathrm{h}(kx')}{Z_0 + Z_L\tan\mathrm{h}(kx')}$$

反射系数

$$\Gamma(x') = \frac{\dot{U}^-(x')}{\dot{U}^+(x')} = \frac{Z_L - Z_0}{Z_L + Z_0}\mathrm{e}^{-2kx'}$$

10)谐振腔是一种用理想导体围成的、适用于高频的谐振元件。当达到谐振状态时,谐振腔中的电场和磁场沿 x,y,z 三个方向都形成驻波。这时的频率称为谐振频率。谐振频率和相应的谐振波长分别为

$$(f_0)_{p,m,n} = \frac{1}{2\sqrt{\varepsilon\mu}}\sqrt{\left(\frac{p}{l}\right)^2 + \left(\frac{m}{a}\right)^2 + \left(\frac{n}{b}\right)^2}$$

$$(\lambda_0)_{p,m,n} = \frac{2}{\sqrt{\left(\frac{p}{l}\right)^2 + \left(\frac{m}{a}\right)^2 + \left(\frac{n}{b}\right)^2}}$$

习　题

7.1　对于空气填充的矩形波导，$a = 2.3$ cm，$b = 1$ cm。若 $f = 20$ GHz，求 TM_{11} 模的 f_c，β，λ_g，v_p。又如果 $f = 10$ GHz，求传播常数 k。

7.2　如果用矩形波导 $a \times b = 22.86 \times 10.16\ \text{mm}^2$ 来传输电磁能量，波导中的介质为空气，那么：

(1)当工作波长 $\lambda_0 = 20$ mm 时，波导中能存在哪些波型？

(2)波导中传输 $TE10$ 模，且 $\lambda_0 = 30$ mm 时，λ_c，λ_P，v_p 各是多少？

7.3　下列两矩形波导具有相同的工作波长，试计算它们工作在 TM_{11} 模时的截止频率。

(1)$a \times b = 23 \times 10\ \text{mm}^2$；

(2)$a \times b = 16.5 \times 16.5\ \text{mm}^2$。

7.4　已知矩形波导的截面尺寸 $a \times b = 23 \times 10\ \text{mm}^2$，波导中的介质为空气，那么

(1)当工作波长 $\lambda_0 = 10$ mm 时，波导中能存在哪些波型？

(2)当工作波长 $\lambda_0 = 30$ mm 时，波导中又能存在哪些波型？

7.5　设立方体空腔体的尺寸为 $l \times a \times b = 5 \times 5 \times 3\ \text{cm}^3$，在其中激发 TE_{110} 型波，求谐振波长。

7.6　设立方体腔体内充以 $\varepsilon_r = 4$ 的介质，其尺寸为 $l \times a \times b = 5 \times 5 \times 3\ \text{cm}^3$，在其中激发 TE_{110} 型波，谐振频率为多少？

第 8 章

电磁能量辐射与天线

当电荷、电流随时间变化时，在其周围会激发起电磁波。电磁波从波源出发，以有限速度 v 在媒质中向四面八方传播，一部分电磁波能量脱离波源而单独在空间波动，不再返回波源，这种现象称为辐射。电磁辐射是一种客观存在的物理现象，对于无线电通信、导航和雷达而言，电磁辐射是极其重要的，需要充分地加以利用。另一方面，由于某一电子设备的辐射或无线电泄漏，影响附近其他电子设备或系统的正常工作，则是一种有害的电磁干扰，需要尽力避免和消除。受控的电磁辐射可以用于医疗和生物工程，而一般情况下的电磁辐射对人体和生物可能是有害的。因此，对辐射的研究是十分有意义的。

研究辐射问题时，常把天线作为产生电磁波的辐射源。为了理解天线的工作，本章将先介绍电磁辐射机理，然后研究单元偶极子的辐射，最后讨论线天线与天线阵。单元偶极子是一种基本的辐射单元，也称为偶极子天线，实际的线形天线可以看成由许多这种偶极子天线串联而成，而天线所产生的电磁场可看成是这些偶极子天线所产生的电磁场的叠加。

8.1 电磁辐射机理

天线的辐射是怎样完成的？这是本节首先要回答的问题。假设一个横截面积可忽略的导线通有电流，则电流可表示成

$$I = q_l v \tag{8.1.1}$$

式中，q_l(C/m)为单位长度上的电荷，v 为电荷的运动速度。

如果电流是时变的，则由式(8.1.1)派生的电流公式可写成

$$\frac{\mathrm{d}I}{\mathrm{d}t} = q_l \frac{\mathrm{d}v}{\mathrm{d}t} = q_l a \tag{8.1.2}$$

式中，$\frac{\mathrm{d}v}{\mathrm{d}t} = a(\mathrm{m/s})$，为加速度。假设导线的长度为 l，则式(8.1.2)为

$$l\frac{\mathrm{d}I}{\mathrm{d}t} = lq_l \frac{\mathrm{d}v}{\mathrm{d}t} = lq_l a \tag{8.1.3}$$

式(8.1.3)既是电流与电荷之间的基本关系，也是电磁场辐射的基本公式。这一公式说明，要

产生辐射必须有一个时变的电流,或者具有加速度的电荷。为了使电荷产生加速度,必须使导线弯曲或者使其成 V 形,还可将其表面制成非连续的或使其具有终端。在时谐条件下振荡,电荷就会产生周期性的加速度,或者产生时变电流。因此,可得结论如下:

(1)没有电荷运动,就不会有辐射。

(2)假如电荷在导线中做匀速运动,也即导线内流过的是恒定电流,那么:①如果是无限长直导线,辐射不会发生;②如果导线被弯曲或制成 V 形,使其具有终端或表面制成非连续的,都将产生辐射。

(3)假如电荷具有加速度,即便是无限长直导线也将产生辐射。

图 8.1 的辐射系统简要说明了电磁波产生的过程。首先信号发生器产生一个电磁信号,传输线或波导引导这一电磁信号,最后天线将其送入自由空间。

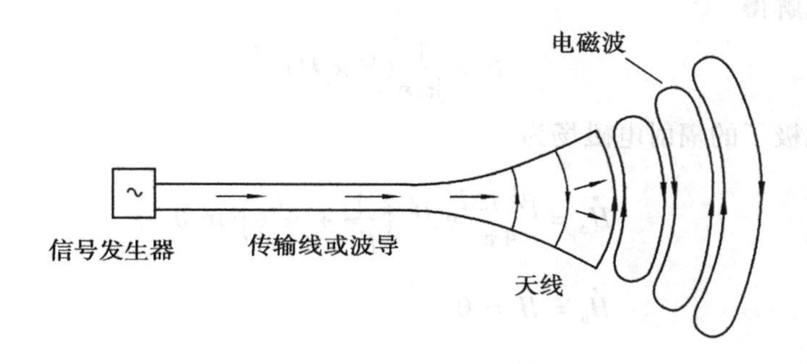

图 8.1 辐射系统

8.2 单元偶极子的电磁场

所谓单元偶极子是指一根载流导线,其长度 Δl 远远小于波长,因此,在导线上可不计推迟效应,电流近似等值分布。此外,假定 Δl 比场中任意点与偶极子的距离都小得多,这样,场中任意点与导线上各处的距离可认为相等,图 8.2 是它的示意图。

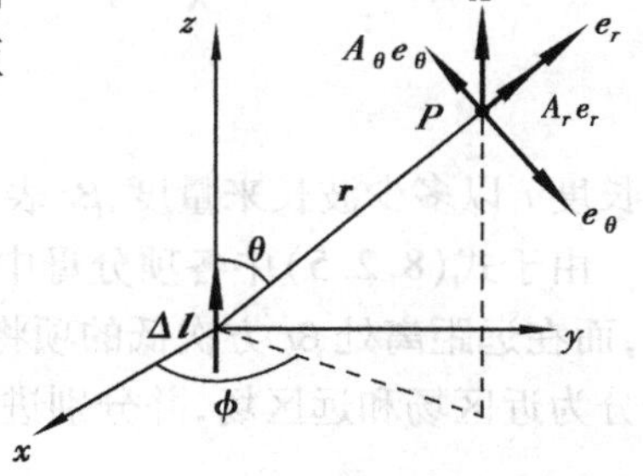

图 8.2 单元偶极子

设单元偶极子中的电流为

$$i(t) = I_m \sin(\omega t + \varphi)$$

对应的复数形式是

$$\dot{I} = I e^{j\phi}$$

按式(5.7.16),有

$$\dot{\boldsymbol{A}}(\boldsymbol{r}) = \frac{\mu_0}{4\pi}\int_{\Delta l} \frac{\dot{I}(\boldsymbol{r}') e^{-j\beta r}}{r} d\boldsymbol{l}' \qquad (8.2.1)$$

考虑到 $\Delta l \ll r$,故式(8.2.1)可近似为

$$\dot{\boldsymbol{A}}(\boldsymbol{r}) = \frac{\mu_0 \dot{I}\Delta l}{4\pi r}\mathrm{e}^{-\mathrm{j}\beta r}\boldsymbol{e}_z \tag{8.2.2}$$

$\dot{\boldsymbol{A}}(\boldsymbol{r})$只有 z 方向上的分量,因此,$\dot{\boldsymbol{A}}(\boldsymbol{r})$在球坐标系中的三个分量为

$$A_r = A_z\cos\theta, A_\theta = -A_z\sin\theta, A_\phi = 0$$

由式(4.2.1)可求出磁场

$$\dot{\boldsymbol{H}} = \frac{1}{\mu}(\nabla\times\boldsymbol{A}) = \frac{1}{\mu_0 r^2\sin\theta}\begin{vmatrix} \boldsymbol{e}_r & r\boldsymbol{e}_\theta & r\sin\theta\boldsymbol{e}_\phi \\ \dfrac{\partial}{\partial r} & \dfrac{\partial}{\partial\theta} & 0 \\ A_z\cos\theta & -rA_z\sin\theta & 0 \end{vmatrix} \tag{8.2.3}$$

电场可以由下式解得

$$\dot{\boldsymbol{E}} = \frac{1}{\mathrm{j}\omega\varepsilon}(\nabla\times\dot{\boldsymbol{H}}) \tag{8.2.4}$$

最后得到单元偶极子的辐射电磁场为

$$\begin{aligned} \dot{H}_\phi &= \frac{\beta^2\dot{I}\Delta l}{4\pi}\mathrm{e}^{-\mathrm{j}\beta r}\left(\frac{\mathrm{j}}{\beta r}+\frac{1}{\beta^2r^2}\right)\sin\theta \\ \dot{H}_\theta &= \dot{H}_r = 0 \\ \dot{E}_r &= \frac{\beta^3\dot{I}\Delta l}{2\pi\omega\varepsilon}\mathrm{e}^{-\mathrm{j}\beta r}\left(\frac{1}{\beta^2r^2}-\frac{\mathrm{j}}{\beta^3r^3}\right)\cos\theta \\ \dot{E}_\theta &= \frac{\beta^3\dot{I}\Delta l}{4\pi\omega\varepsilon}\mathrm{e}^{-\mathrm{j}\beta r}\left(\frac{\mathrm{j}}{\beta r}+\frac{1}{\beta^2r^2}-\frac{\mathrm{j}}{\beta^3r^3}\right)\sin\theta \\ \dot{E}_\phi &= 0 \end{aligned} \tag{8.2.5}$$

将式(8.2.5)的各项分母写成 βr 不同方次的形式,是因为在电磁波的描述中,习惯用 βr 来度量距离,因为 $\beta = \dfrac{2\pi}{\lambda}$,故有

$$\beta r = 2\pi\frac{r}{\lambda} \tag{8.2.6}$$

即长度 r 以多少波长来量度,βr 表示该距离内的总相移。

由于式(8.2.5)中各项分母中所含 βr 的方次不同,在近距离内 βr 方次高的项将起主要作用,而在远距离处 βr 方次低的项将起主要作用,因此可根据其特点,将单元偶极子的辐射电磁场分为近区场和远区场,并分别进行讨论。

8.2.1 单元偶极子的近区场

将 $\beta r \ll 1$,即 $2\pi\dfrac{r}{\lambda}\ll 1$,或 $r\ll\lambda$ 的范围定义为近区,在此区域中

$$\frac{1}{\beta r}\ll\frac{1}{(\beta r)^2}\ll\frac{1}{(\beta r)^3},\text{同时 } \mathrm{e}^{-\mathrm{j}\beta r}\approx 1$$

于是在式(8.2.5)分母中 βr 的相对低次项可忽略,近区的场方程简化为

$$\dot{H}_\phi = \frac{\dot{I}\Delta l \sin\theta}{4\pi r^2}$$

$$\dot{E}_r = -\mathrm{j}\frac{\dot{I}\Delta l \cos\theta}{2\pi\omega\varepsilon r^3} \tag{8.2.7}$$

$$\dot{E}_\theta = -\mathrm{j}\frac{\dot{I}\Delta l \sin\theta}{4\pi\omega\varepsilon r^3}$$

$$\dot{E}_\phi = \dot{H}_\theta = \dot{H}_r = 0$$

考虑到电偶极子两端的电荷与电流的关系为$i(t) = \frac{\mathrm{d}q(t)}{\mathrm{d}t}$,即$\dot{I} = \mathrm{j}\omega\dot{q}$,电场强度的两个分量还可表示为

$$\dot{E}_r = \frac{\dot{p}\cos\theta}{2\pi\varepsilon r^3},\dot{E}_\theta = \frac{\dot{p}\sin\theta}{4\pi\varepsilon r^3} \tag{8.2.8}$$

式中,$\dot{p} = \dot{q}\Delta l$。由式(8.2.7)和式(8.2.8)可见,近区磁场与由毕奥—沙伐定律求出的元电流的恒定磁场相同,近区电场与式(2.2.18)电偶极子的静电场相同,单元偶极子所激发的近区场符合静态场的基本规律。因为电场与磁场在相位上相差90°,平均坡印廷矢量为零,这意味着近区只存在电场与磁场之间的能量交换,没有能量输出,即没有辐射。因此近区场也称为感应场或似稳场。

8.2.2　单元偶极子的远区场

当$\beta r \gg 1$或$r \gg \lambda$的区域称为远区,在此区域中

$$\frac{1}{\beta r} \gg \frac{1}{(\beta r)^2} \gg \frac{1}{(\beta r)^3}$$

这时在式(8.2.5)分母中βr的相对低次项起主要作用,高次项可忽略,于是式(8.2.5)成为

$$\dot{H}_\phi = \mathrm{j}\frac{\beta\dot{I}\Delta l \sin\theta}{4\pi r}\mathrm{e}^{-\mathrm{j}\beta r}$$

$$\dot{E}_\theta = \mathrm{j}\frac{\beta^2\dot{I}\Delta l \sin\theta}{4\pi\omega\varepsilon_0 r}\mathrm{e}^{-\mathrm{j}\beta r} \tag{8.2.9}$$

$$\dot{E}_r = \dot{E}_\phi = \dot{H}_\theta = \dot{H}_r = 0$$

由式(8.2.9)可看出,远区场有如下特点:

1)远区场是横电磁波(*TEM*波),$\dot{E}_\theta$与$\dot{H}_\phi$在空间互相垂直,且垂直于传播方向。在时间上$\dot{E}_\theta$与$\dot{H}_\phi$同相位,平均坡印廷矢量不为零,且指向沿$\boldsymbol{r}$方向,说明远区场是沿径向朝外传播的,有能量沿径向朝四周辐射出去,故远区场常称为辐射场。

2)远区场是非均匀球面波。场量按$\mathrm{e}^{\mathrm{j}(\omega t-\beta r)}$的规律形成行波,其等相位面为$r$等于常数的球面,故远区场是以球面波的形式传播的。在等相面上,由于场量的振幅与θ有关,因此它是非均匀球面波。

3) $\dot{E}_\theta$ 及 $\dot{H}_\phi$ 与距离 r 成反比,因此它们随距离的衰减比近区场慢得多。场量随 r 的增大而减小,这是可以理解的,因为电磁波是以球面波形式向四周扩散,随着 r 的增大,能量分布到更大的球面面积上。同时,相位随 r 的增大不断落后,推迟效应不能忽略。

4) $\dot{E}_\theta$ 与 $\dot{H}_\phi$ 之比为一常数,且具有阻抗量纲,所以把该比值定义为媒质的本征阻抗或波阻抗,自由空间的波阻抗为

$$Z_0 = \frac{\dot{E}_\theta}{\dot{H}_\phi} = \frac{\beta}{\omega\varepsilon_0} = \sqrt{\frac{\mu_0}{\varepsilon_0}} \tag{8.2.10}$$

注意,正因为有式(8.2.10),今后一般只需讨论 $\boldsymbol{E}$ 和 $\boldsymbol{H}$ 的其中之一(通常是讨论电场强度)。

5)最后需要指出,在近区并不是没有辐射场,只是在那里辐射场被比它大得多的感应场淹没了。辐射场虽然在起始时很小,但它随距离衰减得比感应场慢,到了一定距离,它就远远超过感应场而占主要地位了。

8.3 单元偶极子的辐射功率和辐射电阻

单元偶极子向自由空间辐射的总功率是以单元偶极子为球心,半径为 $r(r\gg\lambda)$ 的球面上坡印廷矢量的积分,如图 8.3 所示,即

$$P = \oint_S \boldsymbol{S}_{av} \cdot \mathrm{d}\boldsymbol{S} \tag{8.3.1}$$

式中

$$\mathrm{d}\boldsymbol{S} = r\mathrm{d}\theta r \sin \theta\mathrm{d}\phi \boldsymbol{e}_r$$

$$\boldsymbol{S}_{av} = Re[\dot{\boldsymbol{E}} \times \dot{\boldsymbol{H}}^*] = Z_0 I^2 \left(\frac{\Delta l}{2\lambda r}\right) \sin^2\theta \boldsymbol{e}_r \tag{8.3.2}$$

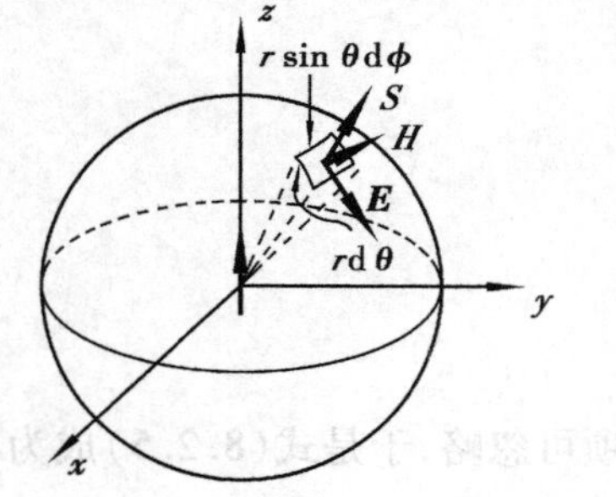

图 8.3 单元偶极子辐射功率计算

将 $\mathrm{d}\boldsymbol{S}$ 和 $\boldsymbol{S}_{av}$ 代入式(8.3.1)得

$$P = I^2 \left[80\pi^2 \left(\frac{\Delta l}{\lambda}\right)^2\right] \tag{8.3.3}$$

可见,单元偶极子的辐射功率随偶极子上流动的电流和偶极子长度的增加而增加,当电流和长度不变时,频率越高,辐射功率越大。偶极子辐射的功率由与之相接的信号源供给,为分析方便,可以将辐射出去的功率看成电流在电阻 R_{rad} 中的损耗功率,即

$$P = I^2 R_{rad}$$

由此得

$$R_{rad} = 80\pi^2 \left(\frac{\Delta l}{\lambda}\right)^2 \tag{8.3.4}$$

R_{rad} 称为单元偶极子的辐射电阻,它表征了辐射电磁能量的能力,R_{rad} 愈大辐射能力愈强。

例 8.1 频率 $f = 10$ MHz 的信号源馈送给电流有效值为 2.5 A 的电偶极子。设电偶极子的长度 $\Delta l = 50$ cm。

1）分别计算赤道平面上离原点 0.5 m 和 10 km 处的电场强度和磁场强度；

2）计算 $r=10$ km 处的平均功率流密度；

3）计算辐射电阻 R_{rad}。

解　1）在自由空间，$\lambda = \dfrac{c}{f} = \dfrac{3\times10^8}{10\times10^6} = 30(\text{m})$，故 $r=0.5$ m 的点属近区场。由式（8.2.7）得

$$\dot{E}_r(\theta=90°)=0$$

$$\dot{E}_\theta(\theta=90°) = -\mathrm{j}\frac{\dot{I}\Delta l}{4\pi\omega\varepsilon_0 r^3}$$

$$= -\mathrm{j}\frac{2.5\times50\times10^{-2}}{4\pi\times2\pi\times10\times10^6\varepsilon_0\times0.5^3} = -\mathrm{j}1.4\times10^3 \quad (\text{V/m})$$

$$\dot{H}_\phi(\theta=90°) = \frac{\dot{I}\Delta l}{4\pi r^2}$$

$$= \frac{2.5\times50\times10^{-2}}{4\pi\times0.5^2} = 0.398 \quad (\text{A/m})$$

而 $r=10$ km 的点属于远场区，由式（8.2.9）得

$$\dot{H}_\phi(\theta=90°) = \mathrm{j}\frac{\beta\dot{I}\Delta l}{4\pi r}\mathrm{e}^{-\mathrm{j}\beta r}$$

$$=2.083\times10^{-6}\mathrm{e}^{-\mathrm{j}(2.1\times10^3-\pi/2)} \quad (\text{A/m})$$

$$\dot{E}_\theta(\theta=90°) = Z_0\dot{H}_\phi(\theta=90°) = \mathrm{j}\frac{\beta\dot{I}\Delta l}{4\pi r}Z_0\mathrm{e}^{-\mathrm{j}\beta r}$$

$$= \mathrm{j}\frac{(2\pi/30)\times2.5\times50\times10^{-2}}{4\pi\times10\times10^3}\times120\pi\mathrm{e}^{-\mathrm{j}(2\pi/30)\times10\times10^3}$$

$$=7.854\times10^{-4}\mathrm{e}^{-\mathrm{j}(2.1\times10^3-\pi/2)} \quad (\text{V/m})$$

2）$r=10$ km 处的平均功率流密度

$$\boldsymbol{S}_{av} = R_e[\dot{\boldsymbol{E}}\times\dot{\boldsymbol{H}}^*]$$

$$= R_e[\boldsymbol{e}_\theta 7.854\times10^{-4}\mathrm{e}^{-\mathrm{j}(2.1\times10^3-\pi/2)}\times\boldsymbol{e}_\phi 2.083\times10^{-6}\mathrm{e}^{\mathrm{j}(2.1\times10^3-\pi/2)}]$$

$$= \boldsymbol{e}_r 1.634\times10^{-9} \quad (\text{W/m}^2)$$

3）辐射电阻

$$R_{rad} = 80\pi^2\left(\frac{\Delta l}{\lambda}\right)^2$$

$$= 80\pi^2\left(\frac{50\times10^{-2}}{30}\right)^2 = 0.22 \quad (\Omega)$$

8.4 辐射的方向性与方向图

由式(8.2.9)和式(8.3.2)可知,当 r 为定值时,场量正比于 $\sin\theta$,功率流密度正比于 $\sin^2\theta$,这种场量随空间方向变化的特征,称为辐射的方向性,用方向函数 $f(\theta,\phi)$ 表示。

为便于绘制方向图,定义场强振幅的归一化方向函数为

$$F(\theta,\phi) = \frac{|f(\theta,\phi)|}{|f_{\max}|} \tag{8.4.1}$$

式中 $|f_{\max}|$ 是 $|f(\theta,\phi)|$ 的最大值。

例如,单元偶极子的归一化方向函数为

$$F(\theta,\phi) = \sin\theta \tag{8.4.2}$$

按方向函数画得的几何图形称为方向图。方向图直观地表示在不同方向、等距离的点处,辐射场的相对大小。

图 8.4(a)是单元偶极子辐射场的立体方向图,图 8.4(b)和(c)是偶极子辐射场的两个主平面(所谓主平面一般是指包含最大辐射方向的平面),一个是包含偶极子的平面,一个是过偶极子的中点且与偶极子相垂直的平面。前者与电场矢量平行,称为 E 面;后者与磁场矢量平行,称为 H 面。

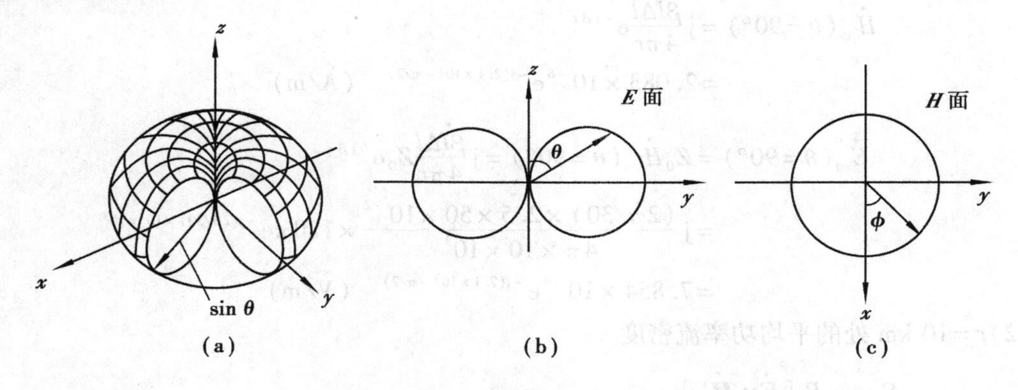

图 8.4 单元偶极子方向图

实际天线的方向图通常要比图 8.4 复杂,会出现很多波瓣,分别称为主瓣、副瓣和后瓣,如图 8.5 所示,此图表示某天线的方向图(E 面)。

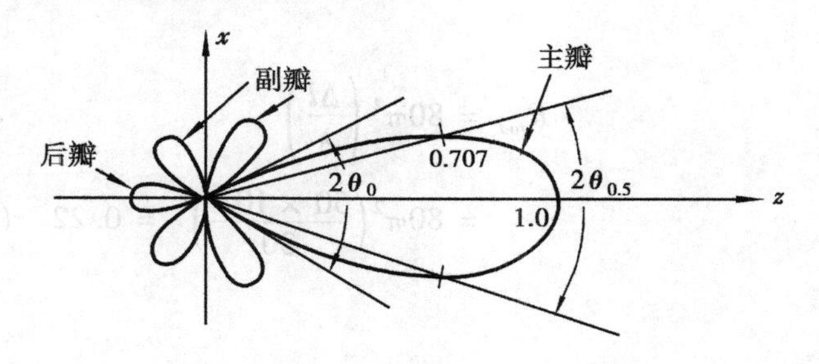

图 8.5 天线方向图的波瓣

主瓣最大辐射方向两侧的两个半功率点(即功率密度下降为最大值的一半,或场强下降为最大值的 $1/\sqrt{2}$)的矢径之间的夹角,称为主瓣宽度,表示为 $2\theta_{0.5}$,主瓣宽度愈窄,说明天线辐射的能量愈集中,定向性愈好。电偶极子的主瓣宽度为 90°。方向图的副瓣和后瓣是指不需要辐射的区域,所以应尽可能小。

8.5　线天线与天线阵

能向空间辐射和接收电磁波的装置称为天线,如果天线由横截面半径远小于波长的金属导线构成,则称这种天线为线天线。线天线广泛应用于通信、广播、雷达等领域,这里仅对线天线中的对称振子天线进行讨论。

8.5.1　对称振子天线

对称振子天线是一种广泛应用的基本线形天线,它既可单独使用,也可作为天线阵的组成单元。对称振子天线由两根相同长度和粗细的开路线状导体张开成 180°而构成,中间的两个端点为馈电点,如图 8.6 所示。

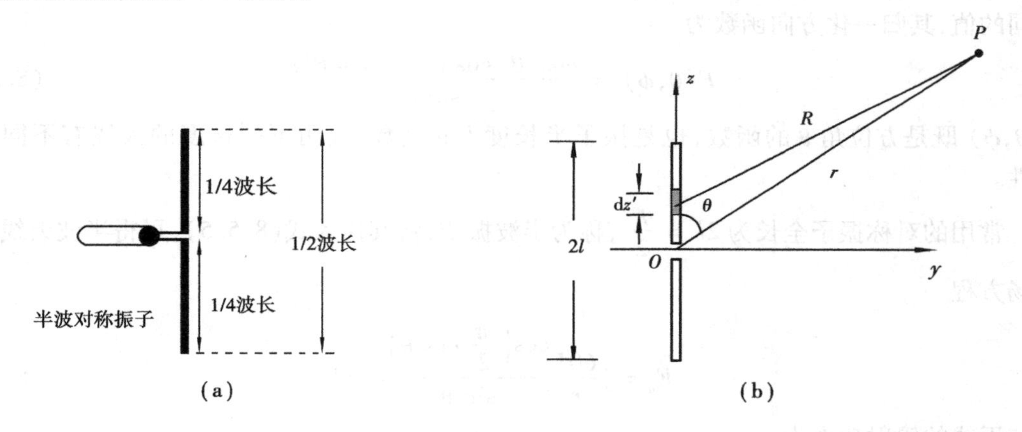

图 8.6　对称振子

与单元偶极子情况不同,对称振子的长度与波长可以相比,它上面的电流不再是等幅同相位了。严格确定金属杆上电流的参数是困难的,一切关于该问题的解都是近似解。当天线在馈电点加上时变电信号时,实验表明天线上的电流近似为驻波分布,两端点为电流的波节点,中心点为电流的波腹点,因此,对称振子上电流最简单的近似表达式可取正弦分布。即

$$\dot{I}(z') = I\sin\beta(l-|z'|) \tag{8.5.1}$$

式中,I 为波腹点电流有效值,β 为对称振子上电流的相位常数,一般可认为与自由空间的相位常数相等。由于电流是空间位置的函数,因此不能简单的把它当为单元偶极子天线来看待。但天线上任一小微元上的电流可视为常量,该微元可视为单元偶极子,故整个对称振子天线可以分割为多个首尾相联的单元偶极子的叠加。按单元偶极子辐射场式(8.2.9)可得一小段电流元 $\dot{I}\mathrm{d}z'$ 的电场 $\mathrm{d}\dot{E}_\theta$ 为

$$d\dot{E}_\theta = jZ_0 \frac{\dot{I}dz'\sin\theta}{2\lambda R}e^{-j\beta R} \tag{8.5.2}$$

由于$r \gg l$,可取近似

$$R = r - z'\cos\theta$$

由于r和R很大,因此在式(8.5.2)的分母中,可用r代替R,引起的计算误差不会很大,但在相位方面R与r的波程差$z'\cos\theta$是不可忽略的,故式(8.5.2)变为

$$d\dot{E}_\theta = jZ_0 \frac{\dot{I}dz'\sin\theta}{2\lambda r}e^{-j\beta(r-z'\cos\theta)} \tag{8.5.3}$$

把式(8.5.1)和$Z_0 = 120\pi$代入上式得

$$d\dot{E}_\theta = j\frac{60\pi}{\lambda r}I\sin\beta(l-|z'|)\sin\theta\, e^{-j\beta r}e^{-j\beta z'\cos\theta}dz' \tag{8.5.4}$$

对称振子的辐射场对上式积分即可得到

$$\dot{E}_\theta = \int_{-l}^{l} d\dot{E}_\theta = j\frac{60I}{r}\left[\frac{\cos(\beta l\cos\theta) - \cos(\beta l)}{\sin\theta}\right]e^{-j\beta r} \tag{8.5.5}$$

从上式可知,对称振子的辐射场也是球面波,在等相位面上,场量$\dot{E}_\theta$在不同的θ方向上有不同的值,其归一化方向函数为

$$F(\theta,\phi) = \frac{\cos(\beta l\cos\theta) - \cos(\beta l)}{\sin\theta} \tag{8.5.6}$$

$F(\theta,\phi)$既是方位角θ的函数,也是振子半长度l的函数,说明不同长度的天线有不同的方向性。

常用的对称振子全长为$2l = \frac{\lambda}{2}$,称为半波振子,将其代入式(8.5.5),可得半波天线的辐射场方程

$$\dot{E}_\theta = j\frac{60I}{r}\frac{\cos\left(\frac{\pi}{2}\cos\theta\right)}{\sin\theta}e^{-j\beta r} \tag{8.5.7}$$

半波天线的辐射功率为

$$P = \oint_S \boldsymbol{S}_{av}\cdot d\boldsymbol{S} = \frac{1}{120\pi}\int_0^{2\pi}\int_0^{\pi}\left|\dot{E}_\theta\right|^2 r^2\sin\theta d\theta d\phi$$
$$= 73.08I^2(\mathrm{W})$$

故得半波天线的辐射电阻为

$$R_{rad} = \frac{P}{I^2} = 73.1\ (\Omega)$$

由式(8.5.6)可得半波振子的归一化方向函数

$$F(\theta,\phi) = \frac{\cos\left(\frac{\pi}{2}\cos\theta\right)}{\sin\theta} \tag{8.5.8}$$

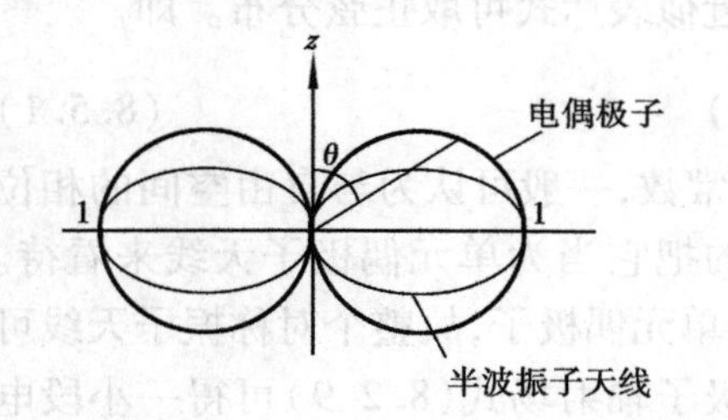

图 8.7　半波振子天线方向图

图 8.7 为半波振子天线的方向图,可以看出,半波振子与电偶极子的方向图十分接近,在E面上都有两个波

瓣，但半波振子的波瓣宽度较小，辐射能量较集中，因此它比电偶极子有更好的方向性。

8.5.2 天线阵

半波振子天线方向性仍是很弱的，这种情况适宜电视发射台、全方位通信等，但在雷达、微波通信等技术领域中，却希望天线辐射的电磁能量集中在一个很小的立体角范围内传播。为了获得更强的方向性天线，一个根本的方法是利用波的干涉原理。将若干个半波振子排成一个阵列即天线阵，就可达到目的。为了说明天线阵方向性增强的原理，下面以最基本的二元天线阵为例进行讨论。

图8.8是两个几何结构完全相同的单元半波振子，它们平行排列，相距为 d，构成了二元天线阵。设振子1上的电流为 I_1，振子2上的电流为 $I_2 = mI_1 e^{j\alpha}$。式中 m 是两电流的振幅比，α 是两电流的相位差。根据式(8.5.7)，可分别写出两振子的辐射场强

$$\dot{E}_{\theta 1} = j\frac{60I_1}{r_1}\frac{\cos\left(\frac{\pi}{2}\cos\theta\right)}{\sin\theta}e^{-j\beta r_1} \quad (8.5.9)$$

$$\dot{E}_{\theta 2} = j\frac{60I_2}{r_2}\frac{\cos\left(\frac{\pi}{2}\cos\theta\right)}{\sin\theta}e^{-j\beta r_2} \quad (8.5.10)$$

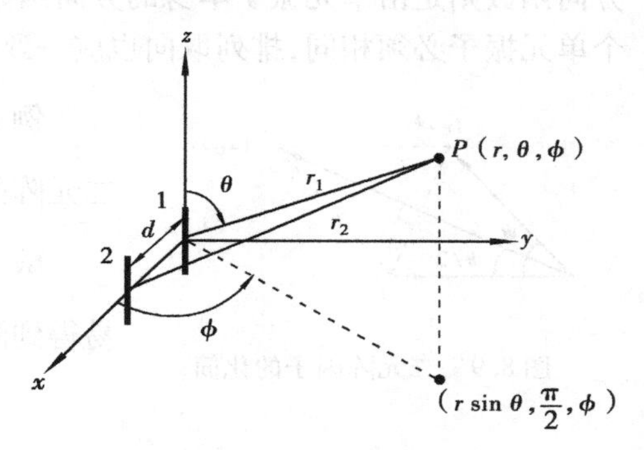

图8.8 二元阵的辐射场

因为观察点 P 距天线阵的中心很远，故可认为 r_1 与 r_2 平行，只要观察点远离天线阵，就可作如下近似

$$r_2 = r_1 - d\sin\theta\cos\phi \quad (8.5.11)$$

式中 $d\sin\theta\cos\phi$ 为波程差，它与 r_1 或 r_2 相比是很小的，对振幅的影响可以忽略，故可用 r_1 取代式(8.5.10)分母中的 r_2，但在相位上，必须严格遵从式(8.5.11)，因为即使很小的距离差异，也可能引起相当明显的相位变化，于是振子2的场强可写成

$$\dot{E}_{\theta 2} = j\frac{60mI_1 e^{j\alpha}}{r_1}\frac{\cos\left(\frac{\pi}{2}\cos\theta\right)}{\sin\theta}e^{-j\beta(r_1 - d\sin\theta\cos\phi)} \quad (8.5.12)$$

两个半波天线组成的二元阵的远区合成场强为

$$\begin{aligned}\dot{E}_\theta &= \dot{E}_{\theta 1} + \dot{E}_{\theta 2}\\ &= j\frac{60I_1}{r_1}\frac{\cos\left(\frac{\pi}{2}\cos\theta\right)}{\sin\theta}e^{-j\beta r_1}(1 + me^{j\psi}) \end{aligned}\quad (8.5.13)$$

式中 $\psi = \alpha + \beta d\sin\theta\cos\phi$ 表示场点 P 处 $\dot{E}_{\theta 1}$ 和 $\dot{E}_{\theta 2}$ 的相位差，它是由电流相位差和波程差共同引起的相位差。$\dot{E}_\theta$ 的模为

$$\begin{aligned}\left|\dot{E}_\theta\right| &= \frac{60I_1}{r_1}\frac{\cos\left(\frac{\pi}{2}\cos\theta\right)}{\sin\theta}\left|1 + me^{j\psi}\right|\\ &= \frac{60I_1}{r_1}F_1(\theta,\phi)F_{12}(\theta,\phi)\end{aligned}$$

式中,$F_1(\theta,\phi)$为半波振子的归一化方向函数,称为元因子,它只与单元振子本身的结构和取向有关。$F_{12}(\theta,\phi)$称为阵因子,它仅与各单元振子的排列、激励电流的振幅和相位有关,而与组成它的单元振子的特性无关,它反映了波的干涉作用,具体形式如下

$$F_{12}(\theta,\phi) = \left|1 + me^{j\psi}\right| = (1 + m^2 + 2m\cos\psi)^{1/2}$$
$$= \left[1 + m^2 + 2m\cos(\alpha + \beta d\sin\theta\cos\phi)\right]^{1/2} \tag{8.5.14}$$

所以二元阵的归一化方向函数为

$$F(\theta,\phi) = F_1(\theta,\phi)\cdot F_{12}(\psi) \tag{8.5.15}$$

由式(8.5.15)可见,二元阵的归一化方向函数由单个振子本身的方向函数与阵因子的乘积构成,这一特性称为方向图乘积定理,是阵列天线的一个非常重要的定理。对于N元阵的方向函数则是由单元振子本身的方向函数与N元阵因子的乘积。但要注意,组成天线阵的各个单元振子必须相同,排列取向也应一致,研究天线阵主要是研究阵因子。

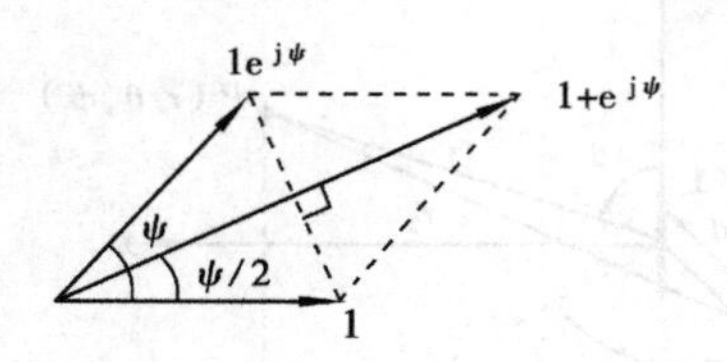

图 8.9　二元阵因子的化简

例 8.2　试绘出两个平行排列,$d=\dfrac{\lambda}{4}$,$m=1$,$\alpha=\dfrac{\pi}{2}$的二元阵的阵因子图和方向图。

解　将$d=\dfrac{\lambda}{4}$和$m=1$代入式(8.5.14)并由图8.9容易得到阵因子为

$$F_{12}(\psi) = \left|1 + me^{j\psi}\right| = \left|2\cos\frac{\psi}{2}\right|$$

式中$\psi=\alpha+\dfrac{\pi}{2}\sin\theta\cos\phi$,为更好地理解天线阵的方向性,取$\theta=\dfrac{\pi}{2}$。考虑到$\alpha=\dfrac{\pi}{2}$的情况,即得

$$F_{12}(\psi) = 2\cos\left(\frac{\pi}{4} + \frac{\pi}{4}\cos\phi\right)$$

相应的阵因子图如图8.10(a)所示。阵因子图呈心形,最大值朝着电流相位滞后的振子一侧。这是因为在该方向上,电流相位的滞后正好由波程超前所补偿,两振子的辐射场同相相加。由图8.10(b)可见,二元阵的辐射特性与单元对称振子的辐射特性有较大的差别,不仅波束变窄,而且波束形状不同。通过改变间距d和电流相位α可使方向图有不同的形状,以满足工程上的需要。

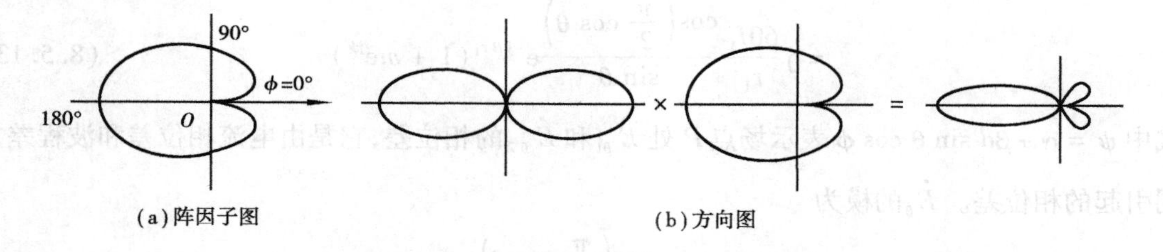

图 8.10　二元阵阵因子图与方向图

小 结

1)具有加速度的电荷和时变电流产生时变电磁场,部分电磁场能量可以脱离波源向远处传播,这种现象称为电磁辐射。

2)在单元偶极子激发的电磁场中,$r \ll \lambda$ 的区域称为近区(或似稳区),电场与磁场的分布规律与相应的静电场和恒定磁场相似。$r \gg \lambda$ 的区域称为远区(或辐射区),电磁场以非均匀球面波的形式传播,且为 *TEM* 波。

3)在单元偶极子的远区场中,电场和磁场的比值为一具有阻抗量纲的常数,称为波阻抗 $Z = \sqrt{\mu/\varepsilon}$,因此通常只需讨论电场强度。

4)单元偶极子的辐射能力用辐射电阻 R_{rad}表示,

$$R_{rad} = 80\pi^2 \left(\frac{\Delta l}{\lambda}\right)^2$$

辐射功率为

$$P = \oint_S \boldsymbol{S}_{av} \cdot \mathrm{d}\boldsymbol{S} = R_{rad} I^2$$

5)辐射具有方向性,用方向函数表征这一特性,根据归一化方向函数绘制成的图称为方向图。方向图中的主瓣宽度愈窄,说明辐射能量愈集中,定向性愈好。

6)线天线可看成是由许许多多单元偶极子天线构成的,线天线产生的辐射场就是这些单元偶极子天线辐射场的叠加,叠加时必须考虑各个单元偶极子产生的辐射场之间的空间和时间上的联系。

7)为了获得更强的方向性天线,常将相同的天线以一定规律排列成天线阵,天线阵的方向图可利用叠加原理得到。由相同形式和相同取向的单元振子组成的天线阵,其方向图是单元振子的方向图乘以阵因子。

习 题

8.1 设半波天线上的电流分布为:$I = I_m \cos \beta z,\ -l/2 < z < l/2$

(1)求证:当 $r_0 \gg l$ 时,矢量位 $\boldsymbol{A} = \boldsymbol{e}_z \dfrac{\mu_0 I_m \mathrm{e}^{-\mathrm{j}\beta r_0}}{2\pi\beta r_0} \dfrac{\cos\left(\dfrac{\pi}{2}\cos\theta\right)}{\sin^2\theta}$

(2)求远区的($r_0 \gg l$)的磁场和电场,,以及平均坡印廷矢量 $\boldsymbol{S}_{av}$。

8.2 一长为 20 m 的发射天线,在频率 $f = 1$ MHz 时,可视为电偶极子天线,设天线上电流振幅的有效值为 2.5 μA ,求天线的辐射电阻 R_{rad}和辐射功率 P,如频率变为 $f = 100$ kHz,则辐射功率和辐射电阻又为多少?

8.3 设单元偶极子天线沿东西方向放置,在远方有一移动接收台停在正南方而收到最大电场强度。在电台沿以单元偶极子天线为中心的圆周在地面移动时,电场强度渐渐减小,问当电场强度减小到最大值的$1/\sqrt{2}$时，电台的位置偏离正南多少度？

8.4　自由空间中半波天线侧面15公里处电场强度的幅值为0.1 V/m。若工作频率为100 MHz，决定天线长度和总辐射功率。同时写出电场强度和磁场强度的瞬时表达式。

8.5　求半波天线的主瓣宽度。

8.6　一发射天线位于坐标原点，离天线较远处测得天线激发的电磁波的场强为

$$\boldsymbol{E}(r,t)=E_0\frac{\sin\theta}{r}\sin\left[\omega\left(t-\frac{r}{C}\right)\right]\boldsymbol{e}_\theta(\mathrm{V/m})$$

式中C为真空中的光速。求天线辐射的平均功率。

8.7　在二元天线阵中，设$d=\frac{\lambda}{4}$，$\alpha=90°$，求阵因子。

8.8　两个半波天线平行放置，相距$\frac{\lambda}{2}$，它们的电流振幅相等，同激励。试用方向图乘法草绘出三个主平面的方向图。

附　录

附录1　物理常数

常数名称	符　号	数　值
真空中的光速	C	$2.997\ 924\ 58 \times 10^{8}$ m/s
真空介电常数	ε_0	$8.854\ 187\ 818 \times 10^{-12}$ F/m
真空磁导率	μ_0	$4\pi \times 10^{-7}$ H/m
电子常量	e	$1.602\ 189\ 2 \times 10^{-19}$ C
电子静质量	m_e	$9.109\ 534 \times 10^{-31}$ kg

附录2　SI制中电磁量的基本单位

常数名称	单位名称	单位符号
长度	米	m
质量	千克	kg
时间	秒	s
电流	安[培]	A

附录3 常用的电磁场量及其单位

量的名称	量的符号	SI单位		SI单位相当于非标准制(高斯制)单位的值或注释
		名 称	符号	
电流	I,i	安[培]	A	3.0×10^{9} 静[电]安[培]
电荷[量]	q	库[仑]	C	3.0×10^{9} 静[电]库[仑]
电荷线密度	τ	库[仑]每米	C/m	
电荷面密度	σ	库[仑]每平方米	C/m^2	
电荷[体]密度	ρ	库[仑]每立方米	C/m^3	
电场强度	$\boldsymbol{E}$	伏[特]每米	V/m	$1/3\times10^{-4}$ 静[电]伏[特]/厘米
电位移(电通[量]密度)	$\boldsymbol{D}$	库[仑]每平方米	C/m^2	$12\pi\times10^{5}$ 静[电]伏[特]/厘米
电通量	ψ_D	库[仑]	C	
电位	φ	伏[特]	V	$1/3\times10^{-2}$ 静[电]伏[特]
电压	U,u	伏[特]	V	
电偶极矩	p	库[仑]·米	C·m	
电极化率	χ_e	(无量纲)	—	
电极化强度	$\boldsymbol{p}$	库[仑]每平方米	C/m^2	$1/3\times10^{5}$ 静[电]库[仑]/厘米^2
介电常数(电容率)	ε	法[拉]每米	F/m	
相对介电常数	ε_r	(无量纲)	—	
电容	C	法[拉]	F	9.0×10^{11} 厘米(cm)
电流密度	$\boldsymbol{J}$	安[培]每平方米	A/m^2	
面电流[线]密度	K	安[培]每米	A/m	
电动势	£ ,ε	伏[特]	V	
电导率	r	西[门子]每米	S/m	
电阻率	ρ	欧[姆]·米	Ω·m	
电导	G	西[门子]	S	9.0×10^{11} 厘米/秒(cm/s)
电阻	R	欧[姆]	Ω	$1/9\times10^{-11}$ 秒/厘米(s/cm)
磁感应强度(磁通密度)	B	特[斯拉]	T	10^{4} 高[斯](Gs)
磁通量	Φ	韦[伯]	Wb	10^{8} 麦[克斯韦](Mx)
磁场强度	H	安[培]每米	A/m	$4\pi\times10^{-3}$ 奥[斯特](Oe)
磁偶极矩	m	安[培]	$A\cdot m^2$	
磁化率	χ_m	(无量纲)	—	

续表

量的名称	量的符号	SI 单位		SI 单位相当于非标准制(高斯制)单位的值或注释
		名　称	符号	
磁化强度	M	安[培]每米	A/m	
磁导率	μ	亨[利]每米	H/m	
相对磁导率	μ_r	(无量纲)	—	
标量磁位	ϕ_m	安[培]	A	
磁压	U_m	安[培]	A	
矢量磁位	A	韦[伯]每米	Wb/m	
磁链	Ψ	韦[伯]	Wb	
自感	L	亨[利]	H	10^9厘米(cm)
互感	M, L_{12}	亨[利]	H	10^9厘米(cm)
磁阻	R_m	每亨[利]	H^{-1}	
磁动势	F_m	安[培]	A	
能量	W	焦[耳]	J	10^7尔[格](Erg)
能量密度	ω'	焦[耳]每立方米	J/m^3	
功率	P	瓦[特]	W	
坡印廷矢量(功率流密度)	S	瓦[特]每平方米	W/m^2	
频率	f	赫[兹]	Hz	
波长	λ	米	m	10^2厘米(cm)
相位	θ	弧度	rad	
衰减系数	α	奈[培]每米	rad/m	[或采用米$^{-1}$(m^{-1})]
传播系数	Γ, γ	每米	m^{-1}	[或采用米$^{-1}$(m^{-1})]
阻抗	Z	欧[姆]	Ω	
导纳	Y	西[门子]	S	
电抗	X	欧[姆]	Ω	
电纳	B	西[门子]	S	
力	f, F	牛[顿]·米	N	
转矩	T	牛[顿]	N·m	10^5达[因](Dyne)
匝数	N	(无量纲)	—	
平面角	α, β, ϕ	弧度	rad	
立体角	ω	球面度	sr	

附录4 绝缘材料的介电性能(常温、低频下的近似值)

材料名称	相对介电常数 ε_r	电介质强度/(MV·m)	体积电阻率/(Ω·m)
空气(1个大气压)	1.000 537	3	10^{16}
六氟化硫(1个大气压)	1.002	7~9	
水	79.63		
矿物绝缘油	2.2	14~20	$10^{10}\sim10^{11}$
石蜡	2.0~2.5	30	$10^{13}\sim10^{15}$
氧化铝	8.8	6	
电缆纸(干)	1.9~2.8	30~60	$10^{8}\sim10^{14}$
绒玻璃	5.3~7	20~40	$10^{11}\sim10^{12}$
天然橡胶	2.5~3	20~30	$10^{13}\sim10^{15}$
高低压电瓷	5.2~6	25~35	$10^{13}\sim10^{14}$
白云母	5.4~8.7	200(20 μm薄膜)	$10^{12}\sim10^{14}$
石英//晶轴	4.27		10^{12}
石英⊥晶轴	4.34		3×10^{14}
熔凝石英	3.4~4		
石英玻璃	3.8	20~40	$10^{13}\sim10^{15}$
聚氯乙烯	3~3.5	10~20	$\approx10^{11}$
尼龙	4.3~5.7	15~20	
环氧树脂(固化)	3.7	20~30	$10^{14}\sim10^{15}$
酚醛电木	4.5	21~30	$10^{8}\sim10^{14}$
聚乙烯	2.2~2.4	20~30	$10^{14}\sim10^{15}$
聚苯乙烯	2.5~2.6	20~30	$10^{15}\sim10^{16}$
聚丙烯	2.0~2.6	30	$10^{13}\sim10^{14}$
聚四乙烯	2~2.2	20~30	$10^{15}\sim10^{16}$
氨(液态)	22(-34 ℃)		
钛酸钡	1 300		

附录5　导电材料的电阻率(20 ℃)

材料名称	电阻率/(Ω·m)	材料名称	电阻率/(Ω·m)
银	1.60×10^{-8}	锰铜(4Ni,12Mn)	47.88×10^{-8}
铜	1.69×10^{-8}	康铜(45Ni)	49.63×10^{-8}
金	2.44×10^{-8}	锰	95.8×10^{-8}
铝	2.65×10^{-8}	镍铬铁(15Cr,60Ni)	112×10^{-8}
钨	5.55×10^{-8}	镍铬合金(Chromanin)	132×10^{-8}
锌	5.87×10^{-8}	铁铬铝合金(Megapyr)	143×10^{-8}
黄铜(40Zn)	6.80×10^{-8}	石墨	1.4×10^{-5}
镍	7.82×10^{-8}	本征锗(27 ℃)	4.7×10^{-2}
铁	9.75×10^{-8}	铁氧体	10^{-2}
铂	10.57×10^{-8}	海水	0.25
锡	11.3×10^{-8}	清水	10^{3}
铬	13.03×10^{-8}	湿土壤	10^{2}
青铜(4Zn)	18.25×10^{-8}	干土壤	10^{5}
铅	20.80×10^{-8}		

附录6　材料的相对磁导率(常温、低频下的值)

	材料名称	相对磁导率 μ_r
抗磁性材料	铋	0.999 834
	金	0.999 964
	银	0.999 974
	铅	0.999 982
	锌	0.999 986
	铜	0.999 990 2
	硅	0.999 997
	汞	0.999 971
	水	0.999 990 9
	CO_2(1个大气压)	0.999 988 1

续表

	材料名称	相对磁导率 μ_r
顺磁性材料	空气(1 个大气压)	1.000 000 4
	氧气(1 个大气压)	1.000 001 94
	镁	1.000 012
	铝	1.000 022
	钨	1.000 068
	铂	1.000 26
	硫酸锰	1.003 6
铁磁性材料	钴	250
	镍	600
	铁氧体	1 000
	软钢(0.2 ℃)	2 000
	变压器钢	3 000
近似最大值	铁(0.2 杂质)	5 000
	硅钢(4Si)	7 000
	铁镍合金	100 000
	78 坡莫合金	100 000
	纯铁(0.05 杂质)	200 000
	导磁合金(5Mo,79Ni)	1 000 000

习题答案

第 1 章

1.1　$\theta = 68.56°, 1.367\ 6$

1.2　-14.43

1.3　$(6 + 4r^{-2} - 2r^{-\frac{7}{3}})\boldsymbol{r}$

1.4　$\frac{37}{3}$

1.5　$\frac{1}{3}(-\boldsymbol{e}_x + 2\boldsymbol{e}_y + 2\boldsymbol{e}_z)$

1.6　-3

1.7　$a = -2$

1.8　$3\boldsymbol{e}_y + 4\boldsymbol{e}_z$

1.9　$-\frac{7}{6}$

1.10　(1) $\frac{8}{11}\boldsymbol{e}_x + \frac{4}{5}\boldsymbol{e}_y + \boldsymbol{e}_z$；(2) $-\frac{9}{10}\boldsymbol{e}_x - \frac{2}{3}\boldsymbol{e}_y + \frac{7}{5}\boldsymbol{e}_z$

1.11　略

1.12　略

1.13　(1)r^{-2}；(2)$2r^{-4}$。

1.14　略

1.15　(1)无旋场；(2)无散场。

1.16　略

1.17　$\varphi = xy^2 + 3y - x^2yz^3 + 1.5z^4 + C$

1.18　$\left(-\frac{1}{\rho^2}\sin\phi + z^2\cos 3\phi\right)\boldsymbol{e}_\rho + \left(\frac{1}{\rho^2}\cos\phi - 3z^2\sin 3\phi\right)\boldsymbol{e}_\phi + (2\rho z\cos 3\phi)\boldsymbol{e}_z$

1.19 $\nabla \cdot F=0, \nabla \times F=-\frac{z}{\rho}\sin\phi \boldsymbol{e}_\rho+\sin\phi\left(\frac{1}{\rho}-1\right)e_z$

1.20 $(\cos\theta-2r^{-3}\sin\phi)\boldsymbol{e}_r+(-\sin\theta)\boldsymbol{e}_\theta+\frac{\cos\phi}{r^{-3}\sin\theta}\boldsymbol{e}_\phi$

1.21 $4r\sin\theta\cos\phi+\frac{\sin\phi}{r^3\sin\theta}(\cos^2\theta-\sin^2\theta)$,

$$\left(\frac{-\cos\theta\cos\phi}{r^3\sin\theta}\right)\boldsymbol{e}_r+(-r\sin\phi)\boldsymbol{e}_\theta+\left(-\frac{1}{r^3}\cos\theta\sin\phi-r\cos\theta\cos\phi\right)\boldsymbol{e}_\phi$$

1.22 1 200 π

1.23 0

1.24 (1)14;(2)是保守场。

1.25 (1)$\boldsymbol{A}$,$\boldsymbol{B}$可以由一个标量函数的梯度表示,$\boldsymbol{C}$可以由一个矢量函数的旋度表示。

(2)$\nabla\times\boldsymbol{A}=0, \nabla\cdot\boldsymbol{A}=0$

$\nabla\times\boldsymbol{B}=0, \nabla\cdot\boldsymbol{B}=2r\sin\phi$

$\nabla\times\boldsymbol{C}=\boldsymbol{e}_z(2x-6y), \nabla\cdot\boldsymbol{C}=0$

第 2 章

2.1 $x=\frac{d}{2}(\sqrt{3}-1)$处,$\boldsymbol{E}=0$;$x=-\frac{d}{2}(1+\sqrt{3})$处,两电荷产生的电场强度,恰好量值相等,方向一致。

2.2 (1)$E=\frac{\tau}{2\sqrt{5}\pi\varepsilon_0 l}$;(2)$E=\frac{\tau}{3\pi\varepsilon_0 l}$。

(在答案中要按所设坐标系标明电场强度的方向)

2.3 $\boldsymbol{E}=(22.6\boldsymbol{e}_x+33.9\boldsymbol{e}_z)$ V/m

2.4 $$\boldsymbol{E}=\frac{1}{4\pi\varepsilon_0}\left\{\left[\frac{q_1(r-c\cos\theta)}{(c^2+r^2-2cr\cos\theta)^{3/2}}+\frac{q_2(r-d\cos\theta)}{(d^2+r^2-2\mathrm{d}r\cos\theta)^{3/2}}\right]\boldsymbol{e}_r+\left[\frac{q_1 c\sin\theta}{(c^2+r^2-2cr\cos\theta)^{3/2}}+\frac{q_2 d\sin\theta}{(d^2+r^2-2\mathrm{d}r\cos\theta)^{3/2}}\right]\boldsymbol{e}_\theta\right\}$$

$$\varphi=\frac{1}{4\pi\varepsilon_0}\left[\frac{q_1}{(c^2+r^2-2cr\cos\theta)^{1/2}}+\frac{q_2}{(d^2+r^2-2\mathrm{d}r\cos\theta)^{1/2}}\right]$$

2.5 (1)$U_{AC}=U_{CD}=U_{DB}=\frac{1}{3}U_0, E_{AC}=E_{CD}=E_{DB}=\frac{U_0}{d}$

(2)$E_{AC}=E_{DB}=\frac{U_0}{d}, E_{CD}=0$

(3)$U_{AC}=U_{DB}=\frac{1}{2}U_0, E_{AC}=E_{DB}=\frac{3U_0}{2d}, E_{CD}=0$

(4)$|E_{CD}|=2|E_{AC}|=2|E_{DB}|$,$E_{CD}$的方向与$E_{AC}$和$E_{DB}$的相反。

2.6 $\boldsymbol{E}=(\rho_0 d/2\varepsilon_0)\boldsymbol{e}_x$

2.7 (1) $\rho_P = -\frac{k}{r^2}, \sigma_P = \frac{k}{a}$

(2) $\rho = \frac{\varepsilon}{\varepsilon - \varepsilon_0} \frac{k}{r^2}$

(3) $\boldsymbol{E} = \frac{k}{(\varepsilon - \varepsilon_0) r} \boldsymbol{e}_r \quad (r < a) \qquad \boldsymbol{E} = \frac{ka}{(\varepsilon - \varepsilon_0) r^2} \boldsymbol{e}_r \quad (r > a)$

2.8 0.5 cm, 0.46 cm。

2.9 (1) $\boldsymbol{E}_1 = \frac{\tau}{8\pi\varepsilon_0\rho} \boldsymbol{e}_\rho, \qquad \boldsymbol{E}_2 = \frac{\tau}{4\pi\varepsilon_0\rho} \boldsymbol{e}_\rho$

(2) $\boldsymbol{P}_1 = \frac{3\tau}{8\pi\rho} \boldsymbol{e}_\rho, \qquad \boldsymbol{P}_2 = \frac{\tau}{4\pi\rho} \boldsymbol{e}_\rho$

(3) $\tau_\rho = -\frac{3\tau}{8\pi R_1} \quad (\rho = R_1), \tau_P = \frac{\tau}{8\pi R_2} \quad (\rho = R_2), \tau_P = -\frac{\tau}{4\pi R_3} \quad (\rho = R_3)$

2.10 (1) $E_1 = \frac{\varepsilon_2 Q}{S(\varepsilon_0\varepsilon_1 + \varepsilon_0\varepsilon_2 + \varepsilon_1\varepsilon_2)}, E_2 = \frac{\varepsilon_1 Q}{S(\varepsilon_0\varepsilon_1 + \varepsilon_0\varepsilon_2 + \varepsilon_1\varepsilon_2)},$

$E_0 = \frac{(\varepsilon_1 + \varepsilon_2) Q}{S(\varepsilon_0\varepsilon_1 + \varepsilon_0\varepsilon_2 + \varepsilon_1\varepsilon_2)}$(在答案中要按所设坐标系标明电场强度的方向)

(2) $\sigma_P = \frac{\varepsilon_0(\varepsilon_1 - \varepsilon_2) Q}{S(\varepsilon_0\varepsilon_1 + \varepsilon_0\varepsilon_2 + \varepsilon_1\varepsilon_2)}$

(3) $\sigma_A = \frac{-\varepsilon_0(\varepsilon_1 + \varepsilon_2) Q}{S(\varepsilon_0\varepsilon_1 + \varepsilon_0\varepsilon_2 + \varepsilon_1\varepsilon_2)}, \sigma_C = \frac{-\varepsilon_1\varepsilon_2 Q}{S(\varepsilon_0\varepsilon_1 + \varepsilon_0\varepsilon_2 + \varepsilon_1\varepsilon_2)}$

2.11 会被击穿。

2.12 (1) $\varphi_1 = \varphi_2 = \frac{UR_1R_2}{R_2 - R_1}\left(\frac{1}{r} - \frac{1}{R_2}\right), E_1 = E_2 = \frac{UR_1R_2}{(R_2 - R_1) r^2} \boldsymbol{e}_r$

(2) $\sigma_1 = \frac{\varepsilon_1 UR_2}{(R_2 - R_1) R_1}, \sigma_2 = \frac{\varepsilon_2 UR_2}{(R_2 - R_1) R_1}$

2.13 略

2.14 略

2.15 (1) $\boldsymbol{E}_1 = \boldsymbol{e}_r \frac{a_1^2\sigma_1}{\varepsilon_0 r^2}, \varphi_1 = \frac{a_1\sigma_1}{\varepsilon_0 r}(a_1 - r) \qquad (a_1 < r < a_2)$

$\boldsymbol{E}_2 = \boldsymbol{e}_r \frac{4\pi a_1^2\sigma_1 + q}{4\pi\varepsilon_0 r^2}, \varphi_2 = \frac{4\pi a_1^2\sigma_1}{4\pi a_3\varepsilon_0 r}(a_3 - r) \qquad (a_2 < r < a_3)$

(2) $\sigma_1 \Big|_{r=a_1} = -\frac{(a_3 - a_2) q}{4\pi a_1 a_2 (a_3 - a_1)}$

$\sigma_3 \Big|_{r=a_3} = -\frac{(a_2 - a_1) q}{4\pi a_2 a_3 (a_3 - a_1)}$

2.16 $\varphi_1 = -\frac{\rho_0}{2\varepsilon_0} x^2 + \left[\frac{(\varepsilon + 2\varepsilon_0)\rho_0 d}{4\varepsilon_0(\varepsilon + \varepsilon_0)} + \frac{2\varepsilon U}{(\varepsilon + \varepsilon_0) d}\right] x$

$\varphi_2 = \left[-\frac{\rho_0 d}{4(\varepsilon + \varepsilon_0)} + \frac{2\varepsilon_0 U}{(\varepsilon + \varepsilon_0) d}\right] x + \frac{\rho_0 d^2}{4(\varepsilon + \varepsilon_0)} + \frac{(\varepsilon - \varepsilon_0) U}{(\varepsilon + \varepsilon_0)}$

$$\boldsymbol{E}_1=\left[\frac{\rho_0}{\varepsilon_0}x-\frac{(\varepsilon+2\varepsilon_0)\rho_0 d}{4\varepsilon_0(\varepsilon+\varepsilon_0)}-\frac{2\varepsilon U}{(\varepsilon+\varepsilon_0)d}\right]\boldsymbol{e}_x;\qquad \boldsymbol{E}_2=\left[\frac{\rho_0 d}{4(\varepsilon+\varepsilon_0)}-\frac{2\varepsilon_0 U}{(\varepsilon+\varepsilon_0)d}\right]\boldsymbol{e}_x$$

2.17 $\varphi=-\dfrac{\rho_0}{4\varepsilon_0}r^2+\dfrac{\left[\dfrac{\rho_0}{4\varepsilon_0}(b^2-a^2)-U\right]}{\ln b/a}\ln r+\dfrac{\rho_0 b^2}{4\varepsilon_0}-\dfrac{\left[\dfrac{\rho_0}{4\varepsilon_0}(b^2-a^2)-U\right]}{\ln b/a}\ln b$

2.18 $\varphi_1=\dfrac{\alpha}{\varepsilon_0}\ln\dfrac{R_2}{R_1},r\leqslant R_1$; $\varphi_2=\dfrac{\alpha}{\varepsilon_0}\ln\dfrac{R_2}{r}+\dfrac{\alpha}{\varepsilon_0}\left(1-\dfrac{R_1}{r}\right),R_1\leqslant r\leqslant R_2$

$\varphi_3=\dfrac{\alpha}{\varepsilon_0}\ \dfrac{R_2-R_1}{r},r>R_2$

2.19 $\varphi=\dfrac{V_0}{d}x+\dfrac{\rho_0}{6\varepsilon_0}(x^2-d^2)x$

2.20 左方：$\varphi=\dfrac{q_1}{4\pi\varepsilon_0}\left(\dfrac{1}{r_1}-\dfrac{1}{r_2}\right)$，$r_1,r_2$ 为到 q_1 及其镜像的距离；

右方：$\varphi=\dfrac{q_2}{4\pi\varepsilon_0}\left(\dfrac{1}{r_1}-\dfrac{1}{r_2}\right)$，$r_1,r_2$ 为到 q_2 及其镜像的距离。

2.21 小球内：$\varphi=\dfrac{q}{4\pi\varepsilon_0 r_1}+\dfrac{1}{4\pi\varepsilon_0 r_2}\left(-\dfrac{a}{d}q\right)+\dfrac{q}{4\pi\varepsilon_0}\ \dfrac{b-a}{ab}$

小球与大球之间：$\varphi=\dfrac{q}{4\pi\varepsilon_0}\left(\dfrac{1}{r}-\dfrac{1}{b}\right)$

2.22 (1)60 kV，$\boldsymbol{E}=\dfrac{q}{4\pi\varepsilon_0 r_1^2}\boldsymbol{e}_{r1}+\dfrac{q'}{4\pi\varepsilon_0 r_2^2}\boldsymbol{e}_{r2}-\dfrac{q'}{4\pi\varepsilon_0 R}\boldsymbol{e}_r$，$E_{\max}=2.46\times10^6$ V/m

(2)零，$\boldsymbol{E}=\dfrac{q}{4\pi\varepsilon_0 r_1^2}\boldsymbol{e}_{r1}+\dfrac{q'}{4\pi\varepsilon_0 r_2^2}\boldsymbol{e}_{r2}$，$E_{\max}=3.7\times10^6$ V/m

(3)$\varphi=\dfrac{q}{4\pi\varepsilon_0 r_2}-\dfrac{qd/R}{4\pi\varepsilon_0 r_1}+\dfrac{q'}{4\pi\varepsilon_0 R}$，$\boldsymbol{E}=\dfrac{q}{4\pi\varepsilon_0 r_2^2}\boldsymbol{e}_{r2}+\dfrac{q'}{4\pi\varepsilon_0 r_1^2}\boldsymbol{e}_{r1}$

2.23 (1)$\varphi=288\ln\dfrac{(0.08+x)^2+y^2}{(0.08-x)^2+y^2}$

(2)$\sigma_{\max}=1.34\times10^{-7}$ C/m²，$\sigma_{\min}=3.36\times10^{-10}$ C/m²

2.24 (1)$U_2=32.8$ kV，$U_3=24.3$ kV

(2)$\tau_2=-226.3$ nC/m，$U_3=15.93$ kV

2.25 两电轴的位置分别为 $h_1=\dfrac{a_2^2-a_1^2-d^2}{2d}$ 和 $h_2=\dfrac{a_2^2-a_1^2+d^2}{2d}$

2.26 $\varphi=\dfrac{\tau}{2\pi\varepsilon_0}\ln\dfrac{\sqrt{(x-h)^2+y^2}}{\sqrt{(x+h)^2+y^2}}$，其中 $h=\dfrac{a^2-d^2}{2d}$

2.27 $F=\dfrac{q^2}{4\pi\varepsilon_0}\left[\dfrac{4R^3h^3}{(h^4-R^4)^2}+\dfrac{1}{4h^2}\right]$（在答案中要按所设坐标系标明电场作用力的方向）

2.28 (1)$C_{10}=C_{20}=C_{30}=0.017$ pF，$C_{12}=C_{23}=C_{31}=0.010$ pF

(2)0.047 pF

2.29 减少，$\Delta W_e=\dfrac{1}{2}\dfrac{(C_1q_2-C_2q_1)^2}{C_1C_2(C_1+C_2)}$

2.30 (1)2×10^{-6} J；　(2)4×10^{-7} J。

2.31 $W_e=\dfrac{Q^2}{2}\dfrac{b-a}{4\pi\varepsilon_0 ab}$

2.32 略

2.33 $h=\dfrac{1}{2}\dfrac{(\varepsilon-\varepsilon_0)U_0^2}{\rho_m g d^2}$

2.34 1.48×10^{-4} N(在答案中要按所设坐标系标明电场作用力的方向)

第3章

3.1 $\boldsymbol{J}=r\left(\dfrac{\varphi_0}{r}\sin\theta\right)\boldsymbol{e}_\theta$

3.2 (1)$\varphi=\left(\dfrac{1}{r}-10\right)\times10^2$ V, $E=\dfrac{10^2}{r^2}$ V/m, $J=10^{-7}/r^2$ A/m²

(在答案中要按所设坐标系标明电场强度和电流密度的方向)

(2)$G=1.256\times10^{-9}$ S

3.3 (1)$E_1=1.29\times10^2\left(\dfrac{1}{r^2}\right)$ V/m,　$\varphi_1=1.29\times10^2\left(\dfrac{1}{r}-12.25\right)$ V,

$E_2=12.9\times\dfrac{1}{r^2}$ V/m,　$\varphi_2=12.9\left(\dfrac{1}{r}-10\right)$ V,

$J=1.29\times10^{-8}\times\dfrac{1}{r^2}$ V/m;

(2)$G=1.62\times10^{-10}$ V

(在答案中要按所设坐标系标明电场强度和电流密度的方向)

3.4 (1)$\varphi_1=\dfrac{4U\gamma_2}{\pi(\gamma_1+\gamma_2)}\alpha+\dfrac{U(\gamma_1-\gamma_2)}{\gamma_1+\gamma_2}$, $\varphi_2=\dfrac{4U\gamma_1}{\pi(\gamma_1+\gamma_2)}\alpha$

(2)$I=3.137\times10^5$ A, $R=9.58\times10^{-5}$ Ω

(3)$E_1\neq E_2$, $D_1\neq D_2$

(4)$\sigma'=\varepsilon_0(E_2-E_1)=\dfrac{4\varepsilon_0 U}{\pi(\gamma_1+\gamma_2)}(\gamma_1-\gamma_2)\dfrac{1}{r}$

3.5 $\varphi=\dfrac{\varphi_1\gamma_1(d-a)+\varphi_2\gamma_2 a}{\gamma_2 a+\gamma_1(d-a)}$, $\sigma=\dfrac{(\gamma_1\varepsilon_2-\gamma_2\varepsilon_1)(\varphi_1-\varphi_2)}{\gamma_2 a+\gamma_1(d-a)}$

3.6 $R=53$ Ω

3.7 $U_{步}=9.2\times10^2$ V

第4章

4.1 $\boldsymbol{B}_A=\dfrac{\mu_0 I}{2\pi R}\boldsymbol{e}_z$, $\boldsymbol{B}_B=\dfrac{\mu_0 I}{4\pi R}\boldsymbol{e}_z$, $\boldsymbol{B}_C=\dfrac{U_0 I}{2\pi R}\left(1-\dfrac{\sqrt{2}}{2}\right)\boldsymbol{e}_z$, $\boldsymbol{B}_D=\dfrac{\mu_0 I}{4\pi R}\boldsymbol{e}_z$, $\boldsymbol{B}_E=\dfrac{\mu_0 I}{2\pi R}\boldsymbol{e}_z$,

$$\boldsymbol{B}_F=\frac{U_0 I}{2\pi R}\left(1+\frac{\sqrt{2}}{2}\right)(-\boldsymbol{e}_z)$$

4.2 1) $\frac{n\mu_0 I}{2\pi R}tan\left(\frac{\pi}{n}\right)$； 2) $\frac{\mu_0 I}{2R}$； 3) $\frac{3\sqrt{3}\mu_0 I}{2\pi R}$。

（在答案中要按所设坐标系标明磁场强度的方向）

4.3 0

4.4 $\frac{\mu_0 I}{4R}ln\frac{\sqrt{2}+1}{\sqrt{2}-1}$

（在答案中要按所设坐标系标明磁场强度的方向）

4.5 1)不是;2)可能;3)可能;4)可能;5)可能。

4.6 $\frac{\mu_0 K}{2}(\boldsymbol{e}_y-\boldsymbol{e}_x)\left(z<-\frac{d}{2}\right)$； $\frac{\mu_0 K}{2}(-\boldsymbol{e}_y-\boldsymbol{e}_x)\left(-\frac{d}{2}<z<\frac{d}{2}\right)$；

$\frac{\mu_0 K}{2}(-\boldsymbol{e}_y+\boldsymbol{e}_x)\left(z>\frac{d}{2}\right)$。

4.7 $-\frac{\mu_0 dJ_0}{2}\boldsymbol{e}_y(x<-d)$； $\mu_0 xJ_0\boldsymbol{e}_y(-d\leqslant x\leqslant d)$； $\frac{\mu_0 dJ_0}{2}\boldsymbol{e}_y(x>d)$

4.8 $-\frac{\mu_0 rI}{2\pi R_1^2}(r\leqslant R_1)$； $\frac{\mu_0 I}{2\pi r}(R_1<r\leqslant R_2)$； $\frac{\mu_0 I}{2\pi r}\frac{R_3^2-r^2}{R_3^2-R_2^2}(R_2<r\leqslant R_3)$；

$0(r>R_3)$（在答案中要按所设坐标标明磁感应强度的方向）

4.9 $\frac{\mu_0 Jd}{2}\boldsymbol{e}_y$

4.10 $B=\frac{\mu NI}{2\pi r},\Phi=\frac{\mu hNI}{2\pi}\ln\frac{R_2}{R_1},\psi=\frac{\mu hN^2 I}{2\pi}\ln\frac{R_2}{R_1}$

（在答案中要按所设坐标标明磁感应强度的方向）

4.11 $\boldsymbol{B}_1=\boldsymbol{B}_2=\frac{\mu_1\mu_2 I}{\pi(\mu_1+\mu_2)r}\boldsymbol{e}_\alpha,\boldsymbol{H}_1=\frac{\mu_2 I}{\pi(\mu_1+\mu_2)r}\boldsymbol{e}_\alpha,\boldsymbol{H}_2=\frac{\mu_1 I}{\pi(\mu_1+\mu_2)r}\boldsymbol{e}_\alpha$

4.12 $L=\frac{\mu_0}{4\pi}+\frac{\mu_0}{\pi}\ln\frac{\sqrt{(2h)^2+d^2}}{2h}+\frac{\mu_0}{\pi}\ln\frac{d}{R}$

4.13 $M=\frac{\mu hN}{2\pi}\ln\frac{R_2}{R_1}$;不变;不变。

4.14 $L=\frac{\mu_0\mu hN^2}{2\pi\mu_0+(\mu-\mu_0)\Delta\alpha}\ln\frac{R_2}{R_1}$或$L\approx\frac{\mu_0 hN^2}{\Delta\alpha}\ln\frac{R_2}{R_1}$

4.15 (a) $\frac{\mu_0 d}{2\pi b}\left(b-a\ln\frac{a+b}{a}\right)$； (b) $\frac{\mu_0 d}{2\pi b}\left[(a+b)\ln\frac{a+b}{a}-b\right]$

4.16 略

4.17 略

4.18 $$\boldsymbol{B}=\frac{\mu_0 M_0}{2}\left[\frac{l-z}{\sqrt{a^2+(l-z)^2}}+\frac{l+z}{\sqrt{a^2+(l+z)^2}}\right]\boldsymbol{e}_z$$

$$\boldsymbol{H}=\frac{M_0}{2}\left[\frac{l-z}{\sqrt{a^2+(l-z)^2}}+\frac{l+z}{\sqrt{a^2+(l+z)^2}}-2\right]\boldsymbol{e}_z$$

4.19 选择$\boldsymbol{I}_1$和$\boldsymbol{I}_2$的参考方向，使$\boldsymbol{I}_1$产生的磁通与$\boldsymbol{I}_2$成右手关系，$\boldsymbol{I}_2$产生的磁通与$\boldsymbol{I}_1$成右手关系，则互感系数为正值；选择$\boldsymbol{I}_1$和$\boldsymbol{I}_2$的参考方向，使$\boldsymbol{I}_1$产生的磁通与$\boldsymbol{I}_2$成左手关系，$\boldsymbol{I}_2$产生的磁通与$\boldsymbol{I}_1$成左手关系，则互感系数为负值。

4.20 $\boldsymbol{B}=\begin{cases}\mu_0 K\boldsymbol{e}_z & (r\leqslant a)\\ 0 & (r>a)\end{cases}$； $\boldsymbol{A}=\begin{cases}0.5r\mu_0 K\boldsymbol{e}_a & (r\leqslant a)\\ 0.5(a^2/r)\mu_0 K\boldsymbol{e}_a & (r>a)\end{cases}$

4.21 0；$\pm \boldsymbol{I}/2$

第5章

5.1 $-2NbvB_m\sin\dfrac{ak}{2}\sin(kvt)$

5.2 略

5.3 $\omega\dfrac{\varepsilon_0 U_m}{d}\cos\omega t$（在答案中要按所设坐标系标明位移电流密度的方向）

5.4 $\dfrac{6.81\times10^{-5}}{r}$ A/m²（在答案中要按所设坐标系标明位移电流密度的方向）

5.5 当图中设圆柱坐标系的z坐标轴的正方向沿电容器轴线朝上方向时，有

$\boldsymbol{E}=\dfrac{U_0}{d}(-\boldsymbol{e}_z)$ $\boldsymbol{H}=\dfrac{U_0\gamma\rho}{2d}(-\boldsymbol{e}_\phi)$ $\boldsymbol{S}=\dfrac{U_0\gamma\rho}{2d^2}(-\boldsymbol{e}_\rho)$ $P=UI$

5.6 设电荷逆时针旋转，直角坐标系原点在旋转的圆心，$t=0$时刻，电荷在$(R,0)$，则

$\boldsymbol{J}_D=\dfrac{\omega q}{4\pi R^2}(\sin\omega t\boldsymbol{e}_x-\cos\omega t\boldsymbol{e}_y)$

5.7 $\dfrac{4\pi abU_m(\gamma\cos\omega t-\varepsilon\omega\sin\omega t)}{b-a}$

5.8 $\boldsymbol{H}=\dfrac{\varepsilon\omega rU_m\cos\omega t}{2d}\boldsymbol{e}_H$ （$\boldsymbol{H}$的方向$\boldsymbol{e}_H$由计算中所选坐标系确定）

5.9 1.07×10^{-6}；1.07×10^{-3}；1.07

5.10 1.11 V（有效值）

5.11 $\dfrac{\mu_0\omega hI_m\cos\omega t}{2\pi}\ln\dfrac{b(a+c)}{a(b+c)}$

5.12 5.16×10^{-5} T

5.13 $\boldsymbol{J}_D=\beta H_0\cos(\omega t-\beta x)\boldsymbol{e}_y$； $\boldsymbol{E}=\dfrac{\beta H_0}{\omega\varepsilon_0}\sin(\omega t-\beta x)\boldsymbol{e}_y$

5.14 $\boldsymbol{E}=-\dfrac{2}{\varepsilon_0\omega}\cos(\omega t-5z)\boldsymbol{e}_x$ μV/m； $\boldsymbol{H}=-0.4\cos(\omega t-5z)\boldsymbol{e}_y$ μA/m；

5.15 $\boldsymbol{J}_D=\dfrac{\varepsilon_0 U}{d^2}v\boldsymbol{e}_D$ （$\boldsymbol{J}_D$的方向$\boldsymbol{e}_D$由计算中所选坐标系确定）

5.16 $\boldsymbol{J}_c=-\dfrac{1}{2}\omega\gamma B_0\rho\cos\omega t\boldsymbol{e}_\phi$， $P_e=\dfrac{1}{16}\pi ha^4\gamma\omega^2B_0^2$

5.17 $\boldsymbol{J}_d = \frac{\omega\varepsilon}{d} U_m \cos\omega t$， $B = \frac{\mu_0 U_m}{2d}(\omega\varepsilon\cos\omega t + \gamma\sin\omega t)$

（在答案中要按所设坐标系标明位移电流密度和磁感应强度的方向）

5.18 $f_{\max} = 90$ kHz

5.19 $\boldsymbol{B} = B_0 \sin\omega t \boldsymbol{e}_z = \mu_0 I_0 \frac{n}{d} \sin\omega t \boldsymbol{e}_z$

$$E_\phi = -\frac{\omega B_0 \rho}{2}\cos\omega t \qquad \rho < a$$

$$E_\phi = -\frac{\omega B_0 a^2}{2\rho}\cos\omega t \qquad \rho > a$$

5.20 略

5.21 I^2R； I^2X_C

5.22 略

5.23 频率为 f_1 的信号。

5.24 铝板厚度 8.46×10^{-2} m；铁板厚度 3.9×10^{-3} m。

第6章

6.1 （1）4.92×10^8 Hz； （2）10.30 rad/m； （3）2.12 A/m，z 方向

6.2 （1）$f = 3\times10^9$ Hz， $E = \sqrt{2}\sin(6\pi\times10^9 t - 20\pi x)\boldsymbol{e}_y$ V/m

$$\boldsymbol{H} = \frac{\sqrt{2}}{120\pi}\sin(6\pi\times10^9 t - 20\pi x)\boldsymbol{e}_z \text{ A/m}$$

（2）$E_{\max}$ 的时间 $t = \frac{2n-1}{12\times10^9}$ s $(n = 1, 2, \cdots)$

$E = 0$ 的时间 $t = \frac{n}{6\times10^9}$ s $(n = 1, 2, \cdots)$

（3）$\frac{1}{3}\times10^{-6}$ s

6.3 $f = 2.5$ GHz， $\varepsilon_r = 1.131$， $\mu_r = 1.989$。

6.4 $E_{\max} = 1\,005.16$ V/m， $B_{\max} = 335.05\times10^{-8}$ T

6.5 （1）3.483 m； （2）238.4 Ω， 0.063 2 m， 1.897×10^8 m/s；

（3）$\boldsymbol{H} = 0.209\,7\mathrm{e}^{-0.199x}\sin\left(6\pi\times10^9 t - 99.36x - \frac{\pi}{6}\right)\boldsymbol{e}_z$ A/m

6.6 1.111×10^5 S/m，10^9 Hz。

6.7 （1）$p(t) = 2\gamma E_0^2 \mathrm{e}^{-2\alpha x}\sin^2(\omega t - \beta x)$，$P = \gamma E_0^2 \mathrm{e}^{-2\alpha x}$；

（2）$\frac{\gamma}{2\alpha}E_0^2$； （3）$-\oint_A \boldsymbol{S}_{av}\cdot \mathrm{d}\boldsymbol{S} = \frac{E_0^2}{|Z_0|}$。

6.8 （1）$a_1 = \pm 3$； （2）$a_2 = \mp 4$。

6.9 （1）$f = 3\times10^9$ Hz

(2)$\dot{\boldsymbol{H}} = \frac{1}{\eta_0}\boldsymbol{e}_x \times \dot{\boldsymbol{E}} = \frac{1}{\eta_0}(\boldsymbol{e}_z + \mathrm{j}\boldsymbol{e}_y)10^{-4}\,\mathrm{e}^{-\mathrm{j}20\pi x}$

(3)电磁波为右旋圆极化波。

6.10 (1)反射系数 $R = \frac{\eta_2 - \eta_1}{\eta_2 + \eta_1} = -0.5$,透射系数 $T = \frac{2\eta_2}{\eta_2 + \eta_1} = 0.5$

(2)$\dot{\boldsymbol{E}}_r = RE_0(\boldsymbol{e}_y - \mathrm{j}\boldsymbol{e}_z)\mathrm{e}^{\mathrm{j}k_1 x}$,$\dot{\boldsymbol{E}}_t = TE_0(\boldsymbol{e}_y - \mathrm{j}\boldsymbol{e}_z)\mathrm{e}^{-\mathrm{j}k_2 x}$

$$k_1 = \omega\sqrt{\mu_0\varepsilon_0}, k_2 = \omega\sqrt{\mu_2\varepsilon_2} = 3\omega\sqrt{\mu_0\varepsilon_0}$$

(3)反射波是左旋圆极化波,透射波是右旋极化波。

第 7 章

7.1 $f_c = 16.36$ GHz, $\beta = 240$ rad/m, $\lambda_g = 2.62$ m, $v_p = 5.24 \times 10^8$ m/s, $k = 272$ Np/m

7.2 (1)TE_{01}, TE_{10}, TE_{20}

(2)$v_p = 3.98 \times 10^8$ m/s, $\lambda_c = 39.76$ mm,

$\lambda_p = 45.72$ mm

7.3 (1)$f_c = 16.36$ GHz

(2)$f_c = 12.86$ GHz

7.4 (1)当工作波长 $\lambda_0 = 10$ mm 时,波导中能存在 TE_{10}, TE_{20}, TE_{01}, TE_{11}, TM_{11}, TE_{30}, TE_{21}, TM_{21}, TE_{31}, TM_{31}, TE_{40};

(2)当工作波长 $\lambda_0 = 30$ mm 时,波导中仅能存在 TE_{10}模。

7.5 7.07 cm

7.6 2.12×10^9 Hz

第 8 章

8.1 (1)略

(2)$\dot{E}_\theta = \mathrm{j}\frac{60I_m}{r}\frac{\cos\left(\frac{\pi}{2}\cos\theta\right)}{\sin\theta}\mathrm{e}^{-\mathrm{j}\beta r}$

$$\dot{H}_\phi = \mathrm{j}\frac{I_m}{2\pi r}\frac{\cos\left(\frac{\pi}{2}\cos\theta\right)}{\sin\theta}\mathrm{e}^{-\mathrm{j}\beta r}$$

$$\boldsymbol{S}_{av} = \frac{15I_m^2}{\pi r^2}\frac{\cos^2\left(\frac{\pi}{2}\cos\theta\right)}{\sin^2\theta}\boldsymbol{e}_r$$

8.2 $f = 1$MHz:$R_{rad} = 3.51\ \Omega$, $P = 21.94 \times 10^{-12}$ W

$f = 1$ kHz:$R_{rad} = 3.51\ \Omega$, $P = 21.9 \times 10^{-14}$ W

8.3　±45°

8.4　$l=1.5$ m, $P=22.86$ kW

$$E_\theta(r,\theta,\phi,t)=-\frac{1\ 500}{r}\frac{\cos\left(\frac{\pi}{2}\cos\theta\right)}{\sin\theta}\sin(6.283\times10^8 t-2.094r)\ \text{V/m}$$

$$H_\phi(r,\theta,\phi,t)=-\frac{3.98}{r}\frac{\cos\left(\frac{\pi}{2}\cos\theta\right)}{\sin\theta}\sin(6.283\times10^8 t-2.094r)\ \text{A/m}$$

8.5　78°

8.6　$P=\frac{E_0^2}{90}$ W

8.7　$f(\theta,\phi)=\sqrt{1+m^2+2m\cos(\beta d\sin\theta\cos\phi-\alpha)}$

8.8　$\theta=\frac{\pi}{2}$($x\sim y$平面)：$F_1=1$，$F_{12}=2\cos\left(\frac{\pi}{2}\cos\phi\right)$

$\phi=0$($x\sim z$平面)：$F_1=\frac{\cos\left(\frac{\pi}{2}\cos\theta\right)}{\sin\theta}$，$F_{12}=2\cos\left(\frac{\pi}{2}\sin\theta\right)$

$\phi=\frac{\pi}{2}$($z\sim y$平面)：$F_1=\frac{\cos\left(\frac{\pi}{2}\cos\theta\right)}{\sin\theta}$，$F_{12}=2$

参考文献

[1] 冯慈璋,马西奎. 工程电磁场导论. 北京:高等教育出版社,2000

[2] 谢处方,饶克谨. 电磁场与电磁波. 北京:高等教育出版社,1999

[3] 倪光正. 工程电磁场原理. 北京:高等教育出版社,2002

[4] 马信三,张济世,王平. 电磁场基础. 北京:清华大学出版社,1995

[5] Bhag Singh Guru, Huseyin R. Hiziroglu 著. 电磁场与电磁波. 周克定等译. 北京:机械工业出版社,2000

[6] Carl T. A. 约翰克著. 工程电磁场与波. 吕继尧,彭铁军译. 北京:国防工业出版社,1983

[7] K. J. 宾斯,P. J. 劳伦松著. 电场及磁场问题的分析与计算. 余世杰,陶民生译. 北京:人民教育出版社,1980